HISTOIRE
DU
BEAUJOLAIS

MANUSCRITS INÉDITS DES XVIIE ET XVIIIE SIÈCLES

PUBLIÉS PAR

Léon GALLE & Georges GUIGUE

MÉMOIRES DE J.-G. TROLLIEUR DE LA VAUPIERRE

A LYON
CHEZ LE TRÉSORIER-ARCHIVISTE DE LA SOCIÉTÉ
Quai de la Bibliothèque, 15
MDCCCCXX

MACON, PROTAT FRÈRES, IMPRIMEURS.

HISTOIRE

DU

BEAUJOLAIS

HISTOIRE

DU

BEAUJOLAIS

MANUSCRITS INÉDITS DES XVIIE ET XVIIIE SIÈCLES

PUBLIÉS PAR

Léon GALLE & Georges GUIGUE

MÉMOIRES DE J.-G. TROLIEUR DE LA VAUPIERRE

A LYON

CHEZ LE TRÉSORIER-ARCHIVISTE DE LA SOCIÉTÉ

Quai de la Bibliothèque, 15

MDCCCCXX

INTRODUCTION

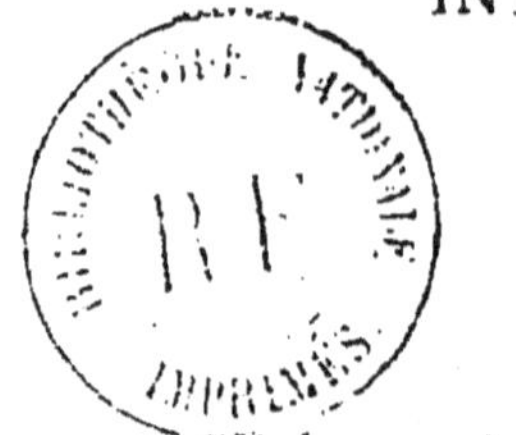

I

Au xviiie siècle, on était académicien, en province, comme ailleurs, parce qu'on avait une valeur ou un talent supérieur au métier, ce qui était rare ; parce que, un jour ou l'autre, on pourrait avoir valeur ou talent, ce pouvoir éventuel était commun ; parce qu'on avait une situation, une fortune, des relations utiles à la docte assemblée, c'était la règle normale ; parce qu'enfin on était neutre d'opinion, de ruelle, d'anti- chambre, de salon et de mérite, les divers partis transigeant sur cette neutralité, c'était un cas fréquent. Ce titre envié était souvent moins la récompense du travail et la consécration du talent que la résultante de petites intrigues habilement our- dies ou d'un patronage intéressé.

Jacques-Guillaume Trolieur de La Vaupierre, conseiller au bailliage de Beaujolais en 1729, à vingt-deux ans, avait, sauf la première, toutes les qualités requises. Il appartenait à une famille, sinon puissante, tout au moins notable dès le xviie siècle en Dauphiné, à Lyon, en Dombes, en Beaujolais. On peut noter à Grenoble un Trolieur qui donne, en 1646, mille livres pour l'achèvement de la chapelle de l'hôpital ; un

Charles Trolieur était, en 1645, maître ordinaire en la Chambre des Comptes du Dauphiné ; Jacques-Ignace Trolieur, s^r de La Rochette, était bourgeois de Lyon, en 1671 ; Jean Trolieur, mari d'Anne Lebrun, secrétaire de S. A. R., était maître de la monnaié de Trévoux en 1654 ; Marie Trolieur est femme de Jean Guérin, s^r de Brizeville, premier président en l'Élection de Beaujolais (1663) ; Madeleine Trolieur est femme de Joseph Desgouttes, s^r de Longeval (1715) ; Jacques Trolieur, mari de Claudine Mazuyer, sieur de La Douze, du Vierre, de La Vaupierre, d'Amareins, maître des Comptes à Grenoble est premier président en l'Election de Beaujolais, président au Parlement de Dombes (1659) ; un Guillaume Trolieur, écuyer, s^r de La Vaupierre est maître des eaux et forêts de Mâconnais et Bresse (8 novembre 1728) [1] ; Jean-Baptiste Trolieur, curé doyen de Villefranche et membre de l'Académie, fit recevoir, en 1731, son jeune neveu Jacques-Guillaume comme membre de cette compagnie.

Jacques-Guillaume Trolieur, aux qualités qui le firent élire à l'Académie de Villefranche devait en joindre d'autres, car en décembre 1734 il était présenté pour un poste d'échevin ; en tout cas le roman de son mariage (1736) avec une femme de dix ans plus âgée que lui [2] pouvait, pour certains, témoigner de sa maturité précoce.

---

1. Sur la famille Trolieur, cf. *Armorial du Lyonnais*, 1860 ; — D'ASSIER DE VALENCHES, *Mémorial de Dombes*, 1854 ; — RIVOIRE DE LA BATIE, *Armorial du Dauphiné*, 1867 ; — RÉVÉREND DU MESNIL, *Armorial de l'Ain*, 1872 ; — LA ROCHE LA CARELLE, *Histoire du Beaujolais*, 1853 ; — *Armorial des bibliophiles du Lyonnais*, 1907 ; les registres paroissiaux de Villefranche, aux dates du 28 août, 10 décembre 1672, 7 janvier 1684, 8 novembre 1728. — Malgré les longues et minutieuses recherches du regretté Léon Galle, aidé de la complaisance bien connue de MM. de Terrebasse, Besançon, Balloffet, Morel de Voleine, l'acte de baptême et le premier acte de mariage de J.-G. Trolieur n'ont pu encore être découverts.

2. Cf. ci-après Pièces I, II, VIII, X.

Cette maturité paraît ne s'être affirmée pendant longtemps que par les petits vers à la mode et les discours de circonstance ; ce ne fut qu'en 1755 qu'il entreprit son Histoire du Beaujolais, travail qu'il effectua rapidement pour remplir le programme des séances académiques, trop rapidement, car dès février 1758 il pouvait soumettre son œuvre, « deux volumes in-4°, contenant onze cents pages avec les tables », à l'abbé de Breteuil, chancelier du duc d'Orléans.

De l'abbé de Breteuil il reçut, avec son manuscrit, un mot poli et l'autorisation de faire précéder son livre d'une lettre de dédicace au duc d'Orléans. Un encouragement de politesse de Bertin, alors intendant à Lyon, pour l'achèvement de son travail complété par des preuves, les suffrages aussi de ses confrères de l'Académie le déterminèrent à entrer en pourparlers pour l'impression avec l'imprimeur lyonnais Aimé Delaroche, et à solliciter un privilège.

Redoutant d'avoir à expédier de nouveau son manuscrit à Paris et d'avoir affaire à un censeur inconnu, il sollicita la recommandation de Bertin devenu lieutenant de police, pour obtenir la faveur d'un censeur à Lyon. On pensa pour ce rôle à l'abbé Pernetti « qui n'a pas des occupations bien importantes ». Mais l'intendant de La Michodière, agent de transmission de la requête officielle de Trolieur, jeta un coup d'œil sur l'ouvrage et accompagna l'envoi à M. de Malesherbes, directeur de la librairie, de cette appréciation peu élogieuse : « Le peu que j'ai lu de ce manuscrit m'ayant paru très mal écrit et peu intéressant, l'auteur fera, suivant les aparences, un aussi mauvais présent à son libraire qu'au public ».

Malesherbes, tout en envoyant le 19 février 1759 des billets de censure en blanc, faisait des réserves : « Dans ces histoires de province il se trouve quelquefois des traits relatifs au droit public qui ne font aucun mauvais effet dans un livre qui n'est pas approuvé publiquement et qui feroient du bruit si on les voyoit avec l'approbation d'un censeur, par cette considération, je ne sçais pas s'il ne vaut pas mieux donner à cet auteur une permission tacite, sauf à luy donner un privilège par la suite, quand le livre aura fait son effet dans le public. »

L'intendant de La Michodière devant ces réserves dut certainement temporiser et Trolieur, avant d'avoir pu traiter pour l'impression, fut frappé par la maladie ; en août 1760, il prenait une première disposition pour assurer l'avenir de sa compagne, testait le 25 septembre, faisant un legs à l'hôpital et mourait le 29, laissant des regrets et pour l'homme trop tôt disparu et pour l'œuvre inachevée. « Peut-être, écrit Brisson, p. 72 de ses *Mémoires historiques et économiques sur le Beaujolais*, Avignon, 1770, peut-être connaîtra-t-on un jour un plus grand nombre de ces hommes estimables, si les recherches que faisoit à ce sujet feu M. Jacques-Guillaume Trollieur de La Vaupierre viennent à être publiées : bon citoyen, bon ami, magistrat intègre, académicien zélé, il aimoit la gloire des lettres, les actions vertueuses et tout ce qui étoit bien. »

II

Le manuscrit original de Trolieur, deux volumes in-4°, contenant ensemble 1.100 pages et des tables paraît aujourd'hui perdu. Ce travail n'est connu que par une copie restée longtemps à Villefranche, passée dans les bibliothèques de Sainte-Colombe, de Thy de Milly, Guillien [1] et A. Coste et parvenue

---

1. Cf. J.-L. GUILLIEN, *Histoire du Beaujolais, inédite*, dans *Revue du Lyonnais*, 1857, t. XV, p. 44-63. — *Archives de l'art français*, tome V (1857), p. 197 : *Domenico Borbonio, peintre bolonais*, 1656, communication de M.-C. GUIGUE.

à la bibliothèque de Roanne, où elle est conservée sous le n° 80 des manuscrits ; copie malheureusement incomplète, puisqu'on n'y trouve pas, à la fin de la troisième partie, l'extrait annoncé des mémoires de Favre, châtelain de Montmelas (v. ci-après, p. 156).

Ce manuscrit 80 comporte, comme l'original, deux volumes : le premier, haut de 0 ᵐ 228, large de 0 ᵐ 175, de 3 feuillets et 276 pages d'une écriture fine et serrée. Sur la garde, la signature : A. Coste, 1880 ; à la suite, l'article de J.-L. Guillien décrivant ce manuscrit dont il était alors possesseur, article coupé dans la *Revue du Lyonnais* ; la *Notice* d'A. Bernard sur l'*Histoire du Beaujolais de Pierre Louvet*, Lyon, 1854 ; fol. 1, en manchette, une liste des sires de Beaujeu : « Omphrois, Beraud, Humbert, Hugues, Guichard, Humbert, Guichard, Humbert, Humbert, Guichard, Humbert 5, Guichard 4 » ; les notes : « appartient à Madame de La Barmondière, ex chanoinesse, en 1801 » ; au-dessous : « A. Coste, 1862 » ; fol. 2, titre (p. 1) ; fol. 3, dédicace (p. 3), pages 265-270, en blanc ; 271-276, table. Ce premier volume est reproduit intégralement ci-après, p. 1-354.

Le second volume, haut. 0 ᵐ 235, larg. 0 ᵐ 181, a 177 feuillets, plus les feuillets 87 *bis* et 110 *bis* ; sur le feuillet de garde la signature : « A. Coste, 1862 » ; en marge du fol. 1 où commence la préface : « 2ᵉ volume de l'hist. de Villefranche par M. Trollieur de La Vaupierre, en manuscrit ». Manuscrit d'une grosse écriture, toute différente de la précédente, copie négligée avec fautes nombreuses et lacunes, comme fol. 24 où il manque la fin du chapitre : *De la légitimité et de la forme de la prestation du droit d'échange dans la province du Beaujolais.* Au fol. 178, garde, notes d'une écriture du XIXᵉ siècle ; au fol. 179 v°, notes du XVIIIᵉ siècle au sujet de redevances, gelines, coupes de froment, sous tournois. Ce volume comprenant nombre de textes déjà publiés n'avait pas à être reproduit intégralement, mais il est utile néanmoins d'en donner une analyse détaillée :

FF. 1-24, imprimés ci-après, pp. 355-387.

FF. 25-47, liste des échevins ci-après, pp. 388-409.

FF. 47 v°-72, copies de la charte de Villefranche et de ses confirmations jusqu'en 1449 (cf. Louvet, *Mémoires*, t. II, p. 448-479 ; un texte plus correct a été donné par M. le docteur Besançon dans le *Cartulaire municipal de Villefranche*, Villefranche, Ruban, 1907).

F° 69 on lit : « Tels sont les privilèges de Villefranche accordés, amplifiés et jurés par Edouard second, dernier de la seconde branche des seigneurs de Beaujeu et lesquels ont été jurés et confirmés par les seigneurs du Beaujolais ses successeurs jusqu'à l'année 1596, qui est l'époque du commencement du silence des barons du Beaujolais à l'égard des privilèges dont quelques-uns sont encore en vigueur. »

F° 72 v°. — « On a cru devoir se dispenser ici d'extraire les confirmations postérieures des privilèges de Villefranche par Jean de Bourbon en 1463, par Pierre de Bourbon en 1489, par François premier en 1533, par Louis [de] Bourbon de Montpensier en 1561, par François de Montpensier en 1588, et enfin par Henri de Montpensier en 1596, toutes ces chartes sont conservées exactement dans les archives de la ville. »

FF. 72 v°-75. — Trois pièces relatives au privilège de la chasse, reproduites dans les *Mémoires de Villefranche*, cf. Louvet, t. II, pp. 480-485.

F° 75. — Lettres de Jean, duc de Bourbon, pour la convocation des trois états (cf. ce texte, Louvet, t. I, p. 178).

F° 75 v°. — Lettres d'Anne de France portant concession du chef de Bourbon aux armes de Villefranche (cf. Louvet, I, p. 181 ; Besançon, *Cart. municipal*, p. 144).

F° 76. — Lettres de Charles IX pour l'établissement de juges consuls (cf. Louvet, t. II, p. 491).

F° 77. — « Règlement pour la juridiction des procès et différends concernant les manufactures attribuée aux maires et échevins des villes ou autres faisant pareille fonction, du mois d'août 1669. »

F° 79. — « Arrêt du Conseil d'Etat qui ordonne qu'il sera nommé par les échevins de Villefranche des consuls et collecteurs pour la taille et autres impositions, du 7 février 1721. »

F° 81. — « Ordre du roi pour réprimer l'usage de la charpille aux environs de Villefranche, du mois de juin 1732. »

Fᵒ 82. — Arrêt du Conseil d'Etat en faveur du marché de toiles qui se tient à Amplepuis, du 6 mars 1717.

FF. 84-87 *bis*. — Listes des abbés de Joug-Dieu et des doyens de Villefranche, reproduites ci-après, pp. 410-415.

Fᵒ 87 *bis* vᵒ. — Transaction de 1239 entre le curé de Villefranche et les religieux de Roncevaux (Louvet, II, p. 488).

Fᵒ 89 vᵒ. — « Titre de la fondation de l'abbaye de Joug-Dieu par Edouard (*sic*) second, seigneur de Beaujeu en 1118. »

Fᵒ 91. — « Erection du chapitre de Villefranche du 31 janvier 1682. » Ordonnance de l'archevêque ; lettres patentes, septembre 1682 ; arrêt d'enregistrement du Parlement, 28 février 1683 ; enregistrement au bailliage, 2 mai 1682 ; prise de possession des doyen et chanoines, 3 juillet 1682.

Fᵒ 99. — « Arrêt du Parlement qui ordonne que les canonicats du chapitre de Villefranche seront conférés par préférence aux enfants nés et originaires de la ville, 29 avril 1741. »

Fᵒ 101. — « Arrêt du Parlement qui ordonne l'enregistrement des lettres patentes du roi sur les bulles obtenues de Rome portant sécularisation de l'abbaye de Joug-Dieu et réunion de ladite abbaye au chapitre de Villefranche. »

FF. 103-115. — Listes des baillis et autres officiers de justices, reproduites ci-après, pp. 416-434.

Fᵒ 115. — « Transaction passée entre François second, roi de France et Louis de Bourbon portant restitution de la principauté de Dombes et du Beaujolais, du 27 novembre 1560. »

Fᵒ 118 vᵒ. — Confirmation de cet acte par Charles IX, 17 décembre 1560.

Fᵒ 119. — « Arrêt du Conseil du roi qui dispense le bailliage de Beaujolais de la taxe levée sur les autres bailliages pour les offices de conseillers rapporteurs vérificateurs des défauts, du 22 avril 1692. » — *A la suite de la copie de cet acte on lit :* « Par le dispositif de cet arrêt on peut apercevoir que depuis l'année 1581, vingt et un an après la transaction de 1560, jusqu'au jour dud. arrêt, le Beaujolais a toujours été exempté de la création des nouveaux offices, en vertu de cette même transaction de 1560. On en rapportera encore deux ou trois postérieurs pour preuves plus complètes. »

Fᵒ 120. — « Arrêt du Conseil d'Etat qui excepte les communautés des procureurs et huissiers des sièges et justices des terres patrimoniales de S. A. royale Mgr le duc d'Orléans de l'exécution de l'arrêt du mois de mars 1704, portant création de syndics perpétuels des communautés et ordonne qu'ils seront établis casuels dans l'apanage, qu'il y sera pourvu par S. A. R. et qu'ils payeront droit annuel en les parties casuelles, du 10 juin 1704. »

Fo 121 vo. — « Arrêt du Conseil d'Etat du roi par lequel les justices des terres patrimoniales de Mr le duc d'Orléans ont été exceptées de l'établissement des offices de contrôleurs et receveurs des épices, vaccations et amendes, créés par édit du mois de mars 1703, du 11 janvier 1707. »

Fo 122 vo. — « Déclaration du roi par laquelle S. M. a donné, cédé et délaissé à M. le duc d'Orléans les offices des greffes des insinuations et de contrôleurs et visiteurs des poids et mesures qui doivent être établis dans les villes et lieux de son apanage et de ses terres, en conséquence des édits du mois de décembre 1703 et janvier 1704, du 7 juin 1704. »

Fo 124. — « Arrêt du Conseil d'Etat qui décharge les officiers de la province de Beaujolais de la création des offices de police, du 5 janvier 1700. »

Fo 126. — « Règlement de police pour la ville de Villefranche, Limas et annexes, du 25 février 1703. »

Fo 131. — « Arrêt du Parlement qui maintient les officiers du bailliage de Beaujolais dans l'exercice de la police et fait défense aux échevins de les y troubler, du 19 août 1733. »

Fo 131 vo. — « Arrêt du Parlement du 28 juin 1690 portant règlement entre les officiers du bailliage de Beaujolais et le juge prévôt de la châtellenie et prévôté de Beaujeu, touchant l'étendue de leur juridiction. »

Fo 132 vo. — « Ordonnance de Mr l'archevêque de Lyon qui accorde l'encens et le baiser de l'Evangile aux officiers du bailliage de Beaujolais, du 20 novembre 1700.

« Concession de Mgr le duc d'Orléans faite aux officiers du bailliage de Beaujolais de se placer dans les places qui lui appartiennent dans l'église de Villefranche, du 14 avril 1701. »

Fo 133. — « Edit du roi portant création d'officiers dans le bailliage de Beaujolais, donné à Fontainebleau au mois d'octobre 1703. »

Fo 134. — « Arrêt du Conseil d'Etat qui maintient et garde Mr le duc d'Orléans au droit de nommer et pourvoir aux offices de son apanage, terres patrimoniales et domaines mentionnés aud.' arrêt, ainsi qu'il faisait avant l'arrêt du Conseil d'Etat du 25 septembre 1718, dans lequel S. M. n'a entendu comprendre lesd. offices, du 24 mars 1719. »

Fo 135. — « Arrêt du Parlement, par défaut, contre messieurs de la sénéchaussée et siège présidial de Lyon, qui maintient les officiers du bailliage de Beaujolais dans tous les actes judiciaires dans l'étendue de leur ressort, avec défense aux officiers de Lyon de les y troubler, du 23 mars 1717. »

F⁰ 135 v⁰. — « Arrêt du Grand Conseil qui enjoint au prévôt [des maré-
chaux] de Lyon de venir [faire] instruire et juger les procès criminels audit
bailliage, du 18 juillet 1724. »

F⁰ 136 v⁰. — « Arrêt du Parlement qui maintient les officiers du bailliage
de Beaujolais dans la présidence au bureau de l'Hôtel-Dieu de Villefranche, du 3 octobre 1732. »

F⁰ 137 v⁰. — « Edit du roi qui supprime l'office de prévôt juge royal établi à Villefranche et en réunit les fonctions à perpétuité au bailliage de
lad. ville, du mois de juillet 1741. »

F⁰ 138 v⁰. — « Résultat du Conseil du prince qui réunit l'office du commissaire enquêteur aux offices du bailliage de Beaujolais, du 9 juillet 1712. »

F⁰ 139 v⁰. — « Dépouillé fait sur le vu de l'arrêt du 31 mai 1750 dont le
dispositif a été rapporté au chapitre seizième de la troisième partie de ces
mémoires, concernant l'état du bailliage depuis 1700 jusqu'à présent. »

F⁰ 142. — « Résultat du Conseil du prince par lequel S. A. S. commet pour
le temps qui lui plaira les officiers du bailliage et juridiction de son appa-
nage et de ses terres patrimoniales pour recevoir la foi et hommage de ses
vassaux, du 23 mars 1756. »

F⁰ 143. — « Lettre écrite à messieurs les officiers du bailliage de Beaujolais
par M⁰ Vernier, intendant des finances de S. A. R. monseigneur le duc
d'Orléans, du 15 mai 1756. »

« Sentence contradictoire des requêtes du Palais, confirmant l'usage
immémorial de ne payer lods des décrets ni mi lods en la province de
Beaujolais, du dernier juin 1662. »

F⁰ 145 v⁰. — « Arrêt du Conseil d'Etat qui décharge la généralité de Lyon
du droit de franc aleu, ensemble les bourgeois de Lyon du payement du
droit de franc fief jusqu'à 50 livres de revenus, et les habitants du Beaujolais de toutes recherches de franc fief, moyennant la somme de
300.000 livres et de 30.000 livres pour les deux sols pour livre, du
17 novembre 1693. »

F⁰ 149. — « Arrêt du Conseil d'Etat portant règlement entre la Maîtrise des
eaux et forêts et le bailliage de Beaujolais, en ordonnant l'exécution en
faveur de cette maîtrise de tous les édits et déclarations, arrêts et règlements rendus en faveur des autres Maîtrises du royaume, du 6 août
1737. »

F⁰ 153 v⁰. — « Liste des membres de l'Académie de Villefranche » (v.
ci-après, p. 435).

F⁰ 158 v⁰. — « Testament de Jean Ponceton, seigneur de Laye, du 21 juin
1675. »

F⁰ 160. — « Testament olographe de Mʳ Philibert Dubois, juge d'Amplepuis, au profit dud. hôpital de Villefranche, du 1ᵉʳ février 1717. »

F⁰ 161. — « Union de trois prébendes fondées dans la chapelle de la Croix étant dans l'église de Villefranche et translation du service de lad. chapelle dans celle dud. hôpital, avec cession du droit de patronage aux sʳˢ recteurs dud. hôpital, du 11 octobre 1671. »

F⁰ 163. — « Présentation d'un prébendier de la Croix à Mgr l'archevêque, extrait des registres des délibérations du Conseil des pauvres de la Charité de Villefranche, 21 décembre 1671. »

F⁰ 163 v⁰. — « Institution du sʳ chapelain (Antoine Cusin) par Mgr l'archevêque de Lyon, 31 décembre 1671. »

F⁰ 164. — « Lettres patentes de Louis XV en faveur de l'hôpital de Villefranche, du mois d'avril 1721. »

F⁰ 165 v⁰. — « Statuts de l'académie royale de Villefranche en Beaujolais. » — A la suite on lit : « Ces règlements furent mis en 1725 (?) sous le contreseel des lettres patentes accordées par Louis XV, on y joignit aussi la liste des académiciens de ce temps ; les règlements sont un peu plus amples que ceux qui furent lus à l'assemblée publique de 1680 et les différences qui s'y trouvent sont peu de chose. » — (Cf. A. Besançon, *l'Académie royale de Villefranche*, Villefranche, 1905, p. 108.)

F⁰ 166 v⁰. — « Lettres patentes de Louis XIV portant établissement d'une académie royale à Villefranche en Beaujolais, du mois de décembre 1695. » — (Cf. *ibid.*, p. 105.)

F⁰ 167 v⁰. — Lettres patentes de Louis XV confirmant celles de Louis XIV pour l'érection de l'académie royale de Villefranche, du mois de mars 1728. » — (Cf. *ibid.*, p. 107.)

F⁰ 168 v⁰. — « Bulla antiqua concessa per eminentissimos dominos Sanctæ Romanæ ecclesiæ cardinales infra nominatos in gratiam capellae hospitalis Beatæ Mariæ de Ronceval, anno 1521. » — (Cf. Louvet, II, p. 486.)

F⁰ 170. — « Testament de messire Nicolas Gay, vivant docteur en théologie, prêtre curé recteur de l'église de Notre-Dame des Marais de Villefranche, du 16 août 1643. »

F⁰ 174. — « Arrêt d'enregistrement des lettres patentes accordées à l'hôpital au mois d'avril 1721, 24 juillet 1723. »

F⁰ 174 v⁰. — « Arrêt du Parlement qui ordonne main levée de l'opposition formée par les curé, recteurs et administrateurs, manans et habitans de Reneins, à l'enregistrement des lettres patentes portant réunion de l'hôpital de Reneins à celui de Villefranche et en ordonne l'enregistrement, du 6 août 1749. »

F⁰ 175 v⁰. — « Arrêt du Parlement pour l'enregistrement des lettres patentes
de Louis XV du mois d'août 1736, portant union et incorporation des
biens revenus et droits de l'hôpital et hôtel-Dieu de Reneins à ceux de
l'hôpital et hôtel-Dieu de Villefranche, du 6 septembre 1749. »

F⁰ 177. — « Copie de la lettre de Mʳ de Paulmy, secrétaire de la guerre à
Mʳ l'Intendant de Lyon, en date du 24 juin 1754. » — En marge, on lit :
« Hôpitaux à qui le supplément de solde est accordé : Sᵗ-Etienne, Montbrison, Roanne, Villefranche, Tarare, Feurs. Tous les états qui seront
portés par les autres hôpitaux doivent être rejetés. »

A part quelques lacunes, dont la plus regrettable est l'extrait des mémoires de Favre, on possède actuellement le travail de Trolieur de La Vaupierre tel qu'il devait être au moment
où il pensait à le faire imprimer : la première partie en quatorze chapitres, sur le Beaujolais en général, ses origines, celles
de ses seigneurs ; la seconde, chronologie historique des seigneurs de Beaujeu ; la troisième, la plus importante, consacrée à la ville de Villefranche ; un fragment de la cinquième,
précédé d'une préface (p. 355), qui peut s'appliquer aussi aux
preuves, et ces preuves tout au moins en partie.

Tel qu'il se présente, l'ouvrage est loin de mériter l'appréciation si dure de l'intendant de La Michodière, qui estimait
peut-être que le titre d'académicien implique le talent hors de
pair ; si les deux premières parties ne font que marquer un
progrès sur Louvet, la troisième est particulièrement précieuse
pour l'histoire de Villefranche, de ses monuments, de ses
institutions.

Lyon, 18 février 1919.

G. G.

Procès-verbal de nomination de six personnes à présenter au duc d'Orléans pour deux postes d'échevins.

19 décembre 1734.

Cejourd'huy dix-neuf décembre mil sept cent trente quatre, sur l'heure de deux de relevée, dans l'hôtel commun de ladite ville de Villefranche, par billets et au son de la cloche, assemblée a été convoquée par messire Jacques-François-Marie Mignot, chevalier, seigneur de Bussy, lieutenant général civil, criminel, maire et gouverneur de ladite ville, pour procéder à la nomination de six sujets pour être présentés à son Altesse Sérénissime monseigneur le duc d'Orléans, sire et baron du Beaujollois, au lieu et place de messieurs Samoel et Perrin, pour les années 1735 et 1736, à laquelle assemblée a présidé mondit sieur Mignot et où étoient messieurs Perrin, Bessie de Montauzan, et Aubry, échevins, dans laquelle assemblée étoient aussy messieurs Noyel, assesseur criminel, de Bussières conseiller, Cochard, avocat, Perrin, commissaire aux saisies réelles, Donzy, apoticaire ; Renard, Morel, Louis Jacquet, ex-consuls ; Samoel, procureur ; Pesant, commissaire en droits seigneuriaux et Meyssonnier, greffier du baillage.

S'ensuivent les confréries :

Ste Anne : André Corbey, Jean Duchamp, Jean Royé.

St Sébastien : Pierre Chamerat, François Bressant, Jean Lanfret (?).

St Crépin : Antoine Laplatte, Claude Dumoulin, David Champale.

St Jacques : Jacques Bonjour, Charles Luisier, Antoine Lacolonge.

St Honnoré : Jean Devignole, Claude Picard, Joseph Manis.

St Joseph : André Caillot, Jean Prouton, François Camus.

St Eloy : Claude-Marie Masson, Louis Falconnet, Dominique Convers (?).

St Simond : Gaspard Lacroix, Jean Duchamp, Jean-Baptiste Collet.

M. Delafont de Pougelon, avocat du roy et de son Altesse Sérénissime au baillage de Beaujollois, a requis la nomination de six sujets qui doivent être présentés à sadite Altesse pour troisième et quatrième échevins pour les années 1735 et 1736 et que les suffrages de tous les officiers, bourgeois et notables soyent receuillis pour, iceux ouis, être procédé à la pluralité des voix à l'élection des échevins.

DELAFONT POUGELON.

Sur quoy nous, lieutenant général audit baillage, avons ordonné qu'il sera procédé présentement à ladite élection suivant l'ordre et le rang des vocaux, ensuite, tous les vocaux assemblés et à la pluralité des voix ont nommés pour premier échevin du premier ordre M. Trollieur de la Vaupière, conseiller au baillage ; pour second échevin du même ordre M. Gauthier, avocat, et pour 3ᵉ dud. ordre M. Cusin, avocat. Et, pour premier échevin dans le second ordre M. Jean-Baptiste Cusin, procureur ; pour second du même ordre M. Théodore Ducroux, procureur, et pour 3ᵉ du même ordre Emé Rollet, aussy procureur, tous lesquels, dans les rangs cy-dessus exprimés, ont eu chacun quarente six voix qui composoient toute l'assemblée, desquelles nominations et pluralité des voix, ouy ledit sieur avocat du roy, avons donné acte et dressé le présent procès-verbal pour être envoyé à son Altesse Sérénissime et ont tous messieurs signés.

MIGNOT, PERRIN, AUBRY.

(*Archives de Villefranche, BB 9, fᵒ 240.*)

II

Acte de réhabilitation de mariage de Jacques-Guillaume Trolieur de La Vaupierre avec Françoise Guillaumet.

20 juin 1737.

Le vingtième juin mil sept cent trente sept, en vertu de la dispense de trois bans donnée par Monseigneur l'archevêque de Lyon, le sixième du présent, signée, contresignée Carrier, secrétaire, scellée, et du consentement d'Angélique-Constance Billard, veuve Trolieur, du vingtième mars dernier, contenu en sa lettre missive dudit jour à Jacques-Guillaume Trolieur, écuyer, son fils, par luy certifiée, pour réhabiliter le mariage fait à Vienne, en la chapelle du Sᵗ-Esprit, église de Sᵗ-André-le-Bas, le vingtième août de l'année dernière, ainsy qu'il apparoit par l'extrait signé Bernard, présents quatre témoins, et lequel mariage fut précédé des articles et

promesses d'entre les parties, du trentième juin de ladite année mil sept cent
trente six, d'une publication à la messe paroissiale de St-Martin des Costes,
du vingt deux juillet de la même année, des dispenses de deux bans, avec
permission d'épouser en quelque église, à quelque heure et par quelque
prestre que ce fut, donnée à Vienne, le troisième du même mois d'aout
1736, signées de Grassin, vicaire général ; en vertu aussy d'autres dispenses
du dix neuf décembre dernier signées de Grassin, vicaire général, Forel,
secrétaire, scellées du sceau archiépiscopal, je soussigné, vicaire de la
paroisse de Belleville n'ayant découvert aucun empêchement civil ny canonique, ay donné la bénédiction nuptiale audit Jaques Guillaume Trolieur,
écuyer, sieur de La Vaupierre, conseiller au bailliage de Beaujolois, et à
demoiselle Françoise Guillaumet, parties dénommés dans les susdites dispenses des dix neuf décembre dernier et sixième du présent mois de juin et
actes cy dessus mentionnés, pour satisfaire auxdites dispenses, lesdites parties dûment autorisées, dans l'église de Belleville, avec les cérémonies
accoutumées, en présence de Jean-Aymé Berthellon des Brosses, écuyer,
ancien procureur général de Son Altesse au Parlement de Dombes, de sieur
François Madelenas, controlleur aux aydes, de Bonaventure Poncet, serru-
rier, demeurants audit Belleville, présent aussy Jean-Marie Aldebœuf de
Villeneuve, écuyer, substitut du procureur général du Parlement de
Dombes, de présent dans sa maison à Belleville, témoins signés avec les
parties et le père de l'épouse.

<table>
<tr><td>TROLIEUR DE LA VAUPIERE.</td><td>F. GUILLAUMET.</td></tr>
<tr><td>GUILLAUMET.</td><td>DE VILLENEUVE.</td></tr>
<tr><td>DE BROSSE.</td><td>MAGDELENA. PONCET.</td></tr>
<tr><td colspan="2" align="center">J.-B. CHABAL, vicaire.</td></tr>
</table>

(Registres paroissiaux de Belleville, 1735-1746, f° 56 v°.)

III

Lettre et Mémoire de Trolieur de La Vaupierre à M. de Malesherbes.

4 février 1759.

Monseigneur,

J'ay joint à cette lettre un mémoire instructif au sujet de la grâce que je
prends la liberté de demander à Votre Grandeur de m'accorder un censeur à
Lyon, ou choisi par monseigneur de La Michodière, intendant à Lyon, pour

les Mémoires du Beaujollois que je me propose d'y faire imprimer par le sieur Aimé de La Roche ; je me flatte des attestations favorables des personnes en places qui ont lus *(sic)* mon ouvrâge et qui l'ont approuvés et du Prince même qui me permet de le luy dédier. Ce seroit abuser de vos mômens que de m'étendre davantâge, permettés moy de me dire avec respect

Monseigneur
de Votre Grandeur

le très humble et très obéissant serviteur.
TROLIEUR DE LA VAUPIERRE,
conseiller au bailliage de Beaujolois.

A Villefranche, ce 4 février 1759, Beaujollois.

(Bibl. Nat. français 22.147, f° 167, pièce 130.)

Villefranche en Beaujollois.

Mémoire à Monseigneur de Malesherbe.

Monseigneur,

Le sieur Trolieur de la Vaupierre, conseiller du roy au bailliage de Beaujollois et de l'Académie royale des sciences et beaux-arts de Villefranche, entreprit, il y a cinq ans, d'écrire les Mémoires pour servir à l'histoire du Beaujollois et en a lû la plus grande partie à l'Académie. Monsieur Berthin, actuellement lieutenant général de police à Paris, ayant lû les trois premières parties de ces Mémoires, engagea l'autheur à continuer son ouvrage et à y joindre les titres et documens pour en former les preuves ; l'autheur s'est conformé aux intentions de monsieur Berthin, alors intendant à Lyon et a fini son ouvrage composé de deux volumes in quarto manuscripts, contenant onze cent pages avec les tables. Le sieur Trolieur, désirant le dédier à S. A. S. Mgr le duc d'Orléans, sire et baron du Beaujollois, pria Monsieur l'abbé de Breteuil, son chancellier, de présenter au Prince la lettre en forme de dédicace qu'il prenoit la liberté de luy écrire en luy demandant l'agréement de la faire paroître à la tête de son livre. Le prince accorda cette grâce, suivant la lettre de son chancellier, du 15 février 1758, dont coppie sera cy après. Le sr Trolieur pria, en même tems, Monsieur de Breteuil d'examiner son manuscript et même d'y faire les remarques qu'il jugeroit convenables. Monsieur de Breteuil a lu l'ouvrage et a marqué à l'autheur qu'il étoit persuaddé qu'il réussiroit, sa lettre est du 20 may de l'année dernière et sera jointe au mémoire. L'autheur a fait revenir son manuscript de Paris et ne l'a pas voulu livrer au s^r Aimé de la Roche, imprimeur libraire à Lyon, qu'après l'avoir présenté à monsieur Delamichaudière, intendant de Lyon, mais comme il convient, auparavant d'obtenir le privilège pour l'impression, de faire passer l'ouvrage à la censure et que de renvoyer à Paris le manuscript et le faire revenir, ces deslais retarderoient de beaucoup l'impression, le sieur Trolieur de la Vaupierre supplie Monseigneur de Malesherbe de voulloir bien luy donner un censeur à Lyon, ou au choix de Monsieur l'intendant, par ce moyen l'ouvrâge paroitroit en public plus promptement. Cette promptitude seroit d'autant plus favorable à l'autheur que, son ouvrage connu, et l'avis au public qui y est en tête, pourroit luy procurer des mémoires pour la partie topographique du Beaujollois qu'il espère renfermer dans un troisième tôme et où le commerce de chaque paroisse, l'agriculture et l'histoire naturelle se trouveront détaillés. L'autheur se flatte de cette grâce auprès de Monseigneur, assuré que Mrs de Breteuil, Berthin et Delamichodière donneront un témoignage avantâgeux de l'ouvrage, il ne cessera de prier pour la santé et la prospérité de Sa Grandeur.

TROLIEUR DE LA VAUPIERRE.

Lettre de monsieur l'abbé de Breteuil à Mr Trolieur de la Vaupierre, du 15 février 1758.

J'ay remis, M^r, à Mgr le duc d'Orléans la lettre que vous avez pris la peine de m'adresser, le Prince l'a lû et approuve que vous la mettiez à la tête de votre ouvrage, dont l'objet me paroist utile ; je le lirai d'abord que mes occupations me le permettronts (*sic*), je vous prie d'être persuaddé de tous les sentimens avec lesquels je suis, M^r, vôtre très humble et très obéissant serviteur.

Signé : l'abbé de Breteuil.

Lettre du même, du 20 may 1758, au même.

Je n'ai pas pu lire, M^r, vos mémoires avec assés de suitte et d'attention pour y faire aucune remarque, mais je suis persuaddé qu'ils réussiront, je le désire, et suis très véritablement, M^r, vôtre très humble et très obéissant serviteur.

Signé : l'abbé de Breteuil.

(Bibl. Nat. français 22.147, f° 166 r° et v^o, pièce 129.)

IV

Lettre de l'intendant de La Michodière à M. de Malesherbes.

A Lyon, 6 février 1759.

Monsieur,

J'ay l'honneur de vous envoyer une lettre qui vous est écrite par un conseiller au baillage de Villefranche qui désire faire imprimer une histoire du Beaujollois et qui souhaiteroit être dispensé d'envoyer son manuscrit à Paris, y étant si attaché qu'il ne voudroit pas le perdre de vue, il craint d'ailleurs qu'un censeur de Paris qui ne le connoitroit pas luy gardat long-tems son livre. Cette crainte peut avoir quelque fondement. Le peu que j'ay lu de ce manuscrit m'ayant paru très mal écrit et peu intéressant, l'auteur fera, suivant les aparences, un aussi mauvais présent à son libraire qu'au public. Si vous voulés avoir la bonté de nommer un censeur à Lyon, l'abbé Perneti, qui n'a pas des occupations bien importantes, pourroit en être chargé et il se feroit honneur de la commission.

M. Noverre qui est engagé avec la commédie de cette ville pour faire les ballets et qui s'est attiré une grande réputation dans ce genre de spectacles a composé une petite brochure sur la danse, si vous voulés nommer M. Bourgelat pour censeur de cet ouvrage vous éviteriés à l'auteur des frais de copie et le s^r Noverre auroit la satisfaction de voir son travail publié dans peu de tems. Ce Noverre est un homme unique dans son genre et il n'est pas fâché de s'entendre apeller le Voltaire de la danse.

Je suis avec respect,
Monsieur,

Votre très humble et très obéissant serviteur.

Delamichodière.

(Bibl. Nat. 22.147, ff. 168, 169, pièce 131.)

V

Lettre de Bertin à M. de Malesherbes.

A Paris, le 12 février 1759.

Monsieur,

Le sieur Trolieur de La Vaupière, autheur de mémoires pour servir à l'histoire du Beaujolois, me demande ma recommandation pour obtenir de vous,

Monsieur, un censeur à Lyon, pour l'examen de cet ouvrage, je vous seroy infiniment obligé si vous voulez bien luy accorder cette grâce.

Je suis avec respect,
   Monsieur,

        Votre très humble et très obéissant serviteur.
            BERTIN.

M. de Malherbes (*sic*).

(Bibl. Nat. 22.147, f° 170, pièce 132.)

VI

Minute de la lettre de Malesherbes à l'intendant de La Michodière.

        A Passi, ce 19 février [1759].

J'ay l'honneur de vous envoyer, Monsieur, des billets de censure en blanc pour les ouvrages auxquels vous vous intéressés. Ils ne peuvent estre mieux qu'entre les mains de Mrs Pernetti et Bourgelat.

L'ouvrage de M. Novere estant pressé et peu considérable, je crois qu'une permission tacite suffira, sans attendre les longueurs du sceau, et cette permission n'ayant point de forme juridique, ce que vous dirés au libraire doit luy suffire.

Quant à l'histoire du Beaujolois, la matière est bien assés importante pour un privilège et il faudra que le libraire de Lion charge son correspondant à Paris de le solliciter et de le lever. Cependant ce privilège a encore un inconvénient, c'est que dans ces histoires de province il se trouve quelquefois des traits relatifs au droit public qui ne font aucun mauvais effet dans un livre qui n'est pas approuvé publiquement et qui feroient du bruit si on les voyait avec l'approbation d'un censeur (d'ailleurs M^r le duc d'Orléans seroit peut être fâché qu'on n'eut pas pris son attache avant de permettre expressément l'histoire d'une province dont il est seigneur ¹), par (toutes ces) cette considération je ne sçais pas s'il ne vaut pas mieux donner encore à cet auteur une permission tacite, sauf à luy donner un privilège par la suite, quand le livre aura fait son effet dans le public.

Adieu, Monsieur, vous connoissés (tout mon) l'inviolable attachement avec lequel j'ay l'honneur d'estre

M. de la Michaudière, intendant de Lion.

(Bibl. Nat. français 22.147, f° 171, pièce 133.)

---

1. Les passages entre () biffés.

VII

Extraits des registres des Insinuations.

1760.

Du treize aoust 1760, a été controllé le contrat de vente de fonds, domaine et vignoble situé à Anse consenti par M. et Madame de la Vaupière, demeurant à Villefranche, au profit de sieur David Reynard et son épouse, demeurant à Villefranche de la somme de quarente mil livres, compris le mobilier, passé devant Mᵉ Pein, notaire, le 9 dudit et a été reçu quatre vingt une livres.. 8r l.

Ledit acte contenant don d'une pension viagère de quinze cents livres au denier dix, consenty par ledit sieur de la Vaupière, au profit de ladite dame son épouse, contenant autorisation, reçu cinquante six livres....... 56 l.

Il n'est point dû de droit d'autorisation.

(Arch. du Rhône. — Contrôle des actes des notaires, élection de Villefranche, bureau de Villefranche, 1760, fᵒ 55 vᵒ.)

Du 13 dudit (aoust 1760).

Don d'une pention viagère de quinze cent livres au denier dix, par M. Troilleur de la Vaupierre à Madame Françoise Guillaumet, son épouse, par le contrat de vente qu'ils ont passés à sieur David Reynard, d'un domaine et vignoble à Anse, le 9 de ce mois, par devant Mᵉ Pein, notaire, reçu cinquante livres.. 50 l.

(Arch. du Rhône. — Registre d'insinuations, élection de Villefranche, bureau de Villefranche, 1759-1764, fᵒ 13 vᵒ.)

VIII

Acte de sépulture de J.-G. Trolieur de La Vaupierre.

29 septembre 1760.

Jaque-Guillaume Trolieur de La Vaupiere, conseiller du roy au bailliage, âgé d'environ 53 ans, mort le vingt-neuf septembre mil sept cent soixante, après avoir reçu les sacrements, a esté inhumé dans l'église des révérands

Pères Cordeliers, avec les cœrémonies de l'église, après avoir été présanté par nous soussigné chantre et chanoine dans l'église parroissiale de cette ville, en présence de messieurs les chanoines de ladite église qui y ont esté apelé, témoins sieurs Jaque et Benoît Rosier.

Pilliet, chantre.

(Arch. de Villefranche, registres paroissiaux GG 38 f° 415.)

IX

Extraits des registres des Insinuations.

1760-1761.

Du onze dudit (Octobre 1760).

Le testament mistique de M. Jacques-Guillaume Troilleur de la Vaupierre, conseiller au bailliage de Villefranche, au proffit de dame Françoise Guillaumet, son épouse, du 25 septembre dernier, reçu trente livres, cy. 30 l.

(Arch. du Rhône. — Registre d'insinuations, élection de Villefranche,
bureau de Villefranche, 1759-1764, f°s 14 v°-15.)

Du onze dudit (octobre 1760), a été controllé le testament mistique consenti par M. Jacques Guillaume Troilleur de la Vaupière, conseiller au bailliage de Beaujollois, au profit de dame Françoise Guillaumet, son épouse, le 25 septembre dernier, reçu trente livres.............. 30 l.

(Ibid. — Contrôle des actes des notaires, élection de Villefranche,
bureau de Villefranche, 1760, f° 71.)

Dudit jour (deux janvier 1761), a été controllé la procuration en blanc, en brevet pour agir, consenti par la dame Guillaumet de la Vaupière, demeurant à Villefranche.

Passé devant Roujon ?, notaire, ledit jour reçu dix sols.......... 10 s.

(Arch. du Rhône. — Contrôle des actes des notaires, élection de Villefranche,
bureau de Villefranche, 1761, f° 1.)

X

Acte de sépulture de Françoise Guillaumet, veuve de J.-G. Trolieur de La Vaupierre.

6 janvier 1772.

Le six janvier mil sept cent soixante douze, dame Françoise Guillomet, veuve de Mre Trollieur de la Vaupierre, conseiller au baillage, décédée hyer, agée de environ 75 ans, a été inhumée au cimetière de cette parroisse en présence de s^r Aimé Penet, bourgeois à Peisieux en Dombes, et de Me Joseph Gabriel Carre, vicaire de cette parroisse qui ont signé.

PENET, CARRE, LIÈVRE, curé.

(Arch. du Rhône. — Doubles des registres paroissiaux de Villefranche, 1766-1775, f° 275 v°.)

XI

Pièces relatives à la succession de J.-G. Trolieur au siège de conseiller au bailliage.

1776.

A Monsieur Monsieur le lieutenant général et autres messieurs les officiers et magistrats en la Sénéchaussée du Beaujolois.

Supplie humblement M. Jean Thivend, titulaire de l'office de conseiller du roy en ce siège au lieu et place de M. Troilleur de la Vaupierre, qu'il vous plaise, vu la nomination faitte de sa personne par S. A. S. Mgr le duc d'Orléans au roy, le trois aoust dernier, les provisions à luy accordées par Sa Majesté le quatorze du même mois à l'office, de conseiller du roy en ce siège et l'arrêt de sa réception en la Cour audit office du quatre septembre suivant, le recevoir et installer audit office de conseiller du roy au siège, aux offres qu'il fait de se conformer aux réglements et usage dudit siège et d'entretenir et exécutter dans tous leurs contenus les transactions des huit juillet 1706 et 18 janvier 1754 passées entre les officiers du siège ensemble les délibérations de la compagnie, offrant même de donner par devant notaire, à première réquisition, acte d'adhésion en forme à la transaction dudit jour dix huit susdit 1754, et feres justice.

THIVEND.

Soit montré au procureur du roy pour ensuitte en être reféré à la Chambre, à Villefranche, le 25 novembre 1776.

GUÉRIN DE LA COLONGE.

Le procureur du roy et de son A. Mgr le duc d'Orléans en la sénéchaussée du Beaujolois, qui a pris communication de la requête et ordonnance cy-dessus énoncés et dattés, n'empêche que ledit M. Thivend soit reçu et instalé audit office de conseiller du roy au siège, pour en jouir conformément à ses provisions, lesquelles il sera tenu de faire enregistrer au greffe du siège pour y avoir recours si besoin est.

Fait à Villefranche le vingt cinq novembre mil sept cent soixante et seize.

CHATELAIN DESSERTINE.

Depuis et en référant, vu par nous,

Nous avons ordonné que mondit sieur Jean Thivend, est et demeure reçu et instalé en l'office de conseiller du roy et de S. A. S. monseigneur le duc d'Orléans, au siège, pour en jouir conformément à ses provisions, à la charge par mondit sieur Thivend, suivant ses offres, d'entretenir et exécuter dans tous leurs contenus les transactions des huit juillet 1706 et dix-huit janvier 1754 passées entre les officiers du siège, ensemble les délibérations de la compagnie, comm'aussy de se conformer aux réglements et usage du siège et de passer par devant notaire, à première réquisition, acte d'adhésion en forme de ladite transaction dudit jour du 18 janvier 1754, desquelles transactions et délibérations il a pris lecture et déclaré avoir une parfaite connoissance, ordonné en outre que lesdites nomination, provisions et arrêt de réception seront enregistrés en notre greffe pour y avoir recours si besoin est, et a ledit M. Thivent, signé. Fait à Villefranche en la Chambre du Conseil le vingt cinq novembre mil sept cent soixante et seize.

GUÉRIN DE LA COLONGE, THIVEND, ROLAND DE LA PLATIÈRE,
VAIVOLET, CLERJON.

Lettres de présentation au roy de la personne de Me Jean Thivend pour l'office de conseiller du roy, civil et criminel en la sénéchaussée de Villefranche.

Louis Philipe d'Orléans, premier prince du sang, duc d'Orléans, de Vallois, de Chartres, de Nemours et de Monpensier, comte de Vermandois et de Soissons, à tous ceux qui ces présentes lettres verront, salut, sçavoir faisons que pour les bons témoignage qui nous ont été rendus de Me Jean Thivend, avocat au Parlement, et de ses sens, suffisance, capacité et expérience, nous, pour ces causes et autres, à ce nous mouvans, l'avons, par ces présentes, signées de notre main, nommé et présenté, nommons et présentons au roy, notre très honoré seigneur, pour l'office de conseiller de sa majesté et le notre au bailliage et en la sénéchaussée de Villefranche en Beaujolois, que tenoit et exerçoit Mu Guillaume-Jacques Troïlleux de la Vaupierre, dernier pourvu d'icelui, présentement vacant par son décès; pour, ledit office avoir, tenir et dorénavant exercer et jouir et user par ledit sieur Thivend aux honneurs, autorités, prérogatives, privilèges, franchises, libertés, gages, droits, fruits, proffits, revenus et émoluments y apartenant, tel qu'en a joui ou dû jouir ledit feu sieur Troilleux, pourvu néantmoins que ledit sieur Thivend fasse profession de la religion catholique, apostolique et romaine, qu'il ait l'âge prescrit par les ordonnances et qu'il n'ait dans ledit siège aucun parent ni allié au degré prohibé par les ordonnances, supliant très humblement sa majesté d'avoir pour agréable notre présente nomination et suivant icelle, ordonner que toutes lettres et provisions sur ce nécessaires soient expédiées et délivrées en vertu des présentes, auxquelles nous avons fait mettre notre scel. Donné à Villerscotteret le trois aoust mil sept cent soixante et seize, signé : L. Phil. d'Orléans, et sur le replis par monseigneur Lemoine de Bellisle, et sur le revers : registré ès registres de l'audience par nous soussignés conseiller, audiencier et garde des rolles de la chancellerie de S. A. S. monseigneur le duc d'Orléans, le sceau tenant, le neuf aoust mil sept cent soixante et seize, signé Cervin, duement scellé en cire rouge molle.

Louis, par la grâce de Dieu roy de France et de Navarre, à tous ceux qui ces présentes lettres verront, salut. Sçavoir faisons que pour la pleine et entière confiance que nous avons en la personne de notre cher et bien amé le sieur Jean Thivend, avocat en parlement, et de ses sens, suffisance, probité, capacité et expérience, fidélité et affection à notre service, pour ces causes et autres, en agréant et confirmant la nomination qui nous a été faitte de sa personne par notre très cher et bien amé cousin le duc d'Orléans, premier prince de notre sang, nous lui avons donné et octroyé, donnons et octroyons par ces présentes l'office de conseiller au bailliage et sénéchaussée de Villefranche en Beaujolois que tenoit et exerçoit le sieur Guillaume-Jaques Troilleux de la Vaupierre, vacant par son décès, aux revenus casuels de notredit cousin, pour, ledit office avoir, tenir et dorénavant exercer, en jouir et user par ledit sieur Thivend aux honneurs, pouvoirs, libertés, fonctions, autorités, privilèges, droit, exemptions, franchises, prérogatives, impunité, prééminence, rang, scéances, fruits, proffits, revenus et émolument dudit office apartenant tel et tous ainsi qu'en a joui ou dû jouir ledit sieur Troilleux de la Vaupière et que en jouissent ou doivent jouir les pourvus de pareils offices, pourvu toutes fois que ledit sieur Thivend ait atteint l'âge de vingt cinq ans accomplis requis par les ordonnances, suivant son extrait baptistaire du trente mars mil sept cent vingt huit dueument légalisé, et qu'il n'ait dans le nombre des officiers dudit siège aucun parent ni allié aux degrés prohibés par les réglements, suivant le certificat ci avec ledit extrait baptistaire, à peine de perte dudit office, nullité des présentes et de sa réception. Si donnons en mandement à nos amés et féaux conseillers, les gens tenants notre Cour de Parlement à Paris que, leur étans aparus de bonne vie, mœurs, âge susdit de vingt cinq ans accomplis, conversation et religion catholique, apostolique et romaine dudit sieur Thivend et de lui pris et reçu le serment requis et accoutumé, ils le reçoivent, mettent et instituent de par nous, en possession dudit office et en fassent jouir et user pleinement et paisiblement et lui fassent obéir et entendre de tous ceux et ainsy qu'il appartiendra ès choses concernant ledit office. Mandons en outre à nos amés et féaux conseillers, les présidents et trésoriers de France et généraux de nos finances à... que par les trésoriers receveurs, payeurs et autres comptables qu'il appartiendra et des fondés à ce destiné, ils fassent payer et délivrer comptant audit sieur Thivend, dorénavant par chacun an, aux termes et en la manière accoutumée, les gages et droits audit office apartenans, à commencer du jour et datte de sa réception, de laquelle raportant copie collationnée ainsy que des présentes pour une fois seulement avec quittances de lui sur ces surfisantes (?) nous voulons lesdits gages et droits être passé et alloué à la dépense de ceux qui en auront fait le payement par nos amés et féaux conseillers les gens de nos comptes à Paris auxquels mandons ainsy le faire sans difficultés, car tel est notre plaisir. En témoins de quoy nous avons fait mettre notre scel à cesdites présentes. Donné à Paris le quatorzième jour d'aoust l'an de grâce mil sept cent soixante et seize, et de notre règne le troisième. Sur le replis est écrit : par le roy, signé Labalme et plus loing est écrit : ledit Jean Thivend, dénommé ès présentes lettres, a été reçu à l'office y mentionné, fait le serment accoutumé et juré fidélité au roy, suivant l'arrêt de ce jour, à Paris, en Parlement, le quatre septembre mil sept cent soixante et seize, signé Ysabeau, et sur le revers est écrit : enregistré au controlle, le 14 aoust 1776, signé Mangot, déposé aux minuttes le 4 aoust 1776, signé Lebeuf.

Extrait des registres du Parlement :

Ce jour M. Chabenat de Bonneuil, conseiller du roy, président en la deuxième Chambre des enquêtes, a dit, avec maitre Anjorrant, conseiller à la Cour, que suivant l'arrêt de renvoy du trente aoust dernier, maitre Jean Thivend, avocat à la Cour, pourvû, sur la nomination du duc d'Orléans, de l'office de conseiller du roy au bailliage et sénéchaussée de Villefranche, a été examiné en ladite Chambre, trouvé suffisant et capable, même digne de plus grande charge et à l'instant ledit sieur Thivend, mandé, a fait le serment en tel cas requis et accoutumé, juré fidélité au roy et a été reçu audit office. Fait en Parlement le quatre septembre mil sept cent soixante et seize. Collationné, signé Aufranc.

Enregistré par le greffier soussigné, à Villefranche le 25 novembre 1776.

BARNAT.

(Arch. du Rhône. — Registre de réceptions des officiers de la Sénéchaussée,
1768-1790, f°s 70 v°-71 v°.)

MÉMOIRES

POUR SERVIR A L'HISTOIRE DU BEAUJOLAIS

dédiés à son Altesse Sérénissime Monseigneur le duc d'Orléans, premier prince du sang, sire et baron du Beaujolais, par M. TROLIEUR DE LA VAUPIERRE, conseiller au bailliage de Villefranche, de l'Académie royale des Sciences et Beaux-Arts de la même ville.

A

SON ALTESSE SÉRÉNISSIME

MONSEIGNEUR LE DUC D'ORLÉANS

PREMIER PRINCE DU SANG, BARON DE BEAUJOLAIS.

MONSEIGNEUR

Que votre Altesse Sérénissime me permette de lui offrir les Mémoires sur la province du Beaujolais, une des plus grandes baronnies du royaume, au nombre de vos terres patrimoniales. Dans les mains des plus illustres princes de la couronne, depuis plusieurs siècles, elle a le précieux avantage de vous avoir pour son seigneur ; que ne doivent pas faire vos vassaux et vos officiers pour mériter vos regards. Un des plus attachés à votre maison s'efforce par ces Mémoires à vous prouver son zèle, c'est dans cet esprit que j'espère que mon travail vous agréera. Vos droits, les privilèges de la province, vos illustres prédécesseurs, les principaux titres qui concernent et la baronnie et sa capitale rendront témoignage, aux yeux du public, que cette riche portion de l'État mérite qu'on la fasse connaître particulièrement. La singulière protection de votre maison, celle de nos souverains la distinguent et l'il-

4

lustrent, puissants motifs qui m'animent, en faisant fonction de bon citoyen, à prouver que tous mes moments je les dois à me montrer un de vos zélés officiers, heureux si votre goût pour la littérature et pour tous les ouvrages frappés au bon coin ne rejette pas le fruit de mes veilles. Sous votre nom ces Mémoires pour servir à l'histoire du Beaujolais *ne peuvent que devenir précieux ; que Votre Altesse me fasse la faveur de le laisser paraître à la tête de mon livre, j'attends un regard bienfaisant et suis avec le plus profond respect,*

MONSEIGNEUR,

DE VOTRE ALTESSE,

le très humble, très obéissant et soumis serviteur,
TROLIEUR DE LA VAUPIERRE.

AVIS

Ces mémoires doivent contenir cinq parties et si l'on ne donne au public que les trois premières c'est que l'auteur, outre les instructions qu'il a pu recueillir pour les deux dernières, attend des secours capables d'enrichir son ouvrage; la quatrième partie doit renfermer l'état topographique des villes, bourgs, villages, paroisses, hameaux et châteaux de la province de Beaujolais. On s'aperçoit aisément que pour traiter cette matière dignement il faut des connaissances particulières de chaque endroit; l'auteur est dans l'impossibilité de se transporter dans plus de cent vingt paroisses que renferme le Beaujolais, il attend donc des secours de tous ceux qui s'intéressent à la description exacte des lieux qu'ils habitent; il supplie, par cet avis, messieurs les seigneurs possesseurs des châteaux et des fiefs du Beaujolais de l'instruire sur les titres anciens ou modernes de leurs possessions, sur leurs droits, l'étendue de leur justice, sur le temps de leurs acquisitions et sur l'ancienneté de leurs familles. Messieurs les curés sont invités pareillement à lui faire part de leurs observations sur les patrons collateurs de leurs bénéfices, sur leurs dîmes, leurs novales, l'ancienneté de leur église, les chapelles rurales, le nombre de leurs paroissiens, sur la nature des fruits que leurs paroisses produisent, sur les rivières qui les traversent, sur le commerce de leurs habitants, leurs paquerages et leurs bois communaux.

Il invite aussi les chapitres et les communautés régulières et séculières, les recteurs des hôpitaux, les sociétés ecclésiastiques, les prieurs et les religieux de lui faire parvenir des mémoires exacts de leurs fondateurs, de leur ancien état et de leur état actuel, de leurs églises, leurs bénéfices, leurs droits, leurs seigneuries, leurs bienfaiteurs, enfin de tout ce qui est digne de remarques, chacun à leur égard.

Les administrateurs des villes et des bourgs sont aussi priés d'extraire de leurs archives les choses dignes d'établir les droits de leur communauté; enfin les physiciens et les curieux, observateurs de la nature, sont également invités d'envoyer leurs observations sur la qualité des différents terrains, des eaux minérales, des fontaines, des forêts, des plantes, des arbustes, des coquillages, des pierres et des carrières qui se trouvent en différents endroits du Beaujolais.

On espère aussi des mémoires sur les manufactures des toiles et cotons, sur celle du papier, sur les différents moulins à farines, à planches et à tan et sur les blancheries. Ces observations physiques trouveront place dans la cinquième partie de ces mémoires, de même que les additions et corrections des trois premières, sur les observations justes et critiques qu'on pourrait envoyer à l'auteur qui se fera toujours un point essentiel de profiter des avis qu'on lui donnera et de corriger les fautes de son ouvrage qu'on lui fera apercevoir. On supplie d'adresser les paquets cachetés et francs de ports à M. Trolieur de la Vaupierre, dans sa maison, quartier de la Boucherie, proche l'Hôtel de Ville, à Villefranche.

PRÉFACE

La province du Beaujolais doit son nom à l'ancien château de Beaujeu dont on ignore les fondateurs et n'a été connue sous celui de province que du temps de Guichard le Grand et sur la fin du XIIIᵉ siècle.

On ne trouvera point d'anciens historiens qui aient travaillé à l'histoire du Beaujolais et, si dans quelques auteurs, on remarque plusieurs traits qui soient relatifs à cette province, ces auteurs paraissent avoir emprunté le secours des différentes archives du Lyonnais, du Forez, du Beaujolais, du Mâconnais et des provinces circonvoisines.

Severt, dans ses *Archevêques de Lyon* et ses *Évêques de Mâcon*, parle de temps en temps du Beaujolais et, à l'occasion d'un archevêque de Lyon qu'il dit être de la famille des princes de Beaujeu, cet auteur fait la généalogie de ces seigneurs, depuis l'origine de cette maison jusqu'en l'année 1400; mais il ne faut pas suivre aveuglément son sentiment, ayant admis toutes les fables du temps et, s'il a travaillé sur quelques chartes, il s'est attaché quelquefois à la ressemblance des noms et a fait souvent paraître des enfants, à certains de ces princes qui n'ont jamais existé.

Claude Paradin, chanoine de Beaujeu, dans ses *Alliances généalogiques* imprimées à Lyon en 1561 chez de Tournes, commence à la page 983, celle de la maison de Beaujeu et a suivi le sentiment commun sur l'origine de cette maison ; ce chanoine est souvent en contradiction avec Severt et la prudence d'un historien doit concilier ces deux auteurs, soit par des titres, soit par l'histoire ; ou doit s'en écarter quelquefois entièrement.

Mais ce même Paradin, à la page 212 de son livre, est plus exact en parlant de la branche des seigneurs de Bourbon qui succéda à la maison de Beaujeu en l'année 1400. Aussi les temps étaient moins reculés, les mémoires en plus grand nombre et les faits plus récents.

Guichenon, auteur actuellement très rare, peut servir de guide dans son *Histoire de Bresse*, par rapport à plusieurs seigneurs de Beaujeu qui ont eu des alliances avec les maisons principales de la Bresse. Il décrit les guerres, les sièges et les combats particuliers entre les sires de Beaujeu et les maisons qui se prétendaient souveraines en Bresse ; mais cet historien, fort succinct sur l'origine de la maison de Beaujeu, n'entre dans le détail que par rapport aux temps auxquels ces seigneurs ont eu des alliances, ou ont fait des acquisitions dans la Bresse, dans la Dombes et dans le Franc-Lyonnais ; ce sont des faits épars qu'il faut rassembler pour en former un tout avec prudence et beaucoup de choix, mettant à l'écart les contrariétés qui se rencontrent et faisant comparaison avec les meilleures annales de la France, car on accuse Guichenon d'être quelquefois fort peu exact sur l'histoire ; il est plus suivi par rapport aux usages et coutumes de la Bresse.

N'oublions pas ici Collet dans son *Explication des statuts et coutumes de Bresse*, imprimée à Lyon en 1698. Les lettres en forme de dissertations critiques, qui sont à la tête de son ouvrage, seront de quelque utilité pour les recherches sur les pays de Beaujolais et de Bresse avant l'établissement de la monarchie française. Collet, critique sévère de Guichenon, l'a relevé dans plusieurs erreurs ; ce sont deux auteurs à comparer sur bien des choses.

Le Laboureur, dans ses *Mazures de l'Isle-Barbe*, peut instruire sur les recherches du Beaujolais ; plus elles sont anciennes et plus elles servent à éclairer l'histoire des temps que l'ignorance de plusieurs siècles a couverte d'un voile épais ; nous connaissons mieux l'histoire des monarchies anciennes par les inscriptions et les médailles que par les historiens en petit nombre de ces mêmes monarchies. L'historien, à l'exemple des abeilles, doit recueillir le miel partout où il le trouve.

La *Nouvelle histoire de Tournus*, imprimée à Dijon, en 1733, fournit divers traits sur les premiers seigneurs de Beaujeu et sur quelques-unes de leurs actions ; mais ces faits répandus rarement dans le corps de l'histoire exigent qu'on lise ce livre avec attention pour en extraire toutes les notes nécessaires à l'histoire du Beaujolais.

Mézeray n'est que d'un faible secours à l'égard de cette province ;

comme son histoire ne rappelle que les faits principaux de la France, les seigneurs particuliers du Beaujolais n'y sont nommés qu'en passant. Il ne faut pas cependant le négliger puisque tous les traits épars dans différents auteurs forment un tout qui peut éclairer et étendre l'histoire particulière.

Si l'on consulte les annalistes de la France, Nicole Gilles, dans ses chroniques, parle d'un Humbert de Beaujeu de la famille royale à l'époque de 1226.

Jean de Serres, dans son *Inventaire général de l'histoire de France*, paraît avoir copié Nicole Gilles; on y trouve deux ou trois notes qui peuvent être employées à l'égard du Beaujolais. L'*Abrégé chronologique de* M^r le Président Hénault est d'autant plus utile qu'il est sûr pour les époques et que par l'ordre et la netteté de cet ouvrage admirable il est aisé, à la date dont on a besoin, de trouver les faits historiques relatifs aux différents gouvernements de la France sous chaque race et aux révolutions arrivées dans ses différentes provinces : il s'y rencontre des passages qui concernent les sires de Beaujeu et l'histoire du Beaujolais.

L'*Abrégé de l'histoire de la souveraineté de Dombes* par le sieur Neuvéglise, professeur au collège de Thoissey, imprimée en 1696, peut d'autant mieux servir à l'histoire du Beaujolais que les princes de Beaujeu, depuis Guichard IIe, eurent des possessions dans la Dombes, et que depuis 1402, les seigneurs de Beaujolais devinrent souverains [de cette] principauté. Quoique cette histoire ait subi des critiques amères, on ne peut pas disconvenir qu'il ne s'y trouve quantité de faits tirés des actes et des chartes les plus authentiques. Elle peut servir de guide en bien des choses en faisant usage de la critique de la réponse à la critique, imprimée à Trévoux en 1698 et même des journaux des Savants de 1697 et de ceux de Trévoux de 1698 et pesant les raisons de part et d'autre on pourra se former alors un plan juste pour écrire l'histoire du Beaujolais si connexe avec celle de la Dombes.

On peut consulter les dictionnaires de Moreri et de La Martinière mais toujours avec beaucoup de défiance. Il est impossible que ces sortes d'ouvrages puissent être des guides assurés. Les fautes qu'on y remarque journellement prouvent qu'il faut toujours, autant qu'il est possible, recourir aux sources et vérifier les auteurs cités ; les dictionnaires et les almanachs multipliés forment aujourd'hui des répertoires fort imparfaits sur l'histoire, d'un grand secours à ceux qui manquent de livres et qui sont peu curieux d'approfondir les matières. Lisez et vérifiez, c'est un conseil qu'on peut donner à l'égard de ces sortes de recueils qui n'ont jamais formé de véritables savants; cependant ils peuvent être de quelque considération à l'égard du Beaujolais.

L'*Histoire de Villefranche*, par Pierre Louvet, de Beauvais, docteur-médecin, imprimée à Lyon en 1671, dédiée aux échevins de la ville, est la première histoire de cette capitale qui ait été sous presse.

André Duchesne, dans ses *Antiquités des villes*, édition de 1637, en avait parlé fort succinctement à la page 655. Claude Piquet, dans sa description des couvents de Saint-François de la province de Saint-Bonaventure, impression de 1610, en avait touché quelque chose; le père Fodéré, dans sa *Narration historique* des couvents du même ordre et de la même province, imprimée à Lyon en 1619, s'est beaucoup plus étendu sur cette ville, à la page 306; mais toutes ces descriptions trop succinctes ne parlaient qu'imparfaitement d'une ville qui demandait une étude particulière d'un citoyen zélé et capable. Il était d'autant plus facile à Louvet de travailler à l'histoire de Villefranche, que, par ordre des échevins, il avait entrepris en 1668, l'inventaire général des chartes, titres et papiers de l'hôtel de ville qu'il acheva dans l'espace de six mois. Cette histoire ne fait qu'une partie de la grande histoire du Beaujolais qu'il avait composée et dont on parlera dans peu. On y remarque plusieurs fautes par rapport aux dates, fautes certainement de l'éditeur; mais, malgré ces erreurs, elle mérite quelques égards.

Il parut, la même année, des *Mémoires contenans ce qu'il y a de plus remarquable dans Villefranche, capitale du Beaujolois*, imprimés chez Antoine Baudrand, à Villefranche, qu'on attribue au père de Bussières, jésuite, connu par plusieurs autres ouvrages. L'avertissement à la tête du livre nous apprend que les fautes qui se trouvent en grand nombre dans l'histoire de Louvet ont occasionné cet ouvrage, étayé de plusieurs titres concernant les privilèges et les droits de cette ville; ce petit in-4° contient en tout 187 pages et doit être regardé comme plus étendu et plus intéressant que l'imprimé de Louvet.

Telles sont les principales sources où l'on peut puiser des mémoires pour l'histoire du Beaujolais, sources qui sont entre les mains du public.

On pourrait encore consulter la grande *Histoire de Dauphiné* par Chorier, cette province ayant été une usurpation des anciens comtes, faite à la couronne dans des temps de troubles, Chorier fournirait d'anciennes anecdotes relatives à ces premiers temps.

Il ne faudrait pas non plus oublier l'*Histoire de la Bourgogne*, d'André Duchesne. On ne doit rien négliger lorsqu'il est question d'approfondir la vérité des faits.

Mais il est temps de passer aux anciens documents manuscrits qui peuvent être d'une grande utilité à l'historien du Beaujolais.

Les moines de l'abbaye de Belleville qui fut fondée par les princes de Beaujeu et dont l'église renferme les tombeaux de la plupart de ces seigneurs, avaient eu anciennement le soin d'écrire la généalogie et les faits principaux de la vie de ces barons du Beaujolais. Les troubles arrivés en 1561 furent l'époque de la découverte et de la perte en même temps de partie de ces titres et de la destruction des mausolées élevés à l'honneur de ces anciens possesseurs de Beaujeu. Déjà depuis l'année 1400, l'impéritie et la négligence des moines avaient laissé dans l'obscurité et la poussière des trésors qui eussent été d'une grande utilité pour l'histoire du Beaujolais et ce ne fut qu'en 1561 qu'on fit la découverte des écrits des premiers moines qui ont pu résister à l'injure du temps ; en voici l'intitulé : *Extrait du livre ou cronique trouvé au magasin de l'abaïe de Belleville du tems des troubles, l'an 1561, sans avoir trouvé le principe, à raison de la pourriture, où se trouve mentionnée l'histoire de Mrs de Beaujeu, en premier ce qui s'est pu recouvrer.* Cette chronique commence à Guichard de Beaujeu qui vivait en 1210, parle de plusieurs seigneurs de cette maison, de leurs femmes et de leurs enfants et finit à l'année 1400. On la doit regarder comme certaine sur bien des faits.

Pierre Louvet, sur la fin du dernier siècle [composa] une *Histoire du Beaujolais* en trois volumes in-folio. Le premier contient une dédicace de son ouvrage à Mademoiselle de Montpensier, et renferme six parties : la première décrit l'ancien état du Beaujolais en douze chapitres : la seconde est formée par l'état chorographique du Beaujolais, contenu en douze chapitres subdivisés en sections. La troisième renferme l'histoire du Beaujolais et de la Dombes en vingt-cinq chapitres. La quatrième traite des seigneurs du Beaujolais, des armes et du nom de

Beaujeu et contient treize chapitres. La cinquième comprend les seigneurs du Beaujolais issus de la maison des comtes de Forez et a neuf chapitres. Enfin, la sixième et dernière partie du premier volume fait l'énumération des seigneurs du Beaujolais de la famille royale de Bourbon. Les second et troisième volumes sont formés par un recueil de tous les titres qui font la preuve de son histoire.

On s'aperçoit aisément en parcourant l'ouvrage de Louvet qu'il a eu sous les yeux les titres de la chambre du trésor et des archives de l'hôtel de ville, il en cote une partie et a donné l'extrait d'un grand nombre; sa petite histoire de Villefranche, imprimée en 1671, se trouve renfermée mot à mot dans la seconde partie du premier volume de ce grand ouvrage; on ignore les raisons qui en ont empêché l'impression.

Quoique depuis 1671 il soit arrivé beaucoup de changements dans le Beaujolais et dans sa capitale, on peut regarder Louvet comme très utile en bien des choses : il a la gloire d'avoir frayé la route, mais on ne peut pas s'empêcher de le désapprouver à l'égard des généalogies qu'il donne. On y voit d'anciennes familles déprimées et des nouvelles élevées par des descendances imaginaires et fausses au vu et au su de tout le monde ; la partialité et le mensonge sont trop visibles à cet égard.

Le manuscrit original de Louvet est actuellement dans la bibliothèque de M^{rs} du collège de Thoissey et l'on en a fait plusieurs copies. Mr Bertin du Villars, avocat à Lyon, en a une ; Mr Peysson de Bacot, procureur général du présidial de Lyon, en possède également une. A l'égard du style de Louvet, il est vieilli et fort négligé et si l'on voulait mettre au jour cet ouvrage, il faudrait le refondre entièrement.

Monsieur Aubret, ancien officier au parlement de Dombes, homme laborieux, a fait une histoire de cette principauté qui a été présentée au conseil du prince. Elle est écrite avec vérité ; l'auteur a laissé ce manuscrit en mourant dans sa bibliothèque, il est actuellement dans celle de Mr de Messimy, ancien procureur général au parlement de Dombes. Comme la Dombes et le Beaujolais ont appartenu pendant plusieurs siècles au même souverain, il n'est pas douteux qu'on peut trouver dans ce manuscrit beaucoup de traits relatifs à la province du Beaujolais et Mr de Messimy se ferait sans doute un plaisir d'aider de son livre un auteur qui entreprendrait l'histoire de cette province.

On a également une histoire du Mâconnais par M. Bernard, lieutenant particulier au bailliage de Mâcon, homme de génie qui cultivait les sciences et les arts ; son manuscrit est resté également à sa mort dans sa bibliothèque qui est entre les mains d'un de ses fils. Cette province limitrophe du Beaujolais n'est pas sans raison par rapport à quelques traits d'histoire avec la nôtre : on trouverait sans doute dans ce manuscrit quelques faits intéressants qui répandraient quelque lumière sur l'ancienne maison de Beaujeu. On indique simplement ici cette source à quiconque voudrait entreprendre l'histoire du Beaujolais.

M^r d'Herbigny ayant fait, par ordre de M^r le duc de Bourgogne, des mémoires sur la généralité de Lyon, dont il était alors intendant, les présenta à ce prince lors de son passage à Lyon en l'année 1701. Ces mémoires sont d'une plume aisée et coulante et paraissent faits avec choix, comme on y traite du Lyonnais, du Forez et du Beaujolais, ce qui concerne cette dernière province se trouve répandu dans différents articles et les changements qui y sont arrivés depuis 1700 méritent l'attention de celui qui écrirait l'état actuel du Beaujolais. On y verrait depuis ce temps, les bois en parties défrichés pour y planter de la vigne, surtout sur les coteaux qui bordent la Loire et la Saône. On y verrait la récolte des blés diminuée à cause des trop nombreuses plantations de la vigne faites dans des terrains propres à faire croître ce grain si nécessaire à la vie. On pourrait voir, depuis ce temps, les chemins royaux redressés et perfectionnés ; on en verrait de nouveaux se former pour les communications des villes et pour la facilité du commerce, des ponts et chaussées élevés pour la commodité du public. Depuis 1709, les villes se repeuplent et les habitants de la campagne sont en moindre nombre à cause des milices des dernières guerres ; le peuple depuis ce temps souffre des impôts journellement augmentés ; le peu de consommation des vins ruine le particulier, soit par sa trop grande quantité, soit parce que le Mâconnais inonde la ville de Lyon de ses vins contre la disposition des arrêts du Conseil et des privilèges de la province. Il est arrivé que les impôts augmentant, les denrées ont augmenté de prix ; mais cette augmentation loin d'enrichir le particulier l'a appauvri puisqu'avec deux cents pistoles de rente il vivait, il y a cinquante ans, plus aisément qu'il ne le fait aujourd'hui avec le double.

Enfin depuis les mémoires de M^r d'Herbigny on a vu par rapport à la ville de Villefranche une augmentation de plusieurs officiers dans le bailliage, des changements considérables dans le chapitre, à cause de la réunion et de la sécularisation de l'abbaye de Joug-Dieu ; le commerce des toiles à Villefranche est devenu moins florissant depuis ce temps et celui de la montagne plus étendu : on a vu les fondations des casernes jetées et élevées jusqu'à la surface de la terre, mais interrompues malheureusement par les citoyens [1] ; on a vu enfin l'usage abusif quoiqu'ancien [de la charpille] défendu par ordre du roi [2]. Toutes ces différences et nouveautés sont autant de faits intéressants que l'historien du Beaujolais doit saisir.

Des manuscrits, on peut passer aux chartes anciennes ; quoique Villefranche ne date que depuis quelques siècles, son hôtel de ville renferme cependant des titres qui remontent presque à sa fondation. La chambre du trésor du bailliage peut aussi fournir des documents sans nombre ; celle des comptes des seigneurs de Beaujeu, établie anciennement à Villefranche, forme une collection des monuments anciens dont on ignore pour ainsi dire la valeur par l'ordre qui y manque et duquel le fermier du greffe du bailliage est chargé. La chambre des rétroactes fournirait aussi beaucoup d'instructions : on pourrait consulter les archives de Moulins, de la Dombes et du Palais royal et on pourrait trouver dans ces dépôts ce qui manquerait à la suite des actes de la chambre du trésor de la capitale du Beaujolais. Beaucoup de discernement, de patience et de recherches par le moyen de tous ces titres pourraient faire naître une bonne histoire de cette province.

---

1. * Le 11 août 1771, la municipalité de Villefranche décidait de louer le terrain « sur lequel l'on avoit anciennement projetté la construction des casernes, dont les fondations furent alors jettées » (*Archives de Villefranche BB 11 f° 93*). La délibération du 1 avril 1777 reporte à plus de quarante ans l'abandon de cette construction (*Ibid. f° 136*).

N. *Les notes sont, pour la plus grande partie, de Trolieur de la Vaupierre, celles précédées du signe * sont des éditeurs.*

2. * Droit que s'arrogeaient les habitants de Villefranche d'aller, sans l'assentiment des propriétaires, couper les blés aux environs de la ville, à Béligny, Limas, Ouilly, Gleizé, Arnas, en s'attribuant le dixième de la récolte. Cet usage fut interdit par ordonnance royale du 19 juin 1732, ordonnance enregistrée seulement en 1755 dans les registres consulaires de Villefranche (*BB 10 f° 142 v°*).

Il est beaucoup de terres dans le Beaujolais qui renferment dans leurs archives des titres et des documents fort anciens : ces actes mettraient sous les yeux des anciennes familles qui ont rendu des services à l'État et à la province ; on pourrait y trouver des faits et des anecdotes curieuses peut-être capables d'enrichir l'histoire générale de la France. Ces titres dépouillés par l'historien le dédommageraient de la peine infinie qu'il se donnerait en lui fournissant des preuves pour étayer les faits rapportés dans son histoire de la province.

Mais, après avoir puisé dans toutes les sources qu'on vient d'indiquer pour former une bonne histoire du Beaujolais, il serait nécessaire que l'historien instruit comparât le commerce ancien avec le nouveau, en fît voir les différences et les profits, et établît, en même temps, des moyens sûrs pour l'augmenter et le perfectionner ; fît sentir l'utilité des exemptions et des récompenses pour élever de nouvelles fabriques telles que le filage des cotons, telles que celles des cotonnes brochées ; ces récompenses serviraient aussi à encourager la culture des mûriers pour faire de la soie ; il faudrait qu'il entrât dans l'examen du terrain de chaque paroisse pour faire apercevoir l'utilité qu'on en pourrait retirer.

Là, les chanvres viennent en abondance ; ici les mûriers profitent et la qualité de leur feuille forme la soie plus belle que celle d'Italie. Là, les moutons ont une laine plus fine qu'en aucun autre endroit ; ici, le bétail a de gras pâturages ; là, les noyers réussissent ; ici, les châtaigniers viennent à plaisir et sans culture ; ici, les chênes profitent ; là, les pins et les sapins s'élèvent naturellement. Enfin, le vin est excellent dans certaines paroisses et les blés viennent abondamment dans d'autres.

On ferait apercevoir dans d'autres paroisses des pétrifications curieuses ; dans quelques-unes, en creusant, on pourrait peut-être trouver de la marne pour fertiliser les terres ; dans certaines, on remarquerait, sur la superficie du terrain, des grains qui annoncent des mines de fer ; dans d'autres, on trouverait des sources ferrugineuses et vitrioliques, des puits dont l'eau est d'une couleur citronnée et salutaire ; dans d'autres, on verrait des puits qui bouillonnent en certains temps.

On trouverait dans beaucoup de paroisses des plantes et des arbustes qui enrichiraient la botanique et la pharmacie et qui ne le céderaient en rien aux vulnéraires de la Suisse et du Dauphiné.

Dans certaines paroisses, on remarquerait d'anciens vestiges de châteaux et d'églises presque ignorés, on verrait, dans quelques églises, d'antiques monuments de notre religion et de la piété de nos souverains. Enfin, l'historien savant et curieux rapporterait des expériences sur la température de l'air et ferait la différence du génie des habitants de la plaine et des montagnes. Mais toutes ces observations demanderaient des soins, des détails et des peines infinies, se porter sur chaque endroit, examiner, interroger, éprouver, seraient autant d'attentions qui demanderaient du temps et une occupation presque continuelle. L'ouvrage ainsi traité par une main habile formerait une histoire complète. Il est peu de provinces qui n'aient aujourd'hui ses historiens particuliers : mais combien voit-on de ces histoires imparfaites et combien peu approchent du plan qu'on vient de tracer.

Il n'est pas cependant impossible que le siècle éclairé dans lequel nous vivons ne puisse produire un historien zélé et savant qui consacre par amour pour sa patrie, son temps, ses soins et sa fortune. Ce serait une gloire infinie pour une province de trouver un tel citoyen.

MÉMOIRES POUR SERVIR

A

L'HISTOIRE DU BEAUJOLAIS

PREMIÈRE PARTIE

CHAPITRE PREMIER

AVANT-PROPOS

L'origine du Beaujolais n'est pas de date ancienne et bien loin que l'histoire de cette province prenne sa source dans l'antiquité la plus reculée, elle ne peut tout au plus se flatter que de quatre ou cinq siècles d'écoulés depuis qu'elle a commencé à être connue sous ce nom.

Cette portion de la France, l'apanage d'une ancienne et illustre maison et le patrimoine aujourd'hui de celle d'Orléans, la plus proche du trône, mérite bien qu'on s'occupe à des recherches sur ce qui la concerne; unie à des provinces anciennes elle a renfermé dans son sein des peuples belliqueux; séparée de ces mêmes provinces, elle a eu l'avantage de donner naissance à des princes et de produire des gentilshommes utiles à l'État et aux seigneurs qui la possédaient. Elle est même aujourd'hui distinguée par le commerce et les vins qui enrichissent ses habitants. Pouvait-on ne pas fouiller dans l'histoire pour fixer l'époque de son origine et faire connaître les particularités d'une province qui forme une noble partie du plus florissant État de l'Europe?

CHAPITRE II

La Gaule transalpine, avant que d'être assujettie à la puissance
romaine, possédait une nation belliqueuse composée de divers peuples
vivant chacun sous leurs princes ou rassemblés en forme de répu-
blique. Chaque ville, chaque cité, chaque canton avait ses coutumes
et ses lois particulières, mais il en était de générales communes à
toute la nation.

Tel était le gouvernement politique de la Gaule, lorsque les
Romains, à qui le monde entier semblait ne pas suffire, se proposèrent
d'étendre leurs conquêtes de ce côté. La Gaule narbonnaise fut soumise la première à ces vainqueurs. Caius Sextius vengea les Marseillais
des troubles et des dommages que les Saliens ou Provençaux leur
causaient journellement.

Cneius Domitius Ænobarbus défit les Allobroges et remporta ensuite
une mémorable victoire contre Bituit, roi des Auvergnats, qui perdit
dans la bataille cent vingt mille hommes : un échec aussi considérable
assujettit le peuple au joug des vainqueurs.

Trois ans après, et l'année de la fondation de Rome 635, Quintus
Martius Rex, alors consul, conduisit à Narbonne une colonie et acquit
par là le surnom de Narbo ; depuis cette époque on connut une partie
de la Gaule sous le nom de Narbonnaise. Elle fut dès lors composée
d'une portion de la Savoie, du Dauphiné, de la Provence, du Languedoc, de la marche d'Espagne ou Septimanie, du Roussillon et d'une
partie de la Catalogne.

La Gaule, que l'on connaissait sous le nom de chevelue, et qui était
divisée en Belgique, Celtique ou Lyonnaise et Aquitaine, fut réservée
aux conquêtes de César qui l'ajouta à l'empire romain dans l'espace de
neuf années.

La Belgique comprenait vingt-trois peuples ou cités, la Lyonnaise vingt-quatre et l'Aquitaine dix-sept. Chacune de ces cités possédait plusieurs villes ou bourgs ; ce furent ces soixante-quatre peuples ou cités qui firent ériger, en l'honneur d'Auguste, ce fameux temple, proche de Lyon, au confluent du Rhône et de la Saône, sur l'autel duquel on voyait les titres et les statues de ces soixante-quatre cités.

Selon Jules César, la cité des Suisses était divisée en quatre pays ou cantons, en latin *pagi*. Ce général défit, au passage de la Saône, celui qu'on appelle Zurich.

La cité de Nîmes renfermait dans son étendue vingt-quatre villes ou bourgs et certaines de ces cités étaient regardées comme formant des peuples nombreux. C'est l'idée qu'en avaient Plutarque et Appien Alexandrin, lorsqu'ils rapportent que César avait soumis à l'empire romain trois cents et quatre cents nations qui ne formaient que ces soixante-quatre cités, divisées sans doute en trois ou quatre cents cantons.

Parmi toutes ces nations gauloises, quatre paraissaient être au-dessus des autres, soit par le nombre, soit par la puissance. Elles formaient quatre républiques liguées ensemble. C'étaient les Autunois, les Auvergnats, les Berruyers et les Senonais. Dans ces quatre ligues, on choisissait à tour de rôle le souverain dictateur de la nation. Ce fut ce choix qui mit la dissension entre les Autunois et les Auvergnats. La guerre déclarée, ces derniers furent assistés par les Allemands qui vexèrent, à un tel point, les Autunois qu'ils furent forcés d'implorer le secours des Romains, secours fatal qui occasionna la ruine entière de leur liberté.

César décrit, en plusieurs endroits de ses Commentaires, la grandeur et la puissance des Autunois : les états de la Gaule assemblés, dit-il, ordonnèrent à ceux d'Autun et à leurs vassaux de fournir trente-cinq mille hommes et, dans un autre endroit, il expose que Fabius fut mis en quartier d'hiver avec quatre légions dans la cité d'Autun pour, par là, tenir en bride les Gaules où les Autunois avaient beaucoup d'auto-rité ; cette cité comprenait le Nivernais, le Bourbonnais, l'Autunois, le Charollais et le Mâconnais. En suivant le sentiment des auteurs les plus accrédités, on reconnaîtra aisément que les Eduens, en latin *Ædui*, enten-dus par les peuples d'Autun, commandaient à ceux qui habitaient une grande partie du duché de Bourgogne entre la Loire et la Saône où sont aujourd'hui l'Autunois, le Charollais, l'Auxois, le Chalonnais, le Mâconnais et ce qui fait une partie du Beaujolais, du Lyonnais et du Nivernais, l'évêque même d'Autun semble conserver encore un ancien monument de la puissance de ce peuple, puisqu'il a l'administration du spirituel et du temporel de l'archevêché de Lyon, lorsque ce siège est vacant, qu'il est président né des états de Bourgogne et qu'il porte le *pallium*.

Les Ségusiens, qui formaient une cité assez vaste, étaient sujets ou vassaux de celle d'Autun, ces Ségusiens occupaient ce qui renferme aujourd'hui le Forez, le Lyonnais, le Beaujolais, la Dombes et la Bresse; on doit conclure de là que le Beaujolais ne formait pas anciennement un peuple particulier, mais qu'il faisait une partie ou portion des Ségusiens qui furent divisés suivant les révolutions de l'État en cinq provinces qu'on nomme aujourd'hui le Lyonnais, le Forez, le Beaujolais, la Bresse et la Dombes.

Tel fut l'état de cette partie de la Gaule lorsque Jules César la conquit ; les révolutions de l'empire romain altérèrent son gouvernement, des peuples nouveaux succédèrent à ceux-ci sous les rois de France de la première et de la seconde race ; c'est ce qu'il faut détailler en raccourci pour pouvoir fixer à peu près l'origine et la formation de la province de Beaujolais.

CHAPITRE III

Les Romains, vainqueurs des nations, avaient possédé pendant quelques siècles l'empire de la plus grande partie de l'univers, lorsque l'orgueil et l'avarice de leurs princes firent entrevoir les présages du malheur qui menaçait cette domination superbe ; les peuples indociles au joug de la tyrannie, conservant toujours dans leurs cœurs l'amour de leur ancienne liberté, se révoltèrent ; des guerres continuelles affaiblirent les Romains et l'époque de la division de leur empire doit être fixée à l'an 420[1] de Jésus-Christ, sous les règnes d'Honorius et d'Arcadius. Du débris de leurs états se formèrent plusieurs royaumés, les Alains, les Vandales, les Suèves et les Goths envahirent l'Espagne, les Huns et les Lombards ravagèrent l'Italie, les Goths s'établirent dans la Gaule narbonnaise, on l'a nommée Gothie et ensuite Languedoc[2] ou pour mieux dire langue des Goths ; les Bourguignons érigèrent un vaste royaume que nous appelons haute et basse Bourgogne, composé du Lyonnais, du Dauphiné, de la Savoie et de la Provence et firent Arles, la capitale de leur état. Les Français[3] enfin, après avoir vaincu et chassé plusieurs nations barbares et les Romains même, jetèrent les fondements de notre monarchie sous la conduite de Pharamond[4] qu'on

1. On rapporte communément à cette époque la fondation du royaume de France.

2. Plusieurs prétendent que le Languedoc est nommé ainsi comme qui dirait langue de hoc, parce qu'on dit encore hoc pour oui, dans cette partie de la France. Voyez le *Dictionnaire universel* sous le mot hoc et sous celui de Languedoc.

3. Les Français avaient eu dans la Gaule un établissement, vers l'an 287, qui leur fut confirmé, en 358, par l'empereur Julien et qui devint fixe, en 438, sous Clodion. Voyez l'*Abrégé chronologique* du président Henault.

4. Les auteurs les plus scrupuleux ne regardent que Clovis comme le vrai fondateur de la monarchie.

place au rang du premier roi des Français. Sous le règne de Clovis, ces anciens maîtres du monde ne retenaient autour de Soissons que quelques légères marques de cette grande puissance que Jules César leur avait autrefois acquise dans la Gaule. Il fut réservé à ce roi belliqueux d'exterminer de cette contrée leur superbe domination par la guerre qu'il fit à Siagrius, lieutenant de l'empire [1], la cinquième année de son règne.

Nos premiers rois étaient formés pour conquérir et maintenir dans leur conquête la nation française, mais toute la gloire et la vertu de ces monarques fut ensevelie avec Dagobert. Ses descendants dégénérant peu après se laissèrent entraîner par la volupté; plongés dans la paresse, ils se déchargèrent du fardeau de la royauté sur les maires du palais qui, par la lâcheté de ces princes, s'ouvrirent un chemin au trône. Pépin, le vaillant Pépin, remit la dignité royale dans sa première grandeur après avoir dépossédé Childéric III, le dernier des rois fainéants de la première race.

La mort de Carloman rendit Charlemagne maître de toute la monarchie française; couronné empereur par le pape [2] Léon III, il rétablit en Allemagne l'empire d'Occident, éclipsé [3] pendant 324 ans. Ce grand empereur se sentant infirme, en 837 [4], fit un partage entre ses enfants : la France avec la Bourgogne échurent à Charles, mais la division se mettant entre les frères, ils en firent [5] un nouveau par accommodement; Lothaire, leur aîné, eut, avec le titre d'empereur, l'Italie et la ville de Rome, la Provence, la Franche-Comté, le Lyonnais et les autres contrées qui se trouvèrent enclavées entre le Rhône, le Rhin, la Saône, la Meuse et l'Escaut, Charles le Chauve conserva l'Aquitaine avec la Neustrie et Louis eut toute la Germanie, d'où il fut appelé le Germanique.

1. Ce fut en 486, Clovis fit décapiter ce général et établit le siège de la monarchie à Soissons.

2. Ce couronnement eut lieu l'année 800.

3. L'empire d'Occident prit fin l'année 476 dans la personne de [Romulus] Auguste.

4. *Il est inutile de faire remarquer que Charlemagne étant mort en 814, cette date de 837 s'applique à Louis le Débonnaire. Il y a là une lacune certaine dans le manuscrit, lacune sans grande importance comme d'ailleurs tout cet exposé de successions de règnes.

5. Ce nouveau partage eut lieu l'an 844.

Le royaume de Provence, après la mort de l'empereur Lothaire, échut à Charles[1] son troisième fils, mais il revint bientôt, par la mort de ce prince, à son frère Lothaire qui posséda le premier le royaume de Lorraine qui, de lui, prit ce nom. Lothaire, mort sans enfants, laissa vacants[2] ses royaumes de Lorraine et de Provence; Charles le Chauve et Louis le Germanique s'en emparèrent au détriment de l'empereur Louis, leur neveu, qui n'était pas en état de faire valoir ses droits sur la succession de son frère.

Le royaume de Provence changea bientôt après de face car, en 879, Bozon, beau-frère de Charles le Chauve et mari de la fille de l'empereur Louis II, forma celui d'Arles qui renfermait la Provence, le Dauphiné, le Lyonnais, la Franche-Comté et une partie du duché de Bourgogne; ce royaume était à peu près semblable à celui de Bourgogne formé dans les commencements de la monarchie française.

Si Bozon donna naissance au royaume de la Bourgogne cisjurane, Rodolphe, fils de Conrad, comte de Paris, forma neuf ans après[3] celui qu'on nomme Bourgogne[4] transjurane et l'on doit prendre garde de confondre ces deux royaumes avec le duché de Bourgogne que Bozon possédait aussi dans le même temps et qui en était totalement séparé.

Charles III, dit le Simple, ne parut au rang des rois de France qu'en 898, quoiqu'il eût été couronné en 893; mais ce ne fut que pour s'attirer les mépris de ses sujets par sa faiblesse et son peu de talent à gouverner; de là naquirent les guerres intestines entre les grands du royaume; son peu d'aptitude lui fit échapper l'empire d'Occident qui sortit alors des mains de la France. Ce prince se trouva insensiblement réduit à un petit domaine par les usurpations des grands de son royaume et l'on vit alors des seigneuries, des comtés et des duchés possédés par de simples particuliers.

Ces temps malheureux nous conduisent insensiblement à celui de

1. En l'année 858.
2. Lothaire mourut en 868.
3. Ce fut l'année 888.
4. Le premier fut nommé cisjurane ou deçà le Montjou, proprement dit le mont Saint-Claude, le deuxième transjurane ou delà le Montjou.

la naissance des premiers seigneurs de Beaujeu qui donnèrent leur nom à la province du Beaujolais ; examinons l'état des provinces qui le confinaient alors.

L'histoire nous apprend qu'Albéric fut le premier comte de Mâcon, que Léotald Ier lui succéda, qu'il eut pour fils et pour successeur Albéric II qui vivait en 943 ; ce comté ne doit donc faire remonter son origine qu'au règne de Charles le Simple, ou tout au plus à celui de Charles le Gros [1].

Le comté de Forez, l'ancienne habitation des Ségusiens, a eu des comtes souverains et en partie du Lyonnais ; on sait que le premier de ces comtes vivait sous Philippe Ier [2], mais on en ignore le nom. Son fils est connu sous celui de Guillaume. Il se croisa au concile de Clermont en 1095 et fit le voyage d'outremer avec Godefroy de Bouillon.

Pour avoir une idée du comté de Lyon, il suffit de rapporter ce qu'en dit Moreri : « Les Français la cédèrent, dit cet auteur en parlant de la ville de Lyon, environ l'an 955, à Conrad Ier, roi de la Bourgogne transjuranne, qui épousa Mahaud [3], fille de Louis IV, dit d'Outremer ; mais après la mort de Rodolphe ou Raoul III, dit le Fainéant, le royaume de Bourgogne ayant été divisé, les archevêques de Lyon et les comtes de Forez disputèrent longtemps la possession de cette ville et ces derniers en jouirent jusqu'à l'an 1173. »

La Dombes, dans la dévastation [4] générale du royaume de Bourgogne, reconnut pour souverains Renaud Ier, comte de Baugé, les sires [5] de Villars et Guichard IIe, sire de Beaujeu ; mais elle ne fut incontestablement regardée comme principauté que sous le règne de Philippe-Auguste [6]. Enfin, après diverses révolutions, elle fut soumise

---

1. Il régnait en 887.

2. Il vivait en 1060. Tout ce qu'on peut dire des comtes Gérard de Roussillon, de Samson, de Gérard, de Théodoric et des autres jusqu'au comte Guillaume qui, le premier, s'intitula comte par la grâce de Dieu, paraît un peu fabuleux.

3. Elle eut pour dot la ville de Lyon.

4. Ce fut en 1047, temps auquel Renaud Ier prit le titre de souverain.

5. Les sires de Villars vivaient en 1030 ; Adalard Ier, qui existait en 1080, prit le titre de souverain de Dombes.

6. Ce fut sous le règne de ce roi, en 1180, que la principauté de Dombes fut reconnue souveraine.

aux seigneurs de Beaujeu par des alliances que cette maison contracta avec celles de Bresse, de Savoie et de Baugé.

Après l'exposé de l'origine des provinces qui entourent le Beaujolais, on aperçoit que ces pays ont été un démembrement du royaume de Bourgogne, que le comté de Mâcon [1] se forma sous le règne de Charles le Simple, que celui du Forez prit naissance sous celui de Philippe Ier, que l'époque du comté de Lyon doit être rapportée à l'année 1226 [2] et qu'enfin la Dombes se regarde comme indépendante depuis Philippe-Auguste.

On peut dire encore avec vérité que Bozon et que Rodolphe, rois des Bourgognes cisjurane et transjurane, furent tous les deux usurpateurs et que même le duché qui porte ce nom aujourd'hui ne reconnaît pour légitime possesseur, parmi ses premiers ducs, que Robert [3] de France, troisième fils de Robert, roi des Français, et de Constance de Provence.

Si le Beaujolais, comme il est vraisemblable, a trouvé son accroissement dans le démembrement des provinces qui le confinent, il est naturel de penser que cet accroissement fut l'ouvrage de plus d'un siècle, et que, si, pour se former un petit état, les seigneurs de Beaujeu, en suivant la coutume des temps, firent quelques usurpations, ce ne fut qu'au désavantage de plus grands usurpateurs; je veux parler de ces rois momentanés des deux Bourgognes et de ceux qui s'approprièrent les portions de ces mêmes royaumes, tels que furent les comtes de Savoie, de Maurienne, de Piémont, de Valentinois, de Provence, de Forcalquier et de Bresse; les dauphins Viennois, les souverains de Dombes et plusieurs autres.

Comme il n'y a rien de certain sur le fondateur du château de Beaujeu, on ne peut que présumer qu'il fut bâti vers le milieu du IXe siècle [4] et voici comment cela s'est pu faire : après la bataille de Fon-

---

1. Mâcon vit commencer ses comtes en 920 ; le Forez vit les siens en 1060 et le comté de Lyon prit ce nom en 1026.

2. *Cette date de 1226 est celle de la mort de l'archevêque Renaud de Forez, il y a encore ici une lacune dans le manuscrit.

3. Ce duc mourut en 1075.

4. Sous le règne de Charles le Chauve, environ vers l'année 850.

tenay [1], la France énervée par la perte de la meilleure partie de la noblesse, les Normands, ne trouvant pas les villes fortifiées (politique malheureuse de ces temps-là), pénétrèrent dans l'intérieur du royaume. Ils forcèrent, pillèrent et brûlèrent les bourgs, les abbayes, les villes, s'enrichissant des biens qu'ils y trouvaient et désolèrent ainsi la France pendant plus d'un siècle. Les peuples sans défense se retiraient et se retranchaient dans les bois; mais les Normands les y forçaient par le feu [2]. Les peuples retranchés inutilement et sans attendre l'ordre du souverain qui négligeait de les défendre, commencèrent à se mettre à l'abri de ces funestes invasions; on bâtit des murailles à toutes les villes, on éleva des châteaux dans les passages qui parurent importants et dans les lieux dont la situation était avantageuse. Enfin chaque canton prit un chef pour la défense commune; il fut toujours choisi du corps de l'ancienne noblesse instruite au métier de la guerre et puissante assez pour faire les avances nécessaires pour le gouvernement dont elle avait déjà une espèce de possession. Ce chef voulut conserver et faire passer à ses héritiers les forteresses que souvent il avait fait bâtir à ses dépens; les peuples, redevables alors de leur défense à ces chefs choisis, ne voulurent plus marcher à la guerre que sous leur conduite; dès lors ils transportèrent à leurs seigneurs les redevances qu'ils avaient coutume de porter en nature aux magasins royaux et, de là, il s'éleva autant de souverainetés particulières qu'il s'était formé d'assemblées pour la commune défense. Ne peut-on pas attribuer, à ces temps de désordres et de malheurs, l'origine du château de Beaujeu et même de ses seigneurs? La situation avantageuse parut propre à arrêter l'incursion des barbares qu'on pouvait écraser dans les défilés des montagnes au milieu desquelles il était placé, et, à défaut de réussite, c'était un asile assuré pour le peuple qui y retirait ses effets.

Après ces préliminaires succincts qui donnent une idée du pays du Beaujolais et de ceux qui l'entouraient, du gouvernement français et des révolutions arrivées sous les rois fainéants, il convient de parcourir à présent, les documents qui peuvent découvrir l'origine de la maison de Beaujeu qui donna naissance à la province qui a retenu son nom.

---

1. Cette bataille se donna près d'Auxerre le 25 juin 831.

2. Ces ravages furent cause qu'on mit dans les litanies de ce temps-là : *A furore Normannorum, libera nos Domine.*

CHAPITRE IV

Si l'on consulte Duchesne, cet auteur fait mention, dans son *Histoire de Bourgogne* [1], d'une charte de 993 par laquelle il paraît qu'un certain Arthaud, dont la femme se nommait Thetberge, avait eu pour père un nommé Girard, fils d'autre Arthaud; que de Girard étaient issus quatre enfants savoir : Arthaud III, Hugues, abbé, Étienne, comte de Forez, et Unfred, seigneur de Beaujeu, vivant tous sous le règne du roi Robert [2].

Paradin, dans son *Histoire de Lyon*, semble être du même sentiment que Duchesne et Severt, dans son histoire des archevêques de la même ville, en parlant de Guido de Beaujeu, qu'il dit avoir été le quarante-quatrième archevêque [3] de Lyon, fait la généalogie de la maison de Beaujeu [4] et la fait remonter à l'année 913, sous le règne de Charles le Simple; il s'accorde à peu de chose près avec les auteurs qu'on vient de citer.

Cet auteur commence la généalogie de cette maison par Guillaume Ier, comte de Lyon; son fils fut Arthaud Ier, aussi comte de la même ville [5]. Cet Arthaud eut pour fils Girard, duquel naquirent trois enfants qui furent : Arthaud II, comte de Lyon, Étienne, comte de Forez, et Umphred Ier, seigneur de Beaujeu [6], qui vivait en l'année 889, sous Hugues Capet. Il ajoute que Guillaume Ier, souche des comtes de Lyon, de ceux de Forez et des seigneurs de Beaujeu, était

---

1. Livre III, folio 425.
2. Le roi Robert, fils de Hugues Capet, commença à régner l'an 997.
3. Il était archevêque en 1268.
4. Cette généalogie se trouve à la page 277 et suivantes, § 3.
5. Severt le fait vivre en 940.
6. Cet Umphred mourut en 999.

un cadet de la maison de Flandre [1] ; les armes de Flandre, continue-t-il, qu'il portait différenciées seulement par un lambel à cinq pendants, marque distinctive des cadets, en sont une preuve. Ce Guillaume avait été tiré du fond de la Gaule belgique par le roi de France ou quelques princes puissants pour gouverner cette partie de la Gaule celtique et s'y était établi cinquante ans après l'érection du comté de Flandre que Baudouin Ier, son aïeul, avait possédé.

Ces trois auteurs [2], assez d'accord entre eux, tirent leur plus grande preuve d'un tombeau qu'on voyait dans l'église de Saint-Irénée de Lyon, avant qu'elle eût été ruinée par les Huguenots en 1562. On y lisait cette inscription :

> *Hic jacet Arthaldus, comes Lugdunensis et comes Forensis*
> *et dominus Bellijoci et Umfredus, frater ejus, et mater*
> *eorum, qui obiit anno nongentisimo nono.*

André Belleforest, sur Munster, rapporte cette épitaphe autrement et en ces termes :

> *Hic requiescant dominus Arthaudus comes Lugdunensis*
> *dominus Stephanus, comes, frater ejus, et Amphredus, Bellijoci*
> *dominus, et pater ejus et fratres eorum. Obiit dictus Arthaudus*
> *anno nonagentesimo nonagesimo tertio.*

En suivant toujours les autorités qu'il est possible de rassembler, il sera nécessaire de les comparer ensemble et d'en tirer les inductions les plus vraisemblables, mais il faut auparavant copier mot à mot les termes de M. d'Herbigny [3], intendant de Lyon, extraits de ses mémoires manuscrits sur la généralité du Lyonnais, Forez et Beaujolais ; il s'exprime ainsi à l'article de la seigneurie de Beaujeu :

---

1. Il devait être vraisemblablement un des enfants de Baudouin II, dit le Chauve, qui mourut à Gand en 918. On verra par la suite que cela ne peut pas être.

2. L'auteur de l'*Abrégé de l'histoire de Dombes*, imprimé en 1696, semble, à la page 12, avoir suivi le sentiment de Severt sur l'origine des seigneurs de Beaujeu.

3. Monseigneur le duc de Bourgogne qui donnait beaucoup d'espérance, comptant succéder à Louis XIV et voulant s'instruire à fond sur toutes les provinces de la France, donna des ordres à tous les intendants de composer des mémoires sur leurs généralités. M. d'Herbigny obéit, comme les autres intendants, et ce fut en 1700 qu'il composa le mémoire qu'on a cité. La collection de tous ces mémoires formerait une histoire curieuse, mais non pas toujours certaine.

« La seigneurie de Beaujeu fut, à ce qu'on prétend, le partage de Bérard, troisième fils de Guillaume, que Charles le Chauve [1] avait établi gouverneur du comté de Lyon et de tout le pays. La chronique ajoute que Bérard eut deux fils, Guichard et Humbert, qui possédèrent, l'un après l'autre, le Beaujolais, que ce dernier mourut sans enfants, en 977, le remit à son cousin Arthaud II, comte de Lyon et de Forez, lequel en fit partage à son troisième fils. C'est à Umfred que commence la suite des seigneurs de Beaujolais depuis l'an 989. »

Il n'est pas hors de propos de consulter ici le mémoire qui sortit, il y a quelques années, de la plume d'un respectacle magistrat [2].

« Quelques auteurs, dit ce mémoire, croient trouver des monuments qui font présumer que la seigneurie de Beaujeu était possédée d'abord par les comtes de Lyon et de Forez et que cette maison transmit Beaujeu à un cadet qui forma la branche de Beaujeu ; il y a même quelques auteurs qui prétendent, par conformité des armes de Flandre avec celles de Beaujeu, à l'exception d'un lambel à cinq pendants, que les premiers comtes de Lyon et de Forez étaient une branche cadette de Flandre et celle de Beaujeu une branche cadette des comtes de Lyon et de Forez. Quoi qu'il en soit etc. »

Telles sont les principales autorités sur l'origine des premiers seigneurs de Beaujeu qui demande un examen critique qui fera l'objet du chapitre suivant.

1. Charles le Chauve commença à régner l'année 840, neuf ans après la bataille de Fontenay dont on a parlé. Les provinces de la France avaient besoin de gouverneurs dans ces temps de troubles.

2. Ce mémoire est de M. Joly de Fleury, procureur général au Parlement, il fut écrit en 1743 ou 1744, à l'occasion de la prévôté de Beaujeu.

CHAPITRE V

RÉFUTATION DES AUTORITÉS CITÉES SUR L'ORIGINE DES PREMIERS
SEIGNEURS DE BEAUJEU

En rapprochant l'opinion des différents auteurs dont on vient de faire l'extrait, l'on aperçoit qu'ils s'accordent assez entre eux sur un seul point, pour établir avec certitude que Umfred fut le premier seigneur de Beaujeu ; mais avant lui, on n'aperçoit qu'erreurs et que fables que l'exactitude et la vérité de l'histoire peuvent détruire aisément.

Paradin et Duchesne sont d'accord sur Umfred et sur le temps où il vivait. Severt paraît plus exact que Paradin qu'il relève souvent dans ses généalogies sur les seigneurs de Beaujeu, mais Severt erre également à l'égard des prédécesseurs d'Umfred, en faisant Guillaume Ier ancêtre des comtes de Lyon, de Forez et des seigneurs de Beaujeu ; il nous dit, sans beaucoup d'examen, que Guillaume Ier, cadet de la maison de Flandre, en portait les armes, preuve qu'il en descendait, et que depuis 993 on voyait gravées ces mêmes armes sur le tombeau qui se voyait dans l'église de Saint-Irénée.

Si l'usage des armoiries, suivant du Cange, Duchesne et nombre d'auteurs accrédités, n'a paru qu'en 1149, pendant les croisades, comment pourra-t-on croire Severt qui veut que celles de Flandre fussent gravées sur ce tombeau 150 ans avant qu'elles eussent eu lieu.

Quoique certains auteurs soutiennent que nos premiers rois avaient eu pour armes trois crapauds jusqu'au règne de Clovis qui se fit apporter les fleurs de lys par un ermite, l'opinion la plus certaine néanmoins est que Louis le Jeune fut le premier roi français qui prit les fleurs de lys sans nombre en 1137, Charles VI les réduisit à trois ; on ne remarquait alors sur les tombeaux que des croix et des inscriptions gothiques avec la représentation de la personne. Le tombeau du pape Clément VI fut un des premiers sur lequel, en 1258, l'on vit paraître des armoiries et l'on ne commença qu'en 1341 à les prendre dans les églises, suivant le témoignage de l'histoire de Joinville. La première monnaie de France, sur laquelle on vit paraître des armoiries, fut un denier d'or de Philippe de Valois, où on le vit représenté tenant de la main gauche un écu semé de fleurs de lys, cette monnaie fut frappée en 1336 et fut nommée écu à cause de l'écusson de France. Que conclure de tous ces faits historiques, si ce n'est que les armes de Flandre n'existaient pas en l'année 993, sur le tombeau de l'église de Saint-Irénée, ou que si elles y ont paru depuis, ce ne peut avoir été que depuis l'année 1350, comme y ayant été gravées après coup.

Suivons encore Severt, à l'égard de Guillaume Ier qu'il dit être un fils cadet de la maison de Flandre et qu'il fait vivre en 913 ; si l'on compare les dates, il paraît qu'il aurait dû être fils de Baudouin, second comte de Flandre, qui mourut en 918, mais comment aurait-il pu l'être, puisque l'histoire ne donne à Baudouin que trois enfants dont l'aîné fut Arnould Ier qui lui succéda et fut comte de Flandre, le second se nommait Adolphe ou Atulfe, qui fut comte de Boulogne et le dernier enfant fut une fille nommée Guinihile, mariée à Wifrid, second (*sic*) comte de Barcelone. Guillaume n'était donc point issu des comtes de Flandre, à moins qu'on ne prétendît qu'il eût été bâtard de cette maison, opinion qu'il serait difficile d'établir puisque l'histoire n'en donne aucun aux comtes de Flandre de ces temps-là.

M. d'Herbigny paraît avoir puisé la généalogie des seigneurs de Beaujeu dans quelques chroniques anciennes, et l'on s'en aperçoit lorsqu'il dit que Beaujeu fut le partage du troisième fils de Guillaume qui se nommait Bérard ; il est à remarquer que dans l'ancien langage on changeait le G en B, ainsi Bérard est ici mis pour Gérard, de même que souvent on prononçait Viscard pour Guichard parce qu'ordinairement on prononçait le G comme un V ; cette remarque peut servir en passant à ceux qui lisent les anciennes chartes du temps où l'on écrivait communément comme l'on prononçait.

Mais pour revenir aux mémoires de M. d'Herbigny, on ne peut s'empêcher de les taxer d'erreur à l'égard de la généalogie des premiers seigneurs de Beaujeu ; d'accord avec Severt, en faisant paraître Umfred, le premier seigneur du Beaujolais, il diffère de cet auteur en ce que ce dernier fait passer le Beaujolais en ligne directe à Umfred, tandis que le

sieur d'Herbigny [1], le fait parvenir à ce même Umfred par Arthaud
son cousin, mais un fait rapporté par ce digne intendant mérite d'être
ici révoqué en doute. Charles le Chauve, dit-il, avait établi gouverneur du comté [1] et de tout le pays Bérard, troisième fils de Guillaume;
nulles traces de ce trait d'histoire dans nos annales : on trouve seulement en les parcourant que Charles le Chauve, en 871, s'empara du
comté de Bourgogne, s'étant pour cet effet avancé jusqu'à Lyon, que
Berthe, fille de Pépin et femme de Gérard de Roussillon, résista longtemps dans Vienne à ce prince, mais qu'elle lui rendit la ville par composition, que le Chauve donna ensuite ce comté à garder à Bozon qui,
devenant infidèle, le démembra de la monarchie et l'usurpa, mais ce
trait n'a aucun rapport avec celui que cite le sieur d'Herbigny, ni le
nom de Bozon avec celui de Bérard, et le fait rapporté par cet intendant
paraît hasardé sur la foi de quelques mauvais historiens. Il est vrai que
Charles le Chauve a été blâmé d'avoir placé dans les emplois militaires
et dans les dignités, qui n'étaient dues qu'aux grands, [des] gens d'une
basse extraction, cause du bouleversement général qui arriva dans l'État;
mais on n'a pas dû tirer de là conséquence que les ancêtres des seigneurs
de Beaujeu obtinrent un gouvernement de ce roi, duquel ils s'emparèrent par la suite, outre que ce serait faire sortir ces seigneurs de bas
lieu, ce serait leur donner le titre d'ingrats et d'infidèles à leur roi; ce
trait qui ferait commencer la tige d'une maison illustre par des crimes
ne mériterait-il pas d'être réfuté ?

Le dernier mémoire cité comme venant d'un magistrat éclairé n'expose que le sentiment commun des auteurs et n'établit que l'opinion
la plus suivie sur l'origine des seigneurs de Beaujeu, mais on ne peut
se dispenser de réfuter également cette même opinion. « Les comtes de
Lyon, dit-il, comtes en même temps du Forez, étaient seigneurs de
Beaujeu. » Que de preuves pour détruire ce sentiment !

---

1. M. d'Herbigny veut parler ici du comté de Lyon, et il aurait fallu que ce Bérard
eût été frère de Baudouin Ier, comte de Flandre, on ne peut pas concilier ce trait avec
celui des autres auteurs qui prétendent que les seigneurs de Beaujeu sortaient d'un
cadet de la maison de Flandre. Il n'y avait alors que huit ans que le comté de
Flandre était érigé sous ce titre et Baudouin Ier n'eut que deux enfants, Baudouin
second et Otton qui fut tué par Hébert, seigneur de Péronne.

Le premier comte de Forez [1] vivait sous Philippe Ier, qui commença
à régner en 1060 ; cette époque est postérieure de plus de quatre-vingts
ans au temps où vivait Umfred Ier, seigneur de Beaujeu, petit-fils d'un
prétendu comte de Forez. Les premiers comtes de Lyon ne furent
connus, comme on l'a déjà dit, qu'après la mort de Rodolphe III qui
vivait en 994, on ne peut donc dater la naissance de ce comté, qui fut un
démembrement des royaumes de Bourgogne, que postérieurement à
la mort d'Umfred, arrivée en 999. Suivant Paradin et Severt, les
comtes de Lyon, de Forez et les seigneurs de Beaujeu ne formaient
dans leur principe qu'une même famille, leurs cris de guerre et leurs
armes étaient cependant différents ; cette remarque détruit l'opinion
commune adoptée par le plus grand nombre.

Si l'on réfléchit encore sur la différence de l'expression dans les deux
épitaphes qu'on a rapportées, cette différence jette un doute sur la
vérité de leur existence. Paradin n'a pas dit : j'ai vu dans l'église de Saint-
Irénée une épitaphe, mais on voyait, a-t-il dit. Que conclure de là, si
ce n'est qu'elle n'existait plus et que peut-être même elle n'a jamais
paru que dans quelques mémoires de quelques partisans de la maison
de Beaujeu que Belleforest et Paradin ont suivis avec trop de bonne
foi.

1. Voy. Moréri, sous le mot Forez, *Dictionnaire historique*.

CHAPITRE VI

Il serait difficile de pouvoir se former une idée bien juste et bien
certaine sur l'origine de la maison de Beaujeu, au milieu de toutes les
contrariétés des différents auteurs qui ont ébauché cette matière. Les
preuves sont très équivoques quand elles datent de si loin et surtout de
ces temps d'ignorance et d'obscurité où l'on n'aperçoit à chaque instant
que révolutions et bouleversements dans l'état ; ajoutons même que
dans tous les temps, la manie la plus générale des peuples et des
familles fut de se former une origine qui tînt du grand et du merveilleux.
Ainsi l'on vit autrefois les Romains descendre des Troyens. Si l'on
ajoutait foi aux rêveries de certains auteurs, les Français seraient les
plus proches parents des Romains, par cette souche qu'on dit commune avec eux. Ne voit-on pas aujourd'hui une famille illustre chercher dans Cossus Torquatus, fameux Gaulois, l'auteur de sa race ; un
autre prétend descendre de la tribu de Lévi, et ne regarde-t-on pas avec
étonnement qu'une communauté religieuse reconnaisse le prophète
Elie pour son fondateur.

Le même égarement s'empare de l'homme nouvellement anobli, dans
la vue de mettre un voile sur l'obscurité de ses aïeux ; tel fut le petit-
fils ou l'arrière-petit-fils d'un valet de chambre ou d'un laboureur, qui
réclame dans ses auteurs le nom de quelque ancien seigneur de la
Bourgogne. Tel autre se donne pour souche de sa race un fameux
guerrier, qui n'aperçoit que des anciens fermiers enrichis au nombre
de ses ancêtres et cent ans d'intervalle ont fait souvent renier à bien des
familles d'honnêtes marchands de qui elles tenaient tout le bien et
l'honneur qu'on pouvait encore apercevoir chez elles.

Ces réflexions conduisent naturellement à rejeter tout le fabuleux
de l'origine des seigneurs de Beaujeu pour ne reconnaître qu'Umfred,
la souche de ces mêmes seigneurs qui, s'étant agrandis par degrés, brû-

lèrent du désir de faire parade d'une origine illustre. Alors on vit paraître des armes sur leurs tombeaux pour en imposer à la postérité. Umfred, à la vérité, paraît un homme puissant, soit par le château fort de Beaujeu qu'il possédait, soit par l'élévation subite de sa race, soit par les alliances que ses descendants contractèrent, soit même par les fondations considérables et en grand nombre qu'ils firent et l'on peut conjecturer à bon droit que si cette maison ne descendit pas des comtes de Flandre, ou de ceux de Forez et de Lyon, ce qui ne paraît pas vraisemblable, du moins elle est contemporaine de celle de Flandre. Il est vrai qu'ayant été plus longtemps à se faire connaître et à être illustrée par les charges de l'État, sa puissance ne s'est accrue que par la réunion des fiefs des différents seigneurs, ses voisins, au château de Beaujeu ; ces divers seigneurs, dans les temps de troubles, trop faibles et hors d'état de se défendre, se mirent sous la sauvegarde de ceux de Beaujeu, assez puissants alors pour les protéger. De cette réunion naquit l'agrandissement de leurs domaines qui, devenant d'une étendue considérable, fournirent, pendant l'espace de deux siècles, cette portion que nous appelons Beaujolais ; et ne peut-on pas dire ici avec Voltaire [1] que toute grandeur s'est formée peu à peu et que toute origine est petite.

On présumera avec quelque espèce de raison que cette maison donna la force et la grandeur au château de Beaujeu, vers l'an 850, qui fut aussi de son côté la cause de l'élévation de cette famille ; comme la bravoure était héréditaire chez elle, rien ne put lui résister, surtout ayant allié la prudence à la force.

Pendant le temps des désolations arrivées sous Charles le Chauve, pendant le démembrement des provinces sous Charles le Simple, pendant les contestations entre les premiers comtes de Lyon et de Forez, ces seigneurs retranchés mettaient à profit les querelles de leurs voisins, auxquels ils prêtaient quelquefois du secours et ces secours leur procurèrent quelques domaines à leur bienséance ; d'un autre côté, quelques guerres et quelques victoires les mirent en possession de l'héritage des vaincus : Guichard II fut le premier seigneur de Beaujeu qui acquit des biens dans la Dombes, Riotiers et les châteaux qui en

---

1. *Annales de l'Empire*, p. 8.

dépendaient [1], le château de Montmerle et sa châtellenie furent ses premières possessions dans ces pays-là. Humbert IV, son petit-fils, fit la guerre à Renaud III, comte de Baugé, fit prisonnier son fils Ulric, désola par le glaive et par le feu les possessions de ce comte, conquit dans cette guerre les châteaux de Thoissey et de Lent et tout ce que les sires de Baugé avaient en Dombes ; la terre de Miribel, la châtellenie de Chalamont, et celle de Villeneuve furent des acquisitions de différents seigneurs de Beaujeu et, de toutes, ils en formèrent une province qu'ils appelèrent le Beaujolais de la part de l'empire, dont la capitale fut Beauregard.

Devenus ainsi puissants, ces seigneurs prirent les noms de sire et de baron du Beaujolais parce qu'ils ne devaient qu'à Dieu et à leurs épées les terres qu'ils avaient conquises. Ils contractèrent ensuite des alliances avec nos rois de la troisième race. On les vit par leur fidélité et leur bravoure mériter les premières charges de l'État. L'alliance qu'ils eurent dans la maison de Flandre [2] leur donna peut-être l'idée de s'en faire descendre; ils en prirent les armes; on les regarda dès lors comme issus de cette maison et ce fut sans doute un trait de politique de leur part pour se maintenir dans leurs conquêtes.

Cette opinion quoique nouvelle sur l'origine de la maison de Beaujeu, formée après le flux et le reflux des contradictions continuelles qui se sont présentées jusqu'ici, ne prévaudra-t-elle pas à l'ancienne généalogie des auteurs qu'on a cités, généalogie qu'on peut démentir aisément, pour peu qu'on jette attentivement les yeux sur l'histoire de ces temps-là et, dans l'incertitude, n'a-t-on pas droit de représenter les chefs de cette maison comme des braves qui, auteurs de leur propre élévation, agrandis et devenus puissants par leur conduite, par leur prudence et par leur piété, ont mérité de paraître sortir des plus nobles familles de la France ?

---

1. Le bourg de Saint-Trivier et sa châtellenie furent aussi une des acquisitions de ce seigneur.

2. Par Sibile de Hainaut, dite de Flandre, cette alliance eut lieu au commencement du XIII⁰ siècle avec Guichard III, dixième seigneur de Beaujeu.

CHAPITRE VII

Si l'on veut entrer dans l'examen de savoir si le terrain qui compose
aujourd'hui le Beaujolais faisait anciennement partie du comté de Lyon
ou de celui de Forez, ou s'il formait un pays totalement séparé, il ne
faut consulter les anciens auteurs qu'avec prudence pour en tirer une
opinion, si elle n'est pas certaine, du moins vraisemblable. Severt, qu'on
doit regarder comme un des auteurs les plus étendus sur cette matière,
nous dépeint le Lyonnais et le Forez sous la domination des mêmes
comtes qui partagèrent leurs seigneuries en plusieurs portions en faveur
de leurs enfants : ils donnèrent à l'un le comté de Lyon, à l'autre,
celui de Forez et le cadet de leur famille eut pour apanage la seigneurie de Beaujeu et son territoire.

La conséquence que cet auteur tire de ce partage est que Beaujeu,
dans les premiers temps, dépendait totalement du comté de Lyon pour
le temporel quoique, suivant les plus anciennes divisions, il dépendît
des évêques de Mâcon pour le spirituel; mais on peut s'écarter du
sentiment de cet auteur et dire que du temps d'Umfred, qu'on doit
regarder comme le premier possesseur connu du château de Beaujeu,
sa seigneurie ne consistait qu'en une simple maison forte dont le territoire et les dépendances étaient d'une très petite étendue; en consul-
tant même l'accord fait, en 1173, entre Guichard, archevêque de Lyon,
et Guigue II, comte de Forez, au sujet du comté de Lyon, on
remarque que tous les biens des deux contractants étant spécifiés dans
cette transaction, il n'y est fait aucune mention de la seigneurie de Beaujeu, soit parce qu'elle n'était pas alors au pouvoir des contractants, soit
parce que les possessions que l'un et l'autre seigneur avaient dans ce
qui compose aujourd'hui le Beaujolais étaient réputées du Lyonnais ou
du Forez, et c'est mal à propos, et par erreur, que Le Laboureur, dans

son histoire de l'Ile-Barbe [1], a dit que Conrad confirma, l'an 971, à l'abbé de cette abbaye, ce que lui et son église possédaient dans le Lyonnais, Forez et Beaujolais; cela doit s'entendre de ce qui était renfermé dans les comtés de Lyon et de Forez et dans la partie qui depuis a formé le Beaujolais; si cet auteur eût lu attentivement l'acte qui renferme cette confirmation, il y aurait vu qu'il n'y est fait aucune mention du Beaujolais.

La seigneurie de Beaujeu, pendant un long espace de temps, n'a donc pas formé un pays distingué d'aucunes provinces voisines et l'on peut dire avec vérité que Beaujeu ayant été de tout temps du diocèse de Mâcon, son territoire avait fait originairement partie du duché de Bourgogne duquel il avait été démembré: l'on peut même assurer avec certitude que les seigneurs de Beaujeu de quelques familles qu'ils fussent sortis s'étant agrandis, comme on l'a dit, étendirent leur seigneurie partie dans la Bourgogne et partie dans ce qui compose le Lyonnais, le Forez et le Beaujolais, et que le pays qui forme aujourd'hui cette province et qui renfermait l'étendue de leur justice et de leur domaine aussi bien que celui qu'ils acquirent au delà de la Saône qu'on appelait le Beaujolais du côté de l'Empire ont retenu, après l'extinction [2] de la première race de ces seigneurs, le nom de Beaujolais, formé de celui de la ville capitale de leur pays, et la première qui leur eût appartenu; il est à présumer même que le Beaujolais n'a acquis le nom et le titre de province que sous Guichard le Grand et sur la fin du XIIIe siècle, quoiqu'on connaisse des baillis dans ce territoire depuis l'année 1246.

1. Fol. 107 de son ouvrage.
2. Cette première race s'éteignit en 1265.

CHAPITRE VIII

DANS QUEL TEMPS LES SEIGNEURS DE BEAUJEU ONT PRIS LES TITRES
DE SIRE ET DE BARON

On lit dans l'*État de la France* [1] que les comtés de Forez et de Beaujolais furent tenus en pairie par Pierre de Bourbon en 1400. Ce qui fait
présumer que ces terres ne purent être tenues à ce titre sans avoir auparavant eu quelques illustrations ; l'induction naturelle qu'on peut tirer de
là est que le Beaujolais possédait depuis longtemps celui de baronnie.

Le nom de baron était anciennement un nom général qu'on donnait
communément aux gens de distinction, comme aujourd'hui celui de
seigneur. Cette qualité passait, dans les XIIe et XIIIe siècles, pour si relevée et si noble qu'on quittait le titre de prince pour prendre celui de
baron, c'est ce que fit le sire de Bourbon, environ l'an 1200, quoique
ses ancêtres eussent porté, pendant plus de trois cents ans, les noms
de comtes et de princes.

Ménage dérive ce terme du mot baro [2] qui signifiait un homme
fort et vaillant et parce qu'anciennement nos rois avaient auprès d'eux
les hommes les plus vaillants et les plus forts et qu'ils les récompensaient de fiefs et de seigneuries. On a depuis appelé barons ces nobles
qui les avaient obtenus ; ils étaient néanmoins inférieurs à ceux qu'on
appelait hauts barons et l'on n'en comptait que quatre en France,
savoir : les barons de Coucy, de Craon, de Sully et de Beaujeu ; ces
seigneurs tenaient les terres en la même franchise que tiennent présentement les leurs les princes de l'Empire, et pour être baron il fallait avoir trois ou quatre châtellenies ; aussi voyons-nous que le Beau

1. T. II, p. 121.

2. On a donné plusieurs significations au mot *baro*, on l'a même pris en mauvais
sens pour signifier un rustre, un grossier, un homme épais, mais celle-ci paraît la plus
naturelle. Voy. Boulainvilliers dans sa *Noblesse de France* et le *Glossaire du droit français*.

jolais a plusieurs villes, plusieurs châtellenies et quantité de bourgs et
de villages. Le grand coutumier de France n'admet même dans les premiers temps, dans la France, que trois grandes baronnies : Bourbon,
Coucy et Beaujeu, c'est ce titre de haut baron qui a honoré ceux qui
l'étaient du nom de sire, le baron de Coucy le prit dans sa devise :

> Je ne suis roy, ny prince aussy
> Je suis le sire de Coucy.

Si l'on s'en rapporte à du Cange, il dérive le mot de sire de celui de
ser qui, dans la basse latinité, signifiait *dominus* et les Italiens en ont
formé celui de *messire*. Ce nom, qui signifiait anciennement seigneur,
s'attribuait aux barons et aux gentilshommes, il n'est pas étonnant
qu'on l'ait donné aux barons de Beaujeu et c'est de ce titre que le
Beaujolais s'est appelé sirerie [1] ou baronnie.

Si l'on peut remarquer à certains traits la puissance des souverains,
on l'apercevra sans doute dans la rédaction [2] et la confirmation des privilèges de Villefranche; on voit que tous les seigneurs de Beaujeu qui
avaient accordé, amplifié ou confirmé ces mêmes privilèges, les ont
fait sceller de leurs sceaux en cire verte et à lacs pendants, marque certaine de la souveraineté et de l'autorité, puisque le sceau pendant, qu'on
appelait authentique, suivant Duchesne, n'appartenait qu'aux seuls
chevaliers.

Il n'est point douteux que le Beaujolais ait été une des grandes et
anciennes baronnies et que tous les seigneurs aient joui de ce titre,
près de deux siècles avant le 18 octobre 1400 [3], époque de la confirmation des privilèges de Villefranche par le duc de Bourbon, dans
laquelle ce seigneur rappelle ceux accordés par ses prédécesseurs les
barons de Beaujeu, ce titre de baron, beaucoup plus ancien que le nom
de Beaujolais, qui ne commença à être connu que sur la fin du

---

1. On dit aussi sirauté (*sic*).

2. Du 22 décembre 1376.

3. Dans la rédaction des privilèges de Villefranche de l'année 1376, on donne, à
Edouard Ier, qui vivait en 1332, le titre de *baro inclytus et potens dominus*, mais ce
titre était alors déjà ancien dans la famille de Beaujeu.

xIIIᵉ siècle, comme on l'a déjà dit, annonçait des seigneurs puissants, puisque saint Louis, près de s'embarquer pour la cinquième croisade, envoya tous les barons de son royaume à Paris pour leur faire prêter serment que s'il arrivait faute de lui dans son voyage d'outremer, ils s'engageaient à reconnaître ses enfants pour ses successeurs.

$$\text{CHAPITRE IX}$$

DU CHATEAU DE BEAUJEU

La suite de l'histoire oblige naturellement à dire quelque chose sur l'ancien château de Beaujeu. Duchesne [1] remarque qu'il est situé dans l'évêché de Mâcon et que par son antiquité, sa noblesse et la valeur des seigneurs qui le possédaient, il surpassait presque tous les châteaux voisins, que ce fut l'ancienne seigneurie de Pierre-Aigue qui donna naissance au Beaujolais; que, par la suite des temps, ce nom fut changé en celui de *Beaujou*, nom dérivé du mot *jou* en latin *jugum*, montagne sur laquelle ce château se trouve assis et que de *Beaujou* s'est insensiblement formé le nom de Beaujeu qu'il porte.

Le père Monet, jésuite, dans sa Géographie celtique, remarque que le mot de *jou* chez les Celtes méridiens, signifiait la même chose que dune, qui veut dire levée, petite montagne, éminence, ou *Beaujou,* colline sur laquelle fut bâti le château qui en porte le nom et duquel se sont appelés les seigneurs de la province; ce château, continue cet auteur, se nommait *bavium jugum*, dont est dérivé le nom de Beaujeu. D'autres enfin prétendent qu'il s'appelait *haut jou*, que ce nom fut changé en celui de *Beaujou* et ensuite en celui de Beaujeu.

A l'égard de la fondation de l'ancien château de Beaujeu nommé *Pierre Aigue* dans son principe, quoique l'on ait déjà remarqué au troisième chapitre de ces mémoires qu'il n'y a rien de certain ni sur ses fondateurs, ni sur ses premiers seigneurs, et qu'il y avait tout lieu de croire que l'époque de sa construction, ou pour mieux dire de son agrandissement et de sa force devait être placée vers le milieu du IXe siècle, sentiment qui se trouve appuyé des raisons qui sont détaillées dans le même chapitre; néanmoins, pour donner plus de force à cette opinion, qu'on permette ici quelques nouvelles réflexions.

---

1. Duchesne, *Antiquités des villes*, chap. III, p. 365, édition de 1637.

La ville de Charlieu, entourée de plus d'un côté par le Beaujolais et dont l'emplacement n'était originairement qu'une forêt appelée la Vallée noire, doit la naissance de ses murailles au IXe siècle. Ses habitants, fatigués dans ces temps malheureux par les troubles et les guerres civiles, entourèrent leur habitation de murailles défendues par des fossés et des ponts-levis; les malheurs continuels de ces guerres occasionnèrent un concile provincial [1] du temps d'Anscheric, 61e archevêque de Lyon, on le tint dans le monastère des religieux bénédictins qui sont curés primitifs de cette ville.

Anscheric y présida, accompagné de Gérard, évêque de Mâcon, et de Odelard, évêque de Maurienne, et Severt nous apprend que son principal objet fut de pourvoir à la réédification de plusieurs églises et chapelles désolées et pillées par les voleurs et les impies de ces temps-là; on y ordonna le rétablissement de neuf églises, parmi lesquelles étaient celles de Thizy, de Cublize et de Montagny, anciennes paroisses du Beaujolais. Ces impies [2] sans doute étaient les Sarrasins qui, en 732, inondèrent de leur armée l'Aquitaine, la Provence, le Dauphiné et le Lyonnais [3], pillèrent et ruinèrent toutes les églises et les monastères des lieux où ils purent pénétrer.

L'irruption des Normands, en 887, obligea Blitgaire, abbé de Tournus, d'en fortifier alors le château. Celle des Hongrois, en 928, et deux autres, en 935 et 937, désolèrent et le Beaujolais et les provinces voisines.

Ces inondations de barbares si fréquentes pendant les VIIIe, IXe et Xe siècles, ces habitants et ces monastères qui renferment leurs biens dans des châteaux et des villes qu'ils fortifient, confirment suffisamment les raisons alléguées pour attribuer à ces temps de troubles si ce n'est la naissance, du moins les fortifications et l'agrandissement du château de Beaujeu.

1. Ce concile fut tenu en 926; voyez Severt dans ses *Archevêques de Lyon* sous Anscheric, p. 194. Moréri prétend que ce concile fut tenu du vivant de Léobald, évêque de Mâcon, et que celui de Maurienne se nommait Odilard.

2. Voyez la *Nouvelle histoire de Tournus*, pp. 27, 60 et 69.

3. On remarque encore dans les montagnes d'une paroisse du Lyonnais, appelée Chevinay, des trous où se retiraient anciennement les Sarrasins, vulgairement appelés les Thus.

Il était d'une forte résistance, environné de fossés et flanqué de cinq grosses tours; ces fortifications furent démolies par ordre du roi, en 1611, sous le gouvernement de M. d'Alincourt. L'occasion se présente de parler de sa situation dans l'article concernant la ville de Beaujeu.

CHAPITRE X

Le Beaujolais, *Bellojoviensis* ou *Bellijocensis ager*, quelques-uns même disent *Baujoviensis*, est une province comprise dans le gouvernement général de Lyon. Son circuit est de quarante lieues sur six, dans sa largeur, du midi au nord, et dix dans sa longueur, de l'orient à l'occident. Sa capitale, aujourd'hui Villefranche, éloignée de la rivière de Saône d'un quart de lieue, l'est de Lyon de quatre lieues et demie et de six de Mâcon [1].

La longitude de Villefranche est au 22e degré 11 minutes et sa latitude au 46e degré 10 minutes. Les confins généraux de la province sont : le Lyonnais, qui la borne au midi, le Forez et la rivière de Loire au couchant; la Bourgogne, au nord, et la rivière de Saône et la principauté de Dombes à l'orient. Ainsi, la situation du Beaujolais se trouve entre la Saône et la Loire. Mais pour donner ici des confins plus particuliers on peut dire que l'étendue du Beaujolais se peut prendre du midi au septentrion, depuis les confins du territoire de la ville d'Anse en Lyonnais, en remontant la rivière de Saône, jusqu'à la Maison Blanche en Mâconnais. Là, le bief Parisis fait la séparation des deux provinces, ensuite remontant à Fleurie et partageant vers le couchant la paroisse de Lancié, ses bornes parcourent près de quatorze lieues d'étendue jusqu'au port de Pouilly sur la Loire ; elles passent cette rivière et se perpétuent dans la paroisse de Briennon jusqu'à une borne apparente plantée, dans l'autre siècle, par les officiers de la châtellenie de Perreux, dont Pouilly dépend, et du consentement de ceux du prieuré Marcigny.

1.* D'après Lauradoux (*Comptes faits ou tableaux comparatifs des anciens poids et mesures*, Lyon, 1812), la lieue ancienne dans le département du Rhône était de 4444 mètres. Il y aurait donc sept lieues 1/4 de Villefranche à Lyon (32 kil.) et 8 lieues 1/2 de Villefranche à Mâcon (38 kil.)

Ce n'est pas dans ce seul endroit que le Beaujolais prolonge ses confins au delà de la Loire puisqu'ils passent encore cette rivière vis-à-vis Vougy et s'étendent sur divers masages et un entre autres appelé des Gravières. De là, retraversant la Loire, ils la remontent en la côtoyant l'espace de deux lieues jusque proche un petit village nommé Vernay et tirant ensuite, en s'inclinant au levant, à Vandranges, Nulise, Saint-Just-la-Pendue jusqu'à un grand chemin au-dessus de Sainte-Colombe où l'on aperçoit de grands arbres qui forment la limite. Ils parcourent Resseins, Chambost, Longuesaigne, Saint-Marcel-l'Éclairé au-dessus de Tarare et viennent aboutir aux paroisses de Pommiers, Limans et Béligny, limitrophes d'Anse et joignant la Saône.

Il ne sera pas inutile de faire ici quelques observations à l'égard des confins du Beaujolais. Ceux qu'on vient de lire sont extraits de l'histoire du Beaujolais manuscrite que Pierre Louvet composa en 1670. L'impression de cet ouvrage n'a pas eu lieu, mais en le parcourant, on juge que l'auteur a eu sous ses yeux les chartes et les documents anciens qu'il cite fréquemment et qu'il a fait transcrire à la suite de son histoire pour servir de preuves, on peut conclure de là que les confins particuliers du Beaujolais qu'il a donnés sont exacts.

La baronnie du Beaujolais étant un ancien apanage de trois illustres maisons, ses confins n'ont varié que par des aliénations, des échanges, des acquisitions ou peut-être par la négligence de ceux qui devaient veiller à leur conservation.

Les confins qui la séparent d'avec le Mâconnais ont été longtemps en litige. On dressa, en 1741, par ordre du Conseil de Son Altesse, une carte topographique des lieux contentieux avec la marque des bornes qui devaient être plantées entre les états du Mâconnais et du Beaujolais. En conséquence on planta les bornes de séparation en 1742 ou 1743 et l'on en dressa procès-verbal qui a dû être déposé dans la Chambre du Trésor de la province du Beaujolais. Tout fut fait contradictoirement par les commissaires nommés de part et d'autre, mais on prétend que ce bornage n'a pas été à l'avantage du Beaujolais, faute peut-être d'avoir eu recours aux titres anciens de cette baronnie. En effet, à la faveur de la transaction du mois de mars 1317[1], ne vient-on pas de voir

---

1. *Cf. Huillard-Bréholles, *Titres de la maison de Bourbon*, tome I, p. 256.

la paroisse de Belleroche, partie de celle de Belmont et quelques cantons de celle de Saint-Germain-la-Montagne, rentrer dans le ressort du bailliage du Beaujolais par arrêt du Parlement du 13 mai 1750, d'où elles étaient sorties par une usurpation de territoire.

Ne devrait-on pas revendiquer le droit de justice sur l'amas de maisons qui s'augmente tous les jours dans la partie en deçà de la Loire appelé l'Isle de Roanne et située vis-à-vis le bourg, puisqu'elle est nouvellement soumise à la juridiction du bailliage de Roanne ? Dans le temps que ce hameau n'était formé que de quelques maisons, ses habitants reconnaissaient le bailli du Beaujolais pour leur juge naturel ; mais augmenté considérablement et éloigné d'une distance de deux journées de la capitale, ces mêmes habitants, trouvant d'ailleurs un grand avantage d'éviter un degré de juridiction, ont porté volontiers leurs causes au bailliage du Roannais. Le pont nouvellement construit sur cette rivière est un double avantage pour favoriser de plus en plus cette habitude contractée depuis près de trente ans.

Insensiblement les territoires s'usurpent, les justices sont démembrées, les limites se rétrécissent souvent par un défaut d'attention. En rétablissant l'usage des assises on pourrait remédier à cet inconvénient ; mais l'éloignement des lieux, les transports dispendieux qui forcent les juges à faire la guerre à leurs dépens, ont aboli presque partout cet usage qui n'est que d'une médiocre utilité dans les terres que les seigneurs habitent ; l'intérêt seul pour la conservation du patrimoine de Son Altesse royale monseigneur le duc d'Orléans a fait placer ici ces observations.

CHAPITRE XI

Le Beaujolais se trouve dans la plus heureuse position qu'on puisse désirer ; il est situé entre deux grandes rivières qui lui font confins au levant et au couchant. Outre cet avantage il renferme dans son étendue treize petites rivières aussi utiles à son commerce que nécessaires aux besoins de la vie de, ses habitants.

La Saône qui le côtoie à l'orient prend sa source au mont des Vosges[1], près de Darney, et sort proche de l'endroit où la Meuse prend naissance. Cette rivière passe à Monthureux, Jonvelle, Scey, Rigny, Gray, Auxonne, Saint-Jean-de-Losne, Verdun, où elle reçoit le Doubs ; ensuite baigne les murs de Chalon, de Tournus et de Mâcon, elle sépare le Beaujolais de la Dombes et descend à Lyon où elle se mêle avec le Rhône au-dessous d'Ainay.

On peut l'appeler à juste titre la mère nourrice du Beaujolais et de beaucoup d'autres provinces ; les blés et les bois de la Bourgogne qu'elle procure sont d'un grand secours à cette province, surtout dans les temps où les récoltes y manquent, sans parler des autres marchandises d'un usage journalier que sa navigation lui distribue.

On a dit que la Loire confinait le Beaujolais à l'occident. Cette rivière, la plus grande de la France, a sa source en un lieu nommé la Fontaine de Loire, dans le Vivarais, au pied de la montagne de Gerbier, sur les confins du Velay. Elle parcourt près de deux cents lieues de pays et commence à être navigable à Saint-Rambert. Son lit est embarrassé par des roches à quelques lieues au-dessus de Roanne. On

1. *D'après Baudrand, *Geographia*, Paris, 1682 ; d'après Joanne, *Dictionnaire géographique de la France*, dans les Monts Faucilles, au pied du Ménamont.

appelle cet endroit le Saut de Piney [1]. C'est ce qui a fait dire aux géographes qu'elle n'est navigable que depuis Roanne jusqu'à la mer où elle se jette au-dessous de Nantes. Elle reçoit dans son cours cent douze rivières grandes et petites. Elle divisait autrefois les Celtes de l'Aquitaine.

La Loire n'est pas moins utile au Beaujolais que la Saône. Si celle-ci procure l'abondance, celle-là lui fournit l'or des marchands de Paris par le débouché de ses meilleurs vins qu'ils y achètent; on les transporte au port de Pouilly, situé sur cette rivière, et ces vins embarqués parviennent à la capitale par le canal de Briare.

Après ces deux rivières, les deux plus considérables qui parcourent le Beaujolais sont le Reins et l'Azergues qui sortent presque du même endroit au-dessous de Poule.

La première coule à l'occident et la dernière à l'orient. Le Reins passe à Ranchal, à Saint-Vincent, à Cublise, à Amplepuis, Reigné et Perreux, d'où il se jette dans la Loire. Cette rivière, fertile en truites, a un pont entretenu aux dépens d'un particulier qui, pour ce, est exempt de tailles [2]. Son privilège est bien établi par nombre d'arrêts des cours souveraines.

L'Azergues passe dans l'étang de Poule et va de là à Saint-Nizier-d'Azergues, à Lamûre, à la Folletière, en Allière, à Chamelet, à Létra, à Châtillon d'Azergues, à Chazay d'où elle se jette dans la Saône, un peu au-dessous d'Anse. Un autre ruisseau du même nom, qui prend sa source à Chênelette, traverse Claveisolles et Saint-Nizier et va ensuite proche de Lamure porter ses eaux dans l'Azergues qui, souvent grossie par les pluies et les fontes des neiges, forme un torrent impétueux qui ravage les récoltes de la plaine d'Ambérieux aux Échelles [3] et remplit les terres de beaucoup de graviers.

Le cours du Reins et de l'Azergues et leur situation ont depuis plus

---

1. Piney est une paroisse du Forez, où l'on voit les vestiges d'un pont bâti par Jules César; Louis XIV, au commencement de ce siècle, y fit bâtir une digue en pierre appelée le Saut de Piney pour garantir l'Orléanais et la Touraine des débordements de ce fleuve; cet ouvrage mérite d'être vu.

2. C'est Louvet, dans sa grande histoire du Beaujolais, écrite dans l'autre siècle, qui donne cette anecdote. *(V. t. I, p. 62.)

3. *Ancien nom des Chères.

d'un demi-siècle donné l'idée d'un projet bien important mais d'une difficile exécution [1] ; ces deux rivières ont leur source dans la paroisse de Poule et, comme on l'a déjà dit, le Reins dirige son cours à l'occident et tombe dans la Loire ; l'Azergues détermine le sien vers l'orient et se jette dans la Saône. On les a envisagés comme deux canaux propres à faire la communication de la Saône à la Loire et en même temps des deux mers ; on a même cru qu'il était d'autant plus aisé d'y réussir que dans la paroisse de Poule se trouve un étang assez grand pour former le point de partage. Rien ne serait plus avantageux que le succès de ce projet, mais rien n'est plus difficile. On l'a tourné de plus d'une manière ; on en a dressé des plans et des devis, mais entre plusieurs obstacles qui se rencontrent, un des plus grands est que les montagnes du Beaujolais sont fort serrées et escarpées et que les eaux qui y passent ont une trop grande pente.

Morgon sort des hauteurs de Cogny, entre ce village et Jarnioux, dans un lieu nommé La Cantinière, descendant en dessous de Lacenas et coulant le long du château du Sou. Cette rivière parvient aux blancheries de Gleizé et de Chervinges ; là, grossie par les eaux de la fontaine de Saint-Fond, elle forme deux branches en traversant la ville de Villefranche, dont la première passe par les Cordeliers, le long de l'hôpital, des boucheries et des tanneries et la seconde se partage en deux canaux dont l'un traverse l'hôpital et l'autre, passant par le milieu de la ville, sous les maisons des particuliers, va faire moudre un moulin de la ville et se rejoint ensuite à la première branche en ne formant qu'un lit. Alors, côtoyant, hors des murs, nombre de jardins potagers, cette rivière arrose plusieurs prés, passe à l'hôpital des pestiférés, au château de Foncraine et se jette ensuite dans la Saône vis-à-vis du port de Frans.

Du vivant de son altesse royale Mr le duc d'Orléans, régent, on avait fait un plan pour former un canal dans le lit même de Morgon qui communiquât à la Saône ; le projet était d'une facile exécution, la pente de la ville à la Saône étant insensible ; il ne fallait qu'un grand bassin à l'entrée de la ville en forme de port et deux écluses. Ce travail aurait pu se faire par un régiment d'infanterie dans l'espace de six

____

1. Voyez les Mémoires manuscrits de M. d'Herbigny.

mois, n'y ayant qu'un quart de lieue de la ville à la Saône. L'utilité de ce canal était de faciliter l'abord de toutes les marchandises qui descendent de la Bourgogne, même du passage des troupes dont le passage est fréquent à Villefranche dans les temps de guerre ; son entretien eût été de peu de dépense et son produit eût augmenté considérablement la ferme du Beaujolais par le droit qu'en aurait tiré Son Altesse. D'ailleurs, la dépense moins considérable pour voiturer les marchandises de la rivière à la ville eût soulagé les habitants et une voiture réglée par eux qu'on aurait pu établir de Villefranche à Lyon en aurait facilité le commerce. On peut dire avec vérité que la construction de ce canal et l'élévation des casernes dont toutes les fondations sont faites à fleur de terre auraient soulagé considérablement le citoyen, l'auraient enrichi et même auraient contribué à l'agrandissement de la ville de plus d'un tiers ; mais la mort de Mgr le régent et celle de ceux qui s'intéressaient à des entreprises si utiles ont fait disparaître ces deux établissements.

L'Ardière vient de la montagne des Ardillats, au-dessus de Beaujeu, traverse cette ville et, passant à La Terrière, à Saint-Jean-d'Ardières, proche du château de l'Écluse, elle se jette au-dessus de Belleville dans la Saône.

La Vauxonne sort des hauteurs de la paroisse de Saint-Étienne-la-Varenne et de Vaux, passe à La Tallebarde, à La Bastie, au bourg de Rogneins, à Marzé et de là s'écoule dans la Saône vis-à-vis de Montmerle.

La Mezerine naît dans les montagnes de Saint-Lager, parvient à Charentay, à Brouilly, de là à Bussy d'où elle se jette dans la Saône [1].

La rivière de Nizerand prend sa source à la montagne de Saint-Cyr de Chatoux, parcourt les paroisses de Serfavre, Notre-Dame-de-Rivollet, Denicé, Pouilly, Ouilly et côtoyant le château de La Chartonnière et l'abbaye de Joug, elle parvient ensuite à la Saône.

A un quart de lieue de Nizerand, on voit une petite rivière qui passe à Chavanne, appelée Pinivelle et qui forme quelquefois un torrent. On la passe sur un pont de pierre à Chavanne, elle se décharge dans la Saône au-dessus de l'abbaye de Joug [2].

1. *L'auteur confond les cours de la Mezerine et du Sancillon.
2. *Cette description correspond au Marverand.

On trouve dans la paroisse de Saint-Symphorien-de-Lay deux ruisseaux qu'on nomme Gau et Escorron, qui font jouer dans leurs cours plusieurs moulins ; ils servent de limites à plusieurs masages de cette paroisse qui sont séparés pour faciliter le payement des tailles, et tombent ensuite dans la rivière de Reins du côté de Pradines et de l'Hôpital.

La Trambouze passe sous Thizy, sortant des montagnes du côté de Mardore, se jetant pareillement dans le Reins.

Le Poncet[1] est un ruisseau qui prend sa naissance au-dessus de la paroisse de Corcelles, traverse partie de celle de Lancié et le grand chemin de Villefranche à Mâcon et se jette ensuite dans la Saône.

La Grosne enfin prend sa source entre Avenas et Ouroux, du côté du couchant, passe à La Bussière et à Cluny et va ensuite se jeter dans la Saône auprès d'Ouroux en Bourgogne.

Telles sont les principales rivières qui prennent leur source et coulent dans le Beaujolais, utiles par les moulins à farine, à scier le bois, à piler les écorces, qu'elles font jouer, elles servent encore aux papeteries qui se trouvent dans la province en grand nombre. Si ces rivières forment quelquefois des torrents qui font quelques ravages, le mal en est bientôt oublié en faveur du bien qu'elles produisent.

A l'égard des ruisseaux formés par les pluies et la fonte des neiges et que l'on voit à sec très souvent, ils ne méritent aucune attention ici, utiles seulement pour abreuver et partager les fonds des particuliers et confiner les rentes des seigneurs. On les abandonne à l'observation des commissaires à terriers qui ne les oublient point dans leurs terriers géométriques.

---

1. *Poncier, ou mieux Poncié, mais la description de Trolieur s'applique au Douby.

CHAPITRE XII

DES MINES ET MINÉRAUX DU BEAUJOLAIS

Strabon [1] donne en général à la Gaule l'épithète de fertile en or et désigne en particulier les contrées où ce métal s'y trouvait en plus grande abondance. Les habitants de la Gaule celtique, dit-il, étaient si riches qu'ils enterraient des trésors dans leurs marais qui devinrent la proie des vainqueurs, par la découverte qu'en firent les Romains.

Révoquera-t-on en doute l'autorité de cet ancien géographe si l'on fait attention que les Romains tiraient tous les ans des Gaules vingt millions d'or et que le tribut annuel de chaque famille gauloise était de vingt-deux écus d'or, qu'enfin le Rhône roule l'or avec ses eaux que nombre d'ouvriers recueillent avec industrie ?

Le Beaujolais, qui faisait partie de la Gaule celtique, renferme dans son sein plusieurs mines de différentes èspèces : on y trouve l'or, l'argent, le cuivre, le plomb, la couperose, le vitriol, l'alun de glas et nombre d'autres minéraux, mais aucunes ne sont travaillées. Elles étaient autrefois l'objet du revenu du seigneur du Beaujolais et de plusieurs particuliers : elles étaient même d'une assez grande considération.

Ce sont les anciens états conservés dans la Chambre du trésor de la province qui nous l'apprennent ; les seigneurs avaient des officiers sous le titre de conservateurs garde-mines et le lieutenant général de Villefranche a des gages [2] attribués à ce titre, qu'il touche encore actuellement.

Ce fut dans le xve siècle [3] et avant la découverte des Indes, que Louis XI accorda ses lettres patentes au mois de juillet 1467, par

1. Strabon, *Géographie*, livre 4.

2. On voit sur ce registre de la Chambre du trésor, un résultat du Conseil du prince, du 4 avril 1711, qui, conforme à celui de 1705, fixe les gages des officiers du Beaujolais. On y voit le lieutenant général employé ainsi : *à lui comme garde-mines, 12 livres.*

3. Les Portugais furent les premiers Européens qui s'établirent aux Indes sous le règne d'Emmanuel, leur roi.

lesquelles il donna à Jean, duc de Bourbon, et à ses héritiers, la liberté de faire, toutes fois que bon leur semblerait, quérir, manœuvrer, besongner ès-mines d'alun et de glas qui se trouveront en certains héritages à lui appartenant, tant ès pays de Lyonnais et mêmement entre les places et châtel de Pierre-Scize et le village appelé de Vaise, près d'un édifice nommé des Deux-Amants, qu'autre part sur ces pays et seigneuries.

Le même monarque, par d'autres lettres patentes de 1469, remet au même duc tous et tels droits, actions et parts qu'a Sa Majesté et devaient appartenir à ses successeurs rois, ès mines de vitriol qui pourraient se trouver ès terres et seigneuries dudit duc de Bourbon. Ces lettres furent suivies de nouvelles accordées par le même souverain au même seigneur, au mois de février 1740 ; elles sont conçues dans les mêmes termes et le duc de Bourbon eut le soin de les faire entériner en la Chambre des comptes, au mois d'avril de la même année.

Les rois Charles VIII et Charles IX furent également généreux à l'égard de la maison de Montpensier par l'accord de leurs lettres patentes des mois de mai 1493 et de novembre 1565, confirmatives de celles de Louis XI, elles furent également entérinées en la Chambre des comptes. Enfin, Henri le Grand confirma le même don à madame la duchesse de Montpensier, par ses lettres patentes du 12 mai 1609, auxquelles est attaché le consentement du sieur de Beaulieu, surintendant général des mines et minières de France. Ces titres sont sans doute suffisants pour assurer sur les mines du Beaujolais les droits des barons de cette province.

Mais en examinant les titres qui concernent cette matière, on remarque que quelques particuliers avaient droit dans ces mines et que la paroisse de Claveysolles était la plus abondante en minéraux.

Hugonet Baudet, doyen de Beaujeu, céda, par donation du 15 octobre 1468, au sieur du Deaux, son neveu, les mines de vitriol qui lui appartenaient dans cette paroisse.

Un particulier de Villefranche, nommé Humbert Maléval, avait également un droit dans les mines de vitriol assises dans cette même paroisse au lieu nommé Valtorte ; Mr le duc de Bourbon lui disputa ce droit, information faite en conséquence le 19 octobre 1469, par le sénéchal de Lyon, commissaire nommé par le roi et, le 28 du même mois, les parties transigèrent et par cette transaction, il fut dit que les dites mines appartiendraient par indivis audit seigneur et audit Maleval, excepte le droit de décime sur icelles, appartenant par don du roi audit seigneur duc de Bourbon.

La preuve de l'exploitation de ces mines se tire de différents inventaires faits par l'ordre des gens du conseil du Beaujolais en 1493, vis-à-vis du sieur de Pramenoux, fermier des mines de Claveysolles, des granges, chaudières, martinets, métaux et outils servant à travailler à ces mines. On y voit des estimations de ces mêmes outils. On trouve des ordonnances des 16 et 24 mai 1639 rendues par le sieur de la Terrière, lieutenant général au bailliage du Beaujolais, faisant défense de fouiller et faire fouiller ès mines de cuivre, en la paroisse de Jullié, et de charbon de pierre en celle de Saint-Symphorien-de-Lay, appartenant à Son Altesse royale. Le même la Terrière délivra des commissions le 14 mars de l'année suivante pour procéder au pesage des minéraux de Claveysolles : on trouve à la suite le procès-verbal du pesage fait deux jours après. Enfin, en mars et en mai 1640, on voit encore d'autres procès-verbaux de la levée des premières et secondes cuites du vitriol, de la couperose et du rouge brun, provenus des mines de Claveysolles.

Sur la valeur et le produit de ces mines on peut suivre avec confiance Claude Paradin [1], chanoine de Beaujeu. Cet ecclésiastique, connu par ses ouvrages, nous a conservé l'extrait des livres de raison d'un particulier de Beaujeu, nommé Jean Magnin, fermier des mines de Propières et, d'après ces livres, il nous apprend que Magnin, pendant les années 1458 et 1459 et en seize mois de temps en avait tiré sept marcs, seize onces et demie et trois deniers d'argent et cent treize quintaux, soixante et dix livres de plomb. Ce fut sans doute la valeur de cette mine et de quelques autres qui fit ouvrir les yeux au conseil du duc de Bourbon qui, huit ans après, obtint comme on l'a dit des lettres patentes de Louis XI.

Notre auteur entre ensuite dans le détail des autres mines de la province, et dit qu'il y en avait aussi à Joux-sur-Tarare, à Clavey-

---

1. Ce Claude Paradin vivait en 1565 et était frère de Guillaume, doyen de Beaujeu, qui fut en grande réputation dans le xvie siècle par ses ouvrages. Voy. Moréri, sous leurs noms.

solles, Saint-Cyr-le-Chatoux et à Odenas ; qu'à Joux et au lieu appelé
la Vieille Montagne, il y a des mines tenant argent, plomb, cuivre et
peu d'or ; qu'au chemin de Ressin les mines rendent trois marcs et
demi d'argent pour cent ; qu'une autre, à un quart de lieue du château
de Joux et demi-lieue de Laissus, rend un marc d'argent pour cent ;
que celles de Claveysolles forment vitriol et tiennent aussi argent,
plomb, cuivre et soufre ; qu'à Saint-Cyr-le-Chatoux, près du château
d'Oingt, on en trouve une de charbon de pierre, bonne à chauffer et à
faire la chaux, mais inutile à forger, et qu'en celle d'Odenas, le plomb
paye les frais sans l'argent qu'on en tire, mais que l'eau empêche le
travail.

Paradin a omis de parler des mines de cuivre de la paroisse de Jullié
dont les défenses du 16 mai 1639 font mention. Peut-être n'étaient-
elles pas ouvertes de son temps.

On observe ici que de toutes ces mines, la dernière exploitée est
celle de couperose située dans la montagne de Toutauld (*sic*), paroisse
de Claveysolles ; on cessa d'y travailler en 1695, ce qu'on attribue tant
à la mésintelligence des entrepreneurs qu'à la rudesse extrême du travail
et à la rareté du gros bois nécessaire pour ces travaux, dont le transport
était très dispendieux.

L'autorité de Strabon se confirme par tous les faits qui viennent d'être
rapportés et qui donnent une idée suffisante sur les mines du Beaujolais, considérables autrefois, mais actuellement négligées par ce que
l'or vient plus vite et plus abondamment par le secours du commerce,
surtout depuis les découvertes des pays qui le produisent en grande
quantité et depuis la perfection de la navigation.

CHAPITRE XIII

DE LA RELIGION ET DE L'ÉTAT ECCLÉSIASTIQUE DU BEAUJOLAIS

Il paraît inutile ici de parler de la religion des Gaulois, assez d'auteurs en ont traité, et de leurs druides, absorbés comme les autres peuples dans les ténèbres du paganisme, ils furent insensiblement soumis au christianisme par la prédication évangélique. Chaque nation gauloise avait ses dieux tutélaires et ses divinités particulières.

Les Ségusiens même qui occupaient le Lyonnais, Forez, Beaujolais, la Dombes, la Bresse et le Bugey, ne sacrifiaient-ils pas à la déesse *Segusia* d'où cette nation avait tiré [1] son nom ? Cette divinité connue par plusieurs monuments antiques, le symbole de la félicité, présidait à l'abondance; son culte disparut dans les premiers siècles du christianisme qui doit sa naissance, dans la Gaule lyonnaise, aux disciples immédiats des apôtres.

Saint Pothin, saint Irénée, saint Andoche, saint Bénigne, doivent être mis au rang de ces disciples zélés, qui ne bornèrent point la prédication évangélique au seul territoire lyonnais; ils parcoururent les pays voisins et furent les fondateurs des églises de Lyon, de Mâcon, de Chalon, d'Autun et de Langres.

La date de la première assemblée de saint Irénée avec quelques prélats des Gaules pour fixer le temps de la célébration de la Pâques, se trouve à l'an de l'ère chrétienne 197. Deux siècles après et à l'époque de la fondation de l'empire français, presque tous les Gaulois étaient chrétiens, à l'exception de ceux qui s'étaient retirés dans les montagnes, les bois, les marécages, pour se mettre à l'abri des courses continuelles des barbares ; ne pourrait-on se persuader que cette portion des Ségusiens qui forme aujourd'hui le Beaujolais fût restée seule insensible à l'exemple de tant de cités déjà chrétiennes et au spectacle touchant de

---

1. C'est Polybe qui nous l'apprend.

plus de vingt mille martyrs qui, soutenus par saint Irénée et saint Pothin, leurs pasteurs, scellèrent de leur sang les vérités de l'évangile?

Si nous en croyons la dernière histoire de Tournus, on doit présumer que la religion chrétienne fut prêchée dans l'ancien territoire du Beaujolais, dans le temps de la grande persécution des chrétiens sous Marc-Aurèle, l'an 177 de Jésus-Christ, par saint Valérien qui, fuyant cette même persécution, s'échappa de Lyon avec saint Marcel. Le premier prit à gauche en remontant la Saône et le second à droite ; saint Valérien s'étant occupé pendant quelque temps à prêcher l'évangile dans le territoire du Beaujolais, fut s'établir à Tournus où le gouverneur Prisque lui fit, quelque temps après, souffrir les tourments qui lui procurèrent la couronne du martyre.

Le paganisme insensiblement détruit et la religion catholique fortifiée par l'exemple de nos premiers rois chrétiens, les provinces de la France formèrent des temples au vrai Dieu de ceux consacrés aux idoles, leur piété même leur fit édifier quantité d'églises ; les peuples de notre province y comptent des églises bâties depuis les premiers siècles et la ferveur des princes de Beaujeu perfectionna l'ouvrage. On peut même assurer avec vérité que les principales fondations en faveur de la religion, soit dans le Beaujolais, soit dans les provinces voisines, proviennent de leur piété. On doit cette justice à leur mémoire et la suite de ces mémoires l'apprendra à mesure que l'occasion d'en parler se présentera elle-même.

La province du Beaujolais est composée de cent vingt-six paroisses ou annexes, dont cinquante-neuf assises dans le diocèse de Lyon, cinquante-huit dans celui de Mâcon et neuf dans celui d'Autun. On y compte trois chapitres : le premier à Beaujeu, le second à Aigueperse, tous les deux fort anciens, et le troisième, qui doit à la fin du dernier siècle son érection, est à Villefranche, capitale de la province. Deux abbayes royales, l'une à Belleville, composée de chanoines réguliers de Saint-Augustin, et l'autre à Joug, proche de Villefranche, ordre de Saint-Benoît. Elle vient d'être réunie au chapitre de cette ville ; les moines ont été sécularisés et sont actuellement au nombre des chanoines. Quatre doyennés, dont trois doivent être moins appelés doyennés ruraux, puisqu'ils n'ont aucun droit de visite sur les curés, que ·

doyennés claustraux, parce que, dans les paroisses où ils sont situés, demeuraient anciennement des moines de Cluny qui se sont retirés dans le chef-lieu dans le temps des troubles. Ces monastères avaient leurs doyens et depuis qu'ils sont détruits, les curés de l'endroit ont retenu le titre de doyens. Ces doyennés s'appellent Limas, Vaux et Arpayé. Le quatrième est celui de Vauxrenard qui était dans le commencement de ce siècle archiprêtré du Mâconnais et doyenné rural; mais le curé d'aujourd'hui n'est plus qu'un vicaire amovible à portion congrue.

On compte dans le Beaujolais jusqu'à vingt et un prieurés dont quelques-uns claustraux, d'autres simples, d'autres prieurés cures et d'autres, enfin, tombés dans le commerce par des échanges. On se contentera simplement de les nommer ici, parce que l'occasion se présentera d'en parler dans le dénombrement des paroisses dans lesquelles ils sont situés.

Ces prieurés sont Saint-Jean d'Ardières, Pommiers, Gleizé, Saint-Sorlin, Denicé, Arnas, Grammont, Salles, Arbuissonas, Nety, Vauxrenard, Jullié, Saint-Mamert, la Grange-aux-Bois, Ecussoles, Aujou, Saint-Nizier-Létra, Saint-Nizier-d'Azergues, le Bourg-de-Thizy, Mardore et Villeneuve.

On voit, près de Belleville, une commanderie qui appartient à l'ordre de Malte.

On compte quatre hôpitaux dans la province : le premier à Villefranche, le second à Beaujeu, le troisième à Belleville et le dernier à Perreux; celui de Rogneins vient d'être réuni à l'hôpital de Villefranche.

Quatre sociétés de prêtres: l'une à Beaujeu, l'autre à Thizy, la troisième à Perreux et la dernière à Amplepuis.

La capitale du Beaujolais a deux couvents d'hommes et deux de filles. Celui des Cordeliers est le premier de tous ceux de cet ordre établis en France; le couvent des Capucins, celui des dames de Sainte-Marie et celui des dames de Sainte-Ursule ont été établis dans l'autre siècle.

Beaujeu n'a qu'un couvent de religieux du tiers-ordre; dans la paroisse de Blacé est le couvent de Salles, composé de douze demoiselle nobles prébendées, de l'ordre de Cluny, sous la discipline d'un prieur et d'un sacristain, religieux du même ordre. Au Bourg-de-Thizy est un couvent de religieux de l'ordre de Cluny composé d'un prieur et de quatre moines.

On ne fait pas ici mention des chapelles de dévotion répandues dans plusieurs paroisses de la province, ni des prébendes ou commissions de messes, parce qu'on notera les principales en parlant des paroisses où elles sont situées.

CHAPITRE XIV

DU GÉNIE DES HABITANTS DE VILLEFRANCHE ET DU BEAUJOLAIS

Le génie des peuples, en général, n'a point de caractère marqué, les qualités de l'esprit étant modérées pour les uns et pour les autres avec une assez juste proportion.

On remarque cependant dans le livre intitulé *États et empires du monde*, un génie particulier attribué aux habitants de chaque province de la France; un ancien préjugé, des lois, des coutumes, des usages particuliers, a qualité des denrées, la différence de la température de l'air ont souvent fait naître ces remarques, quelquefois assez mal fondées. Si ce livre a défini le caractère des habitants du Lyonnais, il a négligé de parler de celui des peuples du Beaujolais.

On trouve dans les mémoires de M. d'Herbigny le génie des habitants de Villefranche dépeint sous des couleurs un peu vives : il étaie son sentiment sur l'article 74 des privilèges de cette ville [1] accordés par les anciens seigneurs du Beaujolais et sur l'usage de la charpille autour de cette ville, aboli depuis par les ordres de Sa Majesté, donnés à Compiègne, le 19 de juin de l'année 1732, publiés et affichés le 25 du même mois. Si l'on adopte le sentiment du père Colonia dans son *Histoire littéraire de la ville de Lyon*, il donne un caractère aux anciens peuples de la généralité et dit [2] que les Ségusiens formaient la nation des Gaules la moins turbulente et celle qui se gouvernait le plus selon ses lois particulières. Cet auteur, qui parle d'après Pline et Strabon, ajoute que ce peuple était considéré de tous ses voisins.

Vingt-cinq ans avant les mémoires de M. d'Herbigny, Louis XIV,

---

1. On donnera l'explication de cet article au commencement de la 3ᵉ partie de ces mémoires.

2. A la page 16, parag. 9 et 10.

dans les lettres patentes qu'il accorda pour l'érection d'une académie des sciences à Villefranche, fit l'éloge de l'esprit des habitants de la capitale et de la province. Ce monarque, qui se faisait instruire de tout, n'accordait ses faveurs qu'avec connaissance; aussi M. d'Herbigny ne peut s'empêcher de donner de la vivacité à l'esprit du citoyen, mais ce n'est pas assez, il faut encore des mœurs.

Les actions bonnes ou mauvaises de quelques particuliers ne serviront jamais pour caractériser le génie des habitants d'une ville entière, si l'on veut faire attention à la conduite en général de ces mêmes habitants. Ainsi, en jetant les yeux sur celle de ceux de la capitale et de la province du Beaujolais, on remarquera que pendant tous les temps de troubles et de guerres civiles de l'État, ils ont toujours été fidèles à leurs souverains et attachés à leurs seigneurs, on pourra voir la religion dominer parmi eux dans toute sa force, sans être aucunement altérée par les sentiments nouveaux, on y verra, dans tous les temps, l'esprit du commerce animer le citoyen, on y remarquera les juges instruits des lois, rendre la justice avec intégrité et soutenir la réputation ancienne du siège vis-à-vis de leurs supérieurs; ne verra-t-on pas aussi toute la noblesse du Beaujolais se consacrer par inclination et par goût au service de l'État? Enfin on apercevra dans la jeunesse de Villefranche un penchant décidé pour les armes, et l'on a vu même cette ville, dans les dernières guerres, indépendamment des milices, fournir plus de soldats au roi que d'autres villes de la France deux ou trois fois plus grandes et plus peuplées, et pour finir, enfin, on peut dire, avec vérité, que le citoyen de Villefranche est naturellement spirituel et de bonnes mœurs.

Il est vrai qu'on peut admettre ici l'exception à la règle générale à l'égard du paysan de la plaine : fin, rusé et peu fidèle, pauvre autant par son peu de sobriété que par les impôts, il se console en buvant le vin qu'il voit naître sous ses mains et se dédommage par ses souplesses de la misère qui le talonne; celui de la montagne, infatigable pour l'intérêt et plus industrieux, subsiste plus par son savoir faire que par la culture d'une terre ingrate qu'il habite, il fournit à la plaine des toiles, des futaines, du charbon, des chevrons et des planches de sapin, faisant argent de tout, il le convertit en marchandises et en grains et sa sobriété le tire d'affaire, aussi voit-on plus de montagnards faire fortune que d'habitants des terrains fertiles, ses finesses et ses ruses sont si déliées qu'il est bien difficile de s'en garantir ; on trouve des cantons dans le Beaujolais, dans le centre des montagnes, où les habitants, d'une rusticité sauvage, portent encore dans le cœur l'indépendance et l'indocilité gauloise. Tout homme qui n'habite leurs cantons est réputé d'une autre espèce et difficilement trouverait-on du secours parmi eux, sans les pasteurs qui sont à leur tête et qui travaillent continuellement à adoucir leurs cœurs.

Quoi qu'il en soit, tous ces génies différents de la province forment un tout composé d'esprit, de bon et de mauvais. Tel est l'homme partout, et lorsqu'il sera question de le dépeindre, on reconnaîtra toujours en lui les suites funestes du péché de nos premiers parents.

FIN DE LA PREMIÈRE PARTIE.

SECONDE PARTIE

CHAPITRE PREMIER [1]

DES ANCIENS SEIGNEURS, DU NOM ET DES ARMES DE BEAUJEU UMPHROY, PREMIER SEIGNEUR.

On s'est développé suffisamment dans la partie précédente de ces mémoires [2] sur l'origine des seigneurs de Beaujeu, ce serait tomber dans des répétitions inutiles si l'on s'étendait davantage sur cette matière. Severt et Paradin regardent Umphroy ou Umphred comme le premier seigneur de Beaujeu ; rechercher au delà c'est s'égarer. Ce seigneur vivait en 989, sous Hugues Capet, et fut enterré à Lyon dans l'église de Saint-Irénée si l'on s'en rapporte à l'épitaphe rapportée par Belleforest, dont on a précédemment parlé.

Souche d'une postérité qui fut longue, il eut deux fils nommés Béraud et Jomard. Paradin a passé sous silence ce dernier, mais Severt l'a redressé. Cet auteur, d'après le chapitre second du cartulaire de Beaujeu, nous apprend que Jomard fut à Rome avec Béraud, son frère, sa belle-sœur, Vandalmode et son neveu Humbert visiter le pape Léon IX ; il ajoute qu'il mourut sans enfants. On n'est pas assuré du temps précis de son décès.

1. *En marge on lit : « V. le f⁰ 746 du livre copié par le s⁰ d'Antoine » et à la suite une note donnant les dates initiales des différentes branches des seigneurs de Beaujeu.

2. Voyez les chapitres 4, 5 et 6ᵉ de la première partie de ces mémoires.

BÉRAUD OU BÉRARD, SECOND SEIGNEUR DE BEAUJEU (1020).

Béraud, fils d'Umphroy, avait épousé Vandalmode dont on ignore la famille. Il en eut deux enfants : Humbert et Gauthier[1] qui fut trente-sixième évêque de Mâcon.

On peut regarder Béraud, qui vivait du temps de Philippe Ier, avec son frère Jomard et son fils Humbert, comme les fondateurs de l'église collégiale de Beaujeu, si l'on ajoute foi à l'histoire de Drogon et de Landry, 37e et 39e évêques de Mâcon. Ce furent eux qui firent don à cette église de la paroisse de Charentay avec les droits et les dîmes qui leur appartenaient[2]. La mémoire de Béraud et de sa femme se fait le 5 des ides de décembre, selon l'obituaire de Beaujeu, ce seigneur mourut l'an 1032.

Duchesne prétend que Béraud et Vandalmode décorèrent l'église de Beaujeu d'un monument antique qui représente un sacrifice des Romains appelé *suove taurilia* dont on fera par la suite la description.

HUMBERT Ier, TROISIÈME SEIGNEUR.

Humbert Ier du nom, fils de Béraud et de Vandalmode, succéda à son père suivant l'acte de fondation de la collégiale de Beaujeu, rapporté dans l'ouvrage de René Chopin de *Sacra politia*, livre III, chapitre 1, nombre 16, *Beraldus Bellijoci princeps, Vandalmoda uxor, et Humbertus filius extruxerunt primum Bellijoci templum Vischardus et Stephanus, fondatorum nepotes, in ea ecclesia canonicorum collegium instituerunt.*

Humbert eut deux femmes; la première se nommait Auxilie, fille d'un Humbert II, troisième comte de Maurienne, de laquelle il eut cinq enfants mâles. La seconde s'appelait Helmet dont on ignore la famille ; on sait seulement qu'elle fut à Rome avec son mari et qu'elle mit au monde deux fils.

---

1. Gauthier ou *Wauthier*, en latin *Wallerius* ; il avait été, avant d'être évêque, en 1031, chanoine, et était l'aîné de Béraud ; il mourut en 1062.

2. *Cum rebus et decimis pertinentibus*, dit le titre.

Enfants d'Auxilie : Hugues, depuis seigneur de Beaujeu.

                         Guichard Ier, aussi seigneur de Beaujeu.

                         Humbert, mort jeune dans son voyage de Jéru-
                         salem.

                         Guigue, mort chanoine de Lyon et de Beaujeu.

                         Etienne, le même dont parle René Chopin.

Enfants d'Helmet : Letard, chanoine de Beaujeu et de Saint-Irénée.

                         Vuicard, on ne sait s'il vécut longtemps.

Tous ces enfants concourent également pour la dédicace et la consécration de l'église de Beaujeu.

On n'a point d'époque précise de l'érection de l'église de Beaujeu en collégiale. René Chopin, exact à rapporter l'acte de la fondation de cette église où l'on lit le détail des reliques et le dénombrement du revenu du chapitre, en a passé sous silence la date. L'acte constate bien que Béraud Vandalmode et Humbert, leur fils, firent bâtir l'église, qu'Hugues, Guichard et Etienne, leurs petits-fils, la firent ériger en collégiale, que même ces derniers confirmèrent la donation de tous les biens et revenus donnés à cette église, mais, à l'égard de la date de l'érection en collégiale elle est ignorée. On la répute du milieu du XIe siècle, parce que dans une bulle du pape Alexandre second, du mois d'avril 1070, ce pontife qualifie les prêtres qui desservaient cette église de chanoines. Severt prétend qu'Humbert vécut longtemps. Sa femme Auxilie fut enterrée à Cluny.

HUGUES, QUATRIÈME SEIGNEUR, ET GUIGUE, SON FILS
PENDANT DEUX MOIS (1053).

Hugues, fils d'Humbert Ier et d'Auxilie, possesseur de la seigneurie de Beaujeu, était marié et jouissait de l'abbaye de Saint-Just, suivant l'usage de ces temps auxquels les empereurs et les rois conservaient, par tradition de l'anneau et de la crosse, les évêchés et les abbayes à des seigneurs laïques. Mais cet usage fut aboli sous Philippe Ier [1], temps auquel vivait Hugues de Beaujeu. On ignore le nom et la famille de sa femme, de laquelle il eut Guigue.

---

1. En l'année 1060.

Hugues ne régna pas longtemps, puisque Guigue, son fils, au retour de son troisième voyage de Rome, ayant appris la mort de son père, tomba malade à Lyon, y mourut l'année 1066 et fut enterré à Ainay le 4 des calendes de février. On fait mention de Hugues dans le livre obituaire du chapitre de Beaujeu au huit des calendes de décembre en ces termes : *Obiit dominus Hugo Bellijocensis, auctor et restitutor nostrae ecclesiae.* Son décès fut donc sur la fin de l'année 1065 et comme le fils mourut deux mois après le père, il n'est pas surprenant de voir ici Guigue hors du rang des seigneurs de Beaujeu.

GUICHARD Ier, CINQUIÈME SEIGNEUR (1066).

Trop de confiance à l'égard de Paradin et de Severt qui reconnaissent Guichard Ier pour seigneur de Beaujeu, pourrait jeter dans une erreur considérable ; tout ce que l'on peut dire de plus vrai ou de plus vraisemblable à l'égard de ce seigneur est qu'il était fils d'Humbert Ier et d'Auxilie, frère de Hugues et oncle de Guigue ; qu'il succéda à son frère, ou, pour mieux dire, à son neveu, décédé en 1066 sans enfants ; que la femme de Guichard Ier s'appelait Lucienne et qu'elle eut quatre enfants dont Humbert second fut l'aîné.

Paradin et Severt font Guichard Ier fondateur de l'abbaye de Joug-Dieu et de l'église paroissiale de Saint-Nicolas de Beaujeu et le font mourir à Cluny en 1137. C'est trop étendre les générations que de donner ce terme aussi long à la vie de ce seigneur et l'on peut dire que le titre de fondateur de Joug-Dieu et de Saint-Nicolas appartient à Guichard second.

En effet, quiconque voudra approfondir et rapprocher les dates connaîtra sans doute l'erreur de ces deux auteurs. Quand Guichard Ier succéda à Guigue, son neveu, c'était en 1066 ; en le supposant le cadet de tous les enfants d'Humbert Ier (ce qui n'est pas, étant du premier lit), il devait avoir au moins vingt-cinq ans ; en ce cas, il aurait eu 90 ans lorsqu'il aurait fondé l'église de Saint-Nicolas de Beaujeu et, au temps de son décès, 98 ans. Mais encore dans cette supposition il faut ici l'oncle moins âgé que le neveu qui mourut au retour de son troisième voyage de Rome, ce qui suppose une personne déjà d'un certain âge. Il ne faut que cette réflexion pour faire apercevoir la méprise de ces deux auteurs qui, trompés par des noms semblables les uns aux autres et fort communs dans le xie siècle, n'ont pu débrouiller l'histoire particulière des seigneurs de Beaujeu qui ne peut être éclaircie que par la comparaison des histoires des provinces voisines, de ces mêmes siècles.

HUMBERT II, SIXIÈME SEIGNEUR (1080).

Humbert II, fils aîné de Guichard Ier et de Lucienne, succéda à son père. Il eut de sa femme, nommée Auxilie, quatre enfants mâles, savoir : Hugues, Guichard, Humbert et Guigue.

On lit dans la *Nouvelle histoire de Tournus*[1] que les moines de cette abbaye et de celle de Cluny eurent deux différends entre eux. Le premier, au sujet de la possession d'un village qui fut terminé par accord entre les deux abbés l'année 1097 ; le second, qui concernait un droit de pêche dans la Saône et sur les bords de la Seille, fut jugé la même année par des arbitres à la tête desquels était Humbert de Beaujeu. L'abbé Pierre ne voulut point d'abord se soumettre à la décision de ces arbitres, mais il y fut contraint par l'autorité du pape Urbain II, en 1090.

Humbert II, du consentement de sa femme, fit donation à l'église de Mâcon d'une église et d'une chapelle avec tous ses droits pour le repos de son âme et de celles de ses prédécesseurs en présence de sept témoins et présidant Landry[2], alors trente-neuvième évêque de Mâcon. Ces deux traits d'histoire ne sont ici rapportés que pour mieux établir les raisons alléguées dans la section précédente.

On ne s'arrêtera point à détruire ici les erreurs de Paradin et de Severt sur le compte de ce seigneur de Beaujeu pour passer à son successeur Guichard II. La présomption en [est] très forte et presque, pour ainsi dire, fondée que ce fut Humbert II qui jeta, en 1094, les premiers fondements de la ville de Villefranche, aujourd'hui capitale du Beaujolais.

---

1. Imprimée à Dijon en 1733, p. 108.
2. Voyez Severt dans ses *Évêques de Mâcon*, p. 117, § 9.

GUICHARD II, SEPTIÈME SEIGNEUR (1110).

Guichard II, héritier d'Humbert, contracta mariage en 1108 avec Lucianne de Rochefort[1], dame de Montlhéry, fille de Gui, surnommé le Rouge, grand sénéchal de France, et d'Adèle, dame de la Ferté-Baudouin. Lucianne avait été auparavant accordée à Louis le Gros et le mariage fut dissous à cause de la parenté[2].

Severt a donné à ce seigneur plusieurs enfants, mais on ne peut douter qu'Humbert III, son successeur, en fut un[3] ; Gontrand, qui fut chanoine de Beaujeu, en fut un autre ; certains l'appellent Gonthier et prétendent que la montagne de Gonthy, au-dessus de Beaujeu, en a retenu le nom.

Quoi qu'il en soit, Guichard fit de grandes acquisitions détaillées dans les archives de Beaujeu par un acte à la vérité sans date où il est dit : *Istæ sunt acquisitiones quæ subsequuntur quas fecit dominus Guischardus, Humberti Bellijoci filius.* Ce fut le premier seigneur de Beaujeu qui commença à avoir des possessions dans la Dombes. Il eut premièrement le bourg de Saint-Trivier avec toute sa châtellenie ; Riottiers et les châteaux qui en dépendaient, celui de Montmerle et sa châtellenie.

Il est à croire que ce seigneur étant bienvenu auprès du roi, comme ayant épousé sa parente, les seigneurs et gentilshommes des environs de Beaujeu s'efforcèrent à gagner ses bonnes grâces et se mirent sous sa protection en lui jurant fidélité et hommage.

Si les biens de Guichard furent considérables, ses fondations le furent aussi. Ce fut lui qui fit bâtir, au commencement du XIIe siècle, l'église paroissiale de Beaujeu, sur le territoire de celle des Etoux ; on voit dans les archives de cette église l'inscription de sa dédicace écrite sur une ancienne pancarte. En voici les termes :

1. Voyez Moréri, sous l'article Beaujeu.

2. En 1104, cet accord eut lieu ; Lucianne n'avait alors que dix ans. Voyez l'abrégé de Mezeray à la date de cette année.

3. La charte de la dotation de l'abbaye de Joug-Dieu, de 1118, fait mention de trois enfants mâles et de deux filles, savoir : Humbert, Guichard, Gontran, Elaïde et Marie. Voyez la troisième partie de ces mémoires à l'article de l'abbaye de Joug-Dieu.

La dédicace de l'église paroissiale de Saint-Nicolas de Beaujeu est célébrée chaque année le 13 février et fut consacrée par le pape Innocent II, l'an de grâce 1129, étant chassé de son siège[1] par Anaclet II, antipape, en s'en retournant à Rome, après avoir fait quelque séjour en l'abbaye de Cluny, passant par le bourg de Beaujeu, le sire et baron dudit Beaujeu le reçut honorablement et pria Sa Sainteté de vouloir bien bénir ladite église ou chapelle de Saint-Nicolas, par lui construite et édifiée à neuf. Auparavant l'église paroissiale était Saint Martin des Etoux qui fut lors réduite dépendante de celle-cy.

La dissertation de Severt [2] pour savoir si ce pape, à son arrivée ou à son retour, consacra cette église, me paraît assez indifférente ici d'abord que le fait est certain qu'il consacra cette église et celle de Cluny. Il aurait été à souhaiter aussi que Paradin eût donné quelque chose de plus approfondi sur ses alliances, que de rapporter que Guichard, surpris par l'arrivée de ce pape à Beaujeu, lui courut au-devant sa barbe à moitié faite; on ne peut lui pardonner la platitude [3] qu'il fait dire à cette occasion à ce pape qui avait bien d'autres affaires dans la tête. Une des fondations les plus remarquables de Guichard II fut celle de l'abbaye de Joug-Dieu dont on parlera dans la suite de ces Mémoires.

HUMBERT III, HUITIÈME SEIGNEUR (1137).

Humbert III prit possession de la seigneurie de Beaujeu l'an 1137, temps du décès de Guichard, son père, si l'on s'en rapporte à Paradin. Le chapitre de Beaujeu possède deux actes, le premier constate que ce seigneur avait épousé Blanche de Chalon, nièce de Guillaume, comte de Chalon, et fille de Hugues ou Hugonin; que ce même comte de Chalon avait épousé la sœur de Humbert III, auquel il donna sa comté de Chalon, au cas qu'il n'ait point d'enfants d'elle.

1. Dans ce siècle les papes furent souvent contraints de se réfugier en France pour éviter la fureur ou des empereurs, ou des Romains, ou des antipapes. Pascal II s'y réfugie en 1106, Gélase II en 1118, Innocent II en 1130, Eugène III en 1147, Alexandre III en 1162.

2. Severt, dans ses *Évêques de Mâcon*, p. 136.

3. Le pape lui dit en riant que c'était à faire à homme n'ayant la barbe que d'un côté; dont depuis, ajoute Paradin, est venue telle risée en proverbe, p. 996.

Le second fait mention d'un hommage qu'Humbert III fit à ce même comte, pour raison des fiefs et châteaux de Chavagny et de Montagny, que ce comte donne à sa nièce en augment.

Comme ce seigneur de Beaujeu était jeune et très riche, il s'adonna d'abord à une vie déréglée ; mais une vision, dit-on, qu'il eut, le toucha et le rappela à une meilleure conduite.

Paradin et Severt rapportent d'après Pierre le Vénérable, abbé de Cluny [1], qu'Humbert III ayant perdu dans un combat où il se trouvait un de ses plus braves chevaliers, nommé Diders, ce chevalier apparut deux mois après à ce prince et l'avertit de ne point aller à l'expédition d'Amé, comte de Savoie, où il se préparait d'aller, parce que s'il s'y trouvait, il y perdrait et la vie et ses biens. Humbert fut si fort frappé de cette vision que, de l'avis de Guichard de Marzé, son principal conseiller, il fit vœu d'aller à Jérusalem visiter le Saint-Sépulcre.

Le nom de l'auteur qui rapporte cette vision en impose et c'était le temps et le fort des croisades où l'on mit en usage bien des stratagèmes pour multiplier les croisés.

Mais ce qu'il y a de certain c'est qu'Humbert III fit le voyage d'outre-mer ; que quoiqu'ayant femme et enfants, il se jeta dans l'ordre des Templiers ; que sa femme en ayant porté ses plaintes à Héraclius de Montboissier, alors archevêque de Lyon, et à ce même Pierre le Vénérable, abbé de Cluny, frère de l'archevêque, Humbert fut obligé de retourner avec sa femme et fut relevé de son vœu par Eugène III, à condition de faire quelque fondation pieuse.

C'est ce qui fut cause qu'à son retour il fonda une église collégiale à Belleville que Ponce, évêque de Mâcon, dédia à l'honneur de Notre-Dame, en 1158. Quelque temps après, ce fondateur la fit ériger en abbaye par Dreux, élu archevêque de Lyon, qui y établit pour premier abbé Étienne, prieur de Saint-Irénée, l'an 1164. L'acte de fondation de cette abbaye dit, que cette même année, on lui apporta le corps mort de son fils Guichard qu'il fit inhumer dans cette église.

Ce prince prit la précaution de faire jurer à son fils Humbert de

---

1. Livre troisième des miracles arrivés de son temps, chapitre 27. Un auteur dit que cet écrivain n'était pas délicat dans le choix des miracles ; il en prenait, dit-il, à toutes mains pour grossir son livre.

garder inviolablement tout ce qu'il avait ordonné par l'acte de ladite fondation, ce qu'il promit par l'attouchement des saints évangiles en l'année 1176. Sa femme mourut la première et ce seigneur étant veuf, prit l'habit de religieux à Cluny, où il mourut et fut inhumé.

Il eut trois enfants : Humbert IV, son successeur, Guichard, mort en 1164, et Hugues qui fut abbé de Saint-Just, chanoine de Lyon et de Beaujeu.

HUMBERT IV, NEUVIÈME SEIGNEUR (1176).

Humbert IV prit possession de la seigneurie de Beaujeu en 1176, son père s'étant retiré à Cluny où il finit ses jours en l'année 1179.

Il faut attribuer au temps où vivait Humbert IV les ravages des églises de Mâcon, de Tournus, de Châlon et de Cluny. Guillaume Ier et son fils du même nom, comtes de Chalon, furent de petits tyrans qui engagèrent leurs alliés et leurs amis dans leur parti.

Girard, comte de Mâcon, et Humbert IV suivirent le mauvais exemple de ces temps de troubles et d'impiétés. Humbert IV, pendant l'absence de son père, s'était associé avec Guillaume, comte de Chalon, son parent, pour ravager l'église de Cluny.

La nouvelle *Histoire de Tournus*[1] rapporte les vexations de Girard, comte de Mâcon et d'Humbert de Beaujeu.

Louis VII punit, en 1163, les deux comtes : celui de Chalon fut alors forcé de faire un accord avec l'abbaye de Cluny et celui de Mâcon en fit un pareil, à peu près dans le même temps avec cette même abbaye. Alexandre III confirma ces deux actes, et ce fut en conséquence de ces traités que ce pape écrivit à Humbert de Beaujeu, aux comtes de Forez et de Mâcon pour les exhorter à entretenir la paix qu'ils venaient de faire avec l'abbé de Cluny.

Dix à douze ans après, notre même Humbert fit prisonniers les chanoines de Viviers et l'évêque même, après leur avoir enlevé tous leurs effets, et ce ne fut que sur la caution donnée par les moines de Tournus qu'il leur rendit la liberté.

Les églises furent encore, en 1179, l'objet des mains avides du comte de Chalon et d'Humbert de Beaujeu et voici les termes de Nicole Gilles,

---

1. Seconde partie, p. 131, l'auteur s'étaie de l'histoire de Bresse, partie première, p. 48.

dans ses *Annales de la France* : « Semblablement en l'année première de son règne [1] un nommé Humbert de Beaujeu et le comte de Chalon se prirent à persécuter les églises de leurs terres et contre les immunités que les rois leur avaient données et faisoient plusieurs exactions et pilleries ; quand le roy le sceut, il alla contre eux a grand ost, en personne, et prit et abattit leurs places et châteaux, jusqu'à ce qu'ils vinssent à mercy et qu'ils restituassent aux églises ce qu'ils leur avoient oté. »

Ces alternatives de pillage, de guerre et de paix font apercevoir la faiblesse du gouvernement de ces temps malheureux et la puissance des seigneurs qui s'étaient agrandis aux dépens de l'État. Ces ravages durèrent l'espace de près de trente ans ; mais si Humbert IV y eut quelque part, on peut assurer aussi qu'il s'en repentit et qu'il les répara sur la fin de ses jours [2].

Moreri fixe le temps de son décès à l'année 1189 et lui donne pour femme Agnès de Thiern, dame de Montpensier, fille de Guy, seigneur de Montpensier, de laquelle il eut trois enfants. Le premier fut Guichard, le second Pierre de Beaujeu qui fut prieur de La Charité-sur-Loire en 1219 et le troisième fut une fille, nommée Alise de Beaujeu, mariée à Renaud de Nevers, comte de Tonnerre. Ce prince fut enterré à Cluny.

Humbert IV agrandit la ville de Villefranche, la fit entourer de murailles et gratifia ses habitants de plusieurs privilèges.

Humbert agrandit ses possessions dans la Dombes par la guerre qu'il fit à Renaud III, comte de Baugé ; il conquit sur ce seigneur les châteaux de Thoissey et de Lent, qui étaient alors des places très fortes et enleva aux sires de Baugé tout ce qu'ils possédaient dans la Dombes.

GUICHARD III, DIXIÈME SEIGNEUR (1189).

Guichard, en succédant à son père, reconnut tenir en fief du duc de Bourgogne, Belleville, Thisy et Perreux. Ce seigneur épousa Sybille de Hainaut, dite de Flandres, fille de Ferrand de Portugal et de Jeanne, comtesse de Flandres, qui avait pour frère Baudouin IV, empereur de Constantinople, et pour sœur Isabeau, femme de Philippe-

1. C'est de Philippe-Auguste dont Nicole Gilles parle, qui commença à régner sur la fin de 1180.

2. Voyez Severt, dans ses *Évêques de Mâcon*, nombre 43, § 1.

Auguste. Ainsi Guichard, par cette alliance, devint neveu de l'empereur de Constantinople et du roi de France. Il se croisa contre les Albigeois avec Eudes, duc de Bourgogne, et l'assemblée des croisés se fit à Lyon vers la Saint-Jean-Baptiste de l'année 1206.

Guichard III fut ensuite ambassadeur à Constantinople pour le roi Philippe-Auguste, et au retour de son ambassade il passa à Assise, où il rendit visite à saint François, à qui il demanda des religieux de son ordre qu'il emmena en France et qu'il plaça dans son château de Pouilly, près Villefranche, l'an 1210. Ensuite, il leur fit bâtir un couvent à Villefranche, en son château Minoret, l'an 1216.

Ce seigneur fut ambassadeur en Angleterre et mourut au siège de Douvres, le 21 septembre 1216. Ses os furent portés en Beaujolais, dont une partie fut déposée à Cluny, dans le tombeau de son père et de son aïeul, et l'autre dans l'église de Belleville.

Severt et Paradin assurent que ce fut Guichard III qui fit construire à Constantinople cette tour nommée, par une inscription d'airain qu'on y remarquait, *Tour de Beaujeu* et qu'il revint en France comblé de présents. Il fit son testament le 18 septembre 1216 dans lequel il met à la garde de sa femme ses sept enfants, à l'exception de son fils aîné nommé Humbert, auquel il défend seulement de toucher à son trésor avant trois ans et veut que le chapitre de Beaujeu en garde la clef.

Il eut quatre enfants mâles et quatre filles dont voici les noms :

1 Humbert V, qui lui succéda.

2 Guichard, qui eut par testament la terre de Montpensier.

3 Henry, seigneur de Valromey.

4 Louis, qui fut chanoine et comte de Lyon.

5 Agnès, femme en secondes noces de Thibaut, comte de Champagne.

6 Marguerite, accordée à Henry de Vienne.

7 Philippine, destinée pour être religieuse de Fontevrault.

8 Sibille, mariée en 1228 à Renaud, sire de Baugé.

Il fallait que ce seigneur soit puissamment riche puisqu'il constituait en dot à deux de ses filles à chacune mille marcs d'argent [1] et à la dernière cinq cents marcs.

---

1. Au commencement du XIIIe siècle, le sol qui valait douze deniers, comme à présent, était d'argent fin et pesait 92 grains, de sorte qu'on n'en taillait que 50 dans un

Sybille, conjointement avec Humbert V donna l'hôpital de Villefranche aux frères de Roncevaux. Cette même princesse acheva l'église du couvent des Cordeliers que son mari avait commencé à bâtir et mourut le 9 janvier 1226, après avoir donné toute l'éducation possible à ses enfants.

Pour étayer la généalogie des trois précédents seigneurs de Beaujeu, l'on se sert ici d'une note marginale d'une ancienne chronique[1] trouvée dans les archives de l'abbaye de Belleville en 1561. Ce manuscrit formait une histoire chronologique des anciens seigneurs de Beaujeu, mais malheureusement les premières pages ont été adirées.

Telle est la note : « Guischard, cy-dessus nommé, étoit fils d'Humbert, tous deux ensépulturés à Cluny. Ledit Humbert étoit fils d'un autre Humbert, fondateur de l'eglise abbatiale de Belleville. »

HUMBERT V, ONZIÈME SEIGNEUR (1216).

Humbert V succéda à son père et fut, en vertu du testament de Guichard III, sous la garde des chanoines de Beaujeu. Il épousa par contrat du 15 juillet 1218, Marguerite de Baugé, dame de Miribel, fille de Guy de Baugé.

La terre de Miribel était considérable et s'étendait jusqu'au pont du Rhône. Outre cette terre, il eut encore mille livres fortes constituées par ce même contrat.

Guy de Baugé avait fait donation à Humbert V de la comté de Baugé en cas qu'il mourut sans enfants mâles ; mais ce comte mourut avant son père, Ulric II, et la donation n'eut pas lieu. La terre de Miribel fut donc son seul lot et, quelque temps après, il acquit le Bourg-de-Saint-Christophe. Malgré les grands biens auxquels il succéda, et la dot considérable de sa femme, ce seigneur fut mauvais ménager, puisqu'en 1226, il fut contraint d'engager une partie de ses fiefs.

marc. L'argent était alors plus rare qu'à présent ; mille marcs d'argent, en l'année 1200, valaient 200.000 livres de notre monnaie. Voyez Leblanc dans son traité des monnaies de France, p. 175.

1. Cette chronique ne nous montre plus les événements que depuis 1210 jusqu'en 1400. Elle paraît être du commencement du xve siècle et écrite après l'extinction de la maison de Beaujeu.

Ce seigneur, allié à la couronne, posséda de grands emplois dans l'Etat ; il fut gouverneur de la Provence [1] et commandant pour le roi dans les Languedoc. Il servit les rois Philippe-Auguste et Louis VIII dans les guerres qu'ils eurent contre les Albigeois [2]. Il conquit sur les comtes de Mâcon et de Vienne les châteaux de Cenves et de Chavagneux et contraignit le comte de Forez à régler les limites de leurs terres.

Il conduisit les Français au secours de Baudouin d'Auxerre, empereur de Constantinople, et se trouva au couronnement de Baudouin de Courtenay, second du nom, son cousin, qu'il avait accompagné à Constantinople en 1239, avec plusieurs seigneurs français.

A son retour, il fut fait connétable de France, après avoir défendu vaillamment le jeune roi saint Louis et la reine, sa mère, contre leurs ennemis. Enfin, après avoir chassé les hérétiques, il accompagna saint Louis, en 1248, dans son voyage d'outre-mer, combattit contre les infidèles et mourut après la prise de Damiette par les Français, en 1250, ayant fait, deux ans auparavant, son testament [3].

Bien différent de son aïeul qui pillait les églises, ce seigneur leur fit au contraire beaucoup de bien. Il donna [4] de fort beaux privilèges aux chanoines réguliers de Saint-Augustin de Belleville ; il donna, conjointement avec sa mère, au chapitre de Beaujeu, les dîmes des Ardillats, d'Ouroux et de sa maison d'Allogney.

Il fit, en 1223, à l'église de Tournus [5] la concession de prendre en raisin, plus fort qu'en vin, la dîme dans ses vignes et dans celles de ses hommes situées à Lancié.

Enfin, il fut médiateur dans un traité de paix, en décembre 1236, entre le seigneur de Baugé et l'abbé de Tournus qui étaient en guerre. Il eut de Marguerite de Baugé un fils et six filles.

1 Guichard IV qui lui succéda.

2 Isabeau, femme de Renaud, comte de Forez.

1. Annales de Nicole Gilles, f⁰ 99.

2. La guerre des Albigeois dont on parle ici eut lieu en 1226.

3. En juillet 1248.

4. Voyez Severt dans ses *Archevêques de Lyon*, p. 282 et 283.

5. Voyez la *Nouvelle histoire de Tournus*, p. 146 et 149.

3 Florie, mariée à Aymery ou Aimar, comte de Poitiers.

4 Marguerite, femme de Perraud, seigneur du Mont-Saint-Jean.

5 Béatrix, mariée à Foulques de Montgascon.

6 Vuicarde, mariée au vicomte de Comborn.

7 Jeanne, prieure de la chartreuse de Poleteins.

Marguerite de Baugé fut fondatrice, en 1230, du monastère de Poleteins en Bresse [1].

Les auteurs ont gardé le silence sur le temps du décès de cette pieuse dame et sur le lieu où elle fut inhumée.

GUICHARD IV, DOUZIÈME SEIGNEUR (1251).

Humbert V étant mort en Chypre sur la fin de l'année 1250, Guichard IV, son fils, lui succéda au commencement de 1251. Il épousa Blanche de Chalon, fille de Jean, comte de Chalon, dont il n'eut point d'enfants. Issu d'un capitaine renommé, il continua les guerres que son père avait eues avec les sires de Thoire et de Villars et les contraignit à lui rendre foi et hommage.

Ce seigneur, cousin de saint Louis, fut employé contre les Marseillais qui s'étaient révoltés contre Charles, leur seigneur, frère du roi. Il les châtia et, quelque temps après, il fut fait connétable de France, après la mort de Hugues le Brun de Lusignan, suivant Severt et Paradin, car Moréri ne le met point au nombre des connétables.

L'ancien manuscrit de Belleville lui donne également cette qualité et le représente comme un prince sage et d'une grande conduite. Ce fut en 1260 qu'il jura les privilèges de Villefranche; cinq ans après [2] il mourut dans son ambassade d'Angleterre et fut enterré à Belleville, dans un tombeau, que lui fit élever son épouse, qu'on voyait entre le grand autel et celui de Saint-Pierre et que les Huguenots ont depuis ruiné.

---

1. Cette ancienne chartreuse est actuellement réunie à celle du Saint-Esprit du Lys à Lyon et jouit, par résultat du conseil de Louis d'Orléans et lettres patentes du 14 mars 1738, de l'exemption de tous péages du Beaujolais sur la rivière de Saône et pour les vins jusqu'à la concurrence de 150 muids.

2. Le 9 mai 1265.

Severt fait vivre Blanche de Chalon très longtemps. Cet auteur met la date de la fondation du couvent de la Déserte, que cette dame fit, en l'année 1304, et la fait remarier après cette époque; mais cette date paraît bien hasardée, il vaut mieux être incertain de sa mort et suivre la chronique de Belleville déjà citée. En voici les termes :

« Madame Blanche de Chalon, veuve dudit Guichard, demeura dans Belleville et épousa, en secondes noces, Béraud, seigneur de Mercœur; elle fonda, donna, édifia le couvent de la Déserte à Lyon [1] pour le grand amour, affection et singulière dévotion qu'elle avait à Monsieur saint François et à Madame sainte Claire, vierge, leur fit de grands biens et en dernière volonté, ordonna que plus grands biens leur fussent faits et aussi aux Cordeliers de Villefranche. »

A Guichard IV finit la ligne masculine des seigneurs de Beaujeu, ce qui forme douze générations, à compter depuis Omphroy, et fait un espace de trois siècles.

ISABELLE, DAME DE BEAUJEU, TREIZIÈME DOMINATION (1265).

Il convient de placer ici Isabeau ou Isabelle de Beaujeu, au nombre des seigneurs du Beaujolais. Fille d'Humbert V et sœur de Guichard IV, décédé sans enfants, elle succéda à son frère par droit d'aînesse ; il est vrai que Foulques de Montgascon et les enfants d'Aimar de Poitiers prétendaient part à ladite baronnie à cause de leurs femmes et de leurs mères, sœurs d'Isabeau. Mais, par l'arrêt du parlement de la Pentecôte de l'an 1269, il fut jugé que la baronnie n'était divisible et appartenait tout entière à l'aîné.

Isabeau avait épousé Renaud, comte de Forez, l'an 1247, mariage que la politique avait formé après de vives contestations entre les seigneurs de Beaujeu et de Forez pour les limites de leurs terres.

Il semblait naturel d'unir par alliance deux maisons qui, suivant la commune opinion, sortaient de la même tige et de mettre, par ce moyen, fin à des contestations mal éteintes et mal assoupies. Ainsi, soit par le décès de Guichard IV, dont sa femme hérita, soit par l'arrêt de 1269,

---

1. Ce couvent fut fondé en 1260. Voyez l'*Almanach historique de Lyon*, année 1746, p. 39.

dont on vient de parler; ce seigneur se trouve paisible et tranquille possesseur de la seigneurie de Beaujeu.

Ce comte rassembla sur sa tête le Forez par la mort de son frère aîné, Guigue V, décédé sans enfants. De cadet, devenu possesseur de deux héritages considérables, il fit hommage du Beaujolais au roi saint Louis, l'an 1265, et ayant eu trois enfants mâles d'Isabeau, Guigue, sixième du nom, son aîné, fut après lui comte de Forez.

Louis de Forez, son second fils, devint seigneur du Beaujolais, après avoir pris le nom et les armes de Beaujeu, et le troisième, nommé pareillement Louis, fut seigneur de Montferrand.

C'est à Louis de Beaujeu que commence la seconde branche des seigneurs de Beaujeu et de la Dombes, ou du moins de la plus grande partie car, en l'an 1271, Humbert IV, seigneur de Villars et de Thoire, rendit foi et hommage à Isabelle, dame de Beaujeu, pour le bourg de Villars, les châteaux de Loyes, Monthieu, Montellier et Corsieu [1]. Le seigneur de Saint-Olive en fit autant pour son château de ce nom et, la même année, elle donna, à Girard de Langes, la prévôté de Saint-Christophe et de Messimi [2] à foi et hommage.

Cette dame fonda l'église collégiale de Semur [3] en Brionnais, pendant qu'elle était comtesse de Forez et avant la mort de son frère, et vivait encore en 1275. On aura lieu d'en parler encore dans l'article de Louis de Forez qui suit.

1. * Corcy à Saint-André de Corcy.
2. * Meximieux.
3. Jean de Châteauvilain a fondé ce chapitre en 1270.

CHAPITRE II

DEUXIÈME BRANCHE DES SEIGNEURS DU BEAUJOLAIS
DE LA MAISON DE FOREZ

LOUIS DE BEAUJEU, QUATORZIÈME SEIGNEUR (1270).

Après la mort de Renaud, comte de Forez, Isabelle, sa veuve, se retira dans le Beaujolais avec Louis, son second fils. Il est à présumer que cette dame gouverna conjointement avec son fils la seigneurie de Beaujeu, puisque par un aveu et dénombrement qui existe en la chambre du trésor de Villefranche [1] de l'année 1274, fait par Gautier de Châtillon, écuyer, il paraît qu'il fut rendu au profit de la dame veuve de Beaujeu et de Louis, seigneur de Beaujeu.

Louis épousa, l'année 1270, Éléonore de Savoie, fille de Thomas, second du nom, comte de Maurienne, de Flandre, de Hainaut et de Piémont, nièce d'Amé III, comte de Savoie, et sœur d'Amé-le-Grand, aussi comte de Savoie, princesse aussi vertueuse que féconde. Éléonore était cousine-germaine de Marguerite, reine de France, et, par sa mère Béatrix, elle était nièce du pape Innocent IV.

La première année de son pontificat, Grégoire X accorda dispense pour le mariage, Louis et Éléonore étant parents au quatrième degré. En considération de ce mariage, Isabelle de Beaujeu fit donation à son fils de tous ses biens par acte du mois d'octobre 1270.

De ce mariage sont sortis cinq fils et six filles :

1 Guichard, cinquième du nom, surnommé le Grand.

2 Humbert, seigneur de Montmerle [2], qui fut blessé à mort à la bataille de Varey entre le comte de Savoie et le dauphin de Viennois, l'an 1331 (*sic*), décédé à Embrun le 12 septembre de la même année.

---

1. Premier livre A, f° 3.

2. Ce seigneur était présent à la foi et hommage que fit Henri de Villars, archevêque de Lyon, au roi Philippe le Bel.

On fit avec solennité ses funérailles, le 3 octobre suivant, à Belleville, où il fut enterré.

3 Thomas, mort le 24 juin de l'année 1300 et enterré dans le tombeau de sa mère, au couvent des Cordeliers de Villefranche.

4 Guillaume, chanoine et précenteur de Lyon, ensuite évêque de Bayeux, mort le 27 octobre 1337 et enterré dans le tombeau de sa mère, au couvent de Saint-François, suivant Foderé.

5 Louis, chanoine [1] et archidiacre de la cathédrale de Troyes. Paradin prétend qu'il mourut la même année que son frère Thomas et qu'il fut aussi enterré au tombeau de sa mère.

6 Marguerite, mariée à Jean de Châlon, seigneur de Rochefort, en 1290. Marguerite de Provence, reine de France et veuve de saint Louis, sa marraine, augmenta considérablement sa dot par une constitution particulière que cette reine lui fit dans son contrat de mariage.

7 Éléonore, mariée en 1297 à Humbert, comte de Villars.

8 Une fille que Moreri nomme Catherine, mariée en 1305 à Jean de Luzy, seigneur de Châteauvilain, proche Langres.

9 Une fille religieuse au couvent de Poleteins.

10 Une autre aussi religieuse au même couvent.

11 Une dernière enfin, religieuse à Brienne, proche Anse [2].

Severt, Paradin et le manuscrit de l'abbaye de Belleville s'accordent pour nous apprendre que Louis de Beaujeu fut connétable de France et donnent pour preuve une épitaphe qui existait de leur temps dans l'église de Notre-Dame du bourg d'Oh [3], diocèse de Bourges, de Louis de Montferrand, frère de Louis de Beaujeu, qui donne à ce même Louis de Beaujeu le titre de connétable de France. Moréri, cependant, l'a omis dans sa liste des connétables de France, au mot connétable. Il serait aisé, si cette épitaphe subsiste encore, de vérifier ce fait. On pourrait soupçonner Severt d'avoir copié Paradin, mais le manuscrit

1. Severt, dans ses *Archevêques de Lyon*, p. 286, § 3, attribue à cet archidiacre une action violente et déshonorante commise 59 ans après sa mort. La confusion et la ressemblance des noms de ces temps-là a pu induire en erreur cet auteur.

2. Ce couvent a été détruit il y a une douzaine d'années et réuni à celui des Dames de la Déserte de Lyon.

3. *Déols. Cf. Aubret, *Mémoires*, t. II, p. 53.

de Belleville [1], plus ancien que ces deux auteurs, fait un commencement de preuve.

Paradin représente ce seigneur comme un prince plein d'honneur et de religion et très heureux dans ses entreprises. Ce même auteur nous apprend qu'il eut une guerre considérable contre Henry de Varax, et la Guespe de Varax, son fils, à l'occasion des confins de leurs terres et qu'il fit un accommodement avec ces deux seigneurs à Bourg-en-Bresse, par l'entremise de Philippe, comte de Savoie, oncle de Léonore, son épouse.

La guerre que ce même prince eut à soutenir contre le sire de Villars ne fut pas moins obstinée, mais plus longue et ne fut enfin terminée que sous Guichard V, son fils et son successeur.

Sa piété l'engagea à concourir avec Hugues, soixante et unième évêque d'Autun, pour la fondation du chapitre d'Aigueperse, érigé en 1288, en l'honneur de sainte Marie-Magdeleine. Ce prince abandonna à ce nouveau chapitre la justice, juridiction, droits et émoluments qu'il avait en la ville d'Aigueperse, ne se réservant que l'appel des sentences du juge de cette seigneurie. Ce ne furent pas là les seules concessions qu'il fit à ce chapitre ; elles sont détaillées dans l'acte de fondation, daté du samedi après la fête de Saint-Nicolas d'hiver, au mois de décembre 1288. Le chapitre de Beaujeu se ressentit aussi des libéralités de ce prince qui le gratifia, suivant Severt, d'une forêt qui lui appartenait. Louis, par son testament, daté du château de Pouilly, au mois de mai 1294, fit beaucoup de legs pieux.

Il institua Guichard, son fils aîné, son héritier universel et substitua ses biens à ses autres enfants de mâles en mâles et à défaut de lignée leur substitua ses filles par ordre de primogéniture. Tous ces onze enfants sont rappelés par ce testament qui fut signé par dix-sept chevaliers ou gentilshommes. Ce seigneur mourut au château de Beaujeu, le 23 août 1295, et fut enterré à Belleville au tombeau de Guichard IV, son oncle.

Léonore, sa veuve, gouverna très sagement ses enfants dont elle eut

---

1. Ce manuscrit fut trouvé, comme on l'a dit, en 1561, dans la même année où les *Alliances généalogiques* de Paradin, furent imprimées ; Paradin, s'il l'eût connu, l'eût cité.

la tutelle avec Guy, son parent, seigneur de Saint-Trivier, et mourut le 5 décembre 1296. Son corps fut inhumé dans l'église des Cordeliers de Villefranche entre le grand autel et la sacristie. Cette princesse fit de son vivant beaucoup de bien à ce couvent et lui laissa, par ses dernières volontés, une distribution manuelle de dix sols tournois, toutes les semaines et à perpétuité.

Depuis une trentaine d'années que l'église a été changée totalement, on aperçoit actuellement son tombeau qui, jadis était dans le chœur, à l'entrée de l'église à main droite, enfoncé dans le mur, où l'on voit cette princesse dépeinte dans le fond de l'arcade qui forme son tombeau, revêtue de l'habit gris des Cordeliers de ce temps, entourée de plusieurs moines qui pleurent sa mort. Le fond du mur est chargé d'écussons aux armes de Beaujeu et de Savoie.

GUICHARD V, QUINZIÈME SEIGNEUR (1295).

Guichard V succéda à Louis de Beaujeu, son père, et acquit le surnom de Grand.

La considération dans laquelle il fut auprès des rois Philippe le Bel, Louis le Hutin, Philippe le Long, Charles le Bel, et Philippe de Valois, contribua sans doute, autant que ses actions guerrières, à lui procurer un surnom que plusieurs princes et plusieurs rois ont souvent ambitionné sans pouvoir l'obtenir. Chambellan de ces monarques, il joignit à ce titre celui de grand maître des Hospitaliers de Jérusalem. Il fut chef et conducteur de la troisième brigade de l'armée française à la défaite des Flamands au mont Cassel [1]. Il servit beaucoup Amé VI, comte de Savoie, dit le Vert, à châtier les peuples du Valais qui s'étaient révoltés contre leur évêque qui fut replacé sur son siège. Il termina a guerre domestique commencée par son père contre le sire de Vilars, par le mariage d'Eléonore, sa sœur, avec ce seigneur et les dommages qu'on lui demandait pour les guerres précédentes formèrent une partie [de la dot] d'Eléonore de Beaujeu.

Guichard fut un des principaux du conseil des cinq rois dont il avait été gouverneur. Il joignit à beaucoup d'intelligence, de sagesse et d'expérience, beaucoup de grâce, de perfection et d'adresse.

1. Le jour de Saint-Barthélemy, de l'année 1328.

Guichard V fit avec les comtes de Lyon un compromis [1] le mardi après la Conception de la Vierge, de l'année 1308, qui fixa les limites entre la ville de Villefranche et celle d'Anse, et sur lequel intervint sentence arbitrale, la même année, qui sépara le Lyonnais d'avec le Beaujolais.

Ce seigneur épousa trois femmes : la première fut Jeanne de Genève, fille de Rodolphe Iᵉʳ et sœur d'Aymon, comte de Genève.

De ce premier lit sortirent Marie de Beaujeu, qui contracta mariage, en 1328, avec Jean l'Archevêque, seigneur de Parthenay, et un petit enfant qui mourut en venant au monde avec sa mère, le 23 février 1303. Tous les deux furent enterrés à Belleville.

La seconde femme fut Marie de Châtillon, fille de Gaucher, cinquième du nom, comte de Porcean, connétable de France, morte le Vendredi-Saint de l'année 1317 et enterrée à Belleville, dans le nouveau tombeau que son mari avait fait construire.

Ce mariage produisit trois enfants : Édouard, premier du nom ; Marie, femme de Charles, sire de Montmorency, maréchal de France, morte en 1336, et Eléonore, religieuse à Poleteins, suivant le manuscrit de Belleville, transférée par dispense à Halle, en Hainaut, où elle mourut.

La troisième femme fut Jeanne de Châteauvilain, sœur de Jean, premier du nom, seigneur de Luzy. On ignore le temps de son décès ; elle vivait encore en 1333.

Guichard le Grand en eut quatre enfants mâles et une fille.

Le premier fut Guichard, seigneur de Perreux, qui tint rang de maréchal de France à la bataille de Poitiers, dans laquelle il fut tué. Ce seigneur forma la branche de ceux de Perreux.

Le 2ᵉ fut Guillaume, seigneur d'Amplepuis, dont la postérité s'éteignit dans la personne de Philibert de Beaujeu, seigneur d'Amplepuis, conseiller et chambellan du roi François Iᵉʳ, mort après 1536.

Le 3ᵉ fut Robert [2], seigneur de Joux sur Tarare, que Froissard dit avoir

---

1. Folio 9, 10 et 11 du livre coté A du premier coffre de la chambre du trésor de Villefranche.

2. Guillaume Paradin, dans son *Histoire de Lyon*, livre second, p. 216, fait mourir ce seigneur à la bataille de Brignais, donnée contre les compagnies des Tard-venus en 1360.

été un valeureux chevalier. Il mourut au voyage d'Afrique en 1390, laissa postérité et fut enterré à Belleville.

Le 4ᵉ enfin fut Louis, seigneur d'Alloignet, réputé par Froissard pour un homme fort studieux et fort docte.

Ce seigneur n'eut qu'une fille, morte et enterrée au prieuré de Saint-Mamert. Pour lui, après avoir combattu vaillamment contre les Turcs, il mourut proche de l'Arménie et fut enterré aux Cordeliers de Raguse en habit de cet ordre.

La fille de Guichard V s'appelait Jeanne et fut surnommée Blanche de Beaujeu, mariée en 1346 à Jean, seigneur de Linières.

Guichard le Grand acquit la ville et la châtellenie de Chalamont par un [échange] de quelques broteaux qu'il possédait sur le Rhône, en donnant en retour quarante mille livres.

L'église de Beaujeu se ressentit de ses libéralités par la fondation qu'il fit d'une chapelle dans son château de Beaujeu [1] sous le titre de Saint Laurent et par l'assignation des fonds pour l'entretien de deux chapelains pour la desservir.

Enfin ce seigneur, après avoir utilement servi la France et fait honneur à sa famille, décéda le 18 septembre 1331, à Paris, six jours après Humbert, son frère, qui mourut comme on l'a dit à Embrun.

Les corps de ces deux frères furent transportés à Belleville; leurs funérailles furent faites en même temps, le 3 octobre 1331, et on les déposa tous les deux dans le tombeau que Guichard le Grand avait lui-même fait construire, à ses dépens, de son vivant, tombeau qui, en 1561, échappa à la rage et à l'impiété des Calvinistes.

On devait une épitaphe à la louange de ce grand homme. Aussi fut-elle faite après sa mort en ces termes :

> L'an mil trois cent et trois fois dix
> Un y ajoute, le prince Guischard
> Lyon en cœur, grand et puissant jadis,
> Noble seigneur, hardi comme un léopard
> Chevallereux, aimant armes et noblesse
> Oncques vaincu ne fut en prouesse
> Par coups de lance, arc ou flèche,

---

1. Voyez Severt, p. 286, dans ses *Archevêques de Lyon*,

> Mais Atropos, qui tout oppresse,
> Le vint somer d'aller au bas palus.
> Fuir ne put, mais prions que son âme
> Soit mise en paradis la sus.
> Avec Dieu et la glorieuse Dame.

Guichard fit son testament le 18 mai 1331 et y apposa la substitution, pour le Beaujolais, de l'un à l'autre de ses enfants. Il fit quantité de legs pies, fonda plusieurs chapelles et récompensa par des legs quelques-uns de ses gentilshommes qui l'avaient suivi à la guerre.

ÉDOUARD Ier, SEIZIÈME SEIGNEUR DU BEAUJOLAIS ET DE LA DOMBES (1331).

Édouard Ier, fils aîné de Guichard le Grand et de Marie de Châtillon, naquit le jour de Pâques, 11 avril 1316, successeur de son père, héritier de ses vertus et de sa valeur, attaché comme lui à la couronne de France, il servit l'État avec toute la distinction possible. Il passa la mer avec de bonnes troupes et à la tête de plusieurs gentilshommes, entretenus à ses dépens, pour aller attaquer les infidèles et combattit souvent contre les Mahométans.

Au retour de ses expéditions, Philippe de Valois l'honora de la dignité de maréchal de France[1]. Il soutint le siège de Mortaygne sur l'Escaut, contre le comte de Hainaut[2] et renversa de sa main, en un même jour, dix à douze ennemis dans les fossés. On le vit trois jours auprès du roi dans la bataille de Crécy[3] ; il l'accompagna dans sa retraite, lui cinquième.

Il aida de ses troupes le duc de Normandie contre les Anglais répandus dans la Gascogne, et les chassa[4] des villes qu'ils avaient prises dans cette contrée de la France. Il suivit le roi au siège de Calais en

---

1. La dignité de maréchal de France commençait à être connue en l'année 1191, mais il ne commandait pas encore les armées. Ce fut en 1214 et à la bataille de Bouvines qu'on vit pour la première fois le maréchal de France commander l'armée, c'était Henri Clément. Édouard Ier obtint cette dignité en 1347. Il n'y avait alors en France que deux maréchaux de France. Voyez Moréri, sous le mot de maréchal de France et le président Hénault sous les années 1191 et 1214.

2. C'était en 1340.

3. Elle fut donnée le 26 août 1346. Philippe de Valois y courut de grands dangers.

4. Ce fut en 1345.

1347; enfin il livra bataille aux Anglais près d'Ardres [1]. Il les avait même presque mis en déroute, lorsque les Lorrains, étant survenus à leur secours, leur donnèrent le temps de se rallier et se jetèrent en si grand nombre du côté de l'enseigne du prince, qu'ils l'abattirent en se défendant comme un lion, auprès de cette même enseigne.

Guichard de Perreux, son frère, qui combattait sous ses ordres, au bruit de sa mort, accourut dans l'endroit où il avait péri ; prenant l'enseigne, il rallia les troupes dispersées et les anima si bien qu'il arracha la victoire des mains de l'Anglais et du Lorrain, qui furent mis en fuite, après avoir laissé beaucoup des leurs sur le champ de bataille et beaucoup de prisonniers. Ainsi, Guichard de Perreux, en vengeant la mort de son frère, rétablit dans cette journée l'honneur des Français. Son premier soin, après la bataille, fut de faire porter le corps d'Édouard à Saint-Omer d'où il fut transféré à Belleville et enterré avec magnificence, le dernier juin 1351, dans le tombeau de Guichard le Grand, son père.

Ainsi périt, au lit d'honneur, et à l'âge de 35 ans, ce vaillant capitaine que Froissard met au rang des plus signalés chevaliers de son temps. Il avait épousé, le 6 novembre 1338, Marie, fille de Jean, seigneur de Thil en Auxois, qui lui apporta en dot les châteaux de Bordelie, de la Roche Montlay, de Montagny, avec la prévôté de Corisy [2] en Lyonnais. Elle acquit encore pendant son veuvage le château de Berzé.

De ce mariage naquirent deux enfants, savoir: Antoine de Beaujeu, né au château de Pouilly, le 12 août 1343, et Marguerite de Beaujeu, née au château de Montmerle, le 20 octobre 1340, et mariée en 1362 à Jacques de Savoie, prince d'Achaie et de la Morée, comte de Piémont et seigneur d'Ivrée.

Édouard Ier fit des échanges [3] avantageux en Dombes et ce fut le der-

1. Ce fut le 3 mai 1351. On put regarder cette affaire plutôt comme une chose (?) que comme une bataille.

2. On pense que *Corisi* est un mot latin. Il n'y a point dans le Lyonnais de paroisse de ce nom. Ne serait-ce pas Courzieu. — *Le contrat de mariage est du 12 février 1333 (Cf. Huillard-Bréholles, *Titres de la maison de Bourbon*, t. I, p. 348, n° 2006). Les noms des localités sont de lecture douteuse (*Ibid.* et Louvet, II, p. 278 ; Aubret, *Mémoires*, II, p. 214).

3. Voyez l'*Abrégé de l'histoire de Dombes*, p. 14, 28 et 29.

nier seigneur du nom qui y fit des acquisitions. Ces princes, déjà puissants dans ce pays par leurs possessions, appelèrent la souveraineté qu'ils y avaient du nom de Beaujolais[1] de la part de l'Empire, comme on l'a déjà dit. Beauregard, qu'ils avaient fait bâtir sur le bord de la Saône, capitale de ces possessions, en formant leur demeure, forma aussi la communication de l'un à l'autre pays, puisque les deux capitales de ces deux pays n'étaient éloignées tout au plus que d'une demi-heure de chemin; ces seigneurs soutenaient alors un état par l'autre, et comme celui de la Dombes était sujet à plus de révolutions, aussi demeurèrent-ils plus souvent à Beauregard qu'ailleurs. Ils y établirent le siège de leur justice souveraine qui, sous les ducs de Bourbon, fut transporté à Moulins.

Enfin cette ville ayant été ruinée par les guerres des ducs de Savoie, se vit dépouillée de la justice ordinaire qui fut transférée à Trévoux, sous Pierre de Bourbon, en 1502. Cet endroit n'est plus aujourd'hui qu'un bourg de la Dombes avec le titre de châtellenie.

Pour revenir au prince Édouard, ce seigneur extrêmement pieux, dans les temps des trêves et de la paix, était dans l'habitude de se retirer avec sa femme au couvent des Cordeliers de Villefranche, où il avait un appartement, afin d'être plus à portée d'y entendre le service divin et de se recueillir. Ayant une dévotion singulière à la Vierge il fonda une chapelle en l'église de Notre-Dame de Montmerle en l'année 1343.

Marie du Thil, son épouse, coopéra à cette fondation pour l'entretien d'un prêtre.

Plein d'aversion pour les Juifs, ce prince les chassa de ses terres, surtout de la Dombes où ils s'étaient établis et enjoignit même, par son testament, qu'on tînt la main à ses ordonnances à cet égard.

Il fit son testament[2] le 17 mai 1346 et y fit plusieurs fondations

1. Si sous Guichard le Grand et Édouard Ier on distinguait cette portion du Beaujolais, il fallait donc que les possessions que la maison de Beaujeu avait en France s'appelassent alors le Beaujolais. C'est donc à la fin du XIIIe siècle ou tout au moins au commencement du XIVe qu'il faut fixer l'origine du Beaujolais, aujourd'hui province. Voyez le chapitre 7 de la Ire partie.

2. Ce testament et celui de Guichard le Grand étaient insérés dans un livre couvert de peau tannée et fort usé, déposé dans la chambre du trésor de Villefranche, l'an 1540, d'où il fut tiré le 27 mai de ladite année, par ordonnance de Jean Gaspard, lieu-

pieuses, entre autres celle de six prêtres religieux de Saint-Augustin, dans la chapelle de Notre-Dame de Montmerle.

Marie du Thil, son épouse, lui survécut huit ans et mourut au château de Pouilly, le 4 mars 1359.

ANTOINE, DIX-SEPTIÈME SEIGNEUR DU BEAUJOLAIS ET DE LA DOMBES (1359).

Antoine de Beaujeu n'avait que huit ans quand il perdit son père et fut sous la tutelle de sa mère qui gouverna et administra très sagement la personne de ce jeune seigneur qui prit, après le décès de cette vertueuse dame, possession du Beaujolais et de la Dombes.

Quelques-uns prétendent qu'Antoine naquit à Villefranche le 12 août 1343; mais ce sentiment paraît isolé. Paradin, Severt, Moréri et le manuscrit de Belleville fixent tous la naissance de ce seigneur au château de Pouilly, proche de Villefranche. Sans doute l'affection dont il honora particulièrement cette ville a fait hasarder ce fait à l'auteur des *Mémoires* de cette capitale, imprimés au mois de juillet de l'année 1671.

Ce prince, d'une beauté et d'une taille avantageuses, vaillant et libéral, s'attira les bonnes grâces de Charles V qui n'était encore que dauphin. Il fut également chéri des rois d'Espagne, d'Aragon, de Grenade et du comte de Savoie, surnommé le comte Vert, qui lui fit présent du collier de l'ordre de Savoie. Il fut le troisième chevalier de l'Annonciade, après avoir servi utilement ce comte dans plusieurs guerres qu'il eut à soutenir. Ce seigneur rendit des services signalés à Charles V et aux rois étrangers dont on vient de parler.

Froissard[1] fait mention qu'il suivit Philippe, duc de Bourgogne, cadet de Charles V, roi de France, à la guerre entreprise avec Bertrand du Guesclin en l'année 1364, contre les Navarrais[2] dispersés et occupés à piller la Normandie; qu'il accompagna Charles V, pour

tenant général, et du sieur Rodolphe Strossi, vicaire général de l'abbaye de Belleville, par Gaudet, notaire royal, commis du clerc de la chambre du trésor. Voyez le manuscrit de Louvet dans son *Histoire du Beaujolais*, p. 478, article Édouard Ier.

1. Froissard, livre Ier, chap. 221, 224, 230, 251, 253, 257, 259, 283 et 297.

2. Il se trouva à la bataille de Cocherel.

combattre le comte de Montbéliard et les Allemands qui s'étaient répandus dans les provinces de la France ; qu'il fut envoyé par le roi en 1366, en Espagne, à la tête d'une armée sous les ordres de Jean de Bourbon, comte de la Marche, contre Pierre, roi de Castille, frappé des censures romaines ; que ce seigneur accompagna le duc de Berry et marcha avec lui à Poitiers, contre le prince de Galles, en 1368, et fit si bien que toutes les places voisines de Cahors furent rendues l'année suivante. Que ce même prince, avec une armée dont il avait presque lui seul le commandement [1], affranchit de l'esclavage anglais les Limousins qu'il fit rentrer sous la domination française ; qu'il conduisit au duc de Bourbon trois cents hommes armés à ses dépens pour prendre la citadelle de Belleperche, que les Auvergnats avaient pourvue abondamment, que, l'année suivante, il aida, avec ces mêmes troupes, le connétable du Guesclin à prendre la ville d'Uzès ; enfin, au retour de cette expédition, ce seigneur mourut d'une fluxion de poitrine, à Montpellier, le 12 août 1374, et son corps, transporté à Belleville, y fut inhumé.

Il avait épousé, le 4 août 1362, Béatrix de Châlon, fille de Jean, second du nom, seigneur de Harlay, de laquelle il n'eut point de postérité.

Son premier soin, en prenant possession des biens paternels, fut de confirmer les privilèges du bourg de Beaujeu. Son testament est daté du 1er août 1374. Il fonda une chapelle dans la collégiale de Beaujeu, en l'honneur de saint Jean l'Évangéliste, et en assigna les fonds sur les péages du port de Belleville sur la Saône. Antoine de Beaujeu laissa aussi des monuments de sa piété à l'église de Villefranche, par une fondation d'une chapelle sous le vocable de Saint-Jacques le Grand et de Saint-Antoine, qu'il dota amplement.

Il laissa une jeune veuve qui eut des difficultés avec son successeur pour la restitution de sa dot ; on ignore le temps de son décès.

ÉDOUARD II, DIX-HUITIÈME SEIGNEUR DE BEAUJEU ET
DERNIER DU NOM (1374).

Antoine de Beaujeu, mort sans enfants, sa succession passa à

---

1. Ce fut en l'année 1370.

Édouard II, son cousin germain ; le père d'Édouard était fils de
Guichard le Grand et de Jeanne de Chateauvilain [1], ainsi Édouard II
avait un droit ouvert sur les seigneuries de Beaujeu et de la Dombes,
par la substitution testamentaire de son aïeul, aussi en prit-il possession le 1er septembre 1374, mais il eut beaucoup de peine à s'y maintenir. Cette succession lui fut disputée par Robert de Beaujeu, seigneur
de Joux et de Chardonnay, son oncle, et par Marguerite de Beaujeu,
femme de Jacques de Savoie, prince d'Achaïe et de la Morée, et
procès fut intenté, à ce sujet, au parlement de Paris.

Marguerite se départit de ses droits moyennant le château et la
châtellenie de Berzé en Mâconnais et 20000 livres d'or, ce qui fut
ratifié au Parlement, le dernier juillet 1375, et approuvé par le roi
Charles V. Édouard transigea ensuite avec Robert et cette transaction
fut homologuée au Parlement le 16 juillet 1376. En conséquence de ce
traité Édouard remit, le 19 du même mois, à son oncle, la ville, le château et la terre de Coligny en Revermont, et 4000 florins d'or.

Ainsi Édouard demeura paisible possesseur du Beaujolais et de la
Dombes, tant comme issu de la branche aînée que comme excluant la
fille la plus proche que lui en degrés. Ce prince, après ces deux procès, confirma les privilèges de Villefranche, le 22 décembre 1376.

Édouard ne suivit pas l'exemple de ses ancêtres et, quoique la Providence l'eût pourvu d'une riche succession, loin de s'en servir pour se
rendre utile à l'État et à son prince, car on ne s'aperçoit pas qu'il ait
pris le parti des armes, il employa ses richesses à chagriner ses vassaux, à mener une vie molle et efféminée, à fréquenter mauvaises
compagnies et à attaquer la pudeur du sexe ; sa vie ne fut qu'un
enchaînement de procès, de démêlés et de guerres domestiques.
Béatrix de Châlon, veuve d'Antoine de Beaujeu, fut contrainte de lui
intenter un procès pour la restitution de sa dot. Le comte de Bresse
lui fit la guerre à cause du refus de l'hommage des terres de Dombes.

Marguerite de Beaujeu, sœur d'Antoine, lui suscita derechef un
second procès. L'assassinat de son châtelain de la terre de Coligny, qu'il voulut venger, lui attira la haine du duc de Bourgogne.

---

1. C'était la troisième femme de Guichard V dit le Grand.

Les débats et les contestations qu'il eut contre les habitants de Villefranche furent un nouveau sujet d'inquiétude pour lui, dont il fut délivré par l'accord du 25 mai 1399, passé à Villefranche, au jardin d'Hugonet Baudet, proche le couvent des frères Mineurs ; mais il eut encore une affaire bien plus grave qui mit le comble à ses malheurs.

Édouard II avait épousé Léonore, fille de Pierre de Beaufort, vicomte de Turenne et nièce du pape Grégoire, XIe du nom, de laquelle il eut un fils nommé Guichard, né au château de Bame près Valence, le 20 juillet 1372, mais mort dans la même année.

Ce seigneur, se voyant sans enfants, en fut naturellement porté à la débauche, enleva publiquement, dans Villefranche, sa capitale, la fille d'un bourgeois nommé Guionnet de la Bessée ; cette famille déshonorée le poursuivit et obtint un décret d'ajournement personnel contre lui. Lorsque la signification lui en fut faite, ce seigneur maltraita l'huissier et le fit jeter par les fenêtres de son château de Pouilly où il s'était retiré, l'huissier en mourut. Le parlement de Paris le décréta de prise de corps pour ce dernier fait et ce seigneur fut conduit à Paris dans les prisons de la Conciergerie où ayant été détenu plusieurs années, ennuyé d'une si longue détention et craignant peut-être des suites plus fâcheuses, d'ailleurs inquiété par les guerres qu'il avait avec le comte de Savoie et le duc de Bourgogne, il se détermina à faire donation, le 23 juin 1400, de tous ses biens, et particulièrement des seigneuries de Beaujeu et de la Dombes, à Louis, duc de Bourbon, et à la duchesse Anne Dauphine, sa femme, sous condition néanmoins et au cas qu'il mourût sans enfants ; ce cas arriva bientôt, car, étant sorti de prison par l'autorité et le crédit du duc, il mourut[1] le 2 août de la même année, au château de Perreux, lieu de sa naissance, et fut enterré à Belleville le lendemain ; sa femme lui survécut huit ans.

Il restait encore une branche des seigneurs de Beaujeu, dans la maison des seigneurs d'Amplepuis et de Linières, qui devait succéder à Édouard, par la substitution de Guichard le Grand. Cette maison prétendit même disputer au duc de Bourbon cette riche succession,

---

1. Il avait environ 55 à 56 ans.

mais soit que ces seigneurs eussent affaire à forte partie, soit même qu'ils craignissent l'événement du procès, ils en vinrent à accommodement avec le duc et la donation prévalut. Ainsi finit la deuxième branche des seigneurs de Beaujeu, fondue dans la maison de Forez, elle s'éteignit à la cinquième génération et ne subsista que l'espace de 130 ans.

CHAPITRE III

DES SEIGNEURS DU BEAUJOLAIS DE LA FAMILLE ROYALE
DE BOURBON

LOUIS II DE BOURBON, DIX-NEUVIÈME SEIGNEUR DE BEAUJEU
ET DE DOMBES (1400).

Si l'on s'est étendu sur la généalogie des premiers seigneurs de Beaujeu c'est parce qu'il était nécessaire de conserver la mémoire d'une illustre maison totalement éteinte et qui avait formé une province de France qui, si elle le cède en étendue à beaucoup d'autres, sera toujours remarquable par la beauté et la fertilité de son terroir, si l'on jette la vue sur celui qui règne le long de la Saône et de la Loire.

En s'éloignant des histoires fabuleuses dont on décore pour l'ordinaire l'origine simple et commune [des familles] qui se sont élevées on a suffisamment débattu les opinions nullement fondées sur la maison de Beaujeu pour en faire paraître une, à la vérité nouvelle [1], mais étayée par l'histoire même ; l'on ne flottera point ici, dans l'incertitude à l'égard de la branche des princes de Bourbon qui devinrent presque en même temps seigneurs du Forez, du Beaujolais et de la Dombes, l'on renoncera au détail des actions héroïques de ces seigneurs suffisamment consignées dans les annales de la France, pour n'en décrire simplement ici que ce qui les concerne à l'égard du Beaujolais.

Ainsi l'on observera que Louis, surnommé le Bon, second du nom, était le troisième duc du Bourbonnais, comte de Clermont, de Forez,

---

1. La nouvelle opinion fera toujours paraître ces seigneurs d'une race noble, puisque Guigue, fils d'Humbert Ier, troisième seigneur de Beaujeu, était, dans le milieu du XIe siècle, chanoine de Lyon; on sait que dans cette église la noblesse a toujours été inséparable du sacerdoce ; Guigue avait donc alors fait ses preuves en entrant dans ce chapitre.

sire de Beaujeu et de Château-Chinon, pair et chambrier de France, gouverneur du roi Charles VI et de Louis d'Orléans, frère de ce roi.

Son père était Pierre Ier du nom, second duc du Bourbonnais, tué à la bataille de Poitiers, le 19 septembre 1356.

Son aïeul Louis Ier, duc de Bourbonnais, mort en janvier 1341.

Son bisaïeul, Robert de France, sixième enfant du roi saint Louis et de Marguerite de Provence, seigneur de Bourbon, par sa femme Béatrix, fille unique et héritière universelle d'Archambault de Dampierre, seigneur de Bourbon [1], maison ancienne descendue de celle de Bourgogne. Robert mourut le 7 février 1317.

Son trisaïeul enfin était le roi saint Louis. Telle est la généalogie de cette illustre maison qui a donné naissance à la race de Bourbon.

Louis II de Bourbon naquit le 4 août 1337. Il épousa Anne, dauphine d'Auvergne et comtesse de Forez ; ainsi ce seigneur réunit, par les droits de sa femme [2], le Forez à ses autres possessions. Il acheta d'Humbert, septième seigneur de Thoire et de Villars, les villes et châtellenies de Trévoux, d'Ambérieux et du Châtelard, en l'année 1402, et cette acquisition acheva de former la souveraineté de Dombes. Enfin la donation du Beaujolais, du 23 juin 1400, par Édouard II, le rendit maître de cette province. Dès lors il fut possesseur de trois provinces limitrophes qui formaient presque tout l'ancien territoire des Ségusiens.

Après avoir pris possession du Beaujolais et en avoir fait hommage le 4 octobre 1400, le premier soin de ce seigneur fut de confirmer, à Montbrison, le 18 du même mois, les privilèges de Villefranche et de Beaujeu. Les lettres de confirmation furent vérifiées par les gens tenant la chambre des comptes de ce prince, le 19 septembre 1401, et la princesse, sa veuve, les confirma de nouveau, le 5 novembre 1413.

Louis de Bourbon fit des ordonnances, le 25 juillet 1407, concernant

---

1. Voyez Paradin dans ses *Alliances généalogiques*, p. 237, et Moréri, sous le nom de Bourbon l'Archambault.

2. Anne était fille unique de Béraud, comte de Clermont, qui avait épousé Jeanne de Forez, sœur du dernier comte de Forez, mort sans postérité.

l'état et office de maitre des eaux et forêts et, par lettres patentes, données à Moulins, le 5 décembre 1408, il ordonna que les paroisses de Rogneins, Ouilly et Arnas contribueraient aux fortifications de la ville de Villefranche et que ceux de Rogneins seraient obligés d'y faire guet et garde en temps de guerre. Ce prince eut de son mariage trois enfants mâles et une fille. Jean, comte de Clermont, son second fils, fut son successeur.

Amédée VIII, duc de Savoie, eut tant de chagrin des acquisitions qu'avait faites ce prince en Dombes, qu'il lui déclara la guerre sous prétexte de certains châteaux dont il lui demanda la foi et hommage.

L'institution de l'ordre de Notre-Dame du Chardon [1] est trop analogue aux anciens monuments qui nous restent des ducs de Bourbon, pour omettre ici cette histoire qui sert à mettre au grand jour ces devises qu'on voit répétées en tant d'endroits qui jadis étaient de la domination de ces ducs.

Louis II, de retour de l'Afrique, où ce prince avait conduit une armée contre les infidèles et dans le temps que les factions d'Orléans et de Bourgogne semblaient exposer la France à sa ruine totale, projeta l'ordre de Notre-Dame du Chardon, en 1369, et l'institua en 1370, à Moulins, le jour de la Purification de Notre-Dame, pour autoriser davantage son pouvoir qu'il employa à aider et à protéger Charles, duc d'Orléans, Philippe, comte d'Évreux, et le comte d'Angoulême, pupilles du duc d'Orléans, son neveu, contre le duc de Bourgogne [2].

Cet ordre était composé de vingt-cinq chevaliers sans reproche, renommés en noblesse et en valeur, dont le prince et ses successeurs devaient être chefs ; son principal objet était la défense des seigneuries du prince. Les chevaliers portaient toujours la ceinture de couleur bleu céleste, doublée de satin rouge, brodée d'or, sur laquelle on

---

1. Les curieux pourront consulter, sur cet ordre, l'abbé Justiniani, t. 2, chap. 60, page 688. Favyn dans son *Théâtre d'honneur et de chevalerie* et La Colombière dans son ouvrage sous le même titre.

2. Ce duc avait fait assassiner le duc Louis d'Orléans, neveu de Louis de Bourbon, à Paris, par Raoul d'Oquetonville, gentilhomme normand, qui était animé d'un ressentiment particulier contre ce prince.

lisait ce mot : *Espérance*, brodé également en or. Aux grandes fêtes, surtout à celle de la Purification, temps auquel le prince régalait somptueusement les chevaliers, on les voyait vêtus de soutanes de damas incarnat, à larges manches, et ceinturés de leurs ceintures bleues. Le grand manteau de l'ordre était aussi bleu céleste, doublé de satin rouge, et le grand collier d'or fin du poids de dix marcs, fermant par derrière, à boucle et à ardillon d'or, était composé de losanges et de demi-losanges à doubles orles émaillées de vert, percées à jour, remplies de fleurs de lys d'or et du mot : *Espérance* écrit dans ces losanges en lettres capitales à l'antique. De ce collier, pendait sur l'estomac un ovale dans lequel était l'image de la Sainte-Vierge, entourée d'un soleil d'or, couronnée de douze étoiles d'argent avec un croissant de même sous les pieds et, à chaque bout, une tête de chardon, émaillée de vert. Leurs chapeaux étaient de velours vert, rebrassés de palmes de soie cramoisie, sur lequel était l'écu d'or à la devise : *Allen Allen*, qui veut dire : Allons ensemble, pour marquer l'union qui devait être entre ces chevaliers.

Ce prince honorait de cet ordre les gentilshommes qui avaient rendu quelques services signalés à la maison de Bourbon. Comme grand-maître, il ajouta autour de ses armes, le collier de cet ordre. Les lys et les chardons, qui le formaient, étaient un emblème qui signifiait la constance du duc dans les adversités et l'espérance de plus grandes prospérités ; le chardon représentant par ses feuilles piquantes, l'affliction, et le lis, dont les feuilles sont toujours vertes, l'espérance. Ce prince mourut à Montluçon, le 19 août 1410, à l'âge de 73 ans, et fut, suivant Paradin, enterré à Souvigny, ancienne capitale du Bourbonnais.

JEAN Ier, DUC DE BOURBON,

VINGTIÈME SEIGNEUR DU BEAUJOLAIS ET DE LA DOMBES (1410).

Jean, premier du nom, naquit au mois de mars 1380 et succéda à la seigneurie de Beaujeu en 1410. Il fut si peu de temps seigneur du Beaujolais qu'on peut bien assurer qu'il s'est passé peu de choses remarquables sous son règne. A l'exemple de son père, il demeura ferme et attaché au parti d'Orléans, contre Jean, duc de Bourgogne.

Il fut fait prisonnier à la bataille d'Azincourt, le 28 octobre 1415, et ne revit plus son pays natal.

Les ducs de Bourgogne et de Savoie profitèrent de sa détention pour faire des courses dans la Dombes et le Beaujolais.

Le premier prit Belleville et le dernier fit reconnaître la foi et hommage aux gentilshommes et vassaux de Dombes; mais Charles de Bourbon, fils aîné de ce duc, étant entré dans la comté de Bourgogne, y prit plus de trente places [1] et força, par là, le duc de Bourgogne à s'accommoder. Celui de Savoie, quelque temps après, vint aussi à accommodement, désavoua les entreprises du seigneur de Varembon qui avait pris Trévoux avec les troupes de ce duc et l'obligea même de réparer tous les dommages du siège.

Jean de Bourbon avait épousé, le 24 mai 1400, Marie de Berry, veuve en premières noces de Louis de Châtillon, troisième comte de Dunois, et en secondes de Philippe d'Artois, comte d'Eu, connétable de France. Il en eut trois enfants, dont le troisième, nommé Louis de Bourbon, forma la branche des comtes de Montpensier.

Ce prince mourut en Angleterre, après y être resté dix-neuf ans prisonnier. Il était, lors de son décès, sur le point d'en sortir, ayant presque entièrement acquitté sa rançon. Il fut enterré aux Carmes de Londres, au mois de juin de l'année 1434. Sa femme, Marie de Berry, mourut à Lyon la même année et son corps fut transporté à Souvigny où elle fut inhumée.

CHARLES Ier, DUC DE BOURBON,

VINGT-ET-UNIÈME SEIGNEUR DU BEAUJOLAIS ET DE LA DOMBES. (1434).

Charles n'eut pas plutôt succédé à son père, mort en Angleterre, qu'il vint prendre possession du Beaujolais, au mois d'août de l'année 1434, à Villefranche, d'où il confirma ses privilèges.

Ce prince, au mois de janvier 1435, fit donation à Philippe de Bourbon, son second fils, des baronnies et seigneuries du Beaujolais avec ses appartenances et dépendances, suivant ses lettres patentes de la même année qu'on voit dans le trésor de Villefranche, avec l'émanci-

---

1. Voyez l'*Abrégé de l'histoire de Dombes*, p. 16 et 47.

pation du jeune Philippe, à qui il donna pour tuteur Jacques de Chatillon, seigneur de Dampierre, qui fit sa foi et hommage pour le jeune prince, le 27 mars 1435, au prince de Piémont, lieutenant du comte de Savoie, son père, pour ce que Philippe possédait en la souveraineté de Dombes. Mais cette foi et hommage fut surprise et il en acquit de là un nouvel accommodement semblable aux précédents, dit l'*Abrégé de l'histoire de Dombes*, à la page 47 déjà citée.

Nonobstant la donation que Charles avait faite à son fils, ce prince, sur la requête que les habitants de Villefranche lui présentèrent, leur accorda la permission et le privilège de chasser aux bêtes fauves et noires, moyennant un don de quatre cents écus royaux de 64 au marc, payables entre les mains de Philippe de Rancé, trésorier du Beaujolais, moitié à Pâques et moitié à la Saint-Michel, à la charge de donner au châtelain du lieu où irait mourir la bête, si c'était un sanglier, la hure et les quatre pieds et si c'était un cerf ou une biche, l'épaule droite.

Les lettres en furent expédiées à Moulins, au mois de décembre 1436. On y voyait l'exception que personne ne pourrait chasser aux dites bêtes, lorsque les princes ou princesses du Beaujolais seraient audit pays. L'acte fut vérifié par les gens du conseil du seigneur de Bourbon, à Villefranche, le 17 mai 1437, et est déposé aux archives de l'Hôtel de Ville.

Charles, premier du nom, avait épousé Agnès, fille de Jean, duc de Bourgogne, de laquelle il eut onze enfants, dont trois furent seigneurs du Beaujolais. Ce prince mourut à Moulins le 4 décembre 1456 et fut enterré à Souvigny. Sa veuve lui survéquit vingt ans et décéda le 1er décembre 1476 et fut enterrée au prieuré de Souvigny.

PHILIPPE DE BOURBON

VINGT-DEUXIÈME SEIGNEUR DU BEAUJOLAIS ET DE LA DOMBES
DU VIVANT DE SON PÈRE.

Philippe de Bourbon ne doit point avoir place ici comme successeur de Charles Ier, son père, mais seulement comme son donataire. Philippe ne fut point marié et les historiens assurent qu'il mourut fort jeune.

Malgré la donation que son père lui fit en 1435, du Beaujolais et de la Dombes, Charles Ier fit toujours fonctions de seigneur de ces pro-

vinces. La permission de la chasse qu'il accorda aux habitants de Villefranche, en 1436, en est une preuve et l'on peut dire que cette donation fut un simple apanage accordé par ce prince à l'un de ses enfants.

Le successeur immédiat de Charles fut Jean, deuxième du nom, son
fils aîné, qui fera l'objet de la section suivante.

JEAN II, DUC DE BOURBON,

VINGT-TROISIÈME SEIGNEUR DU BEAUJOLAIS ET DE LA DOMBES (1456).

Jean, second du nom, duc de Bourbon, pair, chambrier et connétable de France, fut le fléau des Anglais, heureux s'il n'eut employé
son épée que contre les ennemis de la France, mais son imprudence
le fit entrer dans la ligue des princes qui s'éleva contre Louis XI, sous
prétexte du bien public, en 1464. Le roi[1], pour se venger, fut en
Bourbonnais et en Auvergne et assiégea Riom. Il engagea même
Galéas Sforce, duc de Milan, à entrer dans le Beaujolais et à assiéger
Villefranche, où étaient renfermés les principaux seigneurs de la cour
d'Amé IX, duc de Savoie.

Jean second, rentra en grâce avec le roi, on le détacha de la ligue
entièrement et Charles VIII le fit connétable en 1487.

Le duc de Savoie voulut recommencer ses anciennes querelles au
sujet des foi et hommage qu'il prétendait en Dombes, mais ces troubles
furent pacifiés par accord entre les officiers de la Bresse et de la Dombes,
en 1469.

Le duc de Bourbon suivit les traces de ses prédécesseurs à l'égard
des privilèges des habitants de Villefranche car, dans un voyage qu'il
fit en 1463 dans le Beaujolais, il confirma les privilèges de la nouvelle
et de l'ancienne capitale de cette province.

Ce fut en 1474 que ce prince remit à Pierre, son frère, les seigneuries du Beaujolais et de la Dombes. Pierre porta pendant toute sa vie
le nom de Beaujeu et était le quatrième fils de Charles de Bourbon.

Jean second avait épousé trois femmes : la première fut Jeanne de
France, fille de Charles VII et sœur de Louis XI ; la seconde fut Cathe-

---

1. Voyez le manuscrit de Louvet dans sa Grande histoire du Beaujolais sous l'article
de Jean II de Bourbon.

rine d'Armagnac et la dernière Jeanne de France, fille de Jean II, second duc de Vendôme, desquelles il n'eut point d'enfants.

Il décéda l'année 1487 et fut enterré à Souvigny.

PIERRE DE BOURBON
VINGT-QUATRIÈME SEIGNEUR DU BEAUJOLAIS ET DE LA DOMBES (1474).

Pierre de Bourbon, la même année qu'il prit possession du Beaujolais, contracta mariage avec Anne de France, fille de Louis XI, princesse d'une prudence, d'une sagesse et d'une vertu consommées, qualités qui lui procurèrent le gouvernement de la personne de Charles VIII, son frère, pendant sa minorité.

Louis XI, en faveur de ce mariage, par ses lettres patentes de 1475, exempta pour toujours le Beaujolais des droits de francs-fiefs et nouveaux acquêts.

Pierre de Bourbon fut établi, après le décès de Louis XI, un des conseillers de la régence du royaume, pendant la minorité de Charles VIII, Il s'acquit dans cette place beaucoup d'honneur par sa sage et prudente conduite. Il devint l'héritier des grands biens que possédait Jean II, son frère.

Ce prince, par ses lettres-patentes de 1477, ordonna que tous les juifs fussent expulsés de la ville de Trévoux et de toutes ses autres seigneuries. Ces défenses semblaient renouveler celles qu'avait faites Édouard Ier par son testament en 1346 ; il était même nécessaire qu'elles fussent réitérées à l'égard de la ville de Trévoux qui ne fut possédée par les seigneurs de Beaujeu qu'en 1402. Depuis cette dernière ordonnance, on n'a plus vu d'établissement de Juifs dans la Dombes.

Dans le même temps à peu près, Philippe de Savoie qui n'était alors que comte de la Bresse, s'avisa de prendre la qualité de seigneur de la Dombes à cause des prétentions qu'il y croyait avoir. Mais elles s'évanouirent bientôt et, depuis ce temps, on n'a plus vu de différends s'élever entre les souverains de la Dombes et les seigneurs de la Bresse. Pierre de Bourbon présida, en 1478, au concile national tenu à Orléans, sous Louis XI, au sujet de la pragmatique sanction, des annates et des autres exactions qui faisaient passer l'argent de la France à Rome. Le chapitre de Beaujeu y députa trois chanoines [1].

1. Ce furent Pierre Meslier, Charles de Brie et Félix de Verchières, docteurs en droit.

L'acte déposé aux archives de l'Hôtel de Ville nous remet sous les
yeux la générosité et le don que ce prince fit aux habitants de cette
ville, le 4 février 1499, d'une somme de 1.200 livres [1] pour être employée à la construction du portail de l'église paroissiale de Villefranche.

Pierre de Bourbon joua un grand rôle sous le règne de Charles VIII,
il fut pair, chambrier et régent de la France, pendant le voyage du
roi à Naples. Il était né au mois de novembre 1439 et eut d'Anne de
France : Charles de Bourbon mort jeune et Suzanne, née le 10 mai
1491. Il mourut le 8 octobre 1503 et fut enterré à Souvigny.

SUZANNE DE BOURBON

DAME DU BEAUJOLAIS ET DE LA DOMBES

VINGT-CINQUIÈME DOMINATION (1503).

Suzanne de Bourbon ne paraît ici dame du Beaujolais et de la
Dombes que sous la tutelle d'Anne de France, sa mère, qui, comme
usufruitière de ces deux provinces, en avait le domaine utile en formant l'objet de son douaire [2].

Suzanne avait douze ans lorsque son père mourut et ce fut le
1er août 1504 qu'Anne de France fit défense aux étrangers d'acheter
des fonds dans la Dombes sans sa permission, en contraignant même
ses sujets et ses vassaux à résidence. Cette politique était fondée sur
une pareille ordonnance de Louis XI, du 3 février 1480, datée aux
Forges-lès-Chinon, adressée aux élus du Beaujolais et obtenue sur la
requête des échevins de Villefranche, par laquelle il leur était permis
d'imposer aux tailles les particuliers qui se seraient retirés ailleurs et
dans d'autres élections pour s'exempter de payer la taille à Villefranche.

C'est à cette même Anne de France que la capitale est redevable
des armes dont elle est en possession et ce fut au mois de novembre

---

1. L'acte est daté de Moulins ; cette somme ferait aujourd'hui sept mille livres de
notre monnaie.

2. Ce fut le 30 juillet 1504 qu'on lui adjugea ces deux provinces pour son douaire
et, en 1516, elle obtint de Philippe de Beaujeu, seigneur d'Amplepuis, le dernier de
cette maison, une reconnaissance portant entier désistement de tous droits et prétentions sur le Beaujolais et la Dombes. Voyez les mémoires d'Herbigny sous le titre de
Seigneurie de Beaujeu.

1504 que cette princesse accorda ses lettres, datées de Moulins, par lesquelles elle lui fait don et concession du chef des armes de Bourbon, à la tour d'argent sur gueules.

Cette princesse mourut l'an 1522; elle avait marié Suzanne, sa fille, le 10 mai 1505, à Charles second de Bourbon, connétable de France. Mais cette fille unique mourut le 28 avril 1521 et toutes les bonnes intentions de la mère et de la fille ne purent sauver du naufrage ce prince malheureux.

CHARLES II, DUC DE BOURBON,
CONNÉTABLE DE FRANCE
VINGT-SIXIÈME SEIGNEUR DU BEAUJOLAIS ET DE LA DOMBES (1505).

L'histoire de la félonie du connétable de Bourbon est relative à celle du Beaujolais, puisque son crime changea la face des affaires de cette province, lui donna des seigneurs puissants et la fit passer sous la domination des rois de France. C'est sortir à la vérité de la règle que je me suis prescrite, mais comme cette histoire se présente naturellement, qu'on me pardonne l'extrait que j'en fais d'après des mémoires[1] que tout le monde ne connaît pas.

J'abrègerai, autant que faire se pourra, les infortunes de ce prince.

Charles de Bourbon naquit le 27 février 1480. Il était fils de Gilbert de Bourbon, comte de Montpensier, et de Claire de Gonzague et petit-fils de Louis de Bourbon, souche de la branche de Bourbon-Montpensier. Il eut deux frères et une sœur, nommée Louise de Bourbon, qui épousa Louis de Bourbon, prince de la Roche-sur-Yon, d'où naquirent Louis de Bourbon, Charles et Suzanne.

Né sous la fin du règne de Louis XI, Charles, que nous appellerons de Montpensier, ne se produisit à la cour que sous ceux de Charles VIII et de Louis XII. L'adresse de ce prince et sa force le distinguèrent bientôt dans les tournois. Il n'échappa point aux yeux de la comtesse d'Angoulême, mère de François Ier. Cette princesse ne put demeurer

---

1. Ces mémoires sont les *Intrigues galantes de la cour de France, depuis le commencement de la monarchie*, 2 vol. in-12, Cologne, 1694; les *Mémoires de Brantôme*, t. 5, p. 209, article de M. de Bourbon, et Pasquier, dans ses *Recherches de la France*.

insensible aux rares qualités qui rendaient Charles II si digne d'être aimé.

Beau, libéral et vaillant, sa franchise ne l'empêcha pas de réussir dans les intrigues ; ouvert avec retenue, possesseur de lui-même, il ménageait si bien ses discours qu'il se rendait impénétrable aux plus raffinés politiques ; la douceur de ses mœurs lui avait gagné l'estime des Français. L'exacte discipline qu'il faisait observer à ses troupes le rendit aimable à l'ennemi même. Il semblait que la fortune le suivait dans les batailles ; vainqueurs partout où il était, les Français avaient du dessous partout où il n'était pas. Il ne dut qu'à son propre mérite le rang de connétable. Mais plus de condescendance pour la personne dont il était aimé et moins de ressentiment de l'injure qu'elle lui fit, s'en voyant méprisée, auraient mis ce prince au niveau des héros de son temps.

La comtesse d'Angoulême ne s'opposa point à la naissance, ni aux progrès de sa passion. Mais cet amour ne fut pas réciproque ; Charles de Montpensier, soit par antipathie, soit par politique, soit enfin à cause de la disproportion de l'âge de la comtesse, ne pouvait livrer à l'amour un cœur qui n'avait que de l'ambition. Peu riche pour soutenir l'éclat de sa naissance et ne négligeant aucun moyen pour sa fortune, il feignit de répondre aux sentiments avantageux de la comtesse qui ne désespéra pas de le rendre sensible quoiqu'elle aperçut dans le cœur de Charles un amour naturel pour la liberté. Elle lui procura dans cette vue le commandement de l'armée de Guyenne qui lui fit autant d'honneur que le refus de celui de l'armée d'Italie lui attira d'estime et de réputation. La comtesse applaudie dans le soin qu'elle prenait de la fortune d'un si digne sujet, l'eut élevé dans ce temps-là à la première dignité de l'épée, sans le parti que ce prince prit alors, opposé totalement aux intérêts de sa bienfaitrice.

Lorsque le comte d'Angoulême, qui fut depuis roi de France sous le nom de François Ier, eut épousé madame Claude, la comtesse sa mère commença d'entrer dans le conseil. Elle y trouva la duchesse de Beaujeu avec laquelle elle se brouilla. La dame de Beaujeu, naturellement fière, d'une pénétration, d'une délicatesse et d'une force d'esprit au-dessus de son sexe, qui même avait influé dans toutes les affaires sous trois rois, avait rangé les factieux, soutenu l'autorité royale, conservé l'État et réuni la Bretagne à la couronne, ne pouvait souffrir qu'avec chagrin les hauteurs de la comtesse d'Angoulême.

Louis XII, ne pouvant réconcilier ces deux princesses, aima mieux se déclarer pour la mère de son gendre que pour sa belle-sœur. La dame de Beaujeu, au désespoir de cette préférence, embrassa avec avidité l'occasion qu'elle trouva de s'en venger par le mariage de Suzanne de Beaujeu, sa fille, avec Charles de Montpensier ; mariage qui fut la source du plus grand procès qu'il y eut eu depuis longtemps en France.

Charles de Montpensier, devenu l'aîné de la maison de Bourbon, en réclamait tous les biens, en vertu d'une espèce de loi salique, ou, pour mieux dire, en vertu d'une substitution ancienne et renouvelée de temps en temps dans les deux maisons de Bourbon l'Archambault et la royale, qui appelait à la succession de leurs biens les mâles plus éloignés préférablement aux filles plus proches.

Suzanne, de son côté, se fondait sur le droit commun et la loi du royaume qui n'excluait pas les filles des grandes maisons, de même que celles des autres, de l'héritage de leurs pères, lorsqu'elles n'avaient pas de frères.

La duchesse de Beaujeu, voulant aplanir les difficultés, d'ailleurs ayant pénétré les vues de la comtesse d'Angoulême, crut qu'en faisant proposer sous main le mariage de sa fille et du comte de Montpensier, elle traverserait les amours de son ennemie et s'attacherait entièrement le comte. Ce seigneur n'hésita pas sur une proposition aussi avantageuse et gagnant même son procès il lui était presque impossible d'être opulent avec une succession aussi riche, soit à cause du douaire et du préciput de la duchesse de Beaujeu, qui étaient considérables, soit encore parce que cette princesse, ayant, pendant sa régence, acquitté les dettes de la maison de Bourbon qui étaient immenses, le remboursement en eut été difficile avant que l'on put déposséder cette succession.

Ce prince fut trouver Louis XII et lui demanda Mademoiselle de Bourbon. Le roi regardant cette alliance comme nécessaire, la fit conclure dans trois jours. Sa Majesté, les princes, les officiers de la couronne et quinze évêques signèrent le contrat de mariage, mais les avocats qui l'avaient dressé y négligèrent une formalité dont le chancelier Duprat sut tirer avantage.

Le dessein de la duchesse de Beaujeu était d'y mettre les clauses les plus favorables à Charles de Montpensier. Ces jurisconsultes, par ce contrat, faisaient reconnaître Suzanne de Bourbon pour unique et nécessaire héritière de la maison de Bourbon et les mariés s'y faisaient une donation mutuelle, entre vifs, de tous leurs biens, droits et prétentions de quelque nature qu'ils fussent. Mais il manquait à Suzanne deux ou trois mois pour avoir l'âge nécessaire[1] pour pouvoir engager ses biens; les avocats pensèrent alors que la présence du roi à ce contrat couvrait cette nullité, comme la présence de l'évêque couvre ordinairement les nullités ecclésiastiques.

La comtesse d'Angoulême, surprise de la précipitation de ce mariage qu'elle n'avait pu ni prévenir, ni traverser, fit des efforts pour dompter sa passion et s'imaginant de passer de l'amour à la haine, elle choisit le duc d'Alençon, premier prince du sang, pour servir sa vengeance. Suzanne avait d'abord été promise à ce prince et Charles de Montpensier ne l'avait point prévenu sur ce mariage; mais le duc d'Alençon, loin de lui en savoir mauvais gré, fut aise au contraire de cette alliance. Il avait le cœur pris pour Mademoiselle d'Angoulême et le mariage acheva de le déterminer à la demander à sa mère, dans le temps même qu'elle vint la lui offrir.

Il l'accepta avec joie et promit à Madame d'Angoulême de la servir contre Montpensier. Cette union eut lieu mais au grand déplaisir de la demoiselle qui avait une aversion naturelle pour ce premier prince du sang.

Le duc d'Alençon, content, négligea ses promesses et la comtesse d'Angoulême ne les exigea pas. L'amour avait fait place au dépit et plus les obstacles devinrent invincibles, plus cette comtesse aima Charles de Montpensier. Elle voulut même le combler de bienfaits et demanda à son fils, François Ier, lorsqu'il parvint au trône, l'épée de connétable pour son amant.

François Ier ne l'eut pas plutôt élevé à cette dignité qu'il s'en repentit. La femme du connétable accoucha à Chantelle d'une fille que

---

1. Ces conventions furent dressées au mois de janvier 1504, suivant Pasquier dans ses *Recherches*, livre 6, p. 559, et le mariage se consomma le 10 mai 1505.

le roi tint sur les fonts. Le connétable l'y reçut si magnifiquement[1],
que ce monarque s'en retourna piqué de jalousie, s'imaginant que ce
prince avait prétendu disputer avec lui de magnificence. Ce dépit
éclata à la marche de Valenciennes, où le roi donna l'avant-garde de
l'armée au duc d'Alençon, à la sollicitation, il est vrai, de la comtesse
d'Angoulême, sa mère qui ne crut point que ce passe-droit fît un effet
si violent sur le cœur du connétable qui fut aussi piqué de ce qu'on
lui ôtait le privilège le plus honorable de sa charge, que si on l'en eut
dépouillé; et ce fut dans les premiers transports de son ressentiment,
qu'il proféra des paroles indiscrètes contre l'honneur et la réputation de la comtesse d'Angoulême. Ces injures parvinrent aux oreilles
de cette dame qui, se vantant d'avoir vécu dans une continence parfaite quoique restée veuve à 17 ans, ne put apprendre qu'avec dépit
que celui qu'elle aimait le plus l'accusait d'une faiblesse criminelle;
mais les racines de l'amour étaient trop profondes dans son cœur; elle
aima son amant tout ingrat qu'il était et son mariage et ses empor-
tements ne dissipèrent point chez elle les rayons d'espérance qu'elle
avait toujours.

La femme[2] du connétable mourut le 28 avril 1521 et ne lui laissa
point d'enfants. Le chancelier Duprat fut le premier à apprendre à la
comtesse cette mort. Il la félicita de ce que le ciel lui ouvrait un moyen
d'engager le connétable à l'épouser par intérêt, puisqu'il avait refusé
de le faire par inclination. Il lui dit ensuite qu'elle était la plus proche
héritière de Suzanne de Bourbon, fille de Pierre de Bourbon, la comtesse l'étant de la sœur de ce duc et la flatta de lui en faire recueillir
la succession en attaquant le contrat de mariage du connétable et en
détruisant l'ancienne substitution de la maison de Bourbon.

Ce fut moins l'envie d'obliger la comtesse qui le fit agir que celle de
se venger du refus que lui avait fait le connétable de l'accommoder d'une
terre d'Auvergne, proche de sa maison de Verrières, où le chancelier

---

1. Il y fut reçu par 500 gentilshommes feudataires de la maison de Bourbon, vêtus
de velours, la chaîne d'or au col. Ce luxe fut surpassé par celui des festins, des ballets,
des tournois et des mascarades, dit Brantôme, et des intrigues galantes.

2. Elle avait fait son testament en 1519, par lequel elle institua son mari héritier
universel, confirmant les conventions portées par son contrat de mariage, à la charge
de l'usufruit prétendu par sa mère. Pasquier dans ses *Recherches*, liv. 6, chapitre II.

était né. Ce magistrat se chargea en même temps de fournir les mémoires pour l'instruction du procès, mais la comtesse, avant que de l'entreprendre, voulut faire une dernière tentative sur le cœur du connétable.

Ce seigneur s'étant marié pour devenir riche, la duchesse pensait qu'il se remarierait pour conserver ses richesses. Elle choisit pour son agent l'amiral Bonnivet, mais elle ouvrit son cœur à un perfide dont la politique ne s'accordait point avec les desseins de cette amoureuse princesse.

Ce ne fut point cependant la perfidie de ce négociateur qui rompit l'affaire. Le connétable était si persuadé de la justice de sa cause, qu'il riait de tout ce qu'on lui disait à cet égard. D'ailleurs la reine lui faisait entrevoir qu'elle souhaitait qu'il épousat Renée de France, sa sœur, princesse qui possédait de grands biens et à qui appartenait le tiers des terres allodiales de la maison de Bretagne. L'espérance flatteuse de ce mariage fut la seule cause du refus que ce connétable fit à Bonnivet.

La comtesse d'Angoulême, voyant ses ressources épuisées, promit au chancelier d'intenter [1] et de poursuivre en son nom le procès de la succession de Bourbon.

Montholon plaida la cause du connétable avec tant de force que le roi le jugea depuis digne de la charge de garde des sceaux.

Poyet [2] parla pour la comtesse d'Angoulême et son plaidoyer qui n'eut ni la force ni la solidité de celui de son confrère ne laissa pas d'éblouir la plus grande partie des juges.

Ces mêmes juges étaient déjà prévenus de la bonne foi apparente du chancelier dans ses mémoires et par ses sollicitations et l'on ne différa de prononcer l'arrêt qu'à la sollicitation de la comtesse d'Angoulême, qui voulut faire une dernière attaque au cœur du connétable.

Les amis qu'il avait au Parlement lui remontrèrent, de la part de la duchesse, que sa cause était déplorable et qu'il allait être le prince le plus déplorable de l'Europe; mais loin que ces considérations l'enga-

---

1. Ce fut le lundi 11 août 1521, que cette grande affaire parut au Parlement et le 22 février 1522 qu'elle fut plaidée.

2. Poyet fut depuis chancelier de France et Pierre Biset, alors avocat général, intervenant dans l'affaire, fut depuis premier président au Parlement.

geassent à écouter les propositions de sa partie adverse, elles mirent le comble à la haine qu'il avait pour elle et, pour l'irriter davantage, il demanda en mariage au roi la princesse Renée, sa belle-sœur. Le refus de sa Majesté, qui favorisait en cela le désir de sa mère, parut venir de la princesse Renée, qui ne pouvait, disait-elle, épouser un homme qu'on allait dépouiller.

Le connétable dissimula le ressentiment qu'il en eut et quoiqu'il parut tranquille à l'extérieur, il ne put tenir contre l'insulte que lui fit faire la comtesse d'Angoulême. Cette princesse envoya Bonnivet pour faire bâtir, sur la terre dont il portait le nom, un château superbe, si proche de Châtellerault qu'il le dominait entièrement. L'amiral obéit avec joie et le connétable avoua depuis que jamais rien ne l'avait si fort touché que l'effronterie de ce favori qui, pour le braver, élevait une espèce de citadelle dans un fief qui relevait de lui.

Ce prince, outré, prêta l'oreille aux propositions de l'empereur. Ce fut Beaurain, fils du comte de Rieux (*sic*), qui traversa la France, déguisé en paysan, qui en fut chargé. Beaurain présenta à Montbrison [1] ce traité au connétable qui le signa ; traité qui depuis causa tant de malheurs à l'état.

Le connétable voulut avoir la ratification de ce traité et dépêcha secrètement la Motte des Noyers, pour le présenter en Espagne à l'empereur. Pendant que le prince attendait à Chantelle le retour de cet agent, la douairière de Bourbon, possédée de dépit contre la duchesse d'Angoulême et fâchée de voir ainsi dépouiller son gendre, fut le trouver pour lui découvrir un moyen infaillible de rétablir ses affaires.

Ce moyen était que le roi Louis XII, en mariant sa fille à Pierre de Bourbon, frère cadet de Jean II, avait stipulé, par un acte en bonne forme et tenu secret, qu'en cas que cette princesse vint à survivre à ces deux princes et qu'elle n'eut point d'enfants, elle hériterait de tous leurs biens, d'où il suivrait qu'en n'acquiesçant pas la comtesse d'Angoulême

1. D'autres disent à Chantelle. On a suivi Pasquier dans ses *Recherches de la France*.

L'anglois intervint dans ce traité, il portait en substance que Charles V, l'anglois et le connétable partageraient la France entre eux, que le connétable aurait tout l'ancien royaume d'Arles avec le titre de roi, et que, pour sceau de cette alliance, l'empereur lui donnerait sa sœur Éléonore, fille d'Emmanuel roi de Portugal.

à cet acte, elle se priverait de la succession qu'elle prétendait ou qu'en contestant, elle n'en serait pas moins frustrée, ne pouvant le faire que par la substitution de la maison de Bourbon, qui remettrait en ce cas le connétable dans tous ses droits. Cette généreuse belle-mère remit de plus entre les mains du connétable tous les papiers nécessaires pour répéter les deniers qu'elle avait fournis pour dégager les terres de la maison de Bourbon, ce qui montait, avec la répétition de douaire, à des sommes considérables et lui fit une nouvelle donation [1] de tous ses biens sans distinction et sans réserves le subrogeant en tous ses droits.

Le gendre fut touché de la générosité de sa belle-mère, mais il était trop avancé par rapport au traité pour s'en départir. La Motte rapporta bientôt après la ratification de Charles V et le prince l'enferma dans une cassette qu'il cacha lui même dans la terre, au pied d'un arbre, il forma le dessein d'accompagner le roi au delà des Alpes, mais son projet ne réussit pas.

Matignon et d'Argouges, dans la confidence du traité, se confessèrent à un curé de leur pays et s'accusèrent d'avoir trempé dans une conspiration contre l'état, ce curé leur ordonna de la révéler au roi et partit lui-même pour en informer le sénéchal de Normandie. Louis de Brézé qui possédait cette place en donna avis à la cour et eut ordre de faire aller à Blois ces deux gentilshommes qui se jetèrent aux pieds de la régente et en obtinrent leur grâce, après la déposition exacte de tout ce qu'ils savaient; ce fut le sieur Robertet, secrétaire des finances, qui la reçut.

Le roi rejeta le conseil de faire arrêter le connétable, pour tâcher de le ramener par la douceur. Il l'alla même voir à Moulins où ce prince feignait d'être malade, ébranlé déjà qu'il était de renoncer au traité, pourvu qu'on suspendit l'effet du procès qu'on lui suscitait, mais il cacha son idée au roi.

François Ier vit en secret ce prince et lui dit qu'il savait la négo-

---

1. Cette princesse avait déjà fait une donation par le contrat de mariage de Suzanne, sa fille, mais par cette dernière, la vicomté de Chatellerault et la comté de Gien, de son acquèt, en faisaient partie avec tout son mobilier; elle mourut quelque temps après cette seconde donation.

ciation de Rieux et le sujet du voyage de La Motte des Noyers, que ces crimes étaient grands, qu'il les attribuait au dépit, que le connétable même s'en repentirait en sachant ce qu'on voulait faire pour lui, le roi ajouta qu'il ne pouvait empêcher sa mère de poursuivre le procès dans la fureur où elle était de se voir méprisée, mais qu'il offrait de donner toutes les sûretés nécessaires pour la restitution des biens qui lui seraient ôtés par arrêt.

Cette proposition, quoique généreuse, ne rassura pas l'esprit du connétable qui ne put s'empêcher d'avouer son crime au roi et de louer le désintéressement de ce monarque, qui préférait la conservation du second prince de son sang à l'appât d'une succession qui le regardait. François Ier, croyant l'avoir persuadé, l'embrassa, lui jura qu'il oubliait sa faute, l'engagea à travailler à sa guérison et lui dit qu'il l'attendrait à Lyon, où il allait promptement pour faire avancer ses troupes. Le connétable lui promit de s'y faire porter en litière et se mit même en chemin, mais l'avis qu'il reçut à La Palisse que le Parlement, sur les sollicitations du chancelier, avait mis le sequestre [1] sur les biens de sa maison de Bourbon jusqu'à l'entière décision du procès, lui fit rebrousser chemin.

Le connétable, dans l'impuissance de servir par cet arrêt, feignit d'être plus malade et de ne pouvoir soutenir le mouvement de la litière et dépêcha Varty [2] pour aller représenter au roi sa faiblesse. Varty partit, ce prince retourna à Chantelle, d'où il envoya l'évêque d'Autun à la cour, avec des assurances signées de sa main, que si l'on voulait casser l'arrêt du Parlement qui ordonnait le séquestre, par un arrêt du Conseil, et lui donner lettres de rémission en bonne forme de tout ce qu'il pouvait avoir commis contre l'État, il servirait à l'avenir avec la même fidélité qu'il avait témoignée avant que la mère du roi l'eût jeté dans le désespoir. Avant l'arrivée de Varty et de l'évêque d'Autun, la comtesse d'Angoulême était déjà instruite par des espions qu'elle tenait auprès du connétable du retour de ce prince à Chantelle et ne doutant point que ce ne fut à mauvais dessein, elle pressa le roi,

---

1. Ce fut dans les premiers jours d'août 1522 que cet arrêt intervint.

2. Ce Varty avait été mis, par la cour, auprès du duc pour épier ses actions; ce prince s'en aperçut et le dépêcha pour cette raison.

son fils, si vivement qu'il envoya le bâtard de Savoie et le maréchal de Chabannes avec 400 lances et 4000 hommes de pied, pour assiéger le connétable dans Chantelle et le saisir vif ou mort.

Le bâtard et le maréchal s'avançaient avec tant de précipitation qu'ils rencontrèrent l'évêque d'Autun à La Pacaudière et le firent prisonnier, mais un des domestiques de l'évêque s'échappa et courut à toute bride avertir le connétable de ce qui venait d'arriver à son maître; ce prince, jugeant par la détention de l'évêque qu'il n'y avait plus de mesure à garder avec la cour, partit sur le champ avec sa suite et marcha toute la nuit pour se rendre à Herment, place de la Haute Auvergne ; Arnaud, gentilhomme de sa maison, en était gouverneur.

Ce prince fit reposer son train et, vers le milieu de la nuit, fit éveiller Pompéran et d'Estansannes, leur communiqua le dessein qu'il avait d'aller dans la comté de Bourgogne et leur dit que l'un d'eux l'accompagnerait dans sa fuite et que l'autre servirait à la favoriser. Ces gentilshommes se disputèrent à qui le suivrait, mais le sort en décida et tomba sur Pompéran.

Estansannes, quoique âgé de quatre-vingts ans, était vigoureux et capable d'une longue fatigue; toujours opposé au dessein du prince, il accusait hautement Desnoyers et l'évêque d'Autun d'avoir perverti son esprit, ce n'était qu'à contre cœur qu'il le servait dans une circonstance dont il prévoyait les suites funestes; cependant il feignit d'être le connétable et se coucha dans son lit jusqu'à deux heures avant jour, qu'il sortit d'Herment aux flambeaux, revêtu des habits de son maître et monté sur un cheval à la tête de l'équipage, il joua ce rôle jusqu'au jour et dit à ses compagnons que le connétable était parti et qu'il avait ordre de sa part de les congédier, ensuite il fut seul et, par des chemins détournés, se cacher dans le château de Piguillon, où il demeura 15 jours, et s'étant fait raser la barbe qu'il portait aussi longue que les cheveux, il passa, déguisé en prêtre, dans la comté de Bourgogne, et de là se rendit en Italie auprès du connétable.

Le connétable, de son côté, seul avec Pompéran, avait pris la route de Bourgogne avec la précaution de monter des chevaux ferrés à rebours ; ce prince arriva sans obstacle à Dôle, d'où il passa en Italie et visita le marquis de Mantoue [1], son cousin germain. Ce grand prince,

1. Ce parent le remonta en équipage, en armes et en chevaux.

riche, puissamment allié, si chéri des gens de guerre, ne fut qu'un simple banni dès qu'il fut sorti du royaume et l'empereur ayant appris que sa révolte n'avait eu aucune suite, craignit d'avoir un proscrit pour son beau-frère et lui fit trouver bon de demeurer en Italie.

François Ier revint à Paris et fit faire le procès par contumace au connétable, le 16 janvier 1523, le roi séant en son lit de justice, intervint[1] arrêt qui le déclara criminel de lèse-majesté, de rébellion et de félonie et ordonna que ses armes seraient rayées et effacées des lieux publics et que celles de son hôtel de Bourbon seraient jaunies[2], qu'il serait privé du nom de Bourbon, que ses biens féodaux retourneraient à la couronne et ses autres biens meubles seraient confisqués, ce fut le chancelier Duprat qui prononça cet arrêt.

Ce prince malheureux se trouva à la bataille de Pavie, le 24 février 1525. François Ier y fut fait prisonnier et se rendit à ce même Pompéran qui avait accompagné le connétable dans sa fuite. Enfin ce prince marcha à une mort certaine et qui lui avait été prédite, suivant Brantôme, lorsqu'il fut attaquer Rome en 1527. Il périt d'un coup d'arquebuse, devant cette ville, le 6 mai de la même année, et les Impériaux le firent enterrer dans la chapelle au château de Gayette et lui élevèrent un tombeau digne de sa valeur. On y voyait pendu, dit Brantôme, son étendard général, tout semé en broderies, au dedans d'un jaune, noir et blanc, mais le champ était jaune, la broderie était de plusieurs cerfs volants et force épées nues flamboyantes, avec ces mots écrits en plusieurs endroits, *espérance, espérance*; l'explication de cette devise ne peut être relative qu'à l'ordre du chardon dont on a parlé à l'article de Louis II de Bourbon et celle qu'on trouve dans Brantôme est forcée. Le tombeau de ce prince fut ôté, dit cet auteur, de ce lieu éminent, comme l'ont été tous les autres par l'ordonnance du concile de Trente.

On remarque par le détail où l'on est entré que Charles II de Bourbon jouit peu tranquillement du Beaujolais, soit par ses droits, soit par ceux de Suzanne, sa femme, et par la donation qu'elle lui en fit; prince

---

1. Voyez l'arrêt tout au long dans Pasquier, livre VI, p. 565.

2. On jaunissait avec du safran la porte et les armes de celui qui était déclaré félon, c'était une marque d'ignominie.

heureux, si la raison eut pu subjuguer son cœur, mais sorti de la branche de Bourbon qui fut malheureuse, car son père avait perdu la vie et la réputation dans le royaume de Naples, son frère aîné était mort de regret sur le tombeau de son père et son cadet avait été tué dans la bataille de Marignan, il ne pouvait qu'éprouver une destinée fâcheuse, que l'ambition, la haine et l'amour lui attirèrent.

CHAPITRE IV

Sitôt que le connétable de Bourbon se fut retiré, François Ier s'empara des biens de ce seigneur, cassa le conseil souverain des ducs de Bourbon en Dombes, et en forma le parlement qui subsiste aujourd'hui. Quelque temps après ce prince s'accommoda avec Louise de Savoie et lui laissa la souveraineté de Dombes et la baronnie du Beaujolais, dont elle jouit jusqu'à sa mort.

La duchesse d'Angoulême a joué un assez grand rôle dans la France pour n'en parler ici qu'eu égard au Beaujolais. Si Anne de France, en 1515, gratifia la ville de Villefranche des laods qui lui appartenaient alors, comme dame du Beaujolais, et ce pour quatre ans et pour en employer le produit aux réparations de cette capitale, Louise de Savoie ne fut pas moins généreuse à l'égard de cette ville par la concession de ces mêmes laods pour 6 années, qu'elle abandonna pour les mêmes causes, à commencer de la Saint Jean-Baptiste, 1528.

François Ier ayant, en 1529, demandé, par ses lettres aux nobles de son royaume tenant fiefs, la dixième partie de leur revenu pour former la rançon de M. le dauphin et de M. le duc d'Orléans, ses enfants, retenus en otage en Espagne, cette princesse donna aussi ses lettres de commission pour faire lever dans le Beaujolais, sur les nobles possédant fiefs, le même impôt; les publications en furent faites la même année.

Louise de Savoie mourut à Grez en Gâtinois, le 22 septembre 1531. Mézeray, dans son abrégé chronologique, dépeint en peu de mots le caractère de cette princesse; il paraît qu'elle n'avait d'autres lois que ses volontés et que le crime de Charles de Bourbon ne prit naissance que dans la passion qu'elle fit apercevoir en le persécutant.

FRANÇOIS Ier, ROI DE FRANCE
VINGT-HUITIÈME SEIGNEUR DU BEAUJOLAIS (1531).

Un des principaux articles du traité qui fut fait en 1526, après la bataille de Pavie, où François Ier fut fait prisonnier, était que l'on rendrait au connétable de Bourbon tous les biens qu'il possédait avant sa retraite, mais le connétable ayant été tué au siège de Rome, en 1527, ce traité n'eut aucune exécution. Charles de Bourbon avait fait héritier par son testament Louis de Bourbon, comte de Montpensier, son neveu; il était fils de Louise de Bourbon, propre sœur du connétable. Cette princesse demanda en vain l'exécution de ce testament; on ne voulut point qu'il eut lieu du vivant de Louise de Savoie, quoique Louise de Bourbon eut encore en sa faveur le traité de Cambrai, du mois d'août 1529, par lequel on s'était engagé de nouveau de donner à l'héritier de Charles de Bourbon tous les biens que le connétable avait auparavant qu'il eût pris le parti de l'empereur.

François Ier éluda l'exécution du traité de Cambrai et l'arrêt du Parlement du 16 janvier 1523 en fut le motif; mais, pressé par l'empereur, il consentit, par ses lettres patentes du 17 mai 1530, que par provision Louise de Bourbon jouirait de plusieurs terres de la succession du connétable et entre autres de la Dombes. Mais, six mois après, François Ier révoqua ce qu'il avait accordé.

Le roi resta donc, après la mort de sa mère, en possession du Beaujolais et son premier soin fut d'ériger le bailliage de cette province en siège royal, par ses lettres patentes données à Châteaubriant, au mois de mai 1532. L'année suivante et au mois de décembre, il confirma les privilèges de Villefranche. Cette confirmation est datée de Lyon et fut enregistrée dans la chambre des comptes du Beaujolais, le 19 janvier 1534.

On remarque par les livres de l'Hôtel de ville que la province fut chargée de beaucoup de taxes sous le règne de François Ier et que les grâces qu'il accorda à la capitale du Beaujolais furent de peu de conséquence. Ce prince et son successeur, faisant argent de tout pour les besoins de l'état et les frais de leurs guerres, démembrèrent presque tout le domaine qui avait appartenu aux seigneurs de Beaujeu.

Il fallait un Louis de Bourbon de Montpensier pour racheter par ses richesses ces démembrements. On doit observer ici que la possession du Beaujolais de la part de François Ier et de ses successeurs fut d'une fatalité heureuse à cette province en ce qu'elle fut restituée avec les mêmes droits et au même état que ces rois l'avaient possédée et leur possession ayant donné un nouveau lustre au Beaujolais, les ducs de Montpensier y sont rentrés et en ont joui avec plus d'autorité et d'éclat que leurs prédécesseurs.

HENRI II, ROI DE FRANCE
VINGT-NEUVIÈME SEIGNEUR DU BEAUJOLAIS (1547).

Henri II, succédant à son père à l'âge de 29 ans, retint aussi le Beaujolais, quoique Louis de Bourbon fut entré dans les bonnes grâces de François Ier, par la médiation de l'amiral Chabot, favori de ce monarque. Chabot conseilla à Louise de Bourbon, mère de Louis de Montpensier, de marier son fils avec Jacqueline de Longwy [1], comtesse de Bar-sur-Seine. Le contrat s'en passa en 1533 et le mariage fut consommé en 1538.

Cette alliance facilita l'entrée de la cour au nouvel époux, qui, depuis, rendit de si grands services à François Ier que ce prince érigea la comté de Montpensier en duché pairie, avec union de plusieurs terres et partie de celles que possédait le connétable de Bourbon.

Il semblait que le temps dut entièrement raccommoder les affaires de la maison de Montpensier. Sous le règne d'Henri II, cette maison rendit également de grands services à l'État, mais quelque importants qu'ils fussent, ils ne purent encore faire terminer le différend de la succession de Charles de Bourbon.

Henri II, à l'exemple de son père, accorda par ses lettres patentes des 18 septembre 1547, 6 novembre 1551 et 16 janvier 1557, à la capitale du Beaujolais le même octroi dont François l'avait gratifiée. Outre ces octrois, ce monarque accorda aux échevins la faculté de percevoir en 1547 et 1557, avec les tailles, les sommes de 600 et de 500 livres pour être employées aux frais de la ville. On n'aperçoit

---

1. Jacqueline avait pour père le seigneur de Givry, maison descendue de celle de Châlon, et avait pour mère une des filles de France, naturelle du roi Louis XII. Elle mourut en 1561.

point par les registres de l'Hôtel de ville que ce roi eut accordé d'autres faveurs au Beaujolais. Il mourut le 10 juillet 1559, dans sa 41ᵉ année, ayant été blessé à mort dans un tournoi par Montgoméry.

FRANÇOIS II, ROI DE FRANCE, TRENTIÈME SEIGNEUR DU BEAUJOLAIS (1559).

Le Beaujolais vit encore au nombre de ses seigneurs François II, qui succéda à Henri II à l'âge de 16 ans, mais ce monarque ne posséda pas longtemps cette baronnie, puisque, dans la même année de son avènement à la couronne, il donna à la reine Catherine, sa mère, pour son douaire, valant 61.200 livres de rentes [1], la comté de Forez et la baronnie du Beaujolais pour en jouir sa vie durant.

Cet assignat de douaire semblait encore exclure pour du temps Louis de Bourbon de Montpensier de la succession du connétable, son oncle, mais les religionnaires ayant excité plusieurs troubles dans l'Anjou, la Touraine et le Maine, le roi y envoya Montpensier qui pacifia ces provinces aussi bien que celles de Blois, du Perche et du pays Chartrain. Ce monarque, satisfait de la prudente et sage conduite du duc, voulut le récompenser de services aussi essentiels en terminant entièrement les différends de la succession du connétable, par la transaction [2] passée à Orléans le 27 novembre 1560. Ce furent Gilles Mesnagier et François Stuard, notaires royaux au Châtelet d'Orléans, qui reçurent cet acte qui rendit à la branche des Bourbon-Montpensier des biens sortis de sa maison [3].

La Dombes et le Beaujolais furent donnés dans toute l'étendue qu'en avait joui le connétable de Bourbon.

François II décéda huit jours après ce traité, dans la 18ᵉ année de son âge.

1. Volume VII des enregistrements du coffre 9, folio 239.

2. Volume VIII des enregistrements du coffre 9 de la chambre du trésor du Beaujolais.

3. Depuis 37 ans, c'est-à-dire depuis 1524 jusqu'en 1560; on peut même dire que si l'infidélité avait enlevé ces mêmes biens à la famille de Bourbon, l'attachement au roi et les services rendus à l'Etat les firent rentrer dans cette même maison.

CHAPITRE V

LOUIS DE BOURBON, DIT LE BON, IIe DU NOM, PREMIER DUC DE MONT-
PENSIER, PAIR DE FRANCE, TRENTE ET UNIÈME SEIGNEUR DU
BEAUJOLAIS (1560).

On a distingué la branche de Bourbon-Montpensier à l'article de
Jean Ier, duc de Bourbon ; on peut même consulter Moréri sur cette
branche, au mot *Bourbon-Montpensier* ; aussi évitera-t-on à cet égard
les répétitions.

Louis de Bourbon, premier duc de Montpensier, naquit le 10 de juin
1513 au château de Moulins, de Louis de Bourbon, prince de la Roche-
sur-Yon et de Louise de Bourbon, fille de Gilbert, comte de Montpensier, propre sœur du connétable. Ce prince n'avait que dix ans, lorsque
son oncle maternel quitta le parti de la France pour suivre celui de
l'empereur Charles-Quint en 1523. Rentré dans la possession du Beaujolais et de la Dombes, par la transaction de 1560, son premier soin
fut de faire ratifier à Charles IX, successeur de François II, cette même
donation ; par lettres patentes [1] qui furent enregistrées au Parlement
avec la transaction, le 14 de juillet 1561.

Ce seigneur eut l'attention de confirmer, à Paris, au mois de mai
1561, les privilèges de Villefranche, confirmation qui fut suivie de ses
lettres de commandement au bailli du Beaujolais de jurer ces mêmes
privilèges.

On aperçut sa piété dans l'édit qu'il rendit la même année contre
les religionnaires, enjoignant à tous ses sujets de vivre dans la religion
catholique, apostolique et romaine, édit qu'il rendit comme prince

---

1. Ces lettres patentes sont datées d'Orléans, le 17 décembre 1560.

souverain de la Dombes. Il fit assembler, en 1564, toute la noblesse et tous ses vassaux pour lui rendre foi et hommage entre les mains de Claude de Champier, seigneur de la Bâtie, son lieutenant général et gouverneur de la principauté de Dombes.

Ce fut sous le règne de ce prince que les échevins de Villefranche obtinrent des lettres patentes de Charles IX, du mois de mars 1566, qui leur permirent d'élire trois notables bourgeois et marchands pour juger du fait et marchandises des toiles, à l'instar de la ville de Paris. Les richesses de Louis de Bourbon furent assez considérables pour racheter une partie des aliénations faites des justices et des terres du Beaujolais par les rois François Ier et Henri II, du temps de leur possession. Ce prince, exemple de bonté et de magnanimité, fut zélé pour le service du roi, pour la défense de sa patrie et le maintien de la religion; on peut dire qu'il avait mérité à juste titre la faveur des rois, sous lesquels il avait vécu, et l'oubli entier des fautes personnelles du connétable. Il décéda dans son château de Champigny, le 23 décembre 1582.

Sa première femme, Jacqueline de Longwy, lui mit au monde un fils et cinq filles; son fils, François de Bourbon, lui succéda. Sa première femme mourut le 28 août 1561. Il fut marié en secondes noces à Catherine de Lorraine, fille de François, duc de Guise, et de dame Anne d'Este, le 4 février 1570, à Angers. Il n'en eut point d'enfants, elle mourut à Paris, le 6 mai 1596.

FRANÇOIS DE BOURBON, DUC DE MONTPENSIER
TRENTE-DEUXIÈME SEIGNEUR DU BEAUJOLAIS (1592).

François de Bourbon fut le digne héritier des biens, de la bravoure et des vertus de son père; à son exemple, il confirma les privilèges de Villefranche, par ses lettres patentes données à Rouen, au mois de juin 1588.

Sous ce prince les échevins de Villefranche obtinrent par lettres du roi Henri III, du 18 avril 1587, la liberté d'imposer 160 écus d'une part et 180 d'une autre, soit pour payer les gages des officiers de la ville, soit pour fournir à ceux d'un médecin, d'un maître d'école et d'un organiste.

François de Bourbon épousa Renée d'Anjou, marquise de Mézières et comtesse de Saint-Fargeau, en 1566; il ne provint de ce mariage qu'un fils unique qui fut Henri de Bourbon. Cette princesse mourut à la fleur de son âge et son mari paya le tribut à la nature le 4 juin 1592, à l'âge de 50 ans.

HENRI DE BOURBON, DUC DE MONTPENSIER
TRENTE-TROISIÈME SEIGNEUR DU BEAUJOLAIS (1592).

Henri de Bourbon naquit à Mézières, en Touraine, le 12 mai 1573, lorsque son père et son aïeul étaient au siège de La Rochelle.

En héritant de leurs biens et du Beaujolais, il hérita de toutes les vertus de cette illustre maison. Ce prince confirma les privilèges de Villefranche, par ses lettres patentes données à Saint-Quentin au mois de mai 1596. Il avait confirmé auparavant, aux habitants de la même ville [1], le privilège de chasser dans le pays du Beaujolais que Charles Ier leur avait accordé en décembre 1436.

Henri de Bourbon contracta mariage, le 27 avril 1597, avec Henriette-Catherine de Joyeuse, fille unique et héritière de Henri, duc de Joyeuse, maréchal de France, et de Catherine de la Valette ; il ne provint de cette union qu'une seule fille, nommée Marie de Bourbon. Il fit son testament à Paris, le 13 février 1608, au profit de M. le duc d'Orléans, au cas que sa fille décédât sans enfants, et substitua ses biens de M. le duc d'Orléans à M. le Dauphin et de M. le Dauphin aux autres enfants du roi et de la reine. Le lendemain, il fit une donation irrévocable entre vifs, par laquelle fut exceptée celle qu'il avait faite à Madame Henriette de Joyeuse, son épouse.

Ce prince mourut à l'âge de 35 ans, le 27 février 1608, après avoir rendu de très bons services à Henri IV, dont il fut fort estimé. Ce monarque le regretta infiniment et fit son éloge en ces termes :

Il a aimé Dieu, servi son roi, bien fait à plusieurs, jamais tort à personne.

MARIE DE BOURBON-MONTPENSIER, DAME DU BEAUJOLAIS
TRENTE-QUATRIÈME DOMINATION (1608).

Marie de Bourbon, duchesse de Montpensier, naquit au château de

---

1. Ce fut le 16 janvier 1596.

Gaillon, en Normandie, le 15 octobre 1605. Elle demeura, après le décès de son père, sous la tutelle du cardinal de Joyeuse, son grand oncle maternel, et ensuite sous celle de sa mère.

Une princesse issue d'aussi grands princes et si riche devait épouser une grande alliance. Aussi fut-elle accordée, du vivant de son père, avec M. le duc d'Orléans, second fils d'Henri IV; mais la mort de ce jeune prince, arrivée le 17 novembre 1611, ne fit que suspendre, pour ainsi dire, une aussi belle alliance; en effet, Jean-Baptiste Gaston étant né à Fontainebleau, le 25 avril 1608, le ciel destina ce troisième fils d'Henri IV à la consommation [de] mariage avec cette princesse. Il fut célébré au château de Nantes, le 26 août 1626.

Ces deux jeunes époux ne furent pas unis longtemps, car Marie de Bourbon mourut en couches, le 4 juin 1627, n'ayant pas encore atteint la 23ᵉ année de son âge et après avoir mis au monde Anne-Marie-Louise d'Orléans qui lui succéda.

ANNE-MARIE-LOUISE D'ORLÉANS, DUCHESSE DE MONTPENSIER
SOUVERAINE DE LA DOMBES, BARONNE DU BEAUJOLAIS
TRENTE-CINQUIÈME DOMINATION (1627).

Cette grande princesse naquit à Paris, le 29 mai 1627. Anne d'Autriche et le cardinal de Richelieu la tinrent sur les fonts de baptême le 17 juillet 1636 et, lorsqu'elle fut confirmée, Louis XIII, son oncle paternel, lui donna le nom de Louise.

Les mémoires [1] qu'a laissés Mˡˡᵉ de Montpensier donnent une idée de son génie vaste et étendu; elle y parle avantageusement du Beaujolais [2] et de sa capitale; mais il aurait été à souhaiter qu'elle y eut observé plus d'exactitude et de précision pour les dates, et qu'elle eut eu plus d'ordre et de méthode dans ses écrits. Comme on doit au siècle de Louis XIV la renaissance des lettres, il se forma, en 1677, à Villefranche, une société de savants qui eut l'approbation de cette princesse en 1681. Pendant la minorité de cette princesse, la reine régente prit elle-même le soin de son éducation; elle a été l'amour des peuples et

1. Ces mémoires, d'une édition contrefaite en 1729, sont en six volumes; ils paraissent sous l'impression de Jean-Frédéric Bernard à Amsterdam.

2. Tome IV, pages 96 et 97.

s'est occupée singulièrement à bien gouverner. Comme elle avait hérité de tous les biens de sa mère, elle fut sous la tutelle de Jean-Baptiste-Gaston, son père, qui lui remit tous ses biens. Elle fit son testament en faveur de Philippe de France pour tous ses biens et le Beaujolais, à l'exception de la Dombes, qu'elle donna par donation entre-vifs, de l'année 1681, à feu M. le duc du Maine. Cette princesse mourut le 5 avril 1693 regrettée de toute la France et amèrement pleurée par tous ses vassaux.

Anne-Marie-Louise d'Orléans termine la postérité des Bourbon-Montpensier possesseurs de la baronnie du Beaujolais, laquelle a été transmise à la maison d'Orléans qui en est entrée en possession, après le décès de cette grande et illustre princesse.

CHAPITRE VI

DES SEIGNEURS DU BEAUJOLAIS DE LA MAISON D'ORLÉANS

PHILIPPE DE FRANCE, DUC D'ORLÉANS

TRENTE-SIXIÈME SEIGNEUR DU BEAUJOLAIS (1693).

Philippe d'Orléans avait 53 ans lorsqu'il succéda à Mademoiselle de Montpensier, étant né le 21 septembre 1640.

Il eut de sa seconde femme, Charlotte-Élisabeth de Bavière, palatine du Rhin, Philippe, duc d'Orléans, petit-fils de France et son successeur.

Sans s'étendre ici sur les bienfaits dont ce prince combla le Beaujolais en maintenant les usages et les droits de cette province, on peut mettre au nombre des plus signalés, celui que ce seigneur procura à sa capitale en obtenant des lettres-patentes de Louis XIV pour l'établissement d'une académie royale des sciences, datées de l'année 1693.

Nommé par ces mêmes lettres, protecteur de cette académie naissante, il eut la satisfaction de s'apercevoir que cette faveur avait été méritée justement ; aussi daigna-t-il la regarder d'un œil favorable jusqu'à l'année 1701, temps auquel il rendit le tribut à la nature, à Saint-Cloud, le 9e de juin. Ce prince était frère unique de Louis XIV.

PHILIPPE, PETIT-FILS DE FRANCE

DUC D'ORLÉANS, DE CHARTRES ET DE VALOIS

TRENTE-SEPTIÈME SEIGNEUR DU BEAUJOLAIS (1701).

Philippe d'Orléans vint au monde le 2 août 1674, fut régent du royaume pendant la minorité de Louis XV, génie supérieur et possédant presque toutes les sciences.

Ce prince, né proche du trône et ayant les qualités personnelles pour régner, possédait à la fois l'art de la guerre et celui de cabinet ; protecteur des sciences et des arts, il s'adonnait aux principaux comme un simple particulier et y réussissait.

Malgré le poids du gouvernement et ses travaux, il jetait de temps en temps les yeux sur la baronnie du Beaujolais. Le bailliage doit à ses soins l'augmentation de ses magistrats ; la ville lui est redevable de la fondation des casernes ; heureuse et cent fois heureuse si elle eut vu finir un bâtiment qui eut été au soulagement de ses habitants.

Les Cordeliers de Villefranche doivent à ses libéralités le rétablissement et la décoration de leur église. Ce prince a suivi en cela l'esprit des premiers seigneurs de Beaujeu, fondateurs du premier monastère de l'ordre établi en France.

Philippe d'Orléans avait épousé, le 18 février 1692, Marie-Françoise de Bourbon [1] légitimée de France, fille de Louis XIV, dont il eut plusieurs enfants, entre autres Louis, duc d'Orléans, son successeur.

LOUIS, DUC D'ORLÉANS
PREMIER PRINCE DU SANG
TRENTE-HUITIÈME SEIGNEUR DU BEAUJOLAIS (1723).

Louis, duc d'Orléans, naquit à Versailles, le 4 août 1703, et parut à la cour lorsque son père devint régent du royaume ; il épousa, après la mort de ce prince, en 1724, Auguste-Marie de Bade, princesse estimable par sa vertu et ses qualités personnelles.

De cette union naquit, en 1725, M^r le duc de Chartres ; mais cette princesse ne parut en France que pour exciter bientôt après des regrets universels par sa mort arrivée en 1726. Le prince, son époux, fut inconsolable de cette perte qui lui fit faire de si sérieuses réflexions sur l'instabilité des choses humaines que, depuis ce temps, sa vie ne fut qu'une continuation de retraites, de mortifications, de prières et d'aumônes.

Les actions de ce prince ne pouvaient respirer que la vertu, la justice et l'amour de l'étude ; aussi la capitale du Beaujolais et la province se ressentirent-elles de ses libéralités par les aumônes en argent et en grains que Son Altesse royale leur fit pendant la disette des blés.

Elle accorda au bailliage une somme fixe annuelle et perpétuelle pour le chauffage et la buvette de ses officiers, sur les représentations justes et équitables que ces magistrats lui firent.

---

1. Elle est morte en 1749.

Enfin, l'académie de Villefranche a reconnu, dans son illustre protecteur, son goût naturel pour les sciences par le don qu'il a bien voulu lui faire, de son portrait et des coins frappés à son effigie et à la devise de l'académie. Son dessein même était de faire la fondation d'une médaille d'or pour un prix que cette même académie proposerait tous les ans ; mais la mort a rompu l'exécution d'un dessein que l'héritier de ses vertus et de son goût pour les lettres exécutera sans doute un jour.

Louis d'Orléans décéda le 4 février 1752 [1] dans sa retraite à Sainte-Geneviève, regretté universellement des gens vertueux et des pauvres.

Les chaires de la capitale et des provinces ont annoncé ses vertus héroïques et chrétiennes.

Peu fait pour travailler dignement à l'éloge d'un si grand prince, je renvoie les lecteurs à la page 40 du supplément du premier volume du Petit dictionnaire historique portatif, sous le mot de *Louis d'Orléans*. On y lira l'abrégé de la vie chrétienne de ce prince, détaillée par une personne qui avait eu l'honneur d'être témoin, en partie, des actions de ce premier prince du sang royal.

LOUIS-PHILIPPE, DUC D'ORLÉANS
PREMIER PRINCE DU SANG
ACTUELLEMENT TRENTE-NEUVIÈME SEIGNEUR DU BEAUJOLAIS (1752).

Louis-Philippe, quatrième seigneur du Beaujolais de la maison d'Orléans, naquit à Versailles, le 12 mai 1725. Il fut uni, le 17 décembre 1743, à Louise-Henriette de Bourbon-Conti, âgée pour lors de 17 ans ; ce mariage fut célébré magnifiquement, par un père qui aimait tendrement un fils en qui il apercevait des qualités éminentes, et l'on peut dire que, quoique détaché des grandeurs de ce monde, ce tendre père fut extrêmement touché de la manière dont ce jeune prince se signala dans nos armées à la bataille d'Œtingen. Le duc de Montpensier, né le 13 avril 1747, est le fruit d'une si belle alliance.

Louis-Philippe, protecteur des sciences et des savants, daigna jeter, après la mort de son père, un regard favorable sur l'académie de Villefranche et l'assurer de sa protection. Tous les vassaux de ses terres et surtout ceux de sa baronnie du Beaujolais ne cessent de faire des vœux ardents pour que le ciel leur conserve un seigneur si digne d'être aimé.

1. A l'âge de 48 ans et 6 mois.

CHAPITRE VII

DE L'ILLUSTRATION DE LA FAMILLE ANCIENNE
DU NOM ET ARMES DE BEAUJEU

Il semble qu'on ne puisse pas se dispenser de traiter ici, dans une récapitulation succincte, de l'éclat et de l'illustration de la famille ancienne de Beaujeu qui donna naissance à la province du Beaujolais.

Les premiers seigneurs de Beaujeu, pour ne point descendre ni des comtes de Forez, ni de ceux de Flandres, n'en sont pas moins respectables ; on les regardera toujours dans leur origine comme de bons et de braves gentilhommes, qui sont redevables de leur élévation à leur prudence et à leur bravoure.

Wauthier, fils de Bérard, second seigneur de Beaujeu, fut évêque de Mâcon, Bérard fut fondateur de l'église du château de Beaujeu et l'on voit quelque temps après, Guigue, fils d'Humbert Ier, [chanoine] comte de Lyon.

Verra-t-on dans des familles naissantes des enfants ou des petits-enfants occuper des postes qui sont ordinairement l'apanage de la noblesse. Omphroy, premier seigneur de Beaujeu, pouvait donc compter des gentilshommes parmi ses aïeux.

Les alliances de ces seigneurs suffiraient seules pour établir l'estime qu'on en faisait alors, s'ils n'eussent d'ailleurs été recommandables par leur valeur ; dans cette famille qui a subsisté depuis la fin du xe siècle jusqu'à la fin du xive, on a vu trois connétables : Humbert V, Guichard IV et Louis de Beaujeu ; un maréchal de France : Edouard Ier, seigneur de Beaujeu. Guichard III et Guichard IV furent ambassadeurs, le premier à Constantinople, auprès des empereurs Baudouin et Henri, le second, en Angleterre.

On verra Guichard V mener la troisième division de l'armée à la journée du mont Cassel, en Flandre. Edouard Ier se défendre comme un lion et périr à la journée d'Ardres et Antoine terminer ses jours à Montpellier, après avoir rendu soit dans la bataille de Cocherel, soit dans dix occasions périlleuses, des services essentiels à l'État.

On peut même dire que parmi les dix-huit premiers seigneurs du nom de Beaujeu on n'en a pu remarquer que deux, Humbert IV et Édouard II, qui aient obscurci, par quelques taches, leur réputation. Le premier reconnut ses fautes, s'en repentit et les effaça par sa conduite sur la fin de ses jours; le second eut le loisir d'en faire pénitence et vit finir sa postérité et passer ses biens dans une famille étrangère quoique illustre.

Mais ne nous arrêtons pas ici sur des ombres toujours nécessaires dans un tableau, et jetons les yeux sur la piété de ces seigneurs et le bien qu'ils ont fait à l'Église pendant leur règne.

Bérard donne naissance au chapitre de Beaujeu par la fondation d'une église, par l'établissement de plusieurs prêtres pour la desservir et par l'abandon enfin des fonds nécessaires pour l'entretenir.

Humbert II fait des donations à l'église de Mâcon. Guichard II fait bâtir l'église paroissiale de Beaujeu, fonde l'abbaye de Joug-Dieu et le prieuré de Grammont. Humbert III est l'instituteur de l'abbaye de Belleville. Guichard III établit en France l'ordre de Saint-François, lui fait bâtir une église et lui forme un couvent de son château Minoret.

Humbert V accorde des privilèges à l'abbaye de Belleville, plusieurs dîmes au chapitre de Beaujeu et fit des concessions à l'église de Tournus; Louis de Beaujeu fut fondateur, en partie, du chapitre d'Aigueperse, mais outre ces fondations de chapitres, d'abbayes, de communautés, avec des dotations considérables, on voit encore un Édouard Ier fonder une chapelle en l'église de Montmerle et y établir six prêtres, religieux de Saint-Augustin, pour la desservir; un Guichard le Grand faire la dotation d'une chapelle de Saint-Laurent au château de Beaujeu ; Antoine de Beaujeu fonder celle de Saint-Jean l'Évangéliste dans le chapitre de Beaujeu et celle de Saint-Antoine et de Saint-Jacques le Majeur dans l'église de Villefranche. Enfin Humbert II fonda le prieuré de Denecé[1]. Mais la plupart des épouses de ces princes ne furent pas moins mues de dévotion à l'égard de l'Église. Sibille, femme de Guichard III,

---

1. *Denicé?

donna l'hôpital de Villefranche aux frères de Roncevaux ; Marguerite de Baugé, femme d'Humbert V, fonda la chartreuse de Poleteins en Bresse ; Marguerite de Poitiers, mère d'Édouard II, fonda une chapelle de Saint-Antoine à Charlieu ; Blanche de Châlon, femme de Guichard IV, fonda le couvent de La Déserte à Lyon et fit du bien aux Cordeliers de Villefranche ; Isabelle de Beaujeu, enfin, fut la fondatrice du chapitre de Semur en Brionnais. Tous ces établissements pieux monteraient aujourd'hui à plus de deux millions de notre monnaie, encore ne parle-t-on ici que des principaux.

Mais, si cette maison est distinguée par son ancienneté, par les charges de l'état qui l'ont illustrée, par la valeur des seigneurs qui l'ont formée et par leur piété et leur attachement à la religion, on la va voir également remarquable pas ses alliances. Il semble même que les meilleurs maisons se faisaient un empressement de lui appartenir.

On a vu cette maison s'allier trois fois à la couronne de France, la première par le mariage de Guichard II avec Lucianne de Rochefort, dame de Montlhéry, qui fut fiancée à Louis le Gros et séparée de lui, à cause de sa parenté ; la seconde par celui de Guichard III avec Sibille de Hainaut ou de Flandre, sœur de deux empereurs de Constantinople et d'Isabeau, femme de Philippe-Auguste, par là Humbert V était cousin germain de Louis VIII ; la troisième par Éléonore de Savoie, fille de Thomas, comte de Flandre et de Piémont, qui fut mariée à Louis de Beaujeu, Léonore était cousine germaine de Marguerite de Provence, femme de saint Louis.

L'alliance de la maison de Savoie vint par Humbert II qui contracta mariage avec Auxilie de Savoie, fille d'Amé III, comte de Savoie, et par le mariage de Marguerite de Beaujeu, sœur d'Antoine, qui eut lieu, en 1346, avec Jacques de Savoie, prince d'Achaïe et de la Morée, comte de Piémont et seigneur d'Ivrée.

Agnès de Beaujeu, fille de Guichard III, épousa Thibaud, roi de Navarre, comte palatin de Champagne et de Brie.

Humbert III épousa Blanche de Châlon.

Guichard IV épousa aussi autre Blanche de Châlon. Antoine fut uni à Béatrix de Châlon et Marguerite de Beaujeu contracta mariage avec Jean de Châlon. Marguerite de Beaujeu, sœur d'Agnès, reine de Navarre, épousa Guillaume, comte de Mâcon.

Les seigneurs de Beaujeu de la seconde lignée commencèrent à Renaud, comte de Forez, qui épousa Isabeau de Beaujeu, fille unique et héritière des sires de Beaujeu.

Mais les seigneurs de Beaujeu de la première race eurent, indépendamment de ces trois alliances dans la maison des comtes de Forez et d'Auvergne, la première par Vuicard de Beaujeu, qu'on a appelé comte d'Auvergne, la seconde par Guichard de Montpensier, qui épousa Catherine de Clermont d'Auvergne, et la troisième par Béatrix de Beaujeu, femme de Foulques de Montgascon d'Auvergne.

Humbert V épousa Marguerite de Baugé, d'une maison souveraine de Bresse.

Éléonore, fille de Louis de Beaujeu, fut mariée avec Humbert, sire de Thoire et de Villars, maison souveraine et illustre de ces temps-là.

Humbert de Beaujeu, seigneur de Montpensier, connétable de France, épousa Isabeau de Melun, dont la fille unique, Jeanne de Beaujeu, fut mariée à Jean II, comte de Dreux, branche issue de la maison royale.

Florie de Beaujeu, fille d'Humbert V, fut unie à Aimard de Poitiers, second du nom, comte de Valentinois; et Guichard de Beaujeu, seigneur de Perreux et père d'Édouard, dernier seigneur du nom, épousa Marguerite de Poitiers, fille de Louis de Poitiers, comte de Valentinois et gouverneur de Languedoc.

Édouard II contracta mariage avec Léonore de Beaufort, fille de Guillaume Roger, comte de Beaufort et vicomte de Turenne; elle était nièce du pape Grégoire XI et petite nièce de Clément VI, qui était oncle de Guillaume Roger.

Jeannette, fille de Louis de Beaujeu, épousa Jean de Lusy de Châteauvilain.

Guichard le Grand prit alliance dans cette même maison par son troisième mariage qu'il contracta avec Jeanne de Châteauvilain.

Le premier mariage de ce seigneur, avec Jeanne de Genève, l'apparenta avec cette maison souveraine et son second, qui lui procura Marie de Châtillon, fille de Gaucher de Chatillon, comte de Porcean et connétable de France, le fit entrer dans l'illustre maison de Châtillon et prendre de nouvelles alliances dans celle de Dreux, par Isabeau de Dreux, mère de cette seconde femme.

Enfin, par Marguerite de Beaujeu, qui naquit de ce second mariage, la maison de Beaujeu prit des alliances dans celle de Montmorency, par le mariage de cette même Marguerite avec Charles de Montmorency, chambellan de deux de nos rois.

Duchesne, dans son histoire de Montmorency, dit que cette dame appartenait aux plus illustres et puissantes familles du royaume : du côté de Guichard, son père, elle était alliée aux ducs de Bretagne, aux comtes de Dreux, de Savoie, de Forez, de Valentinois, de Ventadour, de Saint-Pol, de Boulogne et d'Auvergne ; et, par sa mère, elle avait pour parents les mêmes ducs de Bretagne, les comtes de Dreux et de Saint-Pol, les ducs de Bourbon et d'Athènes, les comtes de Flandres, de Nevers, d'Auxerre, d'Eu, de Blois, de Porcéan et plusieurs princes de la maison royale et beaucoup d'autres seigneurs illustres.

Marie de Beaujeu, fille de Guichard le Grand et de Jeanne de Genève, épousa Jean l'Archevêque, seigneur de Parthenay, allié à la maison de Montfort, des ducs de Bretagne.

Jacques de Beaujeu, seigneur de Linières, contractra mariage avec Jacqueline Juvenal des Ursins, fille de Guillaume, chancelier de France. Cette famille a donné de grands personnages ; on en a vu des papes, des cardinaux et d'autres prélats illustres ; elle a des princes, des ducs, des marquis et de puissants seigneurs en Italie, tels que ceux de Bisignan, de Bracciano, de Hanguilare et de Gravine. Cette famille est encore aujourd'hui florissante.

Philibert de Beaujeu épousa Catherine d'Amboise, maison illustre qui, sous quatre de nos rois, eut quatre cardinaux, des archevêques, des évêques et des lieutenants de roi des provinces de Languedoc et de Bourgogne.

Enfin les seigneurs de Beaujeu eurent encore des alliances dans les maisons de Ventadour, de Chavigny, du Thil, de Soubernon, de Maillé, de Châteauroux, de la Châtre. Il n'est personne qui ne s'empressât de s'allier à leur maison et si Édouard II n'eut pas lui-même avancé sa ruine par sa mauvaise conduite et son peu d'empressement pour sa femme, il eut été un des plus grands et des plus riches seigneurs de son temps par l'héritage des terres de Valentinois, du côté maternel et des comté de Beaufort et vicomté de Turenne auxquels succéda sa veuve Léonore de Beaufort.

CHAPITRE VIII

DES ARMOIRIES, CRI DE GUERRE ET DEVISES
DES PREMIERS SEIGNEURS DE BEAUJEU

On se dispensera de rappeler ici les sentiments différents sur l'origine des armoiries ; ils sont en trop grand nombre et trop partagés[1] ; mais ce qu'on peut dire de plus certain est que de tout temps il y a eu parmi les hommes des marques symboliques pour se distinguer dans les armées ; qu'on en fait des ornements aux boucliers et aux enseignes, mais ces marques prises indifféremment pour des devises, des emblèmes[2], des hiéroglyphes, n'étaient point comme nos armoiries des marques héréditaires de la noblesse d'une maison, réglées selon l'art du blason et accordées ou approuvées par nos souverains.

On a déjà parlé, au chapitre V de la Ire partie de ces mémoires, du temps où les premiers blasons ont paru et l'on a établi que les armes des premiers seigneurs de Beaujeu n'ont pu exister en l'année 993 sur le tombeau de ces seigneurs qu'on voyait encore dans l'église Saint-Irénée en 1560 ; mais n'étant ici question de constater quelles étaient les armes de ces seigneurs, on dira simplement que tous les auteurs[3] qui ont écrit des armoiries disent que celles de Beaujeu étaient d'or au lion de sable, armé et lampassé de gueules, brisées d'un lambel à cinq pendants de gueules avec le cri de Flandre.

L'ancien patois de Beaujeu en a conservé le blason dans ces quatre vers :

1. Voyez les *Emblèmes des rois de France*, d'Octavien Strada, imprimés à Arnheim en 1666, p. 219.

2. Les principaux sont les pères Labbe, Monnet et Ménestrier et Duchesne, *Histoire de Bourgogne*.

3. Voyez le *Dictionnaire des sciences* au mot armoiries.

Un lion nai de roge arpa
En champ d'or la quoua reverpa
Un lambey roge sur la joua
Y sont les armes de Bejoua.

Ces armes avec le cri de Flandre ont fait croire que les seigneurs de Beaujeu étaient issus d'un cadet de la maison de Flandre, parce que cette maison, depuis Philippe d'Alsace, qui mourut en 1191, avait quitté ses anciennes armoiries qui étaient gironnées d'or et d'azur de dix pièces à un écusson de gueules, pour prendre d'or au lion de sable armé et lampassé de gueules, qui sont les mêmes armes que celles de Beaujeu, à la différence seulement du lambel, ancienne brisure dont les cadets se distinguent des aînés.

Quelques-uns disent que Sibille, dite de Flandre, quoiqu'elle fût de Hainaut, apporta ses armes à son mari Guichard de Beaujeu, environ l'an 1200 ; mais on ne dit point quelles armes avaient les seigneurs de Beaujeu auparavant, car s'ils fussent issus d'un comte de Forez, ils eussent porté les armes du Forez, de gueules à un dauphin pâmé d'or et auraient écartelé de Flandre ; on ne peut que nager dans l'incertitude à cet égard, matière actuellement indifférente par l'extinction de cette illustre maison.

On donne deux différentes devises à ces seigneurs ; des mémoires anciens d'un Gayant, élu, disent que les seigneurs de Beaujeu avaient pour devise : *Fort Fort.*

Les devises, d'un usage plus ancien que le blason, ont donné naissance aux armoiries et l'on penserait volontiers que le mot de fort, relatif au courage de l'animal qui formait les armes de Beaujeu, était la première et l'unique devise de ces seigneurs ; la seconde qu'on leur donne s'exprime ainsi : *A tous venants Beaujeu.*

Quoique cette devise se trouve encore aujourd'hui dépeinte sur des anciens vitraux de la salle de l'auditoire de Beaujeu, cependant elle paraît plus moderne et moins courte que la première et que toutes les anciennes devises des principales maisons de France et l'on présume naturellement que cette devise, vrai jeu de mots, est celle que les habitants de Beaujeu ont prise anciennement et qu'ils adoptent encore actuellement. On la remarque encore aujourd'hui dépeinte sur leurs étendards au-dessous des armes de Beaujeu, qui sont celles de cette ancienne capitale du pays.

PREMIÈRE RACE DES SEIGNEURS DU NOM
ET DES ARMES DE BEAUJEU

Temps du commen- cement de leur règne		Nombre des seigneurs
989	Umphroy	I
1020	Beraud ou Bérard	2
1032	Humbert Ier	3
1053	Hugues	4
1066	Guichard Ier	5
1080	Humbert II	6
1110	Guichard II	7
1137	Humbert III	8
1176	Humbert IV	9
1187	Guichard III	10
1216	Humbert V	II
1251	Guichard IV	12
1265	Isabelle de Beaujeu	13

DEUXIÈME RACE DES SEIGNEURS DU BEAUJOLAIS
DE LA MAISON DE FOREZ

1270	Louis de Forez qui prit le nom et les armes de Beaujeu	14
1295	Guichard V	15
1331	Édouard Ier	16
1359	Antoine de Beaujeu	17
1374	Édouard II, dernier du nom de Beaujeu	18

SEIGNEURS DU BEAUJOLAIS
DE LA FAMILLE ROYALE DE BOURBON

1400	Louis second duc de Bourbon	19
1410	Jean Ier	20
1434	Charles Ier	21
	Philippe de Bourbon, désigné seigneur du Beaujolais	22

---

1. *Au bas de cette page (108) on lit : « Voyez le feuillet 746 du livre copié par le s^r d'Antoine »,

       FIN DE LA SECONDE PARTIE

TROISIÈME PARTIE

DES MÉMOIRES POUR SERVIR A L'HISTOIRE DU BEAUJOLAIS

TITRE PREMIER

DE LA SITUATION DE VILLEFRANCHE, CAPITALE DE LA PROVINCE

CHAPITRE PREMIER

Il paraît inutile ici de rappeler la position géographique de Villefranche, capitale du Beaujolais, et la description de la rivière de Morgon qui la traverse ; on peut consulter sur ces deux articles les chapitres X et XI de la première partie de ces mémoires.

Le nom de cette ville est commun à sept autres [1] dispersées dans la France, mais il semble que celle-ci doive l'emporter à bien des égards sur les autre villes de ce nom, soit par l'illustration de ses seigneurs et de ses fondateurs, soit par rapport au premier couvent de l'ordre de saint François qu'elle renferme dans ses murs, soit enfin par son académie des sciences et des arts et la prérogative d'avoir été la patrie de nombre de savants illustres.

Si on la considère du côté de sa situation, on peut dire qu'elle est des plus heureuses ; assise sur le confin oriental de la province, elle se trouve dans une plaine fertile et abondante [2] en blé ; les coteaux et les montagnes qui la bordent au couchant, ornés d'une quantité de maisons de campagne et de châteaux, forment une perspective riche

---

1. Voyez le dictionnaire géographique portatif au mot Villefranche.

2. On dit communément en proverbe : entre Villefranche et Anse est la meilleure lieue de France.

et charmante ; ces coteaux produisent pour la plupart des vins excellents ; ces montagnes, abondantes en seigle et couvertes de bois, semblent n'être fertiles que pour porter leurs hommages et leurs tributs à la ville. Si l'on se tourne à l'orient, on aperçoit après les terres, en descendant insensiblement vers la rivière de Saône qui n'en est éloignée que d'un bon quart de lieue, une prairie vaste qui s'étend jusqu'à cette rivière et qui forme de gras pâturages. La Saône lui fournit en abondance toutes les denrées des provinces étrangères. Enfin, la vue se borne de ce côté par les villes de la Dombes et du Franc-Lyonnais et les montagnes de la Bresse et de la Savoie.

Au nord, le grand chemin de la Bourgogne qui la traverse lui procure également les commodités de la vie, l'argent des voyageurs et le plaisir de la vue par le passage continuel des étrangers.

A quatre lieues de Lyon et à six de Mâcon, elle jouit, par la proximité de ces deux villes, de tout ce qu'on peut attendre du côté des choses nécessaires et du côté de celles qui sont superflues et purement de luxe et d'agrément.

Mais si la richesse et la beauté du paysage des environs de la ville attirent l'admiration de ses habitants et des voyageurs, la salubrité de l'air n'est pas un des moindres avantages de cette capitale ; ni trop vif, ni trop épais, il est également bon aux différents tempéraments.

Quoique la ville soit plus avancée vers le midi de 4 degrés que Paris, son climat devrait paraître différent ; cependant, il est le même. La cause physique de cette égalité doit être attribuée à une chaîne de montagnes qui couvrant une partie du pays et où le vent du nord règne le plus souvent, réfléchissent le vent dans la plaine et rafraîchissent extrêmement l'air.

Quoique les puits soient en grand nombre dans la ville, il s'en trouve peu d'une eau légère et salutaire ; on prétend même que le grand usage de ces eaux cause, surtout parmi le peuple, des humeurs froides. Il serait facile de parer à cet inconvénient, si la communauté des habitants entreprenait de conduire par des canaux, dans la ville, les eaux d'une fontaine[1] aussi abondantes que bienfaisantes ; par le peu

---

1. C'est la fontaine dite de Saint-Jean, autrement la fontaine de Roche ; on prétend que ses eaux guérissent de la fièvre ; elle est éloignée tout au plus de la ville de 1000 ou 1200 pas.

d'éloignement et la pente naturelle de ces eaux, on formerait un grand réservoir ou plusieurs dans la ville, qui distribueraient l'eau aux habitants et l'on parviendrait par là à la suppression des puits communs qui embarrassent les voitures, ces puits étant placés pour la plupart au milieu de la grande rue qui sert de chemin royal.

CHAPITRE II

DES FONDATEURS DE VILLEFRANCHE ET DU TEMPS DE LA FONDATION

Si l'on consulte le petit nombre d'auteurs qui ont effleuré l'histoire du Beaujolais, on ne pourra rien assurer de certain sur l'époque de la fondation de Villefranche, on ne peut même s'empêcher de taxer ici de négligence les premiers habitants de la ville pour n'avoir pas transmis à la postérité le nom du premier et du véritable fondateur de la capitale du Beaujolais ; mais, à leur défaut, les chartes ne peuvent-elles point faire apercevoir ce premier fondateur au travers des termes dans lesquels elles sont conçues.

Le titre le plus expressif à cet égard est du 12 mai de l'année 1131 ; il renferme les privilèges de Villefranche ; Guichard II qui les accorda s'exprime en ces termes :

Quondam Humbertus pater extitit fundator Villefranchæ.

Humbert ici rappelé était père de Guichard II, qui, par cette charte, accorde des privilèges aux habitants. De ce passage on doit conclure que cet Humbert, dit second du nom, sixième seigneur du Beaujolais, a jeté les fondements de Villefranche, qu'il succéda à Guichard Ier, son père, en 1080, et qu'il posséda le Beaujolais jusqu'en l'année 1110, temps de son décès ; que, dans l'intervalle de son règne qui date de 31 ans, il fonda la nouvelle capitale du Beaujolais ; que l'époque, à peu près, de la fondation doit être rapportée à la fin du XIe siècle et à la date de l'année 1094 ; qu'enfin, au 12 mai 1131, époque de la charte de Guichard II, il y avait 37 ans que la ville était fondée et que le mot de *quondam* qui signifie autrefois n'est pas un terme déplacé, puisqu'un fils peut bien dire après la mort de son père, que son père fit autrefois une telle chose [1].

1.* V. la réfutation de ce passage dans Besançon, *Cartulaire municipal de Villefranche,* p. VII.

Le titre de 1260[1] vient à l'appui de celui de 1131. Rapporter plus d'autorités ce serait embrouiller la matière. Comme on compte plusieurs Humbert et plusieurs Guichard dans la maison de Beaujeu, on a confondu facilement des noms semblables sans avoir eu recours aux dates ; les généalogies même fautives de Paradin et de Severt ont jeté de l'obscurité sur ces titres, mais leurs expressions assez nettes ne laissent aucun doute sur le nom du fondateur ; il n'en reste que tout au plus sur la date précise de sa fondation qui ne peut être que de la fin du XIe siècle.

La fondation de la ville fut très peu de chose dans son origine, la tradition commune est que la tour d'Anse, anciennement nommée la tour du péage, subsistait longtemps avant la ville ; cette tour occasionna la construction de plusieurs maisons dans son voisinage ; placées sur le grand chemin de Bourgogne, elles furent multipliées assez pour former un bourg qui s'étendait, partie sur la paroisse de Limas et partie du côté du nord jusqu'à l'endroit où l'on voit encore une tour nommée la tour de Liergue et sous laquelle était une porte qu'on a depuis murée. On parvient à cette tour par la rue de Saint-Jacques.

Cet amas de maisons contenait autant d'espace du côté du midi que du côté du nord, de façon que l'église de la Magdeleine, dont on voit encore les restes du jubé dans le grand cimetière, s'y trouvait enclavée. Ce bourg, avantageusement situé, engagea plusieurs particuliers à y construire de nouvelles maisons. Humbert II fut le fondateur de la partie qui s'étend jusqu'à la rivière de Morgon.

Enfin Humbert IV, 9e possesseur du Beaujolais, ayant considérablement accru cette nouvelle ville, depuis la rivière jusqu'à la porte de Belleville, on fut redevable à ce seigneur de la construction de ses murs, sur la fin XIIe siècle et près de cent ans après sa fondation.

La salubrité de l'air, la fertilité des coteaux et de la plaine, le pas-

---

1. Cette charte qui est de Guichard IV, par laquelle il confirme les privilèges de Villefranche, s'exprime ainsi : *Humbertus, pater, dominus Bellijoci, qui fundator extitit Villæfranchæ, in ipsa fundatione dedit et constituit Villamfrancam liberam.* Ce titre rappelle Guichard II qui avait succédé à son père comme un des seigneurs qui avait confirmé les privilèges, *qui prædicto Humberto successit.*

sage de Lyon à Paris par la Bourgogne, furent les vrais motifs qui déterminèrent les princes de Beaujeu à former cette nouvelle capitale.

Les privilèges qu'ils lui accordèrent engagèrent les voisins à y prendre de nouveaux établissements qui formèrent insensiblement la ville dans l'étendue où on la voit aujourd'hui. Ces privilèges en grand nombre furent la cause que le nom de Villefranche lui resta. On les conserve soigneusement dans les archives de la ville et les plus essentiels sont ceux du 12 mai 1131 et 22 décembre 1376. Mais le croira-t-on ? que l'on se soit servi de l'un des articles de ces privilèges pour charger les habitants d'un ridicule qu'ils n'ont jamais mérité ; hé ! de quoi n'abuse-t-on pas dans le monde ? Pour détromper le public des interprétations malignes de quelques auteurs, on observera que quelques seigneurs de Beaujeu ayant accordé plusieurs franchises aux habitants de leur nouvelle ville, firent des lois qu'ils insérèrent parmi ces franchises. Maîtres dans ces premiers temps, libres de disposer pour ainsi dire despotiquement de la fortune de leurs vassaux, ils imposèrent des amendes pécuniaires pour plusieurs délits. Leurs préposés abusèrent du droit qu'ils avaient de sévir pour la moindre faute, aussi ces habitants fatigués firent, en différents temps, plusieurs accords aux mutations de leurs seigneurs et ces accords tendaient toujours à diminuer les amendes pécuniaires. La précaution était d'autant plus nécessaire que certains seigneurs obérés cherchaient à prendre en faute les citoyens pour en tirer de l'argent par la voie des amendes toujours prononcées à leur profit. Ces épreuves fatales supportées plusieurs fois donnèrent lieu à l'accord du 22 décembre 1376 où l'on y lit dans l'article 74 : *Si burgensis uxorem suam percusserit seu verberaverit, dominus non debet inde recipere clamorem nec emendam petere, nec levare, nisi illa ex verberatura moriatur.* Qu'on lise attentivement cet acte, on le regardera comme un corps de lois, d'usages, de coutumes, d'immunités, de rachat de certaines amendes et même comme un frein imposé à l'avidité du seigneur. Qu'on ne traite donc plus de singularité et de bizarrerie l'article 74 qu'on vient de citer, qui permet aux maris de battre leurs femmes sans crainte d'amende, à moins qu'elles ne meurent dans ces maltraitements.

Les femmes, maîtresses de faire payer l'amende à leurs maris aux premiers cris qu'elles eussent jetés, auraient pu les ruiner par des amendes

réitérées. Les habitants sentirent l'importance de n'être pas punis légère-
ment et pour une simple correction faite à une femme quelquefois de
trop mauvaise humeur ; vexés d'ailleurs de grosses amendes dans de
pareilles circonstances, ils furent contraints d'exiger du seigneur une
liberté presque absolue. Cet accord fut exigé du citoyen, plutôt pour
se racheter et s'exempter de la cupidité du seigneur, que pour se servir de la faveur d'un article qui n'a jamais été en crédit ; personne
n'ignore que l'artisan dans toutes les villes n'use que trop souvent du
pouvoir de ses bras et même il n'est besoin d'aucuns privilèges pour
l'autoriser. Telle est la véritable interprétation qu'on doit donner à cet
article et à bien d'autres aussi singuliers, que la monarchie actuellement policée et éclairée rougirait de laisser subsister. On ne peut plus,
dit M. de Voltaire, couper une oreille pour 50 sols, tuer un diacre pour
400 sols, ni un évêque pour 900 ; les coups qui laissent voir la cer-
velle ne sont plus appréciés, les outrages à la pudicité, le viol et le
rapt ne se rachètent plus à prix d'argent. Cette jurisprudence ancienne,
plus cruelle que la nôtre, laissait la liberté de mal faire à quiconque
pouvait la payer ; on met à présent un frein à l'iniquité et plus la loi est
cruelle, plus elle devient douce par l'exemple de la punition qui retient
les scélérats.

CHAPITRE III

DE L'EMPLACEMENT ET DE LA STRUCTURE DE LA VILLE

Les auteurs du dernier siècle qui ont fait la description de Ville-franche ont dépeint cette ville comme elle était alors construite, mais on y remarque aujourd'hui des différencee qui lui donnent plus d'agrément.

Les quatre portes de la ville, dégagées des fausses portes qu'on y voyait jadis, offrent aux voitures et aux voyageurs un passage large et commode ; les piles, les halles en pierre et en bois, les [forgets] qui formaient des abris devant les maisons, les bancs de boutique qui, faisant des avancées, embarrassaient le passage, les arches de la pêcherie qui rétrécissaient la voie publique [ont été] retranchées. Partie de ces changements que Pierre de Bourbon avait ordonné de faire par ses lettres patentes du 10 mars 1648 et dont l'ordonnance demeura sans exécution alors, ont été faits insensiblement et sans gêne. Quelques particuliers qui ont voulu rendre leurs maisons plus claires et plus dégagées, ont fait abattre ces piles, ces halles et ces forgets ; d'autres ont imité leur exemple et peu à peu on a débarrassé les rues de toutes ces avancées ; et même, on a refait quantité de façades nouvelles aux maisons, qui les dépouillent de cet air gothique qu'elles avaient autrefois. Les vitres, les grandes croisées, les balcons, ont succédé aux chassis à papier, aux jalousies et aux petites fenêtres qui faisaient paraître les maisons comme autant de prisons. On prend insensiblement le goût des grandes villes pour la commodité des appartements et les citoyens logés à l'antique font des efforts pour imiter le plus grand nombre qui sont soumis à la mode et à l'esprit du siècle.

C'est dans une plaine fertile et agréable qu'est placée la ville ; sa forme est un carré long entouré de murailles épaisses de six pieds, flanquées de tours rondes et carrées, d'espace en espace ; quatre portes situées au midi, au nord, à l'orient et à l'occident, l'ouvrent aux voyageurs, en forme de croix. La porte d'Anse conduit à Lyon, celle de Belleville à Mâcon, celle de Fayette à la Saône, et par celle des Frères on parvient aux montagnes du Beaujolais.

La longueur de la ville, de 1200 pas géométriques, la fait apercevoir tout entière en y entrant, sous la forme d'une galère ; ses deux extrémités s'élevant au nord et au midi en représentent la poupe et la proue et le centre enfoncé en figure le corps.

Papire Masson admire avec raison la largeur de la rue qui la traverse du midi au nord ; cinq voitures y peuvent passer aisément de front et laisser un chemin suffisant aux gens de pied. Les rues qui coupent la ville dans sa largeur d'orient en occident sont plus étroites et moins passagères. Outre la grande rue sont, des deux côtés, des rues qui lui sont parallèles et assez larges, qui parcourent la ville dans toute sa longueur ; il y en a beaucoup qui communiquent de la grande rue à ces deux rues de derrière où les maisons ont presque toutes des maisons (*sic*) qui s'étendent jusqu'aux remparts de la ville.

La rivière de Morgon la traverse en passant sous plusieurs ponts et son canal est d'une grande utilité pour l'abreuvage des chevaux, pour les boucheries et les tanneries et les jardins potagers qui sont du côté de la porte de Fayette, hors des murs de la ville ; on ne parle point ici de ses branches qui se distribuent en plusieurs endroits. Cette rivière prend sa direction de l'occident à l'orient et, sur elle, on peut consulter le onzième chapitre de la première partie de ces mémoires qui en parle avec assez d'étendue.

Dans le milieu de la ville et dans l'endroit où est à présent le carcan, cette rivière passait à travers des arches ou coffres de bois où l'on conservait le poisson, mais comme cette construction embarrassait la grande rue, on a détruit, depuis le commencement du siècle, cette pêcherie, dont le quartier a retenu le nom, et les arches sont actuellement hors de la ville, dans un jardin potager et une blancherie située vis-à-vis le couvent de la Visitation.

Cette rivière, quoique bienfaisante, devient souvent un torrent grossi par les pluies, les grêles ou la fonte des neiges ; son lit trop resserré dans la ville l'a fait élever quelquefois jusqu'à la hauteur de 10 à 12 pieds ;

alors se répandant dans les maisons et les églises, elle répand pour du temps [1] le désordre et l'humidité partout.

Les maisons de la ville, assez logeables et bâties commodément et solidement en pierres de taille et en moëllons, ont, pour la plupart, des tours élevées sur leurs montées à noyau, à la faveur desquelles on découvre au loin dans la campagne ; ces tours embellissent de dehors la perspective de la ville. Les maisons situées sur la grande rue sont plus ou moins larges et percent presque toutes sur les rues de derrière qui sont parallèles à la grande. La raison du peu de largeur des maisons est que lors de la fondation de Villefranche, il fut imposé par le seigneur trois deniers pour chaque toise de largeur des maisons situées dans la ville ; de façon qu'un particulier qui possède une maison de la largeur de 4 toises, doit au prince 12 deniers de cens [2]. Comme sur la fin du XIᵉ siècle les deniers étaient d'une valeur considérable, puisque la livre d'argent était composée de vingt sols et le sol de 12 deniers, il paraît que le denier pouvait alors valoir 4 sols de notre monnaie. Les riches prirent des emplacements plus larges et les pauvres de plus étroits et à proportion de leurs facultés ; et se trouvant plus de pauvres que de riches dans une ville, on juge aisément que les maisons sont communément plus étroites que larges.

Il en est peu de 4 toises de façade ; les maisons ordinaires sont de deux toises ; il en est beaucoup d'une toise et demie ; et s'il s'en trouve de trois, de quatre et de cinq et de six toises de largeur, ce sont pour la plupart des réunions de deux ou de plusieurs maisons qui ont formé cet emplacement. Ces servis procurèrent des laods au seigneur à chaque mutation, fixés au troisième denier, par le troisième article des privilèges de la ville.

1. Témoin le procès-verbal dressé en 1647 des dommages soufferts par le débordement de cette rivière. Depuis cette époque, il y en a eu plusieurs autres qu'on voit arriver presque tous les vingt ans et qui ont jeté la terreur parmi les citoyens et tel que celui du 8 août 1692, décrit sur les registres de l'Hôtel de Ville.

2. L'article second des privilèges et des franchises de 1376 s'exprime ainsi : *Quicumque tenet pedam integram in villa debet pro ea duodecim denarios pro servitio ; peda integra est de quatuor teisiis in fronte et ita debet teisia tres denarios de servitio et si non est integra secundum quod tenet debet.* L'article 3ᵉ s'exprime sur la quotité du laod hors de la vente.

On voit en dehors des quatre portes de la ville, des amas de maisons qui ne sont pas en assez grand nombre pour mériter le nom de faubourg. Ce siècle a vu naître partie de ces maisons, qui sont en plus grande quantité hors des portes de Belleville et de Fayette ; elles forment pour la plupart des maisons de jardiniers et de cabarets ; ces maisons dépendent pour le spirituel des quatre paroisses [1] qui s'étendent jusqu'aux murs de la ville.

On voit quelques maisons remarquables dans la ville, par les armes de Beaujeu et de Bourbon Montpensier dont elles sont décorées ; telle que celle du Lieutenant Général et celle du logis de l'Ecu, qui nous font apercevoir par leur structure et leurs voûtes, qui sont armoriées, qu'elles ont appartenu à ces seigneurs.

Il en est deux ou trois autres qui paraissent avoir servi de prêches aux Luthériens et aux Calvinistes, du temps que la France fut entichée de ces hérésies ; celle enfin de l'ancien receveur des tailles, que possède maintenant le sr Joseph Jacquet, paraît avoir été bâtie par un homme riche et de condition, que la tradition dit avoir été exilé à Villefranche ; la façade tout en pierres de taille, flanquée de deux tourelles et chargée de sculptures travaillées avec soin, l'a fait souvent prendre aux paysans étrangers pour une église. Le dedans de la maison, par sa disposition et par la hauteur des planchers, fait apercevoir que celui qui l'a fait bâtir, il y a environ deux siècles, n'a rien épargné pour sa décoration et ses commodités.

1. Ces paroisses sont : Limas, Béligny, Ouilly et Gleizé.

CHAPITRE IV

DU DROIT D'ÉCHEVINAGE ACCORDÉ PAR LES SEIGNEURS DE BEAUJEU
ET DE LA NOMINATION ANCIENNE ET NOUVELLE DES ÉCHEVINS

Il paraît à propos de parler ici des officiers créés pour être les pères et les protecteurs des habitants et de leur donner un rang qui doit leur mettre continuellement sous les yeux les devoirs étroits et indispensables de leurs places quoique momentanées.

Le droit de se créer des officiers municipaux fut accordé à la ville dans le temps que les princes de Beaujeu l'établirent capitale du Beaujolais.

Le titre primitif trouve son origine sous le règne d'Antoine de Beaujeu que les *Mémoires* de 1671 disent être né à Villefranche. Ce seigneur accorda et confirma, par ses lettres patentes de 1360, le droit d'échevinage à la ville, donnant pouvoir aux habitants de choisir parmi eux ceux qu'ils voudraient pour consuls et échevins ; d'avoir maison de ville pour s'y assembler, et de délibérer des affaires de la communauté sous la direction de ceux qu'ils auraient appelés à ces postes ; que ces protecteurs des citoyens auraient le pouvoir de convoquer l'assemblée des habitants sans en demander permission, le prince se réservant seulement le droit d'exiger le serment des échevins après leur nomination qu'il recevrait quand il se trouverait dans la ville et qui serait prêté, en son absence, par devant son bailli ou son lieutenant général. Par ce même acte, le prince accorde aux échevins le droit de sceau, pour s'en servir, voulant qu'il ait la même force et le même effet que le sien.

Édouard II, dernier seigneur du Beaujolais, du nom et des armes de Beaujeu, permit aux habitants par l'article 110 des privilèges qu'il leur accorda en 1376, de nommer leurs échevins parmi les plus

notables d'entre eux. L'article 111 règle leurs fonctions et leurs prérogatives, et le 112ᵉ porte que les échevins nommés prêteront le serment
entre ses mains et celles de ses successeurs et que si le seigneur refuse
de le recevoir dans la quinzaine après leur nomination, ils pourront
remplir leurs fonctions [1] comme s'ils l'eussent prêté.

Les registres de l'Hôtel de Ville nomment exactement, depuis 1376,
tous ceux qui ont été revêtus de l'échevinage ; il paraît même que,
depuis 1430, il y a toujours eu quatre échevins en charge, qu'il en sor-
tait deux chaque année remplacés par les deux nouveaux qu'on nommait de façon que les deux plus anciens quittaient à la fin de l'expiration de leurs deux années d'exercice. Mais la nouvelle création d'échevins perpétuels a dérangé cet ordre depuis quelque temps et l'on a
vu des échevins rester en place plusieurs années. Si l'édit du mois
de novembre 1733 a rétabli les offices de gouverneurs, de lieutenant
de roi, de maires et d'échevins et ordonne en même temps que les
édits de création desdits offices, des mois de juillet 1690, août 1692,
août 1696, janvier 1704, décembre 1706, décembre 1708 et mars 1709,
seront exécutés selon leur forme et teneur, un arrêt du Conseil d'Etat
du 5 novembre 1748 a réuni au corps de la ville les offices municipaux qui restaient à vendre. Mais pour ceux qui avaient été levés aux
parties casuelles du roi, en vertu de l'édit de 1733, Mgr le duc d'Orléans a obtenu un arrêt du Conseil d'Etat, du 21 mai 1746, revêtu
de lettres patentes du 30 décembre 1751, enregistrées au parlement
le 19 janvier 1752, qui lui a permis de rembourser les titulaires des
offices levés chez le roi et de commettre telles personnes et pour le
temps qu'il jugera à propos pour les exercer. Le gouverneur et le lieutenant de roi sont les seules personnes qui aient actuellement des provisions.

Par ce qu'on vient d'exposer, le droit de Mgr le duc d'Orléans est de
nommer le maire et deux échevins dont il a remboursé les charges ;
les habitants de Villefranche nomment les deux autres, en vertu de la
réunion qui en a été faite au corps de ville par l'arrêt du Conseil d'Etat
du 5 novembre 1748. La règle est que la nomination des échevins se

---

1. *Eamdem potestatem et authoritatem habebunt et ea utantur et uti debeant ac si jura-*
mentum praedictum praestitissent.

fasse tous les ans à la fin de l'année, le dimanche qui précède la fête de saint Thomas, dans la maison de ville, où les notables, les bourgeois, les habitants et les syndics des corps et métiers sont convoqués.

Suivant les *Mémoires de Villefranche* de l'autre siècle, la nomination des deux échevins se faisait sur-le-champ, à la pluralité des voix de l'assemblée, de laquelle le procureur du roi requérait acte qui lui était octroyé par le lieutenant-général ou le premier officier du bailliage en ordre, qui présidait et, à l'instant, les échevins nommés prêtaient serment entre les mains de ce magistrat; ensuite ces mêmes échevins se retiraient par devant M. le gouverneur de la province pour faire par devant lui le serment de fidélité qu'ils doivent au roi, dont acte leur était délivré en bonne forme.

Il est aujourd'hui des changements. On désigne, dans l'assemblée de l'Hôtel de Ville, à la pluralité des voix, quatre particuliers qu'on choisit suivant le rang d'ancienneté pour être nommés échevins; on envoie extrait de la délibération de l'assemblée du conseil du prince, qui agrée, parmi les quatre dénommés, les deux qu'il juge à propos : alors le prince fait délivrer deux brevets d'échevins aux deux qu'il a choisis, qui prêtent serment, ainsi qu'on l'a dit ci-dessus.

Les maires et échevins présentent au prince le secrétaire de la ville quand il est question d'en nommer un et, sur cette présentation, le prince l'agrée et lui délivre un brevet. Ils nomment les quatre sergents et les quatre mandeurs de ville, les quatre portiers, les deux tambours, le fifre et le trompette; ils nomment également le médecin, le recteur du collège, l'organiste, l'horloger de la paroisse et le sonneur de cloches et présentent à Monseigneur l'archevêque de Lyon un prédicateur tous les ans pour l'Avent et le Carême.

CHAPITRE V

DE LA MAISON DE LA VILLE

Il serait vraisemblable de penser que les habitants ayant obtenu le droit d'échevinage en 1360 et 1376, pensèrent dès lors à faire une acquisition d'une maison pour en former un hôtel commun pour tenir leurs assemblées; cependant, en 1456, ils n'avaient point encore d'endroit fixe, puisque, par un accord du 15 avril de cette même année entre les échevins et le procureur des pauvres de l'hôpital, maladrerie et charité de Villefranche, on convient que les recteurs rendront leurs comptes en présence des échevins et que ces mêmes échevins tiendront leurs assemblées dans le bureau de l'hôpital et leurs papiers et leur artillerie dans la chambre au-dessus du bureau.

Ce ne fut que le 29 novembre 1529 qu'ils acquirent une maison destinée pour leurs assemblées au prix de 180 l. ; ce fut cette même maison sans doute qui fut brûlée [1] par les Huguenots en l'année 1562, lorsque après s'être emparés de la ville ils y firent des dégâts et des pillages considérables; ces ravages engagèrent les échevins à implorer l'assistance de Henri III qui leur accorde, par ses lettres-patentes datées de Lyon le 18 octobre 1574, un octroi de dix deniers sur chaque carte de sel pour six ans, pour réparer la maison de la ville brûlée et les autres ravages faits dans cette capitale par ces furieux. Il y a apparence qu'elle fut rebâtie sur la fin du même siècle et telle qu'on la voit aujourd'hui. La façade tout en pierre de taille est formée par trois grands portiques, dont celui du milieu sert d'entrée. On ne construisit alors qu'une grande salle au premier étage et sur la rue, et au-dessus un magasin d'armes. Cette maison avait originairement été achetée du

---

1. Voyez l'inventaire des papiers de la ville fait par Louvet, le 8 septembre 1668, pages 20 et 21.

sieur de Sarracin à qui les échevins devaient, en reste du prix, une pension de 12 l. [1] tous les ans, qu'ils remboursèrent à Claude Regnauld, élu à l'élection de Lyon et curateur des héritiers Sarracin, suivant la quittance qu'on voit aux archives de la ville, en date du 12 mai 1618.

A la maison de ville est joint un jardin qui avait été accensé au prix de 5 l. par année, le 27 mars 1648, au sieur Damiron, qui avait une maison dont les murs étaient mitoyens avec ceux de l'Hôtel de Ville. Les échevins sont rentrés dans la possession et jouissance de ce jardin, il y a environ 15 à 16 ans, par arrêt du Parlement rendu contradictoirement entre les maire et échevins et le sieur Cochard, avocat, qui avait acquis la maison avec ses droits et dépendances du petit-fils de ce Damiron qui avait traité en 1648 avec la ville.

A peu près dans le même temps de l'arrêt, les maire et échevins ajoutèrent à la grande salle une autre dont la vue donne sur ce jardin ; on fit cadetter l'entrée de la maison de ville, on y construisit des bûchers et des caveaux, on y fit une mansarde sur le devant, qui distingue cette maison de celles des particuliers ; et quoiqu'il y ait dans la salle, sur le devant, une grande armoire qui sert d'archives, il paraît qu'il manque, dans une maison comme celle-là, des archives voûtées dessus et dessous qu'on pourrait construire et joindre à la salle qui donne sur le jardin. L'antiquité et le nombre des titres de la ville méritent bien un pareil édifice pour leur conservation.

1. Il n'y a point d'identité de cette rente avec le capital de la maison qui était de 180 l. Sans doute que, lors de la reconstruction de l'hôtel de ville, le sieur de Sarracin avait prêté à la ville quelque somme qu'on avait jointe au capital de la maison et qui faisait monter la rente annuelle et foncière à 12 l.

CHAPITRE VI

DES FONCTIONS ET DES DROITS ATTACHÉS A L'ÉCHEVINAGE

Louis XIV ayant créé par édit du mois d'août 1692 des charges de maires perpétuels dans toutes les villes du royaume, on vit paraître en même temps les créations des charges de gouverneurs et de lieutenants de roi dans les moindres villes; ces charges furent supprimées et rétablies suivant les besoins de l'État. Les droits anciens des sires de Beaujeu exemptaient la province de Beaujolais de ces nouvelles charges ; mais les raisons de l'État passent avant tout et les provinces insensiblement ne regardent leurs anciens privilèges que comme des titres d'honneur qui peuvent embellir leurs annales. La capitale du Beaujolais et ses autres villes ne furent point exemptes de la levée de ces nouvelles charges.

Les arrêts du conseil d'Etat de 1702, 1706 et 1710, ont modéré à la vérité ou déchargé des taxes faites sur ces charges les titulaires de ces temps-là à la sollicitation de Son Altesse Mgr le duc d'Orléans. En effet, des citoyens jaloux de s'élever et possédés du désir de dominer, regardent ces sortes de charges comme des illustrations qu'ils ne doivent pas laisser échapper. Aussi vit-on bientôt dans toutes les villes de la France des particuliers s'empresser à se donner les titres de gouverneurs, de lieutenants de roi, de maires. A peine installés, il s'éleva entre les corps différents des contestations sur le pas, les honneurs, les droits et les prérogatives de leurs charges : de là ces règlements sans nombre qui mirent souvent à côté d'un magistrat respectable par sa naissance, ses talents et sa probité, un citoyen ardent acquéreur d'un parchemin qu'il ne pouvait se flatter d'obtenir que par son argent.

L'homme nouveau veut alors s'étayer et se maintenir en faisant souvent sa cour aux puissances aux dépens de la communauté. Jamais l'échevinage de Villefranche n'a été avili que par les possesseurs de ces nouvelles charges. On les a vus souvent faire agréer aux citoyens par crainte ou par respect humain des chaînes et des entraves dont ils n'ont pu se débarrasser.

Retraçons ici en peu de mots les fonctions de ces protecteurs de la patrie, ces échevins respectables, par l'ancienneté de leur création, par le soin qu'ils ont eu de conserver leurs titres et de maintenir leurs privilèges, par les attentions de leurs seigneurs et les faveurs des rois de France, convoquaient jadis l'assemblée des trois états de la province. Les lettres [1] de Jean, duc de Bourbonnais et d'Auvergne, adressées à eux à cet effet, en font foi. Syndics nés de la province, ils en décidaient les affaires générales dans leurs assemblées et convoquaient pour ce [2] les sept châtellenies du Beaujolais, les députés de chacune y donnaient leurs voix, à la pluralité desquelles les délibérations étaient arrêtées, sous la présidence du lieutenant général et en présence du procureur du roi et on les inscrivait tout au long sur les registres de l'Hôtel de Ville dont le secrétaire délivrait extrait. Cette qualité leur a été confirmée de nouveau par arrêt du conseil du 10 avril 1717.

Le titre de commissaire et de greffier des tailles que les échevins acquirent de M. de Melleville, commissaire de la cour des Aides de Paris, au commencement du XVIIe siècle, est plus moderne que la possession qu'ils ont eue dans tous les temps de faire eux seuls les rôles des tailles dans la maison de ville. Ainsi ces offices acquis ne sont qu'un ajouté de droit. Les rôles faits et vérifiés, ils les remettent aux collecteurs qu'ils choisissent et qu'ils nomment. Un arrêt du conseil d'Etat du 6 décembre 1687 les avait assujettis à faire eux-mêmes la collecte des tailles et des autres impositions. Mais ils furent déchargés de ce soin fatigant et même indécent, par autre arrêt du 7 février 1721, à la charge par eux de faire la répartition des tailles, de nommer des collecteurs suivant le tableau et de répondre solidairement de leur solvabilité ; cette répartition est la pierre de touche de la probité des citoyens qui la font, cette opération doit toujours se faire la balance à la main.

---

1. Voyez l'*Histoire de Villefranche*, par Louvet, imprimée en 1671 ; la lettre du duc de Bourbonnais y est rapportée tout au long, pages 66 et 67 ; elle sera rapportée dans la partie des preuves.

2. Savoir : Belleville, Beaujeu, Chamelet, Lay, Perreux, Thizy et Amplepuis.

Charles IX, par son édit du mois de novembre 1563, créa des juges consuls des marchands, dans les villes marchandes de son royaume, ce monarque jeta des regards favorables sur la capitale du Beaujolais, et conféra, par ses lettres patentes du mois de mars 1566, aux échevins de Villefranche, le pouvoir d'élire 5 notables bourgeois ou marchands pour juger du fait des marchandises, à l'instar de la ville de Paris ; ces lettres furent vérifiées au Parlement sur les conclusions du procureur-général ; n'y ayant point de corps de marchands à Villefranche, ce titre paraît actuellement indifférent, mais il pourrait un jour avoir lieu.

L'édit du mois d'août 1669 a attribué aux maire et échevins de Villefranche une juridiction sur les toiles et futaines du Beaujolais, ils connaissent en première instance des contraventions concernant les manufactures et jugent en dernier ressort jusqu'à la concurrence de 150 l. ; les juges sont obligés, à peine de nullité de leurs jugements, de se conformer au règlement général du 18 mai 1736. On a ajouté à cette juridiction, deux juges de plus, savoir : un officier du bailliage et le subdélégué de l'intendant.

Ce conseil établit, par ses arrêts de 1712 et 1739, un inspecteur des toiles et un commis inspecteur [1], aux appointements de 1800 et de 1200 l., qui sont imposés sur la province, aussi bien que les gages de 100 l. pour chacun des neuf commis pour la marque des toiles ; ces commis ont été établis par plusieurs arrêts [2] du conseil et sont choisis et nommés par les maire et échevins de Villefranche.

Les titres de la maison de ville remettent sous les yeux nombre de serments de maintenir et d'observer les privilèges de la ville par les baillis du Beaujolais, à leur installation, par devant les échevins de Villefranche ; les jussions et lettres patentes des 25 mars 1408, 15 novembre 1413, du mois de février 1463 et de décembre 1523, les lettres du duc de Montpensier des mois de mai 1561, de juin 1588 et de mai 1596, font voir l'assiduité avec laquelle on faisait jurer la manutention de ces privilèges.

---

1. Ces deux emplois sont actuellement réunis ainsi que les appointements.

2. Ces arrêts sont des 16 mai 1716, 6 mars 1717, 16 décembre 1719 et 6 août 1730 ; ces commis sont au nombre de deux à Villefranche, de deux à Thizy, de deux à Amplepuis, d'un à Beaujeu, d'un à Lay et d'un à Chamelet. Ce dernier n'a point d'appointements.

Il semble qu'on ait discontinué de faire jurer ces privilèges lorsque les seigneurs du Beaujolais ont cessé de les confirmer.

Depuis 1260, date des premiers privilèges, on remarque les barons de Beaujeu se faire un point d'honneur à l'envi des uns et des autres de les augmenter, ceux de 1331 sont plus étendus que les précédents et ceux de 1376 sont en plus grand nombre que ceux de 1359 et de 1369. Louis de Bourbon, en 1400, Anne de France, en 1413, Charles de Bourbon, en 1434, Jean, en 1463 et Pierre, en 1489 confirmèrent ces mêmes privilèges ; si Louise de Savoie ne les confirma point parce qu'elle n'était qu'usufruitière de la province, François Ier, son fils, le ratifia dans toute leur étendue en 1533, François II n'eut pas le temps de les confirmer, mais en rendant à la maison de Montpensier cette province, il laissa le soin à Louis de Bourbon de le faire, en 1561 ; François suivit son exemple, en 1588, et Henri fit la même faveur aux habitants, en 1596 ; Marie de Bourbon mourut trop jeune, et Marie-Louise attendit trop longtemps une succession qui lui était due pour pouvoir gratifier les habitants d'une confirmation de leurs droits ; ainsi, à l'époque de 1591 a commencé le silence des barons du Beaujolais sur la confirmation des privilèges de la capitale et l'indifférence des baillis à les jurer.

Les seigneurs de Béaujeu ayant fait entourer de murs, sur la fin du XIIe siècle, la capitale du Beaujolais, avaient dès lors pourvu à sa défense et à sa garde ; des fausses portes, des ponts-levis, des herses, des meurtrières, rendaient alors difficile l'entrée de la ville. Sur la fin du XIVe siècle, lorsque les canons furent en règne, on fit, aux tours, des embrasures, elles étaient voûtées pour la plupart à double voûte, soit pour mettre l'artillerie, soit pour mettre le corps de garde ; nous voyons qu'en 1456, les échevins avaient la liberté d'entreposer leur artillerie dans la chambre au-dessus du bureau de l'hôpital suivant les mémoires qui nous sont restés du s^r Favre[1] du temps que le baron des Adrets détacha des troupes de Lyon pour assiéger et prendre la ville, le s^r Vaurion de Rébé commandait dans la ville ; la ville fut prise par surprise, le

---

1. Le s^r Favre était châtelain de Montmelas, procureur et notaire royal à Villefranche et avait eu soin d'écrire les événements extraordinaires arrivés de son temps ; on rapporte à la fin de la 3e partie de ces mémoires un extrait de ce manuscrit.

24 mai 1562, et les ennemis firent apporter les armes distribuées aux habitants à la maison de ville, où ils en prirent, disent ces mémoires, ce qu'ils voulurent. Nous avons vu quelques baillis revêtus du titre de capitaine de la ville, ce poste se donnait par le prince à des gens de condition versés dans le service militaire.

Enfin, de nos jours et au commencement de ce siècle, on voyait, sous la porte d'Anse, un gros pierrier de fonte de fer, de la longueur au moins de huit pieds et dans lequel un enfant de 15 ans eût pu entrer; il reste encore, à l'Hôtel de Ville, plusieurs casques de fer et quelques pièces d'anciennes armures qui prouvent que dans tous les temps les seigneurs et le corps de ville ont pourvu à la défense de la ville ; les titres en font également foi ; par le mandement de Louis de Bourbon, donné à Moulins, le 5 décembre 1408, il est ordonné que les paroisses de Rogneins, Ouilly et Arnas seront contribuables aux fortifications de la ville, et par d'autres lettres [1], les habitants de Rogneins sont tenus de venir faire guet et garde dans la ville en temps de guerre.

Un différend qu'eut le sieur de la Terrière, revêtu depuis longtemps de la charge de capitaine de la ville, avec les échevins, pour le fait de la garde et du mot du guet, donna naissance à la création des capitaines penons ; ce différend fut terminé par ordonnance de M[r] d'Alincourt, gouverneur de la généralité, du 24 mai 1614, il accorda au sieur de la Terrière, en faveur de sa longue possession de capitaine et sans tirer à conséquence, la garde et le mot du guet et ordonna que les échevins auraient la garde des clefs des portes de la ville. Onze jours après et le 5 juin de la même année, M[r] d'Alincourt rendit son ordonnance parlaquelle il établit quatre capitaines-penons, pour le fait de la garde et de la ville.

Depuis l'année 1614, la milice bourgeoise fut augmentée jusqu'au nombre de douze compagnies ; mais elle fut réduite à huit par un règlement que fit le corps de ville, le 11 mars 1687, et qui fut homologué par Mr Camille de Neuville commandant dans le gouvernement.

Les édits de mars 1694 et de juin 1708 portant création en titre d'office des charges de colonels, de majors, de capitaines et lieutenants

---

1. Les *Mémoires de Villefranche* nomment ces paroisses au nombre de 8 savoir: Pommiers, Limas, Béligny, Chervinges, Gleizé, Ouilly, Arnas et Rogneins, page 81.

des bourgeoisies ayant été supprimés presque aussitôt qu'ils parurent, il n'en est resté que le règlement qui contient plusieurs dispositions pour la police et la discipline des penonnages qui a toujours été suivi.

Le maire et les échevins commandent la milice bourgeoise, nomment le colonel, les officiers et tous ceux qui composent l'état major. Tous ces officiers doivent être présentés à M[r] le commandant de la généralité pour être agréés par lui et prêter serment de fidélité entre ses mains. L'ancienneté des capitaines règle l'ordre de préséance pour les quartiers. S'il est nécessaire de mettre les habitants sous les armes, soit pour quelque parade, soit pour le passage des princes, soit enfin pour faire faire garde aux portes, c'est aux échevins à commander les armes, sous la permission de M[r] le gouverneur ; alors le capitaine enseigne reçoit leurs ordres et les porte à la milice bourgeoise qui monte en conséquence.

Aux pages 28 et 29 de l'inventaire des titres de l'Hôtel de Ville, on remarque que Louis XII envoya des ordres, datés de Blois le 12 décembre 1512, de contraindre les habitants du plat pays du Beaujolais aux contributions des logements des gens de guerre qui étaient passés à Villefranche. Ce même inventaire rappelle, sous la cote 108, l'attache du commissaire, les ordonnances du même monarque sur la forme et manière de vivre des gens de guerre et enfin la présentation des lettres de Louis XII au lieutenant général, pour faire ajourner ces mêmes habitants du plat pays ; c'est en vertu de ce titre ancien que les maires et échevins ont obtenu nouvelles permissions de contraindre le plat pays à fournir des voitures pour les bagages des troupes ; lorsqu'il en passe, les ordres du roi ou de M. le gouverneur leur sont adressés ; alors ils font à l'Hôtel de Ville le logement des troupes par billets qu'ils signent ; ils ont aussi le soin de faire fournir l'étape par les étapiers nommés.

CHAPITRE VII

Il est bien juste que des citoyens qui donnent leurs soins et leurs peines à l'administration d'une ville soient distingués du commun des habitants par des rangs et des distinctions particulières.

Les vrais pères de la patrie méprisent, il est vrai, ces distinctions pour n'en obtenir qu'une seule dans le cœur des habitants, les ambitieux recherchent les honneurs avec avidité, ils disputent souvent avec chaleur pour les obtenir et cette recherche leur attire le mépris et souvent même la confusion.

Les premiers échevins de Villefranche ayant donné toute leur application pour la construction et la décoration de l'église il était naturel de leur donner une place dans les assemblées convoquées pour le bien de cette même église. Juges conservateurs des intérêts publics, suivant Borel, la confiance de nos pères leur a accordé le titre de marguilliers nés depuis le moment presque de leur création ; en cette qualité ils assistent aux assemblées de la marguillerie, convoquées par le sacristain curé, aux comptes des marguilliers comptables et donnent leurs voix lors de leurs élections et lors de celle du recteur du banc des âmes.

Il semble que leur entrée au bureau de l'hôpital n'est pas aussi ancienne. L'année 1456 est la date de leur assistance aux comptes des recteurs de l'hôpital, puisqu'il a fallu un accord, dans ce temps, pour assurer leur droit ; mais ce droit a été perpétué et confirmé par le règlement de 1668 qui fut l'ouvrage des administrateurs de l'hôpital dont les échevins faisaient partie ; ainsi, le bureau de cette maison assemblé sous la présidence du lieutenant général ou premier officier en ordre, les échevins s'y trouvent pour donner leurs voix, tant sur les affaires de cette maison, que sur la nomination des recteurs, dans les temps indiqués.

L'éducation de la jeunesse est réservée aux soins des échevins ; les principaux du collège sont à leur choix ; les récompenses, si capables de faire naître l'émulation, dépendent de leurs libéralités. Le collège est à la ville ; une somme de 500 livres annuelle est consacrée pour attirer de bons maîtres. Il est juste que ceux qui sont dispensateurs des grâces reçoivent les honneurs publics ; leurs places sont marquées dans les exercices publics des régents ou des étudiants. Les maire et échevins y assistent en robes consulaires et la jeunesse laborieuse est couronnée de leurs mains. Ce sont des livres, ordinairement marqués aux armes de la ville, que ces officiers municipaux distribuent à la fin de l'année, après une tragédie ou quelques autres actes publics.

Les jeux de l'arc ou de l'arquebuse, devenus intéressants par l'exemption de la taille que le roi accorde, pour un an, à ceux qui remportent le prix en mettant bas l'oiseau de bois ou de fer, ont attiré l'attention du maire et des échevins depuis que ces compagnies sont patentées et sont devenues royales. On a accordé au maire le premier coup à tirer ou coup d'honneur en ouvrant le prix. Il était juste que des officiers qui imposent le citoyen à la taille, s'intéressassent à la distribution des récompenses attachées à l'adresse ; ils prêtent même la salle de l'Hôtel de Ville pour le repas que les chevaliers font entre eux le jour que l'on tire ces oiseaux et celui qui l'abat est obligé, pour jouir de l'exemption, d'en certifier le corps de ville.

Mais de tous les honneurs, le plus grand est celui qu'ils ont de porter le dais sous lequel est le Saint Sacrement, le jour de la Fête-Dieu, usage immémorial dont le corps de ville jouit. On les voit, ce jour-là, en robes consulaires, précédés des sergents de ville et du secrétaire et suivis de quatre mandeurs portant des cierges ayant l'écusson aux armes de la ville,

Il était dû à juste titre une place dans l'église à ceux qui en sont les marguilliers nés ; elle est dans les stalles au fond du chœur, à gauche en entrant ; ils ont un banc pour le sermon dans la nef, au-dessous des marguilliers en exercice.

On ne doit pas regarder comme une préséance sur tous les corps, celle qu'ils ont le jour de Pâques ; le droit d'aller ce jour-là les premiers à l'offrande, comme obligés, tous les ans, par une fondation, d'offrir le pain bénit, leur donne le pas même sur les marguilliers en exercice ; mais en sortant de l'église, ce jour-là, dans les processions et les cérémonies publiques, ils rentrent dans la règle ordinaire, qui est de marcher à la gauche du bailliage et des autres juridictions royales.

On doit mettre encore au rang des droits honorifiques de la ville la concession que lui fit la princesse Anne de France, douairière de Pierre de Bourbon et dame du Beaujolais, au mois de novembre 1514, du chef des armes de Bourbon. Auparavant les armes de la ville étaient de gueules à la tour d'argent, maçonnée de sable ; maintenant et depuis cette concession, elles ont en chef les armes de Bourbon ou de France. Les lettres de cette princesse [1] sont datées de Moulins, on les rapportera tout au long dans la partie des preuves de ces mémoires.

1. Voyez les *Mémoires de Villefranche*, imprimés dans cette capitale, page 79 ; ces lettres y sont rapportées tout au long.

CHAPITRE VIII

Jean duc de Bourbon, par ses lettres du 24 novembre 1465, fit don et octroi aux habitants de Villefranche d'une somme de 200 l. à prendre sur le droit des coupons, péages, leydes, pour être employée aux réparations de la ville. Ce droit fut vendu, par François Ier, à noble François Gaspard, trésorier de Troyes, et ensuite racheté, le 23 mars 1561, par Louis de Bourbon. Outre cette somme sur le coponage, le même Jean de Bourbon avait accordé à sa capitale 5 sols sur chaque pièce de vin qui y entrait et le treizième du vin qui s'y vendait en détail.

La communauté des habitants avait déjà senti les effets de la générosité des précédents seigneurs pour aider aux besoins pressants de la ville. Dès l'année 1427, Charles de Bourbon, par ses lettres du 28 août, avait continué au corps de ville la perception d'un octroi, pendant quatre ans, de deux deniers pour livre, à prendre sur toutes les denrées qui se vendraient à Villefranche.

Louis XI, par ses lettres de Moulins, en date du 17 mars 1466, accorda à la ville 10 deniers sur chaque carte de sel, 6 deniers sur chaque caque de harengs et 5 sols sur chaque tonneau de vin descendant ou remontant la rivière de Saône; ce don fut pour l'espace de dix ans. On obtint d'Henry III, en 1574, la même gratification pour six ans, pour réparer les ravages causés dans la ville par les Huguenots; ce même monarque continua ce même don en 1584 et 1587. Enfin Henri IV gratifia la ville de ce même secours, par ses lettres des 16 août 1595 et 15 avril 1605.

Mais ces droits étaient peu de choses pour une ville qui, dans des temps de troubles, de passages extraordinaires et de séjours de troupes, n'avait d'autres ressources que dans les bontés du souverain et des seigneurs de la province ; aussi voit-on dans les archives de la ville dix-sept parchemins en bonne forme contenant le don du huitième sur les vins fait par plusieurs rois de France ; les premières lettres, en date du 14 août 1535, furent accordées à Reims, par François Ier, et les dernières d'Henri IV sont des 1er décembre 1607 et 18 juin 1608.

Henri II, par ses lettres du 8 septembre 1547, adressées aux élus de Beaujolais, accorda annuellement à la ville 60 l. tournois pour être employées aux gages des échevins, des greffiers et des autres officiers de la communauté. Mais cette somme étant trop modique, Henry III, par ses lettres de Paris, du 18 avril 1587, fit don de la somme de 160 écus dont l'emploi serait de 40 écus pour un médecin ; de 50 pour un maître d'école, de 30 pour un organiste. Henry IV accorda 200 écus aux échevins et Louis XIII leur donna 800 l. Ils obtinrent, le 8 juin 1643, l'imposition de 1000 l. sur les tailles, pour neuf ans, pour être employée pour les gages des échevins, du greffier, de l'avocat de la ville, du médecin, du maître d'école, du prédicateur, de l'organiste, du manillier et du conducteur des horloges. Cette somme fut augmentée par Louis XIV et portée, le 10 décembre 1658, à celle de 2000 l. et enfin continuée, en 1671, pour neuf années.

Par la commission générale des tailles du Beaujolais est comprise une somme de 1804 l. imposée sur la ville de Villefranche pour ses frais et ses charges locales, conformément aux arrêts du Conseil d'Etat des 19 novembre 1697 et 18 mars 1699 et, plus bas, il y est dit que de l'imposition générale du Beaujolais, la ville de Villefranche en supportera 7000 l. outre et par-dessus les 1804 ci-dessus, pour les charges locales. Cette distinction n'est faite qu'autant que le roi a bien voulu accorder à la capitale du Beaujolais une somme fixe pour servir à sa dépense annuelle ; c'est aussi le seul titre du corps de ville dont il se sert pour imposer les exempts et privilégiés dans un rôle dit des *frais de ville* et dont il a abusé quelquefois pour faire supporter pour ainsi dire une taille arbitraire aux nobles et privilégiés, cet abus a paru en 1706 et 1737 et a été réprimé par les intendants. Ces entreprises furent renouvelées en 1740 ; mais on a remis les choses sur l'ancien pied, sur la plainte de plusieurs opprimés qui menaçaient de se pourvoir pour faire modérer une taxe qui, dans son principe, n'avait été que volontaire de la part de ces mêmes privilégiés qui se cotisaient eux-mêmes a 15 l., sous des noms empruntés, comme bons citoyens et pour le soulagement de l'habitant.

Les titres de la ville font apercevoir que M^r le duc de Bourbon et depuis madame la duchesse, sa veuve, avaient prolongé à la communauté de Villefranche, la cession des lods qu'ils lui avaient faite en l'année 1503, à la suite de ces titres, on voit une recette de ces lods commencée en 1508 et terminée à la Saint-Jean-Baptiste de l'année 1509.

Henri de Bourbon, par ses lettres patentes, datées de Lyon, du 4 janvier 1601, accorda à la ville les mi-lods pour trois ans, et en 1604 il en accorda la prorogation pour six ans. Cette cession fut presque continuelle et alors les mi-lods de la Dombes y étaient compris, mais ces libéralités, qui formaient anciennement un objet considérable, furent restreintes par le dernier seigneur du nom de Bourbon à l'abandon perpétuel seulement des mi-lods dus aux barons du Beaujolais sur les maisons de Villefranche [1] et ces mi-lods forment actuellement un casuel pour la ville, bien inférieur au produit des anciennes concessions faites à temps.

Le droit de mouture, qu'on ne perçoit plus aujourd'hui, fut établi par les lettres patentes de Louis XIII, du 30 juillet 1626 ; ce fut en connaissance de cause et sur le consentement des habitants qu'elles intervinrent ; elles fixèrent un poids et ordonnèrent qu'on payerait le droit en argent ou en nature. Par l'ordonnance du 27 mars 1628, qui fut rendue en conséquence, on fit faire les balances et les poids pour y peser les blés et les farines qu'on devait rendre au même poids, on fixa le salaire des meuniers et celui du commis pour peser ; ce premier commis fut Jean-Pierre Marchand, agréé et nommé le 24 mai 1628.

Cette nouveauté forma des rebelles, les meuniers cessèrent de moudre ; on en dressa procès-verbal, on fit, le 24 juin 1631, la visite

1. Par la ferme générale de la souveraineté de la Dombes et du Beaujolais passée le 24 novembre 1616, par M^e la duchesse de Montpensier à Etienne Deschamps, marchand de Villefranche, sur la caution d'Edouard Mignot et certification de Jean Deschamps, tous deux élus en l'élection de Villefranche, on voit la réserve de ces mi-lods pour la ville exprimée en ces termes : « Fors et excepté les laods dépendans de la seigneurie de Villefranche, la moitié d'iceux appartenant aux habitants de Villefranche par don fait par feu Mgr. »

des moulins qui avaient discontinué de moudre ; les meuniers interjetèrent appel de l'ordonnance rendue par devant M. l'intendant, mais on se conforma à cet égard aux règlements précédemment faits, les gages de commis se perçurent sur le droit de pesage et le public en fut mieux servi. Le profit qu'on tira de cet établissement tourna plus à l'avantage du citoyen qu'à celui du corps de ville, mais ces règlements si sages n'ont pas été d'une longue durée, et les meilleurs établissements de police tombent souvent en discrédit par l'indifférence des magistrats établis pour le maintien du bon ordre et le soutien des droits de la communauté.

Il est vrai que l'établissement fait pour réprimer la cupidité des boulangers s'est mieux soutenu ; les échevins, mus d'une vraie commisération pour les pauvres, obtinrent pour leur soulagement, en 1583, une sentence qui leur permit de faire faire l'essai du pain et on le fit en conséquence.

Lors des lettres patentes de Louis XIII, de 1626, dont on vient de s'expliquer, on prit l'avis des boulangers sur les droits de mouture qu'on devait accorder aux meuniers, et sur ceux qu'on devait établir sur le pesage des blés et des farines, et sur des examens et des procès-verbaux scrupuleusement dressés on forma le règlement de 1628. Soit que depuis l'essai du pain fait en 1583 il y eut des différences sur le prix du blé et celui du bois, soit que le règlement de 1628 pour les moutures forma quelque changement, on fut obligé, au mois de mars 1643, de faire un nouvel essai du pain bis et du blanc en présence de quatre notables nommés *ad hoc* et l'essai fait, on fixa avec connaissance de cause le prix des deux sortes de pain ; en soixante-deux ans il y eut des variations considérables dans le prix des denrées et de l'argent, le tarif de 1643 devenait par là inutile, les magistrats de police ordonnèrent, en 1705, un nouvel essai, on commit, par ordonnance, du siège des notables, pour le faire faire en leur présence et, en même temps, ils arrêtèrent un tarif pour fixer la valeur du pain, selon les différents prix du blé, ce tarif, prenant le bichet de froment depuis le prix de 15 sols jusqu'à celui de 8 l., fixe le prix du pain eu égard aux différents prix du blé froment et sert de règle aujourd'hui pour les augmentations ou les diminutions du pain ; on a fait réimprimer ce même tarif pour le rendre plus notoire, le 1er août 1733, avec ordre de s'y conformer, et on le fit distribuer aux notables et aux boulangers.

Les officiers du bailliage attentifs au soulagement du citoyen, règlent toujours en faveur du peuple le pain bis à un bas prix, en donnant plus de valeur[1] au pain blanc qui se consomme communément par les aisés et les riches ; les ordonnances de police à cet égard annoncent leur attention scrupuleuse à tenir la balance entre les boulangers et l'habitant, on a même égard à l'augmentation présente du bois, fort renchéri depuis 1705.

1. On met le pain bis à un denier de moins que le tarif et on fixe le pain blanc à deux deniers de plus, quelquefois à trois, et par cette taxe l'augmentation du prix du bois s'y trouve.

CHAPITRE IX

DES REVENUS ACTUELS DE LA VILLE

La capitale du Beaujolais n'a jamais manqué de secours de la part des rois de France et des seigneurs de la province, mais plus considérables dans les siècles précédents, si l'on fait attention à la valeur ancienne des espèces, ceux d'aujourd'hui deviennent insuffisants, si l'on réfléchit sur les taxes [1] nouvelles, la valeur et le prix doublé de chaque chose.

Outre ces secours, la ville jouissait anciennement de quelques revenus patrimoniaux formés par l'épargne et le zèle des premiers échevins qu'elle a eus, l'inventaire des titres de l'Hôtel de Ville, fait en l'année 1668, en est une preuve ; il paraît qu'anciennement elle jouissait de plusieurs pensions imposées sur les maisons et les biens de quelques citoyens, des fondations faites pour l'offrande du pain bénit le jour de Pâques et l'aumône du vendredi-saint et enfin de plusieurs droits affermés [2]. Toutes ces parties rassemblées formaient un revenu fixe, qui ne subsiste plus aujourd'hui, qui, joint à ceux qu'on a détaillés dans le chapitre précédent, produisait des sommes assez considérables pour opérer le bien de la communauté.

Les revenus actuels de la ville consistent premièrement en une somme de 1804 l. accordée par le roi et imposée par la commission des tailles, on a vu l'origine de ce don dans le chapitre précédent.

En second lieu en la moitié des octrois sur les vins ; ce droit se perçoit par un fermier avec l'autre moitié que le roi s'est réservée et

---

1. Dans tous les temps les revenus de la ville avaient été exempts des centièmes, 10e et 20e deniers ; on a fait nouvellement payer à la ville le 10e et 20e royal, même les arrérages encourus depuis plus de dix ans.

2. On peut mettre au nombre de ces droits, ceux d'ambortes sur les grains, d'aunage, des poids des farines, avec les fermes de la pêcherie et le louage des tours de la ville.

qui fait partie des fermes générales ; il n'en revient de net à la ville que la somme de 1160 l.

En 3ᵉ lieu, en la portion des milaods accordée par le prince sur la vente des maisons de la ville, portion qui peut former tout au plus un casuel de 140 l. et enfin aux émoluments de la charge de receveur des deniers patrimoniaux de la ville, acquise par la communauté, qui sont un objet de 5 à 600 l. par année ; toutes ces sommes réunies font la totale de 3764 l., insuffisante aujourd'hui pour l'acquit des charges locales et le payement des dépenses extraordinaires et journalières.

Ces charges locales consistent en 500 l. qu'on donne annuellement aux principaux de collège qui tiennent à leurs gages des régents pour ensei-gner toutes les classes jusqu'à la philosophie ; les réparations et l'entre-tien du collège, qui appartient à la ville, forment encore une dépense annuelle avec les prix que les échevins distribuent au bout de l'année dans toutes les classes ; les honoraires du médecin et du prédicateur de l'avent et du carême forment un objet de 500 l. au moins, les appointe-ments d'un organiste, du manillier ou valet d'église, de celui qui entretient l'horloge et les cloches, des huit mandeurs et sergents de la ville, des tambours et du trompette, du secrétaire enfin, sont autant de gages à la charge de la ville.

Mais les dépenses extraordinaires sont encore plus nombreuses, l'en-tretien des murs, des portes, des pavés, des places et des abreuvoirs de la ville, celui de l'église et de l'hôtel commun, les dépenses des corps de garde et des voitures, dans le temps des passages des troupes et dans les temps de troubles, et tel ¹ qu'on vient de l'éprouver par la garde des deux compagnies du régiment de Maugiron et des habi-tants pour prévenir et se garantir des incursions et du brigandage du nommé Mandrin, chef de voleurs. On doit mettre aussi dans le même rang les dépenses ordonnées par la Cour pour les réjouissances publiques et les passages des princes, et celles qui proviennent des réjouissances ou des regrets que la capitale fait apercevoir à la naissance ou au décès

---

1. Depuis le mois de décembre 1754 jusqu'en mars 1755 les habitants ont monté la garde aux quatre portes de la ville, il y avait garde militaire à l'hôtel de ville et garde devant la maison du colonel ; cette garde avec la réparation des portes ont coûté à la ville plus de 1200 l.

de ces seigneurs ; enfin les voyages ordonnés par les intendants ou les commandants de la généralité. Toutes ces dépenses sont au dessus des revenus accordés à la ville et la laissent dans l'impossibilité de faire des constructions utiles et nécessaires qui tourneraient au bien de la communauté.

Cependant on a vu, depuis 25 ans, malgré ces charges nombreuses, une promenade publique construite hors des murs après l'achat de partie du terrain qui la compose, l'Hôtel de Ville réparé et amplifié, la charge de receveur des deniers patrimoniaux de la ville acquise par la communauté, efforts dont on est redevable à l'administration d'un maire qui aurait mérité le nom de père du peuple, s'il n'eut resté de son administration que de pareils monuments.

CHAPITRE X

DES PRIVILÈGES DES HABITANTS DE LA VILLE

L'on a fait, dans les précédents articles de cette partie, plusieurs observations sur les privilèges de la capitale du Beaujolais, on en parlera à mesure que l'occasion s'en présentera, quoique épars et répandus dans le cours de cet ouvrage, on fera son possible pour ne pas les répéter et pour n'en oublier aucun.

Les plus anciens privilèges sont de 1260 ; les seconds de 1331 ; ceux de 1359 sont plus amples que les précédents, mais ceux de 1376 les rappelant tous et étant plus étendus, ils ont eu l'avantage d'être reconnus et confirmés depuis par les seigneurs du Beaujolais jusqu'en 1596 et forment le titre le plus légitime de l'engagement des seigneurs du Beaujolais et de leurs gratifications envers leurs vassaux.

Edouard, dernier seigneur du nom et des armes de Beaujeu, ayant eu des démêlés considérables avec les habitants de Villefranche en l'année 1397, ces citoyens obtinrent, le 13 mars 1398, des lettres du roi adressées au bailli de Mâcon pour informer contre ce seigneur. Edouard voulant prévenir l'événement du procès s'arrangea avec les habitants, le 25 mai 1399, et, par cet accord, le privilège essentiel qu'ils obtinrent de lui, fut l'exemption des péages dans toute sa terre et baronnie, tant deçà que delà la rivière de Saône, hormis ès places de la Marche et de Chavagneux.

Jean, duc de Bourbonnais, trouva ce privilège trop étendu, et le restreignit par ses lettres datées de Villefranche, le dernier février 1463, à l'exemption seule des péages de la Marche et de Chavagneux, il confirma de nouveau ce privilège, le 5 de mai 1470.

Un des privilèges, qui se soit le plus soutenu est celui des marchés et des foires de Villefranche ; on peut même le regarder comme un des plus anciens et des plus modernes en même temps.

En effet, la plus ancienne charte en fait mention en ces termes: *Quicumque venerit ad forum Villæfranchiae, quamvis debeat debitum in villa, nisi forum fuerit eidem prohibitum, veniens et rediens salvus debet remanere.*

On l'appelle moderne comme ayant été confirmé le dernier car, sans parler de Marie de Berry, duchesse de Bourbonnais et d'Auvergne, qui, par ses lettres patentes du 1er janvier 1427, accorda à la capitale, outre la foire de Saint-Simon, deux foires, l'une le lundi et le mardi avant la Chandeleur et l'autre le lundi et le mardi avant l'Ascension, on observera ici que les habitants de Villefranche ayant été troublés dans leurs privilèges à l'occasion des foires et marchés, s'adressèrent à Henry IV qui, par ses lettres patentes du 23 février 1602, les maintint et les conserva dans les privilèges de leurs foires et marchés avec défense à toute personne de les y troubler et avec injonction au bailli du Beaujolais de les en faire jouir, comme auparavant; mais ces foires, à l'exception de celle du lendemain de la Pentecôte, ne sont ni meilleures, ni plus nombreuses que les marchés ordinaires de la ville qui se tiennent les lundis de chaque semaine. La vente des bestiaux, des blés et des toiles font leur principal objet, et, de ces mêmes marchés, la montagne tire les trois quarts des grains dont elle a besoin. Lorsque le lundi se trouve fête double, le marché se remet au lendemain.

Mgr le duc d'Orléans rendit une ordonnance, datée du 3 août 1640 pendant la minorité de Mademoiselle, conforme à ce règlement et par laquelle injonction est faite aux officiers du bailliage d'y tenir la main.

Le privilège de chasser, accordé aux habitants de Villefranche par les anciens seigneurs de Beaujeu, doit être considéré comme une pure gratification, mais la confirmation de ce privilège de la part de Charles de Bourbon, datée de Moulins, au mois de septembre 1436, ne fut pas gratuite; on prétend qu'il fut accordé non seulement aux habitants de la capitale mais même à tous ceux de la province, moyennant 450 écus royaux de 64 au marc, et la ville pour sa part en paya 40, suivant la quittance qui se trouve dans ses archives.

Ce privilège, dit l'auteur des *Mémoires* de 1671, fut confirmé aux habitants de Villefranche par arrêt du parlement de Paris, de l'année 1494, contradictoirement rendu avec les officiers et les commissaires du duc de Bourbon qui avaient défendu aux habitants de chasser, quoiqu'on regarde cet arrêt comme définitif il n'est seulement que provisionnel et préparatoire et ne décide rien sur le fond, mais la confirmation postérieure du privilège accordée par Henry de Bourbon de Montpensier, le 16 janvier 1598, remit pour lors les choses au même état qu'elles étaient avant l'arrêt.

La jeunesse de Villefranche a de tout temps fait valoir ce privilège par la possession continuelle où elle est de chasser aux environs de la ville, mais l'ordonnance du mois d'août 1669, générale pour l'étendue de tout le royaume, semble les exclure de ce droit acquis jusqu'à ce que les habitants de la ville obtiennent une nouvelle concession du seigneur du Beaujolais. L'origine de cette permission doit être envisagée comme un fait de police de la part des premiers seigneurs de Beaujeu dans leur baronnie.

Le Beaujolais dans son principe était un pays très couvert, qui renfermait, dans ses forêts nombreuses, quantité de bêtes fauves et noires qui ravageaient les plantations de ses habitants et leurs récoltes, et pour les détruire les sires de Beaujeu permirent aux habitants de les chasser ; le plus grand nombre des forêts détruites, la plaine entièrement découverte, les bêtes fauves presqu'entièrement défaites et dissipées, la cause de la permission a cessé, d'ailleurs les derniers seigneurs du Beaujolais ayant fait des aliénations considérables de plusieurs terres et de leurs droits, les choses ne se trouvent plus dans le même état ou elles étaient anciennement.

L'extrait des franchises qu'on se propose de mettre à la fin de ces mémoires établira plutôt l'antiquité des seigneurs du Beaujolais et leur droit de faire ailleurs des lois, et d'accorder des grâces, que l'existence de ces mêmes franchises, anéanties en partie par la police générale du royaume et les lois romaines qui furent accordées en France, depuis le règne de saint Louis ; si ces privilèges ont autrefois distingué la capitale, il est d'autres titres plus modernes qui l'honorent aujourd'hui ; on aura lieu d'en parler dans la suite.

CHAPITRE PREMIER

DE L'ANCIENNE PAROISSE DE LA VILLE SOUS LE TITRE DE LA MADELEINE

On a dit que l'église de la Madeleine était la paroisse du hameau qui se forma aux environs de la tour d'Anse et qui donna par la suite naissance à la ville. Cette église était située dans l'étendue du terrain qui forme aujourd'hui le grand cimetière et dont on a pris, dans ce siècle, une grande partie pour établir la promenade publique et pour les fondations des casernes, de façon qu'il se trouve diminué de moitié.

Le seul vestige qui reste aujourd'hui de cette église, qui fut détruite en 1562 par les Huguenots, est une masse de maçonnerie sur laquelle est placée une croix et où l'on montait par un escalier qui existe ; la tradition veut que ce fut l'ancien jubé de cette église ; elle fut la paroisse de la capitale jusqu'au temps de la construction de celle qu'on a bâti dans le centre de la ville sous le vocable de la Vierge.

La ville honore et célèbre encore actuellement la fête de sainte Madeleine, comme première patronne de la paroisse, et plusieurs anciens habitants ont été témoins oculaires de l'usage où l'on était, au commencement du siècle, d'aller tous les ans en procession, le dimanche de Pâques fleuries, bénir, auprès de ce jubé, les rameaux qu'on distribue aux paroissiens.

Cette église avait un pasteur et sans doute des prêtres en nombre suffisant pour desservir la paroisse et y faire l'office avec décence, mais, comme il n'est parvenu jusqu'à nous aucun mémoire sur cette église et sur ses ministres, on va passer à la description de la paroisse actuelle de la capitale du Beaujolais.

CHAPITRE II

On ne voit qu'une seule paroisse dans la ville renfermée dans son enceinte dédiée à la sainte Vierge, sous le titre Notre-Dame-des-Marais quoique ses habitants soient au nombre de plus de 2500 communiants et les enfants de près de 500.

La tradition ancienne a consacré le titre de cette église par l'histoire vraie ou fausse qu'on va rappeler d'après les deux écrivains de l'autre siècle qui ont ébauché l'histoire de la ville [1].

Le lieu où est l'église n'était anciennement qu'un marais joignant les bords du Morgon où les bergers menaient paître leurs bestiaux. Un jour ces bergers virent se courber leurs bœufs et se prosterner vers un endroit que ces animaux regardaient tous. Ces pâtres s'approchèrent et frappèrent ces bœufs pour les faire sortir de ce lieu, ce fut en vain, ces bestiaux demeurèrent immobiles ; alors les bergers étonnés cherchent dans le marais et, parmi les roseaux, trouvent une statue de la sainte Vierge. Ils avertissent à l'instant le curé de la Madeleine et les principaux habitants qui se portent vers l'endroit, et l'on trouve leur rapport véritable ; on vient sur le champ en procession prendre cette statue, on la porte et on la dépose dans l'église paroissiale le plus décemment que faire se peut. La statue ne se trouva plus le lendemain dans l'église, le curé et les habitants la vont chercher dans le marais et la trouvent dans le même endroit où l'on l'avait prise le jour précédent ; on regarda ce lieu comme l'endroit où elle voulait être honorée et les habitants y bâtirent une chapelle qu'on appela Notre-Dame-des-Marais.

---

1 *Louvet et l'auteur anonyme des *Mémoires contenans ce qu'il y a de plus remarquable dans Villefranche.*

Lorsqu'on fit construire, il y a dix ou douze ans, un autel plus décent à cette même Notre-Dame, on s'aperçut d'une fraude pieuse inventée pour abuser de la crédulité du citoyen. On déplaça cette patronne de l'église, de l'endroit où elle était, disait-on, sur le même tronc d'arbre où on l'avait trouvée anciennement et ce qui ne se trouva pas vrai, et pendant la construction de la nouvelle chapelle à la droite de la nef, proche du chœur, et la démolition de l'ancienne, on entreposa cette statue dans une autre, proche de l'autel privilégié, où l'on trouva quelques jours [après] un écrit d'une écriture contrefaite par lequel on faisait dire à la sainte Vierge qu'elle voulait occuper son ancienne demeure.

A la vue de cet écrit qui fut trouvé heureusement par des citoyens sensés, l'on haussa les épaules en désapprouvant une pareille invention bonne à la vérité pour des siècles moins éclairés dans lesquels les peuples devenaient si souvent les dupes de ces ressorts cachés et de ces fraudes pieuses ; on déchira le billet, la sainte Vierge fut placée décemment à l'autel que le zèle des citoyens lui avoit élevé, et elle est restée dans cette nouvelle demeure, en dépit du billet et de celui qui l'avait écrit.

La date de la fondation de l'église paroissiale est incertaine, mais l'architecture de son vaisseau, paraissant être du bon gothique, annonce que sa construction est tout au plus du commencement du xivᵉ siècle ¹. Les voutes sont exhaussées, ornées de différentes rosettes percées à jour et d'un travail délicat; on y remarque les armes de plusieurs particuliers et celles de la ville, monuments certains de la générosité de tous ceux qui ont contribué à l'élévation de cet édifice. Ces armoiries placées en grand nombre, tant en dedans qu'en dehors et sur les arcs boutants des nefs et dans le même temps qu'on construisait les voûtes du milieu, des deux nefs de côté et des chapelles qui leur sont unies confirment dans le sentiment que cette construction n'est que du xivᵉ siècle et même du milieu de ce siècle et plus de cent cinquante ans après la fondation de la ville.

---

1. Fodéré, dans son livre des couvents de l'ordre (*Narration historique et topographique des couvens de l'ordre de S. François…*), p. 308, dit que pour agrandir l'église, les habitants achetèrent, tant d'un Rogier, tisserand, que d'autres propriétaires, trois marais, le 18 et 27 avril et 24 mai 1445, suivant les contrats d'achat qui sont à la maison de ville.

L'église de la Madeleine, trop petite pour recevoir les habitants de la nouvelle ville et trop éloignée par rapport à son emplacement, la communauté et les particuliers opulents contribuèrent sans doute à la construction d'un vaisseau qui répondit à l'étendue de la ville et à la piété de ses citoyens; les princes de Beaujeu animèrent le zèle de ces habitants par des largesses et des constructions de leur part pour l'élévation de ce saint édifice.

L'église est grande et bien percée; le Sancta Sanctorum [1] est boisé d'un bon goût; le maître-autel, en marbre et à la romaine, est élevé et le tabernacle qu'on voit dessus représente un temple en rotonde d'une bonne architecture; il est bien doré. Le chœur a, de chaque côté, deux rangs de stalles et est fermé par trois grilles de fer.

Outre la nef du milieu il en est deux parallèles, des deux côtés, dans toute la longueur de l'église, et à ces deux nefs, moins exhaussées que celle du milieu, sont jointes nombre de chapelles voûtées, dans la plupart desquelles on voit des sculptures travaillées avec soin. Sur la fin du dernier siècle, on comptait 31 chapelles ou autels, dont plusieurs sont bien rentées, mais quelques-unes sont abandonnées actuellement et sont dans un état à être interdites.

Les changements qu'on a faits à cette église depuis un demi-siècle l'ont embellie, l'ont éclairée et l'ont dégagée. Entre le chœur et la nef régnait, en 1714, un jubé qui empêchait les paroissiens de voir officier le célébrant à l'autel; on ne pouvait l'apercevoir que de la porte du chœur qui était fort étroite; on parvenait à ce jubé, assez spacieux, par un escalier proche d'un pilier; on montait par cet endroit aux archives de l'église, qui étaient une construction en bois faite entre les deux piliers qui se trouvaient au fond du chœur à la droite. Ce même escalier conduisait aux orgues placées entre les deux piliers, situés à droite dans la nef, immédiatement après le chœur. Ces deux constructions obscurcissaient la nef et le chœur; depuis ce temps ce jubé a été démoli et à sa place est actuellement une grille de fer et une porte dans toute la largeur de la nef qui la sépare d'avec le chœur; par ce moyen le chœur est devenu plus spacieux, l'église se

1. Ce Sancta Sanctorum paraît avoir été construit après coup, cette construction est prise sur la rue, vis-à-vis la cure et donne de la grâce et de l'étendue au chœur.

montre dans toute son étendue et les cérémonies de l'église sont vues de tous les citoyens qui sont dans la grande nef.

On a placé sur une voûte qu'on a construite au-dessus de la grande porte d'entrée de l'église les orgues auxquelles on parvient par l'escalier du clocher ; on a détruit les anciennes archives et le chapitre en a formé d'autres de l'ancienne chapelle de Saint-Jean et a fait construire à côté une salle pour les assemblées, prise sur le sol du petit cimetière ; cette salle communique aux archives qui sont bien voûtées et bien saines. On a encore dégagé la nef de l'église par la destruction de deux chapelles et l'on projette même d'obtenir la permission pour démolir les quatre autres qui sont adossées aux quatre piliers de cette même nef qui, par ce moyen, sera dégagée entièrement et laissera beaucoup d'espace aux habitants pour entendre plus commodément l'office divin.

La maîtresse nef était embarrassée jadis par quantité de bancs appartenant aux principaux habitants, qui étaient fondés à la vérité, mais qui ne laissaient qu'un espace fort étroit pour le peuple ; ces bancs furent déplacés [1] et mis hors de l'église, en 1726, en vertu d'une délibération de la marguillerie qui fit faire des chaises et en adjugea la ferme au profit de l'église [2]. On ne voit actuellement dans la paroisse que les bancs des principaux corps et celui de la marguillerie qui n'embarrasse aucunement.

L'on observera que l'église plus enfoncée que la grande rue devant laquelle elle est placée, a souvent contracté de l'humidité par les diverses inondations de la rivière de Morgon qui y est entrée en différents temps et dont on ne peut se garantir qu'à grands frais [3]. Elle est d'ailleurs fort froide, soit parce que les vitraux des chapelles des particuliers sont en mauvais ordre, soit à cause de quelques ouvertures qui ont été anciennement pratiquées aux voûtes de la grande nef ; il serait très facile de remédier à ces deux derniers inconvénients.

---

1. On les entreposa tous un matin sur la Calade, chaque particulier reconnut son banc et le reprit.

2. Cette ferme excède de beaucoup les fondations des bancs et se perçoit plus facilement.

3. Il faudrait combler tous les caveaux de l'église et en élever le pavé de deux pieds plus haut que le parvis ; cette élévation coûterait beaucoup par le rapport du terrain.

CHAPITRE III

L'église, à la fin du xve siècle, était d'un quart moins spacieuse qu'elle n'est aujourd'hui. Tout architecte connaîtra aisément que les deux dernières voûtes de la grande nef, que celles de droite et de gauche et que les quatre chapelles qui y sont jointes sont d'une construction plus moderne que le reste de l'église, quelques précautions qu'on ait prises pour imiter ce qui aurait été construit précédemment.

Bertrand de Monceaux acheta d'Antoinette Hugonin du Bourg, le 13 mars 1409, une boutique contigue à l'église ; le titre original de cette acquisition, qu'on voit dans les archives de la ville, fait voir, par les confins qu'il renferme, que sur l'emplacement de cette maison ont été construites les deux chapelles entre lesquelles sont aujourd'hui les tonts baptismaux et prouve qu'au commencement du siècle, de ce contrat, l'église n'était pas de l'étendue où elle est actuellement. Si l'on jette les yeux sur l'achat que fit la ville au mois de décembre de l'année 1499, au prix de 300 livres tournois, de la maison Corsin, située proche de l'église, de Claude Pancaillier, apothicaire, on verra, par les confins du contrat, qu'elle était placée dans l'endroit où est actuellement la chapelle de Saint-Jean ; enfin, le compromis du 20 janvier 1433, entre le curé et le nommé Corsin, au sujet de la place qui était entre l'église et la maison de Jean Corsin, père et fils, par lequel une partie de cette place fut abandonnée pour y bâtir des chapelles, prouve également que cette place relâchée et que le sol de la maison de Claude Pancaillier, depuis acquise par la ville, ont formé le terrain sur lequel sont à présent les chapelles de Sainte-Catherine, de Saint-Jean et partie du clocher de la paroisse.

Pour rassembler ici toutes les preuves de la construction moderne de l'église, du portail et du clocher on remarque aux prolongations des deux nefs de côté les armes de la ville, attachées aux voûtes, et telles qu'elle les avait alors, sous le chef de Bourbon, parce que les emplacements de ces nefs provenaient de la libéralité du corps de ville. Qu'on fasse attention au don de Pierre de Bourbon d'une somme de 1.200 livres pour être employée à la construction du portail de l'église et, à l'époque du 4 février 1499, jour de cette libéralité; qu'on réfléchisse sur la date de 1499, attachée en relief aux deux dernières voûtes de la grande nef, et aux armes des bonnes maisons alors de Villefranche, attachées à ces mêmes voûtes; on doit conclure avec certitude par toutes ces preuves que, sur la fin du xve siècle, l'église fut agrandie des deux dernières voûtes, des trois nefs et des quatre chapelles des côtés; que, dans le même temps, le portail et le clocher furent construits des libéralités du prince, de la ville, des particuliers les plus riches et même du commun des citoyens.

On dit le clocher, parce que sur le chœur règne encore actuellement le clocher de l'ancienne église qui contenait les cloches avant la construction de celui qui sert actuellement et qui est parallèle au portail; il est vrai même de dire que si ce dernier clocher eût été bâti avant l'année 1499, il eût été isolé, séparé et même éloigné de l'église; la liaison des pierres de taille prouve que la façade de l'église et ce clocher ne forment qu'un même ouvrage construit dans le même temps.

Mais pour surabondance de preuves, on copiera pour un moment Louvet. Cet auteur dit que les échevins présentèrent requête à Pierre de Bourbon en exposant qu'étant nécessaire d'agrandir l'église, ils avaient acheté une maison d'Antoine Masuyer, joignant l'église avec une place de banc devant l'église et proche de cette maison, où les habitants voulaient faire le clocher, et comme cette maison et ce banc devaient à la censive de Mgr. 7 sols 6 deniers viennois par an, et que le laod était de 25 livres pour l'acquisition, ils demandaient à Son Altesse la remise de cette somme et qu'il voulut bien amortir à perpétuité sa censive, ce qu'il fit par ses lettres datées de Villefranche, le 24 mars 1499.

Il ne reste plus qu'à lever l'équivoque que peut faire naître la date de 1499, qu'on remarque à la partie de la voûte de la grande nef, qui est immédiatement au-dessus du grand crucifix, et voici comment on peut développer la cause de la place de cette date. Cette voûte donnait immédiatement sur le jubé où l'on plaça pour lors un grand crucifix dont le pied de la croix appuyait sur un autel pratiqué dans ce même jubé. Les habitants, mus de dévotion, formèrent à la voûte une espèce de couronne composée de culs-de-lampe en pierre blanche, d'une sculpture fort belle et attachée à la voûte par des crampons de fer et l'on data à cette même voûte le temps de cette construction. L'ouvrage moderne de cette couronne et cette date mise après coup étayent suffisamment cette explication qui se présente naturellement.

Passant de l'intérieur de l'église au portail, on peut assurer que son frontispice mérite l'attention de l'étranger et du citoyen ; il est d'un bon gothique comme ceux de toutes les églises de la fin du xve siècle. Les figures sont en pierres de taille et l'ouvrage est chargé de festons, de feuillages et d'arabesques ; trois portes principales le composent, mais celle du milieu forme la façade la plus remarquable, dominée par les armes de Bourbon avec ses supports de cerfs ailés ; le tout est parsemé de devises de cette maison comprises sous le mot *espérance* ; on y voit aussi des chardons représentant l'ordre de cette maison dont on a parlé au treizième chapitre de la seconde partie de ces mémoires ; un chiffre annonce le nom du prince et des princesses qui ont libéralement concouru à la construction de ce portail. Le P, S, P P S et PA entrelacés ensemble désignent Pierre de Bourbon, Suzanne de Bourbon et Anne de France.

La porte à main droite se trouve pratiquée sous le clocher et celle qui est à gauche forme une espèce de pyramide où l'on remarque des orneménts admirablement sculptés.

Les comptes de la dépense de ce frontispice qu'on voit dans les archives de l'Hôtel de Ville font apercevoir qu'on ne donnait alors aux ouvriers que six deniers par jour, somme qui équivalait au salaire qu'on donne à ceux d'aujourd'hui ; on peut juger par là que les 1.200 livres données par Pierre de Bourbon pour ce portail valaient dans ce temps 7.000 livres de notre monnaie.

Le clocher maintenant n'est que la base d'une tour élevée en pyramide, d'une hauteur prodigieuse et d'un travail recherché ; elle fut commencée en 1518. Louise de Savoie et François Ier avaient abandonné, pour plusieurs années, afin de faciliter cette construction, la moitié des laods et ventes qui leurs étaient dus comme seigneurs ; Anne de France avait accordé avant eux la même gratification.

Cette tour octogone, couverte d'ardoises en forme d'écailles de poisson, était garnie de plomb sur ses angles rehaussé de feuillages et de chardons dorés et azurés. Trois galeries, à distances égales, régnaient autour de cette aiguille, de façon que la plus élevée était la plus étroite ; elles étaient également revêtues de plomb, on y avait employé 32 milliers et 8 quintaux de ce métal, qui, en 1525, montait à 5 ou 6 deniers la livre ; mais cet ouvrage, un des plus magnifiques en ce genre qui fut en France fut la victime du crime d'un seul homme.

Suivons, sur cet événement, le journal de Claude Favre, alors secrétaire de la ville, le 23 avril 1566, le feu prit, dit-il, à ce clocher, avec tant de violence, que l'aiguille fut entièrement brûlée et toutes les cloches fondues sans faire aucun dommage à l'église. Ce fut par la conspiration d'un huguenot natif de Rouen, qui demeurait alors à Roanne, qui vint pour cette action à Villefranche et fit son complot avec des serruriers étrangers qui y travaillaient, qui d'intelligence mirent le feu à cette tour ; l'incendiaire huguenot fut pris à mille pas de la ville, comme il s'enfuyait et confessa son crime ; on lui fit son procès et, par sentence, il fut brûlé vif devant l'église. Ce secrétaire ne parle point des serruriers ses complices.

Un auteur [1] du Beaujolais a consacré sa plume à déplorer ce malheur et c'est ainsi qu'il s'exprime :

DE INCENDIO TURRIS TEMPLI VILLAEFRANCHAE.

Urbis honor, patriaeque decus, templique venustas,
Turris, et aurato radiantia culmina plumbo,
Mirificumque sacrae aedis opus, pia pyramis arsit,
Exornata ducum clypeis a sanguine regum.
Quam pia sors templi, quam vectigalia quondam
Principis, et populi quam census, opesque levarant.
Isaque liquenti defluxit nola metallo,

---

1. C'est Guillaume Paradin, doyen de Beaujeu, dans ses œuvres poétiques, imprimées en 1581. — *Collationné sur l'original : Gulielmi Paradini Anchemani Epigrammata, Lugduni, apud Ant. Gryphium, 1581, pp. 41-42.

> *Fluminis instar agens aeratos ignibus imbres :*
> *Unde arae, fusisque calent delubra metallis :*
> *Per laticesque aeris immistum evolvitur aurum :*
> *Cujus pars varios per fornicis acta meatus,*
> *Fluxit ad usque pios jam condita funera manes :*
> *Pars glaciata riget, fundo testudinis herens.*
> *Impia conflavit qui sacrae incendia turris,*
> *Dignus erat flammis qui conflagraret eisdem,*
> *Aut qui membra rotae radiis distentus, hiantes*
> *Pasceret infaelix laniata per entera corvos.*
> *Aut qui mille neces passus, scelus usque nefandum*
> *Fuste, rotis, flamma, gladiis, ac reste piaret.*

Cet accident procura à la ville, de la part des ducs de Bourbon, l'abandon de la moitié des laods des maisons qui se vendraient dans la ville, pendant un certain temps, pour la réparation de ce clocher; mais ces derniers furent insuffisants pour rétablir l'ouvrage dans l'état où il était auparavant.

On observera seulement ici que ce clocher est garni de quatre grosses cloches, que la sonnerie est très belle, et qu'on y a entreposé celles de l'abbaye de Joug-Dieu, qui sont fort petites et d'un son extraordinairement perçant; au-dessous des cloches est une horloge; son ancien cadran, dont les heures étaient en gothique, fut refait en plomb, en l'année 1739, les heures sont en chiffres romains et dorés.

L'auteur des *Mémoires de Villefranche* n'a pas oublié de parler du parvis qui règne devant l'église, qui forme une promenade commode et qu'on nomme *Calade*. Ce terme consacré à désigner ce parvis est dérivé du mot hébreu Kala [1] qui veut dire une pierre, dont on a formé celui de *Calada*, qui signifiait autrefois pavé et qui est en usage à Montauban. Le père de Bussières, dans ses *Mémoires de Villefranche*, dit que cette Calade est assez fameuse pour ne pas dire redoutable à tout le pays ; on peut même ajouter que plusieurs auteurs en font mention. Les fainéants qui s'y promenaient anciennement, à toute heure, et qui s'habituaient à contrôler impitoyablement les passants,

---

1. Voyez le *Dictionnaire universel*, sous le mot *calade*.

ont acquis à ce lieu cette renommée qui n'a que trop influé sur la
réputation du corps des citoyens, et de là, les mauvais plaisants ont
souvent désigné les habitants de Villefranche sous le terme de *Caladois*,
mot synonyme dans le sens à celui de *railleur*. Par cette Calade et à
côté du clocher, on parvient, par une porte cochère qui se ferme, à un
petit cimetière qui jadis formait une place appartenant à un nommé
Corsin, qu'il prétendait avoir droit de fermer par devant et par derrière, excepté les jours des processions. Tout fut réglé comme on l'a dit
par le compromis de 1433; depuis le commencement de ce siècle, on
ne fait plus de processions autour de l'église et même, depuis dix ans,
on a pris une partie de cette place pour y construire une salle pour le
chapitre, on y a élevé également une loge pour y entreposer les chaises
de l'église, et dans le milieu se trouve une cave voûtée où l'on enterre
actuellement les petits enfants, usage qu'on devrait abolir pour prévenir l'infection que ces cadavres peuvent causer au centre de la ville.

Par une petite porte opposée à la porte cochère, on entre dans un
passage commun qui pénètre par la maison de Mme de Pierreux, sur
la rue de derrière et vis-à-vis la maison curiale, et, sur la porte qui sert
d'entrée à la maison de ladite dame, règne une voûte sur laquelle est
un endroit destiné à serrer les ornements de l'église, on y parvient par
la sacristie.

La sacristie, construite à neuf depuis l'année 1704, est assez commode quoique étroite, parce qu'on a été obligé de se conformer à l'emplacement, pourvue de toutes les commodités ordinaires d'une sacristie,
elle renferme dans ses tiroirs des ornements de toutes les couleurs, en
velours, en broderies d'or, en galons d'or et d'argent, et enfin en bro-
cards magnifiques, son trésor est assez considérable pour une ville de
peu d'étendue, on peut évaluer l'argenterie de l'église à une somme de
9 à 10.000 livres.

Le maître-autel est orné, le jour des fêtes solennelles, de deux croix
d'argent, l'une de l'abbaye de Joug-Dieu est fort ancienne, l'autre de
la paroisse, dont le bourdon est tout en argent [1], ces deux croix repré-

---

1. On lit dans les papiers de l'Hôtel de Ville que ce bourdon en argent fut fait à
Lyon, en l'année 1618, par un orfèvre nommé Gabriel Mégret.

sentent l'union de l'abbaye au chapitre, les tapisseries de l'église représentent l'histoire de la Vierge.

Le vaisseau dans lequel on expose le Saint-Sacrement est digne de remarque par son antiquité, de la hauteur d'environ 24 pouces, son pied doré soutient un vase de cristal de roche, enchassé de vermeil et recouvert par un couvercle aussi de cristal morné en vermeil, le couvercle est surmonté d'une croix et s'ouvre à charnière, dans le vase on pose, sur un croissant de vermeil, la sainte Hostie, les soleils ont succédé à ces vases anciens fort communs dans la primitive Église.

CHAPITRE IV

DES PRÊTRES QUI DESSERVAIENT ANCIENNEMENT L'ÉGLISE
DE VILLEFRANCHE

L'ancienne église de la Madeleine avait ses pasteurs ; la nouvelle paroisse, érigée dans le centre de la ville, eut aussi les siens ; un curé et plusieurs prêtres de l'endroit qui aidaient le pasteur et chantaient l'office divin, formèrent d'abord la société de Villefranche dont on ne peut découvrir l'origine précise, ni le temps de son établissement ; on peut néanmoins regarder cette société de la même date de la ville, ou tout au moins du xiiie siècle, le plus ancien titre qui en fasse mention est un vieux cahier de reconnaissances de pensions dues au luminaire de l'église, de 1300[1], le suivant, de l'année 1313, qu'on voit dans les archives du chapitre, est un terrier de différentes reconnaissances de pensions, dont le frontispice s'exprime ainsi : *ad opus curati dicti loci et capellanorum sociorum qui pro tempore fuerunt et desserviunt in dicta ecclesia.*

Le nombre des sociétaires, dans les premiers temps, était considérable ; on prétend même qu'il fut jusqu'à celui de dix-sept ; mais le malheur des temps ayant diminué les revenus et les Huguenots ayant spolié ou détruit la plus grande partie du patrimoine de l'église, ces sociétaires ne furent plus qu'au nombre de six, attachés à la paroisse et le curé à leur tête, ils eurent même recours à la bonté de Charles IX[2] qui, par un édit du 1er juillet 1564, les exempta des tailles, des impositions publiques, des corvées, du guet et garde et du logement des gens de guerre.

1. Ce cahier forme le 1er titre de l'inventaire des papiers de l'Hôtel de Ville, fait par Louvet, en 1668.

2. Ce monarque était alors à Lyon.

Ces sociétaires alors faisaient dans la paroisse très exactement le service divin, et avec les mêmes cérémonies qu'observaient les collégiales. On y disait les matines, on y chantait tous les jours la messe et vêpres; la fondation faite par Jean, duc de Bourbon, en 1475 et celle [1] du sieur Deschamps, élu, dont on voit l'inscription en cuivre rouge proche la grille du chœur, avaient assigné des revenus pour ces offices journaliers; on suivait dans ce temps l'usage de Lyon pour officier, mais, en 1656, on prit le chant et les cérémonies que le concile de Trente avait prescrits.

La transaction passée entre le curé de Villefranche et les frères de l'hôpital de Roncevaux, de 1239, prouve que l'église paroissiale était déjà transférée à Villefranche, vraisemblablement dans la première chapelle qu'on bâtit en l'honneur de Notre-Dame des Marais, et qu'on y chantait dès lors les messes les dimanches et les fêtes.

Sans doute que, dans le temps de cette transaction, le curé n'avait encore pu s'établir proche de son église, puisque 40 ans après, il fut obligé de s'engager, auprès du seigneur de Beaujeu, à lui payer une somme de 10 livres viennoises, pour raison d'une chambre et d'une grange, dans l'endroit apparemment où est actuellement la cure, et ce, suivant l'accord fait par Aymar, archevêque de Lyon [2], en 1279.

Tous les terriers appartenant au luminaire et au banc des âmes [3] servent à nous apprendre que, dans les 14, 15 et 16e siècles, l'église possédait des revenus assez considérables qui ont échappé, en partie, aux mains avides des Huguenots.

Les offrandes, plus fortes que celles d'aujourd'hui, et le casuel enrichissaient les curés, les droits qu'ils exigeaient alors étaient si excessifs, qu'on fut obligé de les réprimer, surtout par rapport aux mariages et aux sépultures, par un accord fait, le 25 février 1415, entre les habitants et le curé, ces droits, quoique restreints, étaient encore considérables, eu égard à l'évaluation des monnaies du temps, mais le successeur du curé qui avait transigé, se croyant lésé par cet accord, et, sur

---

1. Voyez le folio 158 du 3e volume des enregistrements de la Chambre du trésor.

2. Voyez le livre coté A du trésor, folio 27 verso.

3. Ces titres sont presque tous copiés dans l'inventaire des papiers de l'Hôtel de Ville, fait par Louvet.

ce prétexte, refusant d'enterrer les morts, excita les lettres patentes de Louis XI, du 16 janvier 1474, par lesquelles il était enjoint au bailli de Mâcon et au sénéchal de Lyon de saisir le temporel du curé et de commettre à sa place un autre prêtre, et le curé obstiné, plus attaché que charitable, subit une condamnation de la part du commissaire que le roi envoya sur les lieux, la même année.

Les revenus de l'église se partageaient en huit portions, dont le curé en avait deux; outre les pensions dues à l'église, plusieurs petites prébendes, quatre chapelles [1] suffisamment dotées par les seigneurs de Beaujeu, et deux prébendes fondées par Jean de Gayand [2], marchand à Villefranche, pouvaient entretenir aisément six prêtres.

Il fallait qu'au 5 janvier 1484, les curés et sociétaires fussent à leur aise, puisqu'à cette date Charles VIII donna ses lettres adressées au bailli de Mâcon et au sénéchal de Lyon, pour contraindre le curé, les sociétaires et les autres prêtres qui avaient maisons à Villefranche, à contribuer aux réparations de la ville. Ils y furent contraints, et cette contrainte occasionna l'accord entre les échevins, le curé et les sociétaires, du 8 avril 1485, par lequel les prêtres s'engagent à réparer, fortifier, munir et garnir d'artillerie, en cas de besoin, les murailles et la tour dite des Prêtres, à leurs frais et dépens, et de pourvoir à l'entretien des murailles, depuis cette tour jusqu'à la tour ronde, dite de Gayant, du côté de vent, tant en longueur qu'en hauteur, ce qui fut confirmé, le 21 mai suivant, par le sieur Bertrand, vicaire général de Mgr l'archevêque de Lyon.

Tel fut, à peu près, l'état de la société jusqu'à l'année 1680.

1. Entre autres une fondation d'Antoine, sire de Beaujeu, sous le vocable de Saint-Jacques le Majeur et de Saint-Antoine, confirmée par Charles de Bourbon, en 1447. On voit au trésor de Villefranche, folio 16, 17 et 18 du volume des enregistrements, la clause du testament qui crée cette fondation, et, au volume des enregistrements, coté numéro 11, en l'inventaire de 1609, liasse II, folio 15, on lit les articles concernant le règlement et les charges des prébendiers de cette chapelle.

2. Cette chapelle est sous le vocable de la Sainte-Vierge, de Saint-Jean-l'Évangéliste et de Sainte-Marie-Madeleine, et la fondation est de l'année 1473.

CHAPITRE V

DES MARGUILLIERS DE L'ÉGLISE

L'intendance [1] de la fabrique des églises appartenait anciennemènt à l'évèque ; les évêques la donnèrent aux archidiacres, les archidiacres aux curés ; l'avarice et la négligence des curés furent cause qu'on choisit des notables entre les paroissiens pour administrer avec zèle le temporel de l'église ; les évêques ont voulu, depuis, soumettre ces marguilliers à la juridiction ecclésiastique, mais les juges séculiers ont maintenu leur possession comme s'agissant du temporel, les marguilliers comptables étant alors de condition laïque ; aussi Ferret soutient que les marguilliers ne sont aucunement justiciables des évêques, ni pour leur élection, leur destitution, ou leurs comptes ; on a dit autre part que les échevins étaient marguilliers nés, le curé l'est aussi, mais ils n'exerçent point le temporel de l'église.

Quoiqu'il y eut des échevins en 1376, on ne doit point se persuader qu'il y eut aussitôt des marguilliers laïques ; les archives de la ville ne nous font paraître ces marguilliers que depuis l'année 1607. Le premier est François Fiot, luminier de la paroisse dans cette année ; on y voit aussi un Robert Simonard, recteur du banc des âmes, en l'année 1615. Ces comptes qui, depuis ce temps, se succèdent tous les ans, nous découvrent que l'ancien usage était de nommer, chaque année, un luminier ou marguillier qui touchait ou régissait les deniers de l'église, sous la vue du curé et des échevins, par devant lesquels il rendait son compte. En sortant d'exercice, le recteur du banc des âmes était choisi également chaque année et rendait aussi son compte à la fin de son administration, par devant les mêmes personnes.

Cet usage se perpétua jusqu'à l'année 1714, temps où l'on donna

---

1. Voyez le *Dictionnaire universel* au mot *marguillier*.

une nouvelle forme à l'administration du temporel de l'église ; le curé, les échevins et les notables assemblés travaillèrent à des règlements pour être observés, dans la suite, par les marguilliers qu'on choisirait.

Ces règlements, qui sont dans les archives de l'Hôtel de Vill e, portent entr'autres qu'on élira, tous les deux ans, alternativement dans le corps des nobles [1] et des officiers de justice, et dans celui des procureurs et des marchands, deux particuliers, le premier dimanche après la Pentecôte, pour être premier et second marguillier en exercice ; que le second marguillier ferait la recette des deniers de la fabrique, et en rendrait compte après son exercice, qui durerait deux ans ; qu'après ces deux ans, on choisirait, dans le même corps, deux nouveaux marguilliers qui auraient les fonctions et le pas sur les deux qui sortaient d'exercice et qui resteraient encore deux ans, en qualité d'anciens marguilliers en état d'instruire les nouveaux. Les comptes s'apurent, comme autrefois, par devant le maire et les échevins ; c'est le curé qui préside aux assemblées, qu'il a soin de convoquer et qui se tiennent chez lui.

Les registres et les titres de l'église sont fermés dans un coffre à deux clefs, dans la maison du curé ; ce pasteur en a une et le premier marguillier en exercice a l'autre. Quoiqu'on possède les registres du siècle passé, qui peuvent quelquefois servir de documents, celui qui commence à l'année 1714, temps des nouveaux règlements, est le plus essentiel et le plus en forme. On y écrit de suite toutes les délibérations des assemblées qui se tiennent exactement depuis la nouvelle forme qu'on a donnée à l'administration du temporel de l'église.

Pour observer une plus grande exactitude, on est dans l'habitude de choisir un de messieurs les chanoines du chapitre pour marguillier ecclésiastique, qui est un adjoint au sacristain-curé, qui, occupé aux fonctions assez étendues de sa paroisse, ne pourrait pas toujours entrer dans des détails continuels ; cet ecclésiastique veille aux choses nécessaires à la sacristie, soit pour ce qui concerne les linges, les ornements et le trésor de l'église.

1. Dans ce temps, il était aisé de trouver des nobles pour premiers marguilliers ; beaucoup de gens de condition faisaient alors leur résidence dans la ville ; il serait à présent difficile de suivre ce règlement à la lettre.

On nomme aussi un recteur du banc des âmes et on le choisit parmi les citoyens zélés. On se repose sur sa probité de son administration, dont il rend compte dans une assemblée de marguilliers, par devant ceux qui assistent ordinairement au bureau ; on le laisse en exercice autant de temps qu'on le juge à propos ; quelquefois même cette fonction devient à vie.

On a trouvé souvent extraordinaire que les deux marguilliers en exercice eussent le pas sur les deux qui en sortaient, de façon qu'il est ordinaire de voir un gentilhomme ou un officier du bailliage au-dessous d'un marchand ou d'un procureur ; cet usage a fait même quelquefois abandonner la place aux anciens marguilliers ; on aurait pu sans doute rectifier cet usage par celui pratiqué dans toutes les paroisses de Paris. Le premier marguillier en exercice a le pas sur les autres ; le premier marguillier sortant d'exercice la seconde place ; le second marguillier en exercice occupe la troisième et le second marguillier hors d'exercice occupe le dernier rang ; de cette façon, les bienséances sont plus ménagées.

Les revenus de l'église ou de la fabrique dépendent plus des libéralités des paroissiens que d'un bien fixe. Quelques servis et quelques pensions sur les immeubles de quelques particuliers, valant environ 40 écus de rentes annuelles, forment le seul revenu fixe de la fabrique ; le surplus qui n'est qu'un casuel, consiste dans les quêtes des fêtes solennelles et des jours de la Vierge, qui peuvent être un objet tout au plus de 500 livres. Celle qu'on fait tous les lundis pour les âmes du purgatoire et le produit des troncs peuvent s'évaluer, années communes, à 50 écus. La distribution des cierges pour la fête de Dieu que chaque habitant paie, suivant ses moyens, entretient à peine l'église de cierges pendant l'année ; la ferme des chaises est un objet de 40 écus ; enfin les droits dus à la marguillerie dans les enterrements pour l'argenterie de l'église, forment un casuel très modique ; toutes ces sommes réunies ne montent tout au plus qu'à celle de 13 à 1400 livres qui suffisent à peine pour les charges et l'entretien de cette même église.

Entrer dans le détail des charges de l'église, ce serait entreprendre de faire une histoire particulière de la marguillerie, assez peu intéressante ; il suffira d'observer simplement que lorsque les deniers de la fabrique ont été insuffisants pour faire des constructions essentielles dans l'église, on prend le parti de faire des quêtes telles que celles que l'on fit pour la réédification de la chapelle de Notre-Dame des Marais ; le corps de ville se prête aussi à ces dépenses en donnant une somme une fois payée.

On vit il y a cent ans [1] les sieurs de Phelines et Laurens, sous leur échevinage, réparer les dégâts faits au portail de l'église par les Huguenots, en 1562.

1. Cette réparation fut faite dans les années 1654 et 1655.

TITRE TROISIÈME

CHAPITRE PREMIER

DE L'ORIGINE DU CHAPITRE

Louvet, dans son *Histoire de Villefranche*, imprimée en 1671, nous dit à la page 13, en parlant de l'église, qu'on travaillait alors à y ériger un chapitre au moyen de l'union de l'abbaye de Joug-Dieu, qui s'en va ruinée, dit-il. Le zèle du sieur Chaillard, alors curé de Villefranche, et du sieur Noël, curé de Béligny, tous deux sociétaires, ne contribua pas peu à l'érection de la société en chapitre; ces deux particuliers, possesseurs d'un bon patrimoine, jugèrent que les revenus de la société insuffisants devaient être augmentés pour mettre en état les nouveaux chanoines de célébrer le service divin sans la moindre inquiétude du côté du temporel. Ce motif les détermina à augmenter considérablement les revenus de la société par la donation qu'ils firent tous les deux de leurs biens, meubles et immeubles[1]. Depuis cette libéralité, ils ne cessèrent de poursuivre l'érection de la société en chapitre; ils conférèrent de ce projet avec les officiers du bailliage et les échevins et, de concert avec les notables et les principaux habitants, ils s'adressèrent à Mgr Camille de Neuville qui, par sa sentence du 31 janvier 1682, érigea l'église paroissiale de Villefranche en collégiale et la société en chapitre.

[1]. Ces immeubles consistaient en trois vignobles situés dans les paroisses de Pommiers, Lacenas et Corcelles, dont le chapitre est actuellement jouissant.

Dès lors, le sieur Simonard, curé de la ville, par résignation du sieur Chaillard, prit possession de la place de doyen curé, titres qui devinrent indivis, le sieur Saladin, second sociétaire, posséda celle de chantre, et les sieurs Noyel, Chappuis, Giliquin, Bessie et Tournier, aussi sociétaires, eurent des places de chanoines ; le sieur Chaillard prit aussi possession d'une |huitième prébende canoniale, qui devait s'éteindre à sa mort ; il eut rang immédiatement après le doyen, en considération des biens qu'il avait donnés à l'église.

Les habitants virent avec plaisir ces prises de possession ; en vertu d'un mandement de Mgr l'archevêque, ce fut le 8 mars 1682 qu'elles eurent lieu après les prières de 40 heures, avec indulgences et après une procession générale, la sentence d'érection du chapitre fut homologuée par lettres patentes de Louis XIV, du mois de septembre 1682, et le tout fut enregistré au Parlement, le 25 février 1683.

On a, depuis, réuni ce chapitre à l'abbaye de Joug-Dieu, proche Villefranche, fondée en 1118, par Guichard II de Beaujeu, comme on l'a dit à l'article de ce seigneur. Cette réflexion conduit insensiblement à parler ici de cette abbaye.

CHAPITRE II

DE L'ABBAYE DE JOUG-DIEU

L'abbaye royale de Joug-Dieu, célèbre par son fondateur et pour son antiquité, est remarquable aussi par le trait qui donna lieu à sa fondation.

Guichard II exécuta, le 4 des calendes de juillet 1118, le dessein de convertir son château de Thamais, situé proche de la Saône, à un quart de lieue de Villefranche, au nord-est, en une habitation de religieux: le songe ou la vision qu'il eut dans ce château fut la cause de cette métamorphose. On ne l'accréditera ici que par la traduction littérale du titre primordial de la fondation de cette abbaye, déposé en latin [1] dans les archives du trésor et du chapitre de cette ville.

« Vos témoignages admirables, Seigneur (c'est Guichard II qui parle), ont toujours pour but d'élever nos cœurs à la contemplation des choses célestes, par les signes et les prodiges dont vous daignez les frapper, quelque haïssables que ces cœurs dussent vous être par leur pente naturelle à la corruption du siècle; c'est donc au nom de Notre Seigneur Jésus-Christ, que moi Guichard, seigneur du Beaujolais, révèle à toute la terre la vision mystérieuse et marquée au sceau du prodige qui m'est arrivée dernièrement.

« J'étais dans ma chambre, au château de Thamais, lorsqu'au milieu

---

1. La minute originale de ce titre est dans les archives de l'abbaye royale de Tyron, ordre de Saint-Benoit, diocèse de Chartres, dont copie a été expédiée par Rousseau, notaire royal, sur l'original présenté par F. Philibert Binet, religieux archiviste de ladite abbaye, le 1er juin 1680, et c'est la copie que possède le chapitre. Le même titre a été expédié le 26 janvier 1751, par Hédiard, notaire royal, sur la minute originale représentée par dom Pierre le Harivel, procureur de l'abbaye de Tyron, et c'est l'expédition qui se trouve dans la chambre du trésor.

de la nuit, j'eus la vision suivante : je voyais six hommes vénérables dans un habillement bien différent par sa simplicité du luxe des nôtres, mais d'un éclat admirable, qui, courbés sous un joug d'attelage, labouraient le terrain autour de mon château, et saint Bernard, abbé du monastère de Tyron, qui, tenant le manche de la charrue, les aiguillonnait, dès qu'ils avaient ouvert un sillon, pour les exciter à poursuivre, d'où je vis à l'instant pulluler la plus riche moisson.

« Après avoir longtemps et mûrement réfléchi sur la nature de cette vision, je connus qu'elle m'annonçait ce qui devait arriver par la suite, c'est pourquoi je partis aussitôt pour aller trouver le saint abbé Bernard auquel, tant à lui qu'à son monastère, je fis don de mon château de Thamais, avec toutes ses dépendances, lui demandant six religieux pour offrir à Dieu tout puissant, dans ce lieu, des vœux assidus pour mon salut et celui de mes devanciers et de mes successeurs et généralement pour tous les vivants et les morts.

« Ce saint personnage m'accorda volontiers ma demande que j'étendis sous les conditions et prérogatives suivantes, voulant, qu'en vertu de la vision sus énoncée de six religieux trainant un joug, ma terre de Thamais fut désormais appelée Joug-Dieu, or telles sont les concessions.

« J'ai donné et je donne, à perpétuité, à saint Bernard [1], abbé de Tyron et à son monastère, ce lieu que l'on nommera dans la suite Joug-Dieu, avec toutes ses dépendances, aussi libre et exempt de toutes charges que je le possédais, ne me réservant, ni à mes successeurs, pas même aucun droit de justice ou de supériorité quelle qu'elle soit, et afin que le nombre des religieux s'augmente et que le service divin s'y fasse avec plus d'ordre et de décence, j'ai consenti, par ces présentes, et je consens que si l'abbé ou ses successeurs viennent à acquérir quelques fonds au profit du monastère de Tyron ou de Joug-Dieu, soit à titre de don, d'achat, ou de quelque manière que ce soit, ils soient censés amortis pour le présent et pour toujours, quand même ils seraient de nature féodale.

« Bien plus, pour prouver encore mieux mon attachement à ce monastère respectueux, je m'en déclare moi et mes successeurs, seigneurs du

1. Il mourut le 14 avril 1116, âgé de plus de 70 ans, voyez Moréri au mot Bernard.

Beaujolais, pour toujours les humbles et les zélés défenseurs, voulant encore que si quelqu'un de mes successeurs refusait d'en soutenir les droits et d'en prendre la défense, il encourre, par le seul fait, l'amende de 50 livres d'or, payables aux religieux dudit monastère.

« J'ai pris pour témoins de ces dispositions les gentilshommes suivants : Roclan de Marzé, Bodin de Marzé, Pierre de Villefranche, Guy de Courtembley, Gérard de Pratelle, Yves de Courbeville, Geoffroy de Beauvoir, Anselme de Marseille, Humbert de Malespine, Roffroy de Vieux-Bourg, Guillaume de Chantemerle. Payen de Martiac, Sulpice de Varennes, Etienne de Marchamp, Durand de Stoldis, Girard de Poyle, Hugues de Chavannes, Amblard de Beauregard, Humbert de Vauguiton, et plusieurs autres. Fait et passé au monastère de Tyron, par cession des présentes et de ma hache d'armes, du libre consentement de mes fils Humbert, Girard et Gontrand, et de mes filles Elaide et Marie qui ont ratifié mes dispositions et juré sur le grand autel de cette abbaye de s'y conformer, le 4 des calendes de juillet, l'an de grâce 1118, sous le règne de très excellent roi des Français, Louis [1], dont Jésus-Christ, fils de Dieu, veuille étendre la gloire dans les siècles des siècles. Ainsi soit-il. »

Telle fut l'origine de l'abbaye de Joug-Dieu, cette donation de la terre de Thamais, fut ratifiée par le pape Honoré II [2] le 15 janvier 1132, l'an second de son pontificat.

Joug-Dieu n'était alors qu'un prieuré et ce fut en 1137 que Guichard II obtint de l'abbé de Tyron son érection en abbaye.

Le nombre des six premiers religieux qui furent transférés dans ce nouveau couvent s'accrut au double, les revenus du château de Thamais suffisaient à leur entretien ; cette terre était alors considérable quoiqu'elle eut souffert un démembrement, en 1220, par la division de ses dépendances, en faveur de la chartreuse de Montmerle en Bresse. Severt en rapporte l'acte de partage dans ses *Archevêques de Lyon,* page 263 ; outre la chartreuse de Montmerle, on veut encore que cette abbaye ait donné et la naissance et des fonds à celle de Seillon en Bresse, et que ces

---

1. C'est Louis le Gros.

2. Et non Innocent II qui ne commença à régner qu'en 1143, non plus que Luce II qui parvint à la papauté en 1145, comme quelques-uns le prétendent.

deux couvents aient dépendu très longtemps de Joug-Dieu, sous le titre de prieuré de l'ordre de Saint-Benoît.

Malgré ces établissements, les moines de Joug-Dieu vivaient encore avec assez d'aisance dans leur monastère; on remarque qu'à la fin du XIIIe siècle, les fonds de cette abbaye étaient beaucoup plus considérables qu'aujourd'hui mais, soit par malheur des temps, soit mauvaise administration, soit enfin aliénation et même déprédation de la part des abbés commendataires, il fallut se conformer au peu de revenus qui restèrent à ce couvent et restreindre les religieux au nombre de six [1].

Ces six religieux vécurent longtemps en communauté, observant avec assez d'exactitude la règle de saint Benoît, mais leurs bâtiments tombant en ruine, aussi bien que leur église, ils furent chacun dans la nécessité de vivre en particulier et de se retirer dans la ville ; ce fut alors que ces religieux projetèrent de s'unir au chapitre qui venait de se former sous leurs yeux.

On finira ce chapitre en faisant une observation sur l'acte de fondation de l'abbaye de Joug-Dieu, cet acte contient deux parties : la première est un narré que Guichard II fait lui-même de la vision qu'il eut, de l'interprétation qu'il lui donna, et de ce qu'il fit en conséquence. La seconde renferme la donation en forme de son château de Thamais à l'abbé et au monastère de Tyron. A la date de l'acte, saint Bernard ne vivait plus, puisque selon la remarque qu'on a faite, il avait, depuis deux ans, payé le tribut de la nature ; cependant à la première inspection de cet acte, on y croirait ce saint abbé présent, mais, pour renfermer cette charte dans sa plus grande vérité, voici l'interprétation la plus naturelle qu'on puisse lui donner. Après la vision, Guichard II fut trouver, à Tyron, saint Bernard, lui demanda six religieux de son ordre, pour former un couvent de son château de Thamais, et lui fit don alors, verbalement, et à son monastère, de cette terre et de ses dépendances. Guichard retourna à Thamais avec les six religieux qu'il avait obtenus, les y installa, travailla pendant deux ans à donner à son château la forme d'un couvent et, lorsque les religieux y furent tranquilles et bien établis, il partit, en 1118, avec ses cinq enfants et grand nombre de

1. Savoir le prieur, le chamarier, le sacristain, l'hôtelier, l'infirmier et un simple moine.

gentilshommes, dont la plupart sont dénommés dans l'acte pour consommer la donation qu'il avait faite à saint Bernard avec toute l'authenticité, les formes et les cérémonies usitées dans ces temps-là.

Cette donation fut ratifiée par le pape, du vivant du fondateur, qui mourut en 1137, l'année même qu'il perfectionna son ouvrage, en faisant convertir le prieuré en abbaye.

Il est temps de passer actuellement à la réunion de cette abbaye au chapitre de Villefranche.

CHAPITRE III

La réunion de l'abbaye de Joug-Dieu au chapitre a souffert de grandes difficultés qui ont à peine été terminées dans l'espace de 60 ans. Ce projet, conçu en même temps que celui de l'érection de la société en chapitre, ne parut éclore sous Camille de Neuville, archevêque de Lyon, qu'en 1687; les démarches de ce digne prélat, l'approbation de Louis XIV et l'agrément de Mlle de Montpensier, dame du Beaujolais, autorisèrent l'assemblée que firent alors les doyen, chantre et chanoines, les religieux de Joug-Dieu, les échevins et les notables de Villefranche, le 16 octobre 1687 ; on fit dans cette assemblée un projet de règlement pour l'exécution de cette réunion qui fut généralement approuvée de tous les corps.

La nécessité de suivre cet ouvrage devint encore plus pressante en 1689, par la ruine prochaine et presque totale de l'église de Joug-Dieu. Camille enjoignit aux religieux de faire, par provision, l'office dans l'église de Villefranche, leur église fut interdite et, sur leur supplique, le roi accorda son brevet du 16 août 1690, par lequel ce monarque autorise l'union de cette abbaye au chapitre.

Le sieur Cremeau d'Entragues, abbé commendataire de Joug-Dieu, suspendit, par des vues d'intérêt, cette affaire ; elle fut même interrompue par la mort de Camille de Neuville, arrivée le 3 juin de l'année 1693.

Claude de Saint-Georges, successeur de Camille, s'intéressa également à la réunion et l'on vit, de son temps, naître la fameuse transaction de 1713, entre le chapitre de Villefranche et les religieux, qui servit de base et de fondement à ce grand ouvrage.

Par les premiers articles de cette transaction, on pourvoit aux intérêts de l'abbé et des moines, un autre règle l'uniformité de l'habillement au chœur : on y voit l'accord et l'union de l'abbé et de ses religieux à exécuter le brevet de 1690 et à agir de concert avec les chanoines en cour de Rome ; on fixe, par un autre article, les places du chapitre à 12, dont trois dignités et 9 prébendes canoniales et en même temps, on consent à la suppression de deux prébendes pour, du revenu, en former un bas chœur.

Par un autre article, on fait la division et le partage des portions dont chacun jouira après la mort de l'abbé, enfin on tombe d'accord de demander un autre brevet au roi pour l'union et la sécularisation. Tels furent, en substance, les principaux articles de cette transaction qui furent signés par tous les chanoines et les religieux de ces temps-là et par le prieur de Salles, patron collateur et nominateur de la cure de Villefranche ; elle fut reçue par Tournier, notaire royal.

L'archevêque se prêta aux vues des chanoines et des moines réunis ; tous les corps de la ville assemblés y donnèrent également les mains, enfin, l'abbé d'Entragues consentit à cette transaction et fit en consé-quence la démission de son abbaye entre les mains du roi, avec cession de ses droits au chapitre, sous la réserve expresse de la pension via-gère de 1400 liv. ; cette démission et cette pension furent acceptées et promises par les religieux et les chanoines le 23 octobre 1713.

Louis XIV, par un nouveau brevet, confirma en tant que de besoin, celui de 1690, consentit derechef à l'union et à la sécularisation ; ce monarque se réserve la nomination au doyenné, à la place de celle qu'il avait de l'abbé de Joug-Dieu et fait don, à Jean-Baptiste Trolieur, de l'abbaye vacante par la démission du sieur abbé d'Entragues, pour en jouir après l'union à titre de doyenné, et à la charge de la pension de 1.400 livres audit abbé qui sera créé en cour de Rome.

Les chanoines et les religieux, autorisés par ce brevet, passèrent bail des biens de l'abbaye, après une visite faite des fonds et des bâtiments ; mais l'abbé d'Entragues, voulant se perpétuer dans ses droits honori-fiques, nomma, pour son grand vicaire, le sieur Ribaud pour pourvoir aux places vacantes jusqu'à l'obtention des bulles.

Le chapitre fit de vives tentatives en cour de Rome qui demanda de nouveaux éclaircissements. C'est ce qui provoqua François-Paul de Neuville, alors archevêque de Lyon, à dresser procès-verbal qui cons-tate les ruines totales de l'abbaye.

Les chanoines et les religieux animés du désir de perfectionner l'ouvrage qu'ils avaient entrepris arrêtèrent en chapitre qu'il convenait d'obtenir arrêt du Conseil, qui ordonnat l'exécution des brevets et de la transaction de 1713 et d'engager l'abbé d'Entragues à céder ses droits honorifiques au chapitre.

Louis XIV était mort le 1er septembre 1715 ; le chapitre s'adressa au nouveau monarque qui le gratifia d'un troisième brevet, par lequel, en approuvant ceux de 1690 et de 1713, il veut que le contenu en iceux et en la transaction de 1713 soient exécutés suivant leur forme et teneur.

Le chapitre régissait les biens de l'abbaye et passait des baux, mais cette administration stérile ne pouvait lui être d'aucun secours, sa propre substance étant employée pour les poursuites qu'il faisait continuellement en cour de Rome ; les religieux n'y contribuaient en rien et ce fait fut constaté par un procès-verbal du sr Anisson, grand vicaire, du 12 janvier 1726, auquel fut jointe l'enquête faite par Mgr l'archevêque de Lyon, le 13 mars 1727, ensemble son certificat, en réponse aux éclaircissements demandés par la cour de Rome, à laquelle tous ces actes furent envoyés.

Malgré les défenses faites, le 1er avril 1721, par Paul de Neuville, au prieur et religieux, de recevoir, à l'avenir, des novices et les novices à profession, le grand vicaire de l'abbé d'Entragues ne laissa pas que de nommer, en 1725, le sieur Berthaud, à la mense monacale, abandonnée par le sieur Pillet qui venait d'être nommé chanoine.

Ce trait hâta la députation à Paris, que fit le chapitre, de ce dernier chanoine ; il obtint, le 2 mai 1728, un acte de l'abbé d'Entragues par lequel cet abbé se dépouillait, en faveur du chapitre, de tous ses droits honorifiques. Cet acte fut suivi d'un arrêt du Conseil qui ordonna que le chapitre ferait ses diligences, dans un an, pour obtenir les bulles d'union et de sécularisation et qui, adjugeant à ce corps les revenus des places de l'abbé ou des moines qui viendraient à vaquer dans ce même délai, pour être employés, conformément au brevet et à la transaction de 1713, sans qu'il put être pourvu, pendant ledit temps, de titulaires aux offices claustraux, fait défense aux prieur et religieux de recevoir des novices, sauf à être pourvus par l'archevêque pour le bon ordre du service divin et des fondations.

L'année 1730 est l'époque de la mésintelligence entre les religieux et le chapitre; l'intérêt en fut le seul fondement : la mort du sacristain de Joug-Dieu excita la cupidité du prieur qui s'y fit nommer, malgré les défenses de l'arrêt du Conseil, dès lors, les religieux firent signifier des actes d'opposition à l'exécution de l'arrêt et aux poursuites faites en cour de Rome pour obtenir des bulles; les pratiques qui eurent lieu alors, en cour de Rome et au conseil du prince, ne sont point du ressort de ces mémoires. Le récit des malheurs et des divisions doit être supprimé aux yeux du citoyen vertueux qui gémit toujours du déshonneur que souvent des détails particuliers font à la communauté entière. On observera simplement ici que les députations différentes du chapitre le constituèrent en dépenses considérables ; mais ses soins et ses fatigues furent bien récompensés par la protection du roi. Il ne fallut pas moins que cinq arrêts du Conseil pour terminer tous les différends; ils sont datés des 16 février 1731, 28 janvier 1732, 1er février 1733, 11 février 1736 et 11 novembre 1737.

Enfin on obtint, en cour de Rome, les bulles portant sécularisation et union de l'abbaye de Joug-Dieu au chapitre de Villefranche, le 12 septembre 1738, sous le pontificat du pape Clément XII. Elles sont attestées par les sieurs Lezineau et Rosnay, banquiers expéditionnaires en cour de Rome, contrôlées à Paris, le 5 août 1739, et suivies de lettres d'attaches données par Louis XV, le 6 novembre 1739, adressées au Parlement de Paris.

Les formalités usitées en pareil cas furent faites; les bulles furent fulminées le 24 septembre 1739, mais leur enregistrement au Parlement fut arrêté par des oppositions formées, d'une part, par les maire et échevins de Villefranche, et, de l'autre, par Messieurs les comtes de Lyon, à la poursuite du curé et des habitants de Beligny.

Le curé de Beligny voulait faire revivre un prétendu titre de premier sociétaire de l'église de Villefranche et, en conséquence, demandait la troisième place du chapitre, au détriment même du curé de Villefranche.

L'arrêt du Parlement, du 18 juillet 1740, débouta les comtes de Lyon, patrons collateurs de la cure de Beligny, le curé et les habitants de leur demande. Les maire et échevins furent plus heureux; l'arrêt du 29 avril 1741, en donnant acte au chapitre qu'il n'entend point contester aux échevins la qualité de marguilliers nés et les droits et honneurs attachés à ce titre et renvoyant les parties par devant l'archevêque de Lyon, sur le second chef de l'opposition concernant l'acquittement des fondations, ordonna, sur le troisième chef, que les lettres patentes seraient enregistrées, à la charge que les canonicats de l'église de Villefranche, tant anciens que nouveaux, seront conférés par préférence aux enfants nés et originaires de la ville, capables; le chapitre fut condamné aux dépens et l'arrêt fut scellé le 10 mai suivant.

Il ne restait pour terminer cette grande affaire que l'adhésion et le consentement de Mgr le cardinal de Tencin, successeur de Mgr de Rochebonne à l'archevêché de Lyon; il fut accordé et daté de Rome, où son éminence était alors, le 8 août 1741. Enfin l'affaire de la sécularisation et de la réunion de l'abbaye de Joug-Dieu au chapitre eut son entière perfection par l'enregistrement au Parlement des bulles, le 18 décembre 1741, sous la réserve de l'exécution de l'arrêt du 29 avril de la même année, et de la juridiction et autorité spirituelle de l'archevêque de Lyon; cet arrêt fut enregistré au greffe du bailliage par sentence du 4 septembre 1742 et ce fut le 6 de septembre que le chapitre prit possession de l'abbaye. Il n'était plus question que de régler l e temporel, en obtenant main levée du séquestre sur les biens de l'abbaye, en faisant rendre compte aux administrateurs des revenus, en faisant rembourser les dettes contractées par le chapitre, à l'occasion de la réunion, enfin il était question d'obtenir le relâche au chapitre de tous les effets, papiers, terrains, appartenant à l'abbaye de Joug-Dieu.

Les arrêts du Conseil des 24 février, 20 avril 1742 et 1er mai 1745, pourvurent à tout, et c'est à cette époque de l'année 1745, qu'on doit attribuer la consommation totale de cette grande affaire.

Depuis le premier acte pour parvenir à la parfaite exécution de la réunion de l'abbaye de Joug-Dieu au chapitre, il s'est écoulé 58 ans; le zèle de Camille de Neuville entama l'affaire, Claude de Saint-Georges, Paul de Neuville, François de Rochebonne y travaillèrent successivement et son éminence Mgr le cardinal de Tencin, cinquième archevêque depuis l'affaire commencée, y a mis la dernière main.

Tous les corps de la ville se sont prêtés à l'érection du chapitre et à la réunion de l'abbaye de Joug-Dieu; on doit au sieur Chaillard, curé, la fondation du chapitre, et au sieur Simonard, premier doyen, le commencement de l'union et de la sécularisation; sa mort, arrivée en 1709, donna un doyen et un pasteur nouveau à l'église de Villefranche, dans la personne de Jean-Baptiste Trolieur, à qui on doit rapporter, comme au chef, l'événement de la réunion de l'abbaye de Joug-Dieu ; l'ébauche était faible et même avait été interrompue lorsqu'il présida à la transaction de 1713, fondement réel de cette grande affaire. Les brevets de Louis XIV et de Louis XV qui le constituèrent premier doyen de nomination royale et qui donnèrent le titre au chapitre d'abbé doyen et chanoines auraient été peu de chose, s'il n'eut intéressé dans cette affaire le sieur Trolieur de la Vaupierre, son frère, qui demeurait à Paris et qui mit en action les puissantes protections qu'il y avait, fatigues, soins, dépenses, démarches, rien ne coûta au sieur Trolieur de Paris, pour répondre aux vues et à la tendresse qu'il avait pour son frère ; le sieur Pilliet, actuellement chantre, que le sieur doyen attacha à son corps et qui dans cette affaire a travaillé utilement comme député plusieurs fois par son chapitre, a été témoin du zèle de ces deux frères ; mais le sieur Trolieur, doyen, comme un autre Moïse, vit de loin la terre promise, les bulles sont datées du 12 septembre 1738 et il rendit le tribut à la nature le 1er mars 1739, satisfait, en mourant, de voir que ses soins n'avaient pas été infructueux ; les regrets universels de sa perte qu'a témoigné le corps entier des citoyens suffisent ici à son éloge.

CHAPITRE V

Après le décès du sieur Trolieur, la cure fut séparée du doyenné et forma la troisième dignité du chapitre conformément aux bulles de Clément XII. Le sieur Chatelain d'Essertine y fut nommé par dom Kessel, prieur de Salles ; il en prit possession le 24 décembre 1739. Le doyenné [n'] en fut rempli, par le roi, que le 10 juin 1744, le sieur Besson, alors sacristain du chapitre de Montbrison, y fut nommé et en prit possession le 8 janvier 1745.

Les religieux de Joug-Dieu, sécularisés, et leurs menses monacales converties en prébendes, le prieur confondit ses revenus avec ceux du chapitre. Le chamarier se réserva la pension de 500 livres, exempte de toutes charges et l'hôtelier conserva sa mense monacale avec tous les revenus de sa dignité ; les trois places vacantes des religieux furent remplies par les nominations des sieurs Mignot, Goyet et Escoffier ; les six places monacales remplies et réunies aux huit qui formaient la collégiale, le nombre des capitulants se trouva de quatorze, les trois dignités comprises.

Tel est l'état actuel du chapitre ; les revenus de chaque prébende canoniale, comprises les assistances au chœur, sont d'environ 600 livres ; depuis la réunion de l'abbaye de Joug-Dieu, ces revenus se divisent en 17 portions dont trois pour le doyen, deux pour le sacristain ; le chantre jouit d'un préciput de 100 livres. Les remboursements faits au chapitre, en 1720, en billets de banque et les faux frais pour la réunion pendant 58 ans, ont diminué de 40.000 livres les capitaux du chapitre.

L'office divin s'est fait, suivant le rite romain, depuis la fondation du chapitre jusqu'en l'année 1745, et ce fut en vertu du règlement du 24 avril 1744, fait par Mgr le cardinal de Tencin que, pour se conformer à l'article 16, on commença, le premier dimanche de carême de l'année 1745, l'office suivant le rite lyonnais et tel qu'on l'observe dans la cathédrale de Saint-Jean de Lyon. Les chanoines, la marguillerie et la ville ont contribué à la dépense des livres du chœur et des missels lyonnais.

Un autre règlement, du même archevêque, du 1ᵉʳ octobre 1751, fait pour rectifier le premier, contient deux articles remarquables; par le premier, tout à l'avantage de l'archevêque de Lyon, il se réserve et à ses successeurs, outre la nomination de la chantrerie, celle des canonicats vacants dans le mois de janvier et de juin; le second, en faveur du doyen, lui donne le droit de nommer les canonicats vacants en avril et en novembre; les autres articles sont de pure discipline, mais ces règlements de 1744 et de 1751 n'ont point été homologués au Parlement.

Le chapitre entretient, à ses frais, six enfants de chœur, pour la décence du service divin; la ville les gratifie de deux places au collège pour y être enseignés gratis pendant qu'ils desservent l'église; il serait à souhaiter que le bas chœur devint plus nombreux et c'était l'objet de la transaction de 1713.

Les armes du chapitre sont : *d'or au lion grimpant de sable, traverse d'un lambel de gueules, au chef d'azur chargé de l'effigie d'argent de la Sainte-Vierge* ; elles sont enregistrées sur l'Armorial de France.

Avant que de finir il convient d'observer que l'église de Joug-Dieu, ayant été fondée sous le vocable de la Sainte-Vierge, en possédait la représentation en pierre d'un très beau modèle, dont la tête est de marbre et plaquée de façon qu'on ne s'en aperçoit qu'en la regardant de très près; on pense que cette tête est antique et qu'un seigneur de Beaujeu, qui l'apporta de Rome, en forma cette Notre-Dame; lorsque l'église fut interdite, on transporta cette statue dans celle de Villefranche. On la voit au-dessus de l'autel de la chapelle de Gayant, c'est le plus beau morceau de sculpture qui soit dans cette collégiale.

Il est juste, en terminant ce chapitre de donner au sieur Meurier, chanoine, l'éloge qu'il mérite : il a eu l'attention de rédiger, sur les titres des archives du chapitre, un mémoire [1] assez détaillé, d'après

---

1. Ce mémoire est intitulé : *Mémoires sur le chapitre de Villefranche pour servir à l'histoire du Beaujolais*; à la page 13 se trouve l'histoire de la réunion de l'abbaye de

lequel on a traité en bref ce qui concerne le clergé de Villefranche ; il serait à souhaiter que, dans les corps différents, il se trouvât des sujets assez zélés pour former de pareils mémoires; il serait alors plus facile de décrire avec ces secours l'histoire particulière de chaque ville et de chaque province.

Joug-Dieu au chapitre; il contient 52 pages et est suivi d'un catalogue des abbés et des prieurs de Joug-Dieu, depuis la fondation de l'abbaye des religieux, depuis (*sic*) 1684 et des·doyens, chantres et chanoines depuis l'érection du chapitre jusqu'à ce jour. Ce catalogue se trouvera dans le recueil des preuves de ces mémoires.

CHAPITRE PREMIER

DE L'ANCIEN ÉTAT DE LA JUSTICE

Le principal droit de l'ancienne noblesse française était l'exercice de
la justice ; mais les divisions publiques et particulières, ayant ouvert la
barrière aux Normands, firent périr les deux tiers du sang français et
réduisirent les autres hommes à se cacher dans les forêts, laissant
éteindre les sciences et les arts.

A l'avènement de Hugues Capet au trône, la nation française parut
sortir de l'ignorance et de la simplicité où elle avait été plongée pendant 400 ans. Cette simplicité n'était point exempte de crimes et de
violences ; le plus faible était la victime du plus fort et ce fut alors que
le clergé, pour réformer ces abus, inventa les associations particulières,
dit Boulainvilliers, pour la conservation de la société publique, et de
là vinrent ces lois et ces règlements pour la défense des églises, des
veuves et des orphelins.

Le clergé inventeur de ces lois fut aussi celui qui en retira le plus
d'avantage par la connaissance qu'il s'était attribuée de ces mêmes lois,
et par la punition qu'il s'était réservée, en cas d'infractions. Les séculiers furent alors enchaînés et il a fallu plusieurs siècles pour rompre
ces mêmes liens.

C'est à ces temps aussi qu'on doit attribuer l'ordre de chevalerie
dont les ecclésiastiques étaient les dispensateurs ; de cet ordre naquirent

les titres de messire et de monseigneur et le droit de sceller les actes.

Les nobles alors faisaient profession d'ignorance ; aucun ne savait lire ni signer son nom, les traités de mariage se concluaient aux portes des églises et ne subsistaient que dans la mémoire de ceux qui y avaient été présents. L'intérêt seul des gens d'église qui voulaient s'assurer la possession de ce qu'on leur donnait, fit revenir l'usage de rédiger, par écrit, les actes, et eux seuls sachant écrire, les insérèrent en latin et mirent le public, qui ne l'entendait pas, dans la nécessité de s'en rapporter à eux pour les interpréter.

Ces lettrés ou ces ecclésiastiques, qu'on nomma clercs, devinrent par la suite, tout à la fois notaires et jurisconsultes. La noblesse inappliquée leur transféra son droit de rendre la justice dans ses fiefs et, en même temps, toute l'étendue de son autorité. Alors le public regarda comme des hommes importants ces dépositaires de la loi et des usages avec d'autant plus de raison que la noblesse décora ses substituts des noms de baillis, de sénéchaux, de lieutenants et même de vicomtes.

On distinguait, au commencement du règne de Hugues Capet, deux sortes de fiefs ; les uns mouvant de la couronne et les autres des duchés. Ce roi mit les uns et les autres sur le même pied et c'est ce qui introduisit l'usage du terme de baronnie pour exprimer un grand fief, mouvant du roi. Les droits de ces baronnies étaient de faire rendre la justice, de battre monnaie, de protéger les églises, surtout dans les élections et même de faire la guerre au roi, en cas de déni de justice. La France fut ainsi gouvernée, depuis l'an 987, jusqu'au commencement du règne de Philippe-Auguste en 1180.

Les ducs et les comtes étant gouverneurs des provinces, avaient l'administration de la justice ; mais, étant plus d'épée que de lettres, ils [en] confièrent l'exercice aux lettrés ; l'usurpation de ces mêmes comtes ayant converti leurs charges en seigneuries, la justice leur devint enfin patrimoniale.

Louis le Gros commença à reprendre, en 1135, l'autorité dont ses vassaux s'étaient emparé en diminuant le trop grand pouvoir des justices seigneuriales ; il envoya, pour cet effet, des commissaires dans les provinces qu'on nomma juges des exempts et qui éclairèrent de près la conduite des ducs et des comtes. Ces commissaires recevaient les plaintes des opprimés et les renvoyaient quelquefois aux grandes assises du roi qui étaient le Parlement.

Les rois créèrent ensuite quatre grands baillis[1] dans l'étendue de leurs domaines qui devinrent juges d'un grand nombre d'affaires[2] à l'exclusion des justices particulières ; ces grands baillis devenus par la suite trop puissants, on leur donna des lieutenants qui jugèrent à leur place. Le roi obligea aussi les seigneurs particuliers d'en créer de même dans leur justice, les appels enfin des juges seigneuriaux, relevés par devant les royaux, détruisirent insensiblement le trop grand pouvoir des justices des seigneurs particuliers.

En 1190, Philippe-Auguste établit des baillis dans toutes les principales villes, il y avait cependant dans ce temps-là des hauts seigneurs[3] qui jugeaient souverainement et sans appel, tels que les ducs de Normandie, les comtes de Toulouse, etc... Mais, depuis l'an 1238, temps auquel saint Louis réunit le comté de Mâcon à la couronne, les juges des comtes de Forez, du baron de Beaujeu, du duc même de Bourgogne, ressortirent au bailliage de Saint-Gengoux[4] et de ce bailli on appelait alors au parlement de Paris.

Ces appels ôtèrent aux seigneurs la puissance de faire des lois opposées à la volonté du Parlement dépositaire de l'autorité royale.

Les baillis se lassèrent bientôt, comme les comtes, de rendre la justice, l'impéritie à l'égard des lois d'un côté, leurs occupations militaires de l'autre ne leur permettant pas d'exercer leur office, ils prirent des lieutenants pendant le temps de leur absence ; mais l'état sentant la conséquence que ces baillis, grands seigneurs, alors, ne devinssent trop puissants et que l'autorité dont ils étaient revêtus ne les engageât, comme les comtes, à secouer le joug de l'obéissance, ne voulut plus leur permettre de reprendre leurs fonctions.

1. C'étaient les bailliages de Vermandois, de Sens, de Mâcon et de Saint-Pierre-le-Moutier.

2. On imagina alors les cas royaux.

3. Les seigneurs de Beaujeu furent de ce nombre jusqu'en 1238.

4. Voyez l'*Abrégé chronologique de l'histoire de France* du président Hénault, p. 734.

CHAPITRE II

Monsieur le président Hénault, dans son *Histoire de France*, dit que la reine Blanche, mère de saint Louis, fut occupée, pendant la minorité du roi, à soumettre les barons du royaume et les princes ligués.

Parmi les seigneurs révoltés qui sont tous comtes, on ne remarque de haut baron qu'Enguerrand de Coucy, et l'histoire nous apprend qu'Humbert V, baron de Beaujeu, allié pour lors à la couronne, défendit la reine et le jeune monarque contre ces ligués.

Loiseau, au chapitre vi des droits des grandes seigneuries, dit que les barons de France, ainsi nommés dans les annales anciennes, s'appelaient : *vassali dominici seu regii, leudes et fideles regni.*

Ces titres doivent désigner ceux qui accompagnaient le roi, comme on l'a dit au chapitre viii de la première partie, mais les hauts barons ne tenaient leur autorité que de Dieu et de leur épée, et on les doit mettre dans la classe de ceux qui, comme les ducs et les comtes, usurpèrent les droits de souveraineté. La grande baronnie, suivant du Tillet et Ragueau, est « toute seigneurie, première après la souveraineté du roi mouvant directement de la couronne ». Il n'en est point d'autre, il est vrai, aujourd'hui mais, avant l'an 1250, la baronnie du Beaujolais pouvait être regardée comme une vraie souveraineté totalement indépendante.

Aussi quand les ducs et les comtes eurent empiété les droits de souveraineté et qu'ils se licencièrent d'ériger, sous eux, d'autres baronnies, voulant avoir des barons aussi bien que le roi, les hauts barons alors prirent un autre titre et se qualifièrent de sires, tels que les sires de Bourbon, de Beaujeu, de Coucy et de Montmorency, voulant marquer par ce terme leur droit absolu de souveraineté.

Or la justice étant attachée au droit de souveraineté, les premiers barons de Beaujeu l'ont fait rendre en leur nom dans leur baronnie, par les officiers qu'ils ont commis; les privilèges de Beaujeu et de Ville-franche sont remplis de règlements qui concernent la justice; un des premiers baillis de ces seigneurs, ou le plus ancien de ceux dont on a les noms, l'était en 1246, huit ans avant l'ordonnance de saint Louis concernant les baillis royaux; il y a apparence que quand le bailliage royal de Mâcon fut transféré à Saint-Gengoux, et que les appellations des sentences des baillis des seigneurs eurent lieu, celles du Beaujolais furent portées par appel à ce tribunal.

Les seigneurs de Beaujeu avaient de toute ancienneté deux degrés de juridiction, le premier était d'un juge ordinaire et le second était d'un juge d'appeaux ou d'appel, c'est tout ce qu'on peut savoir de ces temps reculés. Quelques actes nous ont transmis presque tous les noms de ces baillis et de ces juges anciens dont on fera un chapitre particulier dans le tome des preuves de ces mémoires.

CHAPITRE III

On a dit que les ecclésiastiques avaient usurpé presqu'entièrement le droit de rendre la justice et qu'ils l'exerçaient d'après ce qu'ils savaient ou ce qui leur concernait le mieux ; les lois romaines perdues presque depuis leur naissance jusqu'au xiie siècle, n'avaient été remplacées que par les decrétales. tant fausses que vraies, que les clercs interprétaient suivant leur caprice et la justice fut ainsi administrée en France pendant plus de 400 ans, lorsqu'au commencement du xiiie siècle, une espèce de clarté rendit enfin aussi sensibles qu'intolérables les abus d'une administration insupportable à la noblesse et aux peuples.

Philippe-Auguste, par ses règlements, mit quelque frein à ces abus, mais saint Louis travailla plus efficacement à cette réforme et y réussit.Ce monarque avait fait traduire et publier dans son royaume le digeste de Justinien, retrouvé en 1137, ce fut là l'aurore du jour de la justice; le droit romain s'établit dans plusieurs provinces, d'autres conservèrent leurs coutumes et leurs anciens usages et les rédigèrent par écrit, l'étude des lois devint une science et une profession, et les citoyens qui s'y dévouèrent formèrent un ordre nouveau dans l'État.

Philippe le Bel, par son ordonnance de 1287, sépara le premier l'ordre des magistrats de l'ordre ecclésiastique, voulant qu'on ne prit que des laïques pour remplir les places de baillis, on regarda pour lors comme une récompense naturelle celle que nos rois, premiers magistrats, accordèrent en favorisant par des privilèges [1] les ministres de leur puissance.

Le Parlement, anciennement le conseil des rois et l'abrégé des états généraux, fut rendu sédentaire à Paris, par Philippe le Bel, ou, selon

1. Un des principaux est la noblesse,

d'autres, par Louis le Hutin, son fils ; le roi y prenait souvent séance, à la tête des ducs et pairs, des prélats du royaume, et de tout ce qui se trouvait alors de plus habiles jurisconsultes que le mérite élevait à la dignité de sénateurs ; dès lors les baillis et les sénéchaux, de juges souverains qu'ils étaient auparavant, devinrent juges subalternes : depuis et, en différents temps, nos rois créèrent plusieurs parlements pour que la justice fut plus prompte et plus facile à rendre aux peuples.

Les officiers de justice étaient pour lors en petit nombre, mais l'exactitude à remplir les charges vacantes d'excellents sujets faisait l'éloge de la vertu de nos pères ; un office venait-il à vaquer, on choisissait trois des plus habiles avocats, on en portait les noms au souverain qui nommait celui qui lui plaisait ; mais les courtisans corrompirent bientôt cet usage judicieux et persuadant au monarque de nommer les juges de son propre mouvement, gagnés même par l'argent de quelques ambitieux, on vit, à leur recommandation, des ignorants et des méchants remplir honteusement des places qui n'étaient dues qu'à la science et à la probité. Insensiblement les charges de judicature devinrent le commerce des courtisans et, flattant la vanité des gens riches, l'argent leur tint lieu pour lors de mérite.

Sous Louis XII, la nécessité de l'état rendit les charges de finance vénales ; ce bon roi, à la vérité, en prévit les dangereuses conséquences et voulait rémédier à ce mal, mais la mort l'empêcha d'exécuter son dessein.

François Ier, son successeur, admit la vénalité pour les charges de magistrature et gâta tout, suivant la prédiction [1] de Louis XII; Henry II, son fils, créa les présidiaux, et Charles IX, aussi bien qu'Henri III, entassèrent mal sur mal, par la création de toutes sortes de charges ; dès lors le mal devint très grand, mais il n'était pas incurable si on eut voulu supprimer ces charges à la mort des titulaires et les remplacer par des gens de mérite, il n'eut fallu même que vingt ans pour réduire cette fourmilière d'officiers à un petit nombre, mais l'affaire fut présentée à Henry IV d'un biais tout différent, on lui fit entendre que, pour décharger ses coffres d'une partie des gages qu'il

1. Louis XII disait souvent en parlant de François Ier : Ce gros garçon gâtera tout.

payait aux officiers, il le pouvait faire sans gêner les volontés, en établissant un droit annuel, que celui qui voudrait rendre sa charge héréditaire payerait tous les ans : ce droit fut appelé paulette, du nom de Paulet, Paulet, traitant, qui donna le projet de cette taxe et qui en fut le premier fermier. On a vu sous Louis XIII et sous Louis XIV la création de nouvelles charges avoir lieu dans les nécessités de l'État, la planche est faite depuis longtemps, le mal est irréparable.

Cependant les magistrats de nos jours voyant l'abus de la vénalité des charges, se servent de ce même motif pour détruire l'opinion reçue dans le public et prouver que la richesse n'est pas incompatible avec le mérite. Chargés du dépôt et de la manutention des lois, des usages du royaume et de tous les privilèges des citoyens, placés entre le souverain et les sujets pour être les organes des volontés de l'un, des besoins et des représentations des autres, ces mêmes magistrats connaissent toute l'importance de leurs fonctions, l'intégrité et la capacité éclairent leurs jugements et leur zèle à remplir leur devoir envers le roi, l'état et les peuples est un sur garant, que s'il se mêle dans le bon grain quelquefois de l'ivraie, du moins elle n'y domine pas.

CHAPITRE IV

La justice étant un droit que les sujets exigent du seigneur, il n'est pas surprenant de voir, dans le Beaujolais, des juges aussi anciens que ces seigneurs ; elle était rendue par un juge ordinaire, sous lequel étaient des prévôts et des châtelains, dans les lieux que ces mêmes seigneurs désignèrent, dont les appellations furent portées par devant le bailli du Beaujolais ou son lieutenant, établi à Villefranche ; ce bailliage, formé sur celui de Mâcon, a connu de tout temps du crime de fausse monnaie, quoique cas royal, ce qui se confirma par la déclaration de Philippe le Bel, de 1304, par laquelle ce monarque dit qu'il ne prétend point préjudicier aux droits qu'ont les officiers du sire de Beaujeu à cet égard.

Le pouvoir de nommer des juges dans le Beaujolais fut transmis, avec la seigneurie de Beaujeu, à la maison de Bourbon ; Marie de Berry disait que la justice de ses terres [1] s'étendait depuis le pont d'Amalix, bien au-dessus de Roanne, jusqu'au faubourg de Vaise, proche Lyon.

Les prévôtés et les châtellenies du Beaujolais doivent leur nouvelle forme à Jean de Bourbon, second du nom [2] ; elles étaient au nombre de huit, savoir : Villefranche, Beaujeu, Belleville, Chamelet, Lay, Perreux, Amplepuis et Thizy. Les châtellenies, dans les premiers temps, ne formant que des justices basses ne connaissaient que jusqu'à la somme de soixante sols ; des prévôts et des châtelains, on appelait au juge

---

1. Elle était veuve de Jean Ier, duc de Bourbon, et dame du Forez et du Beaujolais.

2. Volume second des enregistrements, f° 409, on rapporte leur nouvel établissement à la date du 26 janvier de l'année 1463.

d'appeaux du Beaujolais et les sentences du juge d'appeaux ressortissaient, par appel, anciennement, au conseil souverain des princes à Villefranche ; ensuite à Beauregard où il fut transporté ; il est vrai que les sentences du Beaujolais furent aussi portées, par appel, à la sénéchaussée de Lyon[1], mais Louis XI, par ses lettres patentes, du 25 février 1465, ordonna qu'à l'avenir, l'appel des causes du comté de Forez et de la baronnie du Beaujolais ressortiraient directement au parlement de Paris.

Le même duc de Bourbon, par ses lettres du 17 avril[2] 1469, ordonna qu'à l'avenir les juges ordinaires du Forez et du Beaujolais seraient lieutenants généraux des baillis desdits pays.

Pierre de Bourbon, devenu seigneur du Beaujolais, par ses lettres patentes, du dernier juin de l'année 1500, voulut, qu'à l'avenir, la cour de la prévôté de Villefranche et de Limas se tint en l'auditoire de la ville, aux bas sièges et à l'heure ordinaire des audiences.

On peut considérer sous ces formes différentes la justice du Beaujolais jusqu'au temps où cette province fut réunie à la couronne par François Ier après la confiscation des terres de la maison de Bourbon arrivée en 1523.

François Ier la réunit à la couronne, par édit de 1531, après la mort de Louise de Savoie, qui eut l'usufruit de cette province pendant sept ans. Ce monarque conserva alors les officiers du bailliage, voulant qu'ils rendissent la justice en son nom, et ce tribunal fut érigé en justice royale, par autre édit du mois de mai 1532[3].

Ce même monarque créa et érigea plusieurs charges dans ce bailliage par ses lettres du 7 septembre[4] de la même année ; ces offices furent ceux d'un lieutenant général civil et criminel, d'un lieutenant particulier civil, d'un avocat et d'un procureur du roi, d'un commissaire enquêteur et de plusieurs autres ; Henri II créa, en l'année 1553, un

---

1. La sénéchaussée de Lyon, établie en 1320, était alors unie au bailliage de Mâcon et ne fut désunie qu'en 1475, temps où Charles VII céda, par le traité d'Arras, à Philippe, duc de Bourgogne, le bailliage de Mâcon et de Saint-Gengoux.

2. Volume 3 des enregistrements, fo 68.

3. Fo 47 du 4e volume des enregistrements de la Chambre du trésor.

4. Volume 5 des enregistrements, fo 88.

office de greffier des insinuations, dont fut pourvu, le 7 mars de la même année, Georges Puis.

Monsieur de Montpensier ayant présenté requête sur requête aux rois François Ier, Henri II et François II, ce dernier, ayant égard à sa demande et à ses services, lui remit la Dombes et les pays du Beaujolais en tout droit de justice, haute, moyenne et basse, avec fruits, profits, émoluments des greffiers et amendes et confiscations procédant des crimes de lèse majesté divine et humaine, laquelle justice serait exercée et administrée, sous le nom et titre du roi, par les officiers par lui pourvus, à la nomination toutefois et présentation dudit seigneur duc, sans faire distinction des délits communs, cas royaux privilégiés et autres, avec clause que ledit duc sera tenu de faire tous les frais de justice même des crimes de lèse majesté divine et humaine, de payer les officiers de leurs gages, sans que le roi fut tenu de refondre ou payer aucune chose desdits procès ; cette transaction fut passée à Orléans, le mercredi 27 novembre 1560, ratifiée par Charles IX, dont les lettres patentes furent enregistrées au Parlement avec ladite transaction, le 14 juillet 1561.

Henri III, par édit du mois de décembre 1581, rétablit les prévôts royaux dans la connaissance des causes qui leur étaient attribuées par celui de Crémieu, mais cet édit, suivant l'article 7, n'avait lieu dans le Beaujolais que pour la prévôté royale de Villefranche seulement ; François de Bourbon-Montpensier, en vertu de lettres patentes, fit un nouvel établissement dans les prévôtés de cette province, le 1er mai 1584.

Il créa des juges ordinaires civils et criminels, dans les châtellenies qu'il réduisit au nombre de cinq : Beaujeu, Belleville, Chamelet, Perreux et Lay et ordonna que la justice y serait exercée en son nom par des officiers qui seraient par lui pourvus, et leur attribua la connaissance de toutes les causes dont connaissent les prévôts royaux, conformément à l'édit de Crémieu et celui de 1581, sous le ressort néanmoins et la supériorité du bailliage, cet établissement fut confirmé par arrêt du Conseil du 18 mai [1] 1584.

---

1. Voyez Filleau, partie seconde, titre 5, chapitre II.

Depuis ce règlement, il y a eu des difficultés entre les officiers du bailliage et les juges prévôts, à l'occasion de leurs prérogatives, mais elles furent terminées par un arrêt de règlement, rendu en faveur du prévôt de Beaujeu [1], le 28 juin 1690, qui l'a maintenu dans la connaissance des causes attribuées aux prévôts royaux, à l'exception des décrets que l'on attribue privativement au bailliage de Villefranche.

L'édit d'Henri III, du mois de mars 1581, portant création de plusieurs charges de judicature dans toutes les juridictions du royaume, occasionna des lettres patentes, du même monarque, du 28 mars 1582, François Poget, procureur du roi et de M. le Duc, cotisé et contraint pour une taxe, à l'occasion de ces nouvelles créations, intéressa M. le Duc qui se pourvut au conseil du roi, où ayant fait valoir les motifs de la transaction de 1560, le roi, en la suivant, la confirmant et l'amplifiant en tant que de besoin, déclare, par ses lettres patentes, signées de sa main, qu'il n'a pas entendu que ses édits de création de nouveaux offices eussent lieu au pays de Beaujolais, en quelque sorte ou manière que ce fut, exempte ledit Poget du payement de la taxe et cotisation à lui faite, et veut que la justice s'exerce toujours audit pays, conformément aux règlements des rois François Ier, François II et Henry II, ses prédécesseurs ; ces lettres patentes furent enregistrées au Parlement, le 1er juin 1582 [2].

Cent vingt ans (*sic*) après cette déclaration d'Henri III, on inquiéta les notaires du Beaujolais, à l'occasion des édits de création des charges de notaires dans tout le royaume ; sur les remontrances faites alors à Henry IV, ce monarque veut que la transaction de 1560 demeure en son entier, il dit et déclare que la propriété et jouissance de la baronnie du Beaujolais appartient à M. le duc, sans qu'il puisse y être troublé ni inquiété et sans qu'aucune création nouvelle ou établissements d'offices y puissent avoir lieu, pour quelle cause ou quelque occasion que ce puisse être, exempte, en conséquence, et réserve les notaires du Beaujolais, de l'exécution des édits et commissions des taxes à eux demandées pour l'hérédité de leurs offices, les en décharge avec

1. Les titres originaux de ce règlement sont au greffe de Beaujeu.

2. Cette même affaire occasionna encore de nouvelles lettres patentes, du 1er octobre 1583.

défense aux commissaires de les inquiéter à l'avenir. Ces lettres patentes sont du mois de mars 1605.

Mais pour plus de brièveté, on se contentera de citer les arrêts successivement rendus depuis la transaction de 1560, qui déchargent le Beaujolais, soit de nouvelles créations d'offices, soit des taxes imposées sur iceux.

Telle fut la déclaration de Louis XIII, du 27 août 1610, qui renouvelle les défenses d'établir aucun droit nouveau sur les officiers du bailliage du Beaujolais, registrée au Parlement le 30 août 1611.

Tel fut l'arrêt du 8 mars 1633 qu'obtint le procureur du roi du Beaujolais, portant décharge de la taxe faite pour confirmation d'hérédité.

Tel fut celui du 25 février 1683, obtenu sur la requête de Mlle de Montpensier, au sujet du bureau des saisies mobilières, qui excepta de la création de ces charges le Beaujolais.

Tel fut celui du 22 avril 1692, qui excepta le bailliage de la création des offices de vérificateurs des défauts.

Celui du 2 décembre 1698, au sujet des offices de substituts créés par édit de 1696.

Celui du 5 février 1700, au sujet de la création des offices de police portée par édits des mois d'octobre et novembre de la même année.

Celui du 20 janvier 1703, au sujet des offices de greffiers des insinuations.

Celui du 10 juin 1704, qui exempte le bailliage de la création des offices de procureurs.

Et celui du 14 juin 1704, au sujet des subdélégués.

Enfin, l'édit de 1702, les arrêts des 13 juillet 1706, 11 janvier 1707 et 25 janvier de la même année, des 18 décembre 1708, 6 avril 1709; toute cette foule de titres suffisent pour prouver avec certitude que les créations des nouvelles charges et les taxes nouvelles sur les anciens offices n'ont point eu lieu dans le bailliage et la province, qu'autant que le seigneur du Beaujolais l'a bien voulu.

Il est vrai qu'on pourrait opposer des exceptions à la règle générale, mais elles sont en petit nombre ; le xvie siècle en fournit une d'Henry IV ; Henri III, son prédécesseur, et ce monarque, par édits de 1586 et 1596, avait créé dans tous les sièges du royaume des charges de lieutenants particuliers assesseurs criminels. César Retis leva celle qui fut créée pour le bailliage du Beaujolais et obtint des provisions du roi, le 21 juin 1603 ; il fut installé malgré l'opposition du duc de Montpensier, de laquelle ce prince fut débouté par arrêt du conseil du roi, du 19 septembre 1605.

La seconde regarde le droit de confirmation à l'avènement à la couronne du roi régnant : de tout temps, les officiers du bailliage du Beaujolais avaient été exempts de ce droit et surtout lorsque Louis XIV monta sur le trône, quelques représentations que ces officiers aient pu faire, ils n'ont point laissé que de payer ce droit sous Louis XV, et la seule qu'ils ont obtenue a été une modération de la taxe qu'on leur avait faite.

La troisième enfin, et la plus nuisible aux droits de Son Altesse et au public, est l'introduction des droits réservés ; on est encore à comprendre par quelle fatalité ces droits ont été établis dans le Beaujolais par les arrêts du conseil du 26 janvier 1723 et 3 août 1734, malgré les oppositions formées de la part de l'agent du prince, pour le Beaujolais, et les mouvements et les mémoires des officiers du bailliage ; de tous les établissements nouveaux introduits dans la province, ce dernier devient le plus funeste ; outre le coup qu'il porte aux charges du bailliage et au greffe qui appartient au prince, il rejaillit encore davantage sur le public et sur les particuliers qui sont nécessairement forcés d'avoir recours à la justice.

La transaction de 1560 avait rendu au prince ses officiers. Louis de Bourbon, rentrant dans la plus grande partie des justices du Beaujolais, aliénées pendant que cette province fut possédée par les rois de France, donna à ces mêmes officiers plus de lustre et plus d'autorité. On vit dès lors les prévôtés et les châtellenies nombreuses, dont les ressorts fort étendus portaient leurs causes par appel au bailliage ; mais les choses ont changé depuis, et, dans l'intervalle du dernier siècle, et même jusqu'à ce jour, les barons du Beaujolais ont aliéné plus de soixante justices, de façon que les prévôtés et les châtellenies, réduites aujourd'hui au nombre de cinq, sont presque devenues désertes par le démembrement de leur ressort. Louis de Bourbon, dit le Bon, connaissait bien la conséquence de ces aliénations, puisqu'ayant fait échange, avec le sieur de Varennes, de la haute, moyenne et basse justice de Marchamp, pour la rente de Vigo à Claveysolles, il écrivit aux officiers du Beaujolais d'y veiller et d'y former opposition si besoin était; sa lettre est datée[1] du 4 octobre 1575.

1. Volume 7 des Enregistrements de la chambre du trésor.

CHAPITRE V

On peut distinguer quatre époques différentes et envisager sous quatre faces la justice du Beaujolais, depuis l'établissement de l'ancienne maison de Beaujeu jusqu'en l'année 1700.

La première commença à Omphroy, premier seigneur de Beaujeu, qui vivait sous Hugues Capet, jusqu'à Guichard, second baron du Beaujolais, sous le règne de Louis le Gros, ce qui forme un espace de 125 ans : ces premiers seigneurs avaient un juge ordinaire dans leurs terres, qui jugeait suivant les lois qu'ils établissaient eux-mêmes.

La création de quatre anciens bailliages du royaume forme la seconde époque. Dès lors, on vit paraître un bailli dans le Beaujolais, les châtellenies se formèrent et la baronnie eut deux degrés de juridiction ; c'étaient des ecclésiastiques qui étaient baillis et juges ordinaires, le premier bailli d'épée ne parut qu'en 1350, et les lieutenants ou juges d'appeaux furent tous ecclésiastiques jusqu'en 1300 ; alors les sentences du Beaujolais ressortissaient au bailliage de Saint-Gengoux.

La troisième époque doit commencer au règne de Jean II, duc de Bourbon, qui prit possession du Beaujolais en 1456 ; les prévôtés et les châtellenies, comme on l'a déjà dit, sont redevables de leur nouvelle forme à ce seigneur ; elles étaient au nombre de huit et ne jugeaient que jusqu'à la somme de 60 sols ; depuis 1339, on vit un lieutenant du bailli, lieutenant général en même temps du Beaujolais et de la Dombes, le dernier bailli des deux sièges fut Alexandre de Ponceton et le dernier lieutenant général des deux sièges fut Jean Gaspard ; alors la Dombes ressortissait au conseil souverain à Moulins, et le Beaujolais à la sénéchaussée de Lyon ; dans ce temps, le siège était composé du bailli, de son lieutenant général, du procureur général, dont la création remonte à 1244, d'un avocat général et d'un juge d'appeaux, dont le dernier fut le sieur Baronnat.

La quatrième époque commence à la réunion du Beaujolais à la couronne ; le bailliage, érigé en siège royal, en 1532, les châtellenies augmentées d'officiers, en 1584, et créées à l'instar des prévôts et des chatelains royaux, firent une augmentation considérable d'officiers dans le Beaujolais, alors et depuis, on a pu voir le bailliage composé d'un bailli qui a toujours été, jusqu'en 1750, gentilhomme d'épée et noble d'extraction, conformément à l'édit de Blois [1], d'un lieutenant général civil et criminel, qui joignit à sa charge celle de prévôt et juge ordinaire de la châtellenie de Villefranche, d'un lieutenant particulier civil, d'un lieutenant particulier assesseur criminel, d'un avocat et d'un procureur du roi, tous officiers du roi et du baron du Beaujolais.

Outre ces officiers, on comptait aussi un commissaire enquêteur examinateur, un receveur des consignations, un maître des eaux et forêts, qui jugeaient avec le bailliage ; on a toujours vu, dans ce même siège, cinq à six avocats plaidant avec distinction, douze procureurs postulants, plusieurs notaires royaux, réservés pour la ville, et des sergents royaux.

Dans l'enclos du palais se trouve la chambre du trésor qui formait anciennement la chambre des comptes des premiers seigneurs de Beaujeu, et de ceux du nom de Bourbon ; on voyait alors une justice souveraine à Villefranche, pour le domaine du Beaujolais et de la Dombes [2].

Cette chambre renferme encore les comptes du Beaujolais, rendus année par année, par devant les officiers de la chambre souveraine, et plusieurs ordonnances [3] des maisons de Beaujeu et de Bourbon, elle forme aujourd'hui le dépôt des titres de la baronnie et est fermée par

---

1. Voyez l'*Ordonnance de Moulins*, art. 21 et l'*Édit de Blois*, art. 63, 64 et 65.

2. Le conseil souverain de Moulins, auparavant l'érection de ce même conseil en parlement, était pour juger en dernier ressort les appellations des juges ordinaires de la Dombes : voyez l'*Encyclopédie*, sous le mot *Conseil souverain de Dombes*, vol. IV.

3. Au bas de ces ordonnances, on y voit écrit : *lecta publicata et registrata apud Villamfrancam, audito et consentiente procuratore generali.*

trois clefs différentes, confiées au lieutenant général, au procureur du roi et au lieutenant particulier du siège.

Cette même chambre a retenu une juridiction particulière pour ce qui concerne le domaine du roi et celui du prince; les officiers, dans le dernier siècle, s'assemblaient assidûment tous les 15 jours, mais on ne remarque plus aujourd'hui cette même exactitude ; le prince nomme le greffier de cette chambre, sous le titre de secrétaire de la chambre du trésor.

On observe ici, qu'en 1696, les officiers du bailliage n'avaient point été admis au payement du droit annuel, mais Monsieur, par résultat de son conseil de la même année, les y a admis.

Telle fut la forme du bailliage du Beaujolais jusqu'à la fin du dernier siècle, il ne reste plus maintenant qu'à parler de son état actuel.

CHAPITRE VI

Il serait facile, sur les titres de la chambre du trésor et sur ceux des archives du bailliage, de composer une histoire suivie de la magistrature depuis le commencement du siècle ; mais l'objet de ces mémoires ne devant se borner qu'aux choses les plus essentielles, on observera de les placer par ordre de dates, plutot que par matières et le plus succinctement qu'il sera possible.

Les officiers du bailliage, au nombre de cinq au commencement du siècle, étaient Noël Mignot de Bussy, lieutenant général, dont parle le sieur d'Herbigny dans ses mémoires, le sieur de Sauzey, lieutenant particulier, le sieur de Phelines de la Chartonnière, assesseur criminel, le sieur de la Roche Poncié, avocat du roi, et le sieur Bottu de la Barmondière, procureur du roi.

Mgr de Saint-Georges, alors archevêque de Lyon, dans le cours de sa visite, sur la requête de ces officiers, leur accorda les mêmes honneurs dont jouissent ceux du présidial de Lyon, dans la cathédrale, savoir : l'encens, lorsqu'ils se trouveront dans le chœur, en robes, en corps ou séparément, et le baiser de l'évangile ; l'ordonnance est du 20 novembre 1700.

Philippe d'Orléans, baron du Beaujolais, voulut aussi distinguer ces officiers, par la permission qu'il leur accorda, par résultat de son conseil du 14 avril 1701, de se placer, en son absence, dans les places du chœur de l'église de Villefranche qui lui appartiennent, avec défenses, à toutes sortes de personnes, de les y troubler.

Sur la représentation faite au roi par Mgr le duc d'Orléans, que le bailliage du Beaujolais, qui lui appartient, est d'une grande étendue, comprenant dans son ressort six à sept vingt paroisses et six chatellenies, toutes situées dans la terre et baronnie du Beaujolais, et comme il n'a été fait dans ce bailliage, qui lui est patrimonial, quoique les officiers en soient pourvus par Sa Majesté, aucune nouvelle création d'officiers, n'étant composé que de cinq officiers, qui ne suffisent pas pour l'administration de la justice qui se trouve souvent déserte, par les absences ou récusations des juges, lesquels ne sont pas [en] nombre requis par les ordonnances, pour les matières criminelles et benéficiales, en sorte que, pour le bien et l'accélération de la justice, il est nécessaire d'établir, audit bailliage, un nombre suffisant d'officiers, à l'exemple des autres bailliages. Sur ces représentations, Louis XIV, par édit du mois d'octobre 1703, donné à Fontainebleau, signé de sa main et contresigné de Chamillard, créa, au bailliage du Beaujolais, quatre charges de conseillers, dont l'un des quatre garde-scel, un substitut du procureur du roi avec pouvoir de postuler, trois procureurs postulants et un conseiller commissaire contrôleur aux saisies réelles ; cet édit fut enregistré au Parlement, le 9 janvier 1704, et registré au bailliage le 28 du même mois et de la même année, par ordonnance de Claude Cusin, avocat au siège, sur la récusation et protestation des officiers du bailliage de ce temps-là, dont acte fut octroyé.

Les quatre charges taxées au conseil du prince, celle de garde scel à 5.300 livres et les trois autres à 4.500 furent levées par les sieurs Noël, Bessie de Montausan, d'Épinay, et de la Roche-Poncier, ces quatre officiers furent installés au bailliage, le 17 novembre 1704, mais, par la quittance de finance de la charge de Jean-Baptiste Noël, conseiller, garde-scel, son altesse se réserve le droit de sceau, qui demeurera désuni de la charge de conseiller, pour être levé à son profit et exercé par commission, et le prince lui accorde, outre la somme de 60 livres pour gages, celle de 100 livres, par forme d'augmentation de gages pour l'indemnité dudit droit de sceau.

Les oppositions des trois officiers en dignité produisirent leur effet ; le prince, sur leur requête, voulut bien, par résultat de son conseil, du 11 mars 1704, en faveur de la création des charges de conseiller, leur accorder, pour leur tenir lieu d'indemnité, une augmentation de gages ; et, par résultat de Son Altesse, du 26 août 1705, signé de sa main et contre-signé Doublet, il fut fait un arrêté des gages de tous les officiers du bailliage du Beaujolais à la suite duquel se trouve celui des fondations, aumônes et œuvres pies concernant cette province; on le peut voir enregistré sur le livre de la chambre du trésor de ce temps-là, aussi bien qu'un nouvel état qui fut fait et arrêté au conseil du prince, le 4 avril 1711, dont le total, soit pour les gages des officiers, soit pour les fondations, se monte à la somme de 2.590 livres 17 sols 6 deniers.

Quoiqu'on ait démontré ci-dessus que, depuis la transaction de 1560, les créations des nouvelles charges et les taxes sur les offices, n'ont pu avoir lieu dans le Beaujolais, que du consentement du seigneur de cette baronnie et qu'on y ait rapporté les anciens titres et les modernes qui établissent cette exception, on ne peut s'empêcher ici de rappeler les principaux arrêts obtenus à cet égard dans ce siècle; leurs dates sont des 25 février 1702, 10 et 14 juin 1704, 23 mars et 13 juillet 1706, 11 juillet 1707, 18 décembre 1708, 1er juillet 1710 et 24 mars 1719.

Il est d'autres arrêts, plus particuliers au bailliage, rendus pour la manutention de sa juridiction, qui méritent d'avoir ici leurs places. Le prince a souvent employé ses soins pour soutenir les droits de ses officiers, on peut l'apercevoir par l'arrêt du Parlement, du 7 septembre 1714, qu'il obtint sur sa requête, qui lui permet de faire assigner les officiers de la sénéchaussée de Lyon, et cependant par provision leur fait défense de venir faire aucune apposition de scellés dans l'étendue du Beaujolais; cet arrêt leur fut signifié le 10 octobre 1714, par exploit de Tillet, huissier.

Ces défenses furent suivies d'un autre arrêt par défaut contre ces mêmes officiers, du 23 mars 1717, obtenu par Mgr le duc d'Orléans, qui maintient et garde les officiers du bailliage dans le droit de faire les appositions de scellés, confections d'inventaires et autres actes judiciaires dans l'étendue du ressort, fait défense aux défaillants et à tous autres de les troubler sous prétexte de droit de suite, à peine de nullité et des dommages et intérêts, tant desdits juges que des parties, et condamne les défaillants aux dépens. Cet arrêt fut signifié à Messieurs de la sénéchaussée de Lyon, de même qu'aux commissaires enquêteurs et examinateurs, avec assignation pour procéder à la taxe des dépens, le 23 avril 1717, par exploit de Tillet, huissier.

L'arrêt du 28 septembre 1715, qui fait défense aux officiers de la sénéchaussée de Lyon de troubler ceux du Beaujolais dans leurs fonctions et de prendre connaissance des saisies faites ou à faire par droit de suite, des péages et autres, dus à la baronnie du Beaujolais, et aux parties de se pourvoir pour raison de ce à ladite sénéchaussée, à peine de nullité, dépens, dommages et intérêts, n'est pas moins intéressant pour Son Altesse et pour ses officiers, juges naturels de son domaine.

Mais, le plus essentiel, pour le prince et sa juridiction est celui du 13 mai 1750. Le procès commencé depuis 1693 n'a été terminé qu'après l'espace de 57 ans ; on va rapporter la partie du dispositif qui concerne le bailliage.

La cour faisant droit sur le tout, sans s'arrêter aux interventions et demandes des officiers de la sénéchaussée et siège présidial de Lyon, ayant égard aux interventions et demandes de Louis, duc d'Orléans, en qualité de baron du Beaujolais, a mis et met l'appellation et ce dont a été appelé au néant, émendant, déclare les terres de Belleroche, Mussy, Belmont, Saint-Germain-la-Montagne et dépendances, telles qu'elles sont confinées dans la transaction du mois de mars 1317, mouvantes et relevantes en plein fief de la baronnie du Beaujolais, et la haute justice desdits lieux être dans le ressort immédiat du bailliage royal de Villefranche ; en conséquence, maintient et garde le duc d'Orléans dans le droit de connaître, par les officiers dudit bailliage de Villefranche, des appellations qui seront interjetées des sentences rendues par le juge de la justice de Belleroche, conformément à ladite transaction et fait défense aux officiers de ladite sénéchaussée et siège présidial de troubler les officiers dudit bailliage de Villefranche, dans la possession dudit droit, même de connaître en première instance des causes justiciables de ladite justice de Belleroche et autres lieux en dépendant, sauf aux officiers du présidial de Lyon à connaître des matières présidiales entre lesdits justiciables, et même dans tout le Beaujolais, dans les cas portés par l'édit de leur création ; les dépens furent compensés entre la sénéchaussée et Mgr le duc d'Or-léans.

On doit [placer] ici, à la suite des arrêts du Parlement, celui du Grand Conseil du 18 juillet 1724, qui enjoint au prévôt des maréchaux de Lyon de faire à Villefranche l'instruction des procès pour les crimes commis dans le Beaujolais, et fait défense aux officiers de la sénéchaussée de Lyon de faire aucune fonction de juges au bailliage du Beaujolais, pour raison des crimes commis dans cette province. Tous ces arrêts sont suffisants pour montrer l'attention des officiers du siège à conserver les droits du prince et les leurs ; on pourrait y joindre une foule de délibérations faites par la compagnie, pour repousser les entreprises des sièges voisins, suivies de jugements définitifs ou d'accords ; mais, comme ces entreprises de juridiction à juridiction sont souvent moins le fait des juges que des procureurs et quelquefois même des parties, on passera sous silence ici ces monuments qui ne peuvent jamais produire de bons effets de quelque côté qu'on puisse les envisager.

Si le bailliage a été forcé de repousser les entreprises de ses voisins il a trouvé quelquefois matière à parer les coups que lui voulaient porter ses propres justiciables ; témoin l'arrêt de la chambre des vacations du Parlement, du 3 octobre 1732, qui maintient les officiers du bailliage dans la présidence au bureau de l'hôpital, avec défense aux échevins de les troubler, à peine de 1.000 livres d'amende ; cet arrêt fut signifié au corps de ville, le 16 février 1733, par Chervin, huissier.

L'arrêt du Parlement, du 19 août 1733, qui maintient par provision les officiers du bailliage dans l'exercice de la police dans la ville, faubourg et banlieue de Villefranche avec défense aux sieurs Bernard, échevin, et à tous autres de les y troubler, rappelle encore les troubles de ces temps-là, qui n'ont que trop éclaté ; cet arrêt fut signifié au sieur Bernard et aux échevins, le 29 août 1733, par exploit de Chervin, huissier.

Si dans tous les temps le bailliage a soutenu ses droits avec fermeté, il a toujours été animé du désir de prévenir les difficultés ; ce fut dans cet esprit que le sieur Tournier, étant mort revêtu de la charge de commissaire enquêteur et examinateur, qui tomba par défaut de pauletter aux parties casuelles du prince, le corps forma opposition au titre [1] de cette charge qui fut levée [2] aux parties casuelles de Son

---

1. L'opposition au titre est du 9 avril 1707, elle est formée sous le nom du sieur Mignot.

2. La quittance de finance est du 4 avril 1708.

Altesse par Jean-François Noyel, avocat en Parlement, sur la taxe qui en avait été faite au conseil du prince; la communauté des procureurs intéressée à ce qu'on ne donnât pas à cette charge le titre de commissaire-examinateur des défauts, délibéra à ce sujet, le 19 décembre 1707. Le sieur Noyel, receveur des tailles, qui comptait faire recevoir dans cette charge son fils, fut arrêté par l'opposition du bailliage et prit le parti de vendre, à la compagnie, cette charge, au prix de 1.700 livres, dont les procureurs payèrent celle de 500 livres, au moyen des arrangements pris par la compagnie avec cette communauté, et le bailliage se chargea de celle de 1.200 livres dont la rente de 60 livres achetable fut passée au profit du sieur Noyel, père, par acte du 1er mars 1712, reçu Perrin, notaire royal.

Le prince, par résultat de son conseil du 29 juillet 1712, réunit à toujours et à perpétuité, aux offices des officiers du bailliage du Beaujolais, la charge de commissaire enquêteur, en payant suivant les offices des officiers, dans le courant de décembre, chaque année, la rente annuelle, perpétuelle et foncière, de 40 livres, par forme de dédommagement de ladite réunion, et pour l'extinction et suppression de tous droits d'annuel, prêt et mutation dudit office; ce résultat [1] est signé par le prince et contresigné Giron.

Cette charge fit naître, entre les officiers du bailliage, plusieurs règlements à l'occasion des fonctions qui en dépendaient : les sieurs Mignot, lieutenants généraux, en avaient presque toujours retiré les profits sans en payer les charges; enfin, après le décès du dernier lieutenant général de ce nom, la compagnie prit des arrangements avec le sieur Jacquet, lieutenant général actuel, le 14 avril 1750, soit pour les chefs qui grevaient les officiers, contenus dans une transaction faite entre leurs devanciers, le 8 juillet 1706, soit pour l'exercice de la charge de commissaire enquêteur et, pour traiter plus sûrement, ils remboursèrent au sieur Noyel de Belleroche, à qui appartenait l'engagement du bailliage de 1712, cédé à son père par le sieur Noyel, receveur des tailles, son cousin issu de germain, la somme de 1.200 livres, prix principal de la rente de 60 livres créée.

1. Les résultats du conseil du prince, de 1704 et du 4 mai 1708, touchant cette charge, furent enregistrés sur le livre de la chambre du trésor, par ordonnance des

Ce fut le 8 janvier 1754 que les arrangements pris avec le sieur Jacquet, depuis quatre ans, furent rédigés par acte reçu Ronjon, notaire royal, la compagnie lui céda les fonctions de la charge de commissaire enquêteur à vie sous la redevance d'une somme annuelle, et sous les réserves aux officiers de quelques fonctions particulières de ladite charge et l'on régla, en même temps, les articles de la transaction de 1706 qui leur faisaient grief.

Les mêmes motifs de l'intelligence et du bon ordre dans l'administration de la justice ont occasionné, dans tous ces temps, différents règlements faits pour les officiers du siège sous le bon plaisir de la cour, et conformément aux règlements du Parlement, tels sont ceux des années 1680, 1687, 1692, 1706, 1710, 1714, 1721, 1727 et 1735; presque tous ont été imprimés et sont entre les mains d'un chacun.

Ceux faits par les barons du Beaujolais et par leurs officiers pour le fait de la police du bailliage, pour les juridictions subalternes, pour la conservation des droits du prince, et pour le dépôt et la garde des minutes des notaires, ne sont point de moindre nombre, on ne datera ici que ceux qui ont eu lieu depuis le commencement du siècle ; on en voit de 1700, 1701, 1708, 1716, 1722, 1730, 1731 et 1744; entrer dans le détail de leur objet, occasionnerait à ces mémoires trop de prolixité.

On terminera enfin ce chapitre, en observant que la compagnie devenue plus nombreuse depuis le commencement du siècle, devait paraître avec un air plus décent, les anciens officiers accoutumés à la simplicité de leur temps, avaient laissé les choses comme ils les avaient trouvées, ce ne fut que dans le syndicat du sieur de Bussières, en 1731, qu'on commença à s'apercevoir du délabrement des meubles et de l'indécence de la chambre du conseil, la compagnie fit alors une dépense de 800 livres pour la faire peindre et réparer ; sous celui du sieur de Roffrey on fit tapisser la salle de l'auditoire ; sous celui du sieur de la Vaupierre on fit construire les bancs du bailliage dans l'église, pour entendre le sermon, on fit même d'autres constructions utiles à la compagnie dans le palais ; enfin, sous le syndicat du sieur Cusin, on

sieurs Bottu de Saint-Fonds et de Ruyères, le 27 juillet 1703 (*sic*), et, sans doute, celui du 29 juillet 1712 l'a été aussi, du moins il a, depuis ce temps, son entière exécution.

vient de faire plafonner en plâtre la chambre du conseil; on a fait aussi revêtir en plâtre la cheminée, fait faire des croisées nouvelles; on a fait également des portes et des hauteurs d'appui en menuiserie et l'on a fait tapisser en entier cette même chambre; toutes ces dépenses qui peuvent monter à cent louis ne sont que de pur ornement; le prince a toujours fourni les meubles et fait faire les grosses réparations.

Mais l'acquittement des dettes de la compagnie a été l'objet et le plan principal des deux derniers syndics, et bientôt elle sera dans un état à se voir au courant de ses dépenses; la somme de 140 livres de rente, annuelle et perpétuelle, accordée par le prince par résultat de son conseil du 3 juillet 1744, celle qu'on retire de la charge de commissaire enquêteur, font, depuis plusieurs année, un revenu fixe pour la bourse commune; le remboursement fait au sieur Noyel en diminue les charges, et mettront, par la suite, la compagnie en état d'avoir toujours des fonds, soit pour soutenir ses droits, soit pour se former une bibliothèque dont on n'a, depuis quelques années, à la vérité, qu'un très faible commencement.

Tel est l'état actuel du bailliage, composé de 9 officiers, de 6 avocats, de quinze procureurs, du substitut du procureur du roi, d'un receveur des consignations, d'un commissaire contrôleur aux saisies réelles, d'un greffier avec ses commis et de 4 huissiers audienciers.

Il n'est plus de prévôté royale à Villefranche depuis que, par édit du roi, du mois de juillet 1741, cette juridiction a été réunie, à perpétuité, au bailliage pour connaître, en première instance, de toutes les causes et procès dont elle connaissait; le roi a éteint et supprimé le titre et office de prévôt juge royal qui avait été uni anciennement à la charge de lieutenant général; cet édit a été registré au Parlement, le 8 août 1741, et, au bailliage, le 27 novembre de la même année, et a ôté un degré de juridiction qui constituait les parties en frais.

On ne doit point oublier ici un résultat du conseil de Mgr le duc d'Orléans, du 23 mars 1756, lu, publié et enregistré à l'audience du bailliage, le 31 mai suivant, par lequel S. A. S. commet, pour le temps qu'il lui plaira, les officiers des bailliages et juridictions des chefs-lieux tant de son apanage que de ses terres patrimoniales, où il n'a point été établi de commissions pour la confection des terriers, pour recevoir les foi et hommages dus par les vassaux de S. A. S., ordonne que, par devant les mêmes officiers, il sera procédé à la réception des aveux et dénombrements, ainsi qu'il appartiendra, et que les foi et hommages prêtés entre les mains de M. le chancelier de S. A. S. et les lettres patentes expédiées sur iceux seront registrées au greffe desdits bailliages; enjoint S. A. S. aux procureurs du roi et siens et à ses procureurs fiscaux de tenir la main à l'exécution du présent résultat.

M. Vernier, intendant des finances de S. A. S. envoya le résultat au bailliage de Beaujolais et écrivit aux officiers magistrats de Villefranche, le 15 mai 1756, que ce résultat était pour eux un témoignage éclatant de la confiance de Mgr le duc d'Orléans en leurs lumières et leur affection à son service et que le conseil attendait de leur zèle pour les intérêts du prince, qu'ils y donnassent la plus grande attention et conservassent les droits du suzerain dans toute leur intégrité.

Quoique ce règlement soit général pour toutes les terres de Mgr le duc d'Orléans, les motifs du résultat font honneur à des officiers qui, juges naturels des domaines du prince, sont revêtus d'une commission qui, dans les mains, jusqu'ici, des commissaires particuliers, pouvait être sujette à bien des inconvénients; les officiers du bailliage se flattent que la confiance de S. A. S. ne lui sera pas infructueuse, ils regardent même ce résultat comme un monument honorable qui ne peut que redoubler leur zèle pour les intérêts d'un prince aussi juste que bienfaisant.

CHAPITRE VII

DU PALAIS, DES PRISONS DE VILLEFRANCHE
ET DU GREFFE DU BAILLIAGE

Le palais et les prisons sont dans un même enclos assez spacieux, eu égard à la largeur ordinaire des maisons de la ville, leurs bâtiments percent de la grande rue à celle de derrière qui lui est parallèle, en matin, et sont situés presque vis-à-vis l'Hôtel de Ville.

Le greffe et les prisons prennent jour sur la grande rue, le corps de logis du milieu forme le palais et se trouve entre trois cours [1]; les cachots, la chambre du trésor et d'autres bâtiments des prisons composent les constructions qui donnent sur la rue de derrière.

Pour parvenir à tous ces endroits, on entre par la grande rue, sous une voûte fort longue, au bout de laquelle on trouve deux portes qui forment le guichet des prisons; ces portes ouvertes, se présente une cour qui conduit à la salle de l'audience qui est au rez-de-chaussée.

Cette salle forme un carré long, ouverte d'un côté par une grande porte à deux battants, et de l'autre par une petite porte qui donne sur l'escalier qui conduit à la chambre du conseil et où les officiers passent pour monter sur les rangs; elle est éclairée par six fenêtres dont trois sont au couchant et trois au nord; les deux tiers de son espace sont employés, soit pour les sièges élevés des juges, soit pour former le barreau et le surplus est la place destinée au public, qui peut contenir 100 personnes.

Le plancher de cette salle offrait aux spectateurs, il y a vingt ans, un plafond antique où l'on voyait dans toute l'étendue qui comprenait le barreau, les armes de Beaujeu ; celles de Bourbon étaient peintes sur

---

1. Après la première cour, l'emplacement est beaucoup plus large jusqu'à la rue de derrière.

ce même plafond, au-dessus des rangs des officiers, et semblaient avoir
été placées postérieurement ; aussi ce monument ancien formait-il une
des preuves de l'antiquité du palais, que les seigneurs de la maison
de Beaujeu avaient fourni pour y rendre la justice en leur nom ; ce
plancher était si caduc qu'on a été obligé de le refaire à neuf, aux frais
du prince, aussi bien que les fenêtres qu'on a vitrées à grands carreaux.

Les officiers du bailliage et la communauté des procureurs ont .con-
tribué à la décoration de la salle en y faisant placer des tapisseries
peintes en bleu, semées de fleurs de lys d'or et décorées des armes du
roi et de celles de son Altesse Mgr le duc d'Orléans et en faisant construire postérieurement un poële au milieu du barreau qui rend en
hiver cette salle et plus chaude et moins humide. Par la petite porte
dont on a parlé on monte, par un degré à noyau, à la chambre du
conseil ; cet escalier a deux issues, celle dont on vient de faire mention, et l'autre donne dans la cour ; au-dessus de ce même escalier, est
assis un petit clocher terminé en pyramide, dans lequel est une cloche
pour sonner les audiences. Dans la chambre du conseil, bien carrée et
bien éclairée et dont on a parlé dans le chapitre précédent, on voit trois
portes, la première est celle d'entrée, la seconde communique à la chapelle, qui n'est séparée de cette chambre que par un galandage, et la
troisième ouvre un petit escalier dérobé qui conduit à la chambre du
trésor. Le prince a fait réparer la chapelle, depuis environ vingt ans,
de façon qu'elle est beaucoup plus décente à présent ; les prisonniers
y parviennent par le grand escalier qui réunit les bâtiments séparés par
la cour ; enfin, dans le même temps qu'on réparait la chapelle, on y
pratiqua derrière une petite chambre située au nord, destinée pour
tenir le parquet et pour faire les instructions criminelles lorsque la
chambre civile est occupée et au fond de laquelle est un petit retran-
chement en menuiserie, pratiqué aux frais des officiers du bailliage,
pour leurs archives.

On a dit qu'on montait à la chambre du trésor par un escalier
dérobé ; cette chambre forme le bâtiment le plus élevé du palais ;
plus longue que large, elle n'est pas d'une grande étendue ; les jours y
sont pratiqués au matin et au nord ; on en a rétabli, il y a environ 25
ans, la voûte supérieure qui menaçait ruine. On y voyait à la fin du
dernier siècle, presque tous les titres de la province, dans douze coffres,
cotés et numérotés par premier, second, troisième, quatrième, etc.

Outre ces coffres, il y avait une grande garde-robe composée de neuf armoires et quatre grands pupitres au-dessus des coffres, où étaient enfermés les papiers de la souveraineté de Dombes [1] et les papiers terriers de la baronnie du Beaujolais : ces coffres, très anciens, ne donnaient aucune commodité pour trouver les titres qui y étaient entassés les uns sur les autres. La construction de cette chambre paraît aussi ancienne que le surplus des autres bâtiments du palais ; on y voit un ancien inventaire de titres qui y fut fait par Paul Regomier, en 1557. Ce fut sans doute dans ce temps qu'on fit construire les coffres pour ôter les titres de dessus les rayons où ils étaient épars et exposés à l'injure du temps et des rats ; le second inventaire fut fait en 1608, par le sieur Bellet, lieutenant particulier du siège, et récollé en 1610. Comme les titres se trouvèrent alors multipliés, on construisit sans doute dans ce temps là, la garde-robe et les pupitres dont on a parlé ; enfin Pierre Picard, sieur de Lacande, commissaire de Mlle de Montpensier, en commença un nouveau en 1664 et le termina en 1669.

Cet inventaire est contenu dans deux gros volumes in-folio. Ce fut plusieurs années après ce dernier inventaire que le prince, nouveau possesseur du Beaujolais, fit construire des armoires en noyer à la place des coffres et des pupitres ; ces armoires distinguées par des numéros, renferment sous clefs les titres qui y sont mieux conservés mais dans un dérangement entier. Il semblait que l'inventaire de Lacande eut dû mettre ces mêmes titres dans un ordre plus parfait, mais cet archiviste diffus n'a observé ni ordre ni méthode dans les matières ni dans les dates [2]. Le lecteur de ces mémoires ne doit pas être surpris s'il y trouve encore ces coffres cotés ; on a suivi la foi de Louvet et les citations qu'il fait des titres du trésor qui étaient dans ces mêmes coffres [3]. Dans le temps qu'il composait son histoire du Beau-

---

1. Les titres de la souveraineté de Dombes furent remis au s^r Cachet de Montesan à la forme des émargements faits sur l'inventaire de Lacande, lorsque la Dombes, fut désunie de la baronnie du Beaujolais et passa entre les mains de M. le duc du Maine.

2. Le sieur de la Coste, greffier du bailliage, chargé par Son Altesse, travaille actuellement à un nouvel inventaire. Il se flatte même de remédier aux inconvénients des précédents inventaires, et d'y observer l'ordre des dates et des matières.

3. Louvet écrivait en 1671 ; c'est donc postérieurement à cette date que la construction des nouvelles armoires eut lieu.

jolais et de la Dombes, il n'est douteux que cet écrivain, qui prenait la qualité d'historiographe de S. A. Mademoiselle, n'eut la liberté de puiser ses mémoires dans les archives du Beaujolais.

La chambre du trésor est solidement assise sur deux voûtes l'une sur l'autre qui forment cinq cachots dont trois ras terre et deux grands au premier étage [1] ; ces cachots sont entre deux corps de bâtiments dépendants du palais, dont un du côté du midi, qui formait autrefois la prison des femmes, ne sert actuellement que d'entrepôt au geolier ; la muraille du voisin n'étant pas sûre, on n'y place plus de prisonniers ; et l'autre, du côté du nord, consiste dans une chambre basse, qu'on nomme encore l'ancien greffe, et une chambre au-dessus qui, jadis, était la chambre des rétroactes ; le geolier se sert de ces deux endroits depuis la nouvelle construction du greffe. A côté de ce bâtiment et vis-à-vis l'escalier qui monte aux cachots et à la chambre des rétroactes, se trouve une porte qui donne dans une petite cour située au nord, par laquelle on parvient à la chambre des femmes et au-dessous de laquelle sont deux cachots assez mal en état ; on ne s'en sert que dans la plus grande nécessité. Tels sont les bâtiments qui forment l'enclos du palais presque tous caducs, à l'exception de la partie qui compose les cinq premiers cachots ; on aurait pu, avec les dépenses mal entendues qu'on a faites, depuis ce siècle, en raccommodages, reconstruire à neuf la salle de l'auditoire, la chapelle et la chambre du conseil et leur donner plus d'étendue qu'elles n'en ont, ce sera même une nécessité au premier jour de faire cette dépense, le mur qui donne sur la première cour étant entièrement corrompu.

On a dit qu'on parvenait à la cour qui conduit au palais par une longue allée voûtée, au bout de laquelle se trouvait le guichet des prisons ; dans toute la longueur de cette voûte, s'elève un grand corps de logis, bâti à neuf, depuis environ quarante ans, aux dépens du roi et du prince, qui forme le greffe, au rez-de-chaussée, et les prisons au-dessus ; l'escalier pour monter à la prison se présente dans la cour du palais à main gauche en entrant, à repos et solidement bâti en pierre de taille, il conduit à une allée dont la première porte ouvre

---

1. Ils paraissent bien bâtis, mais il y aurait quelques réparations à faire dedans à chaux chaude.

sur la chambre du geolier[1] très spacieuse et par laquelle on peut voir, par un petit guichet, ce que font les prisonniers; au bout de cette même allée, est la porte de la prison, qui forme une longue salle plus longue que large, éclairée par trois fenêtres qui donnent sur la grande rue, exactement et solidement barrées, on y voit cinq grands lits, une cheminée et des latrines, le plancher en est très exhaussé et l'on peut dire que cette prison est fort saine et bien aérée, l'hôpital fournit le bois aux prisonniers. De cette salle, on parvient de plein-pied, par le repos du degré, à la chapelle; en montant au second étage, on trouve, dans ce même corps de bâtiments, un vestibule spacieux, destiné pour y donner la question, on y voit deux portes; par la première, on entre dans une chambre, au-dessus de celle du geolier, qu'on nomme la chambre des consuls, où il y a deux lits et une cheminée, par l'autre on entre dans un grand grenier de même étendue que la salle de la prison qui sert au geolier.

Tels sont tous les bâtiments contenus dans l'enclos du palais, qui a, de tous les temps, renfermé dans son enceinte les prisons[2] qui de seigneuriales devinrent royales, quand le bailliage fut érigé en royal par François Ier.

Il ne reste plus qu'à parler du greffe qu'on peut regarder, à juste titre, comme un des plus beaux qu'on puisse voir, par son étendue et ses commodités. On y entre par une porte pratiquée dans l'allée voûtée qui conduit au palais; il a 86 pieds de long, sur 22 de large et sa voûte, qui règne sur les deux tiers de son emplacement, a 9 pieds de haut sous clef; des deux côtés sont de grandes armoires en chêne, fermant à clef, pour y déposer toutes les minutes.

On y a placé tous les papiers de la chambre des rétroactes et ce dépôt de titres de toute la province et des familles, va paraître dans

---

1. Dans le commencement du siècle, le geôlier obtenait des provisions du roi, sur la présentation du prince, ensuite du prince seulement, aujourd'hui le prince donne une simple commission révocable *ad nutum*.

2. Dans le temps qu'on construisit à neuf les prisons, on fut 4 à 5 ans à faire ou laisser sécher cette construction, on mit les prisons alors, par entrepôt, dans une maison qu'on nomme la Croix Verte, située du côté de la porte de Belleville, les prisonniers alors y mirent le feu et s'évadèrent, mais on mit à leur suite la maréchaussée qui les reprit presque tous.

un ordre auquel travaille le sieur de la Coste l'aîné, greffier à vie, chargé de cet ouvrage par le prince, qui n'a rien épargné pour la sûreté, l'arrangement et la conservation de tous ces titres précieux. Ce greffe au reste est éclairé par deux grandes fenêtres sur la rue et par une autre sur la cour du palais, solidement fermées, barrées et grillées.

TITRE CINQUIÈME

DE L'ÉLECTION DE VILLEFRANCHE

Les maires et échevins ne pouvant suffire à faire les assises et lever les deniers imposés sur les peuples, dans les besoins pressants de l'Etat, la cour envoya des députés dans chaque province pour asseoir ces impositions avec égalité, eu égard aux pays abondants et stériles, aux habitants aisés ou malaisés et, comme ces députés ne pouvaient être instruits facilement de l'état du pays et des personnes, ils faisaient choix et élection parmi les plus honnêtes gens des provinces de deux ou trois particuliers, reconnus d'une probité à l'épreuve, pour assister à la distribution des impôts et donner leur avis ; c'est de là qu'est venu originairement le nom d'élu.

Par la suite des temps les élus dont le département était étendu, choisirent, pour une plus grande commodité, des commis ou lieutenants qui tenaient des audiences particulières dans l'endroit de l'élection le plus à portée. François Ier les érigea ensuite en titre d'office aux gages de 50 livres.

Une des plus considérables juridictions après le bailliage est celle de l'élection du Beaujolais. Le père de Bussières, dans ses *Mémoires de Villefranche*, dit qu'il ne sait précisément le temps de son établissement. Louvet, qui mit, avant lui, au jour sa petite histoire de Villefranche, observe que le bureau de l'élection n'était composé, dans son origine, que d'un élu, parce que le Beaujolais dépendait alors partie de l'élection de Mâcon et partie de celle de Châlon ; que Charles VI, par ses lettres du 17 janvier 1401, enjoignit aux élus de Mâcon et de Châlon de distraire des papiers, registres et recettes de leur élection toutes les villes et fermes dépendantes de leur juridiction situées dans le ressort et baronnie du Beaujolais, pour être délaissées à un élu et recteur à ce commis par lui dans cette province.

Par la suite on ajouta d'autres élus à ce nouveau ressort ; il formait même un corps d'officiers sous Louis XI, puisque ce monarque, par son ordonnance du 3 février 1480, adressée aux élus du Beaujolais, leur enjoignit d'imposer aux tailles les particuliers de la capitale qui se seraient retirés dans d'autres élections, pour s'exempter de payer la taille à Villefranche, preuve certaine de l'établissement parfait de cette juridiction à cette époque.

Le nombre des élus de Villefranche a été moindre ou plus grand, suivant la volonté de nos rois ; ce corps était composé de 25 officiers lorsqu'en 1661 il fut réduit à neuf, savoir : deux présidents, un lieutenant civil, un assesseur, quatre élus et un procureur du roi, le greffier et les deux receveurs des tailles étant à la suite de ce corps.

Ce ressort s'étend sur toutes les paroisses du Beaujolais ; les élus connaissent de toutes les matières civiles et criminelles concernant le fait des tailles, des aides, des étapes et généralement de tous les deniers qui se lèvent pour le roi sur le peuple. Leurs sentences s'exécutent par provision indéfiniment et jusqu'à de certaines sommes en dernier ressort et sans appel, et des autres sentences, excédant lesdites sommes fixées, les appels sont relevés à la cour des aides de Paris.

Le pouvoir et l'autorité des élus étaient d'une grande étendue dans le commencement du dernier siècle, depuis l'édit de l'année 1600 jusqu'au règlement de 1634, mais l'époque de la restriction de leur puissance peut être attribuée au règlement de 1643, qui donne beaucoup de pouvoir aux intendants qu'on envoyait dès lors dans les provinces et dont l'article 58 de l'ordonnance de Louis XIII annonce les fonctions à peu près semblables à celles de ces commissaires que nos rois envoyaient anciennement dans les provinces, désignés sous les mots de *missi dominici* [1]. Les deux arrêts du conseil de 1646 retranchent encore beaucoup de l'autorité des élus pour la transmettre aux intendants ; enfin le règlement de 1663 est la pierre d'achoppement de leur pouvoir presque effacé puisqu'il donne au commissaire départi la voix prévalante à celle des élus.

Les charges de l'élection étant autrefois en grand nombre à Ville-

---

1. Charles le Chauve, roi de France, envoya, en 853, dans les douze généralités de son royaume, ces *missi* ou sortes d'intendants.

franche, il n'était point de particuliers aisés, qui, jaloux de profiter des exemptions attachées à ces offices, ne cherchassent à les posséder ou à en revêtir leurs enfants; aussi la plupart des bonnes familles qui subsistent aujourd'hui à Villefranche, dans les environs ou dans les villes voisines ont possédé anciennement ces charges, il serait même facile d'en nommer en grand nombre, si l'envie chimérique d'étouffer son origine ne dominait pas la plupart de ceux qui ont acquis par degrés les exemptions et la noblesse, erreur d'autant plus grande que le noble ou le roturier n'est estimable qu'autant que l'un et l'autre font montre de vertu, de probité, de savoir et d'éducation.

Ces charges ont attiré de la montagne et des villes voisines beaucoup de sujets, qui, pour avoir été les auteurs de leur fortune, n'en sont devenus que plus dignes de considération, puisque les richesses ne s'acquièrent que par le travail assidu et que le citoyen n'est estimable qu'autant qu'il se rend utile à sa patrie et à l'Etat.

Depuis 1661, cette compagnie, moins nombreuse, est fixée à un président, un lieutenant, quatre conseillers et un procureur du roi.

Le greffe, qui appartenait, sur la fin du siècle passé, à M. Dugué, seigneur de Bagnols, est actuellement entre les mains du sieur Lasséré, greffier en chef, qui tient sous lui un commis.

Le receveur des tailles du Beaujolais, qui réunit en sa personne les titres d'ancien et d'alternatif, assiste au département des tailles, conformément à l'article 3 du règlement de 1643 et est à la suite du corps de l'élection. Il y a, dans cette juridiction, six charges de procureurs postulants et un huissier audiencier.

TITRE SIXIÈME

Les forêts, depuis l'établissement de la monarchie, ont été regardées par nos rois comme les immeubles et les principaux droits du domaine de la couronne, dignes de l'attention particulière du gouvernement ; on voit une ordonnance de Philippe le Bel, en 1291, qui fait apercevoir l'ancienneté de l'établissement des juges qui veillaient à cette partie essentielle ; le roi Jean en 1355, et Charles V, en 1375, rendirent également des ordonnances sur cette matière ; mais celle de 1669 l'a mise dans tout son jour.

On confiait anciennement la garde des forêts aux châtelains et aux concierges des châteaux proche desquels étaient les forêts ; aussi voit-on que l'ordonnance d'Henry III, de 1583, nomme ces gardiens gruyers, forestiers, châtelains, concierges, maîtres sergents, maîtres garde-marteaux, selon l'usage des pays, mais ces sortes d'offices n'ont plus lieu.

On ne voyait anciennement qu'un grand maître des eaux et forêts en France ; on supprima sa charge, en 1575, pour en créer six autres. On compte aujourd'hui, dans le royaume, dix-sept de ces charges qui forment en tout dix-sept départements.

Quoique les ordonnances annoncent l'ancienneté des maîtres des eaux et forêts qui datent du XIIIᵉ siècle et qu'ils n'aient été connus sous le nom de maîtres particuliers, qu'en 1544, on peut, néanmoins, attribuer les édits de création de ces charges en titre d'office à François Iᵉʳ qui leur donna ce dernier nom ; mais de toutes les nouvelles créations de ces mêmes charges faites depuis, on n'en voit point qui aient eu lieu dans le Beaujolais, au contraire, les juges des seigneurs particuliers de cette province ont été exclus d'avoir dans leurs justices des juges gruyers ; on créa dans toutes les justices seigneuriales du royaume, en mars 1707, et en mai 1708, de ces sortes de juges, mais l'arrêt du Conseil d'Etat, du 6 avril 1709, ordonne que l'établissement de ces juges gruyers n'aura pas lieu dans le Beaujolais.

Il n'est pas douteux que les premiers seigneurs de Beaujeu n'aient eu des juges pour connaître des matières des eaux et forêts ; c'étaient originairement leurs châtelains à qui ce soin était confié ; le privilège de la chasse, accordé, en 1436, aux habitants de la capitale et de la province, en devient même une preuve, puisque cette concession ne fut faite qu'à la charge de donner au châtelain du lieu où irait mourir la bête, la hure et les quatre pieds du sanglier, ou l'épaule droite du cerf ou de la biche. C'était sans doute pour dédommager en quelque façon les châtelains de la juridiction qu'ils avaient auparavant sur les bois et qu'ils venaient de perdre par les ordonnances rendues, en 1407, par Louis de Bourbon, concernant l'état et office de maître des eaux et forêts, créé par le prince pour le Beaujolais.

C'est donc à cette époque qu'on doit regarder, dans la province, la naissance de cette charge qui abolissait celle des juges gruyers et châtelains, à qui le soin des forêts, alors en grand nombre dans le Beaujolais, était confié ; les premiers seigneurs de Beaujeu avaient adopté, en partie, les usages de la France par rapport à l'administration de la justice ; la maison de Bourbon suivit cet usage et fit des ordonnances sur les eaux et forêts, à l'instar de celles de nos rois.

Lorsque François Ier érigea, en 1532, le bailliage de Villefranche en royal, parmi les nouvelles charges qu'il y créa on ne voit, de sa part, aucun établissement concernant les eaux et forêts ; celle qu'avait établie Louis II de Bourbon subsista donc telle qu'elle était, aussi bien que ses ordonnances de 1407 et le Beaujolais fut rendu avec cette ancienne charge, en 1560, à la maison de Bourbon Montpensier. On ne voit, depuis ce temps, aucun édit de création d'aucune charge concernant les eaux et forêts qui ait eu lieu dans le Beaujolais.

En remontant à l'usage ancien, depuis 1407, on ne voit, dans tous les temps, qu'un seul officier maître des eaux et forêts [1] en titre d'office ; les registres de la chambre du trésor nomment exactement tous les

---

1. Dans les états arrêtés au conseil du prince, en 1711 et depuis, pour les gages des officiers, on n'y voit que le seul maître des eaux et forêts couché sur les états pour la somme de 25 liv. pour ses gages.

titulaires de cette charge. En 1671, le sieur de Phelines de Ruyère la possédait, le procureur du roi au bailliage l'était des eaux et forêts, le greffier du siège l'était de cette juridiction. Le maître des eaux et forêts portait ses causes au siège royal et jugeait avec lui. Depuis même la création des charges de conseiller, en 1703, on a vu le sieur de Fontenailles, dernier titulaire de cette charge, venir juger les causes concernant cette matière avec le bailliage et prendre rang et séance après le dernier conseiller ; ce n'était que comme juge seigneurial qu'il occupait cette place, car autrement il aurait pris son rang après les trois dignités et au dessus du doyen des conseillers.

Le roi ayant établi, par son édit de mars 1706, des offices d'inspecteurs et conservateurs des eaux et forêts, Sa Majesté, à la requête de Mgr le duc d'Orléans, excepta de cet établissement les terres patrimoniales et de l'apanage de Son Altesse, et par son arrêt du 3 août 1706, ordonna que les officiers des maîtrises desdites terres exerceraient leur office comme ils faisaient avant cet édit.

L'arrêt du Conseil d'Etat, du 7 mai 1715, concerne directement le Beaujolais. Le sieur Estival, grand maître pour le département du Lyonnais, avait commis, par ordonnance du 7 septembre 1709, un gradué pour informer sur le fait de la chasse dans le Beaujolais pour, sur les informations, statuer par lui ainsi qu'il appartiendrait ; les officiers de la maîtrise de Lyon et l'inspecteur des eaux et forêts avaient rendu une ordonnance, le 7 avril 1707, dans laquelle était compris le Beaujolais. Le roi ayant égard à la requête présentée par le M. le duc d'Orléans ordonne que l'arrêt du Conseil du 3 août 1706 sera exécuté, ce faisant sans avoir égard aux ordonnances du sieur Estival, des officiers et de l'inspecteur de la maîtrise de Lyon, des 7 avril 1708 et 7 septembre 1709, les casse et annule en ce qui concerne le Beaujolais, leur fait défenses d'en rendre de semblables à l'avenir et de troubler les officiers de la maîtrise du Beaujolais dans leurs fonctions ; à peine de tous dépens, dommages et intérêts.

La mort du sieur Bergiron de Fontenailles fit un changement dans la maîtrise ; le sieur Mignot, lieutenant général au bailliage, acheta la charge de maître des eaux et forêts et faisait, en cette qualité, l'instruction, les visites, descentes et procès-verbaux, commettait un garde marteau et le procureur du roi du bailliage requérait ; les causes portées à l'audience se jugeaient par les officiers du bailliage et les procès par écrit se distribuaient et se jugeaient par les officiers du siège ; dès lors on ne vit plus de maître particulier siéger avec les officiers, enfin le bailliage et la maîtrise ne formèrent plus qu'une seule et même juridiction.

Comme le Beaujolais ne renfermait ni bois du roi, ni bois du prince, et que en vertu des arrêts cités on ne reconnaissait nullement le grand maître ni son autorité dans cette province, les tentatives du sieur Taboureau des Reaux, grand maître du Lyonnais, furent inutiles et sans fruit, tout le temps que le sieur Mignot fut pourvu de la charge de maître des eaux et forêts du Beaujolais, l'indépendance subsista jusqu'à l'arrêt du conseil dont on va parler.

Le 8 octobre 1735, il parut un phénomène nouveau dans la maîtrise de Villefranche, ce fut l'installation du sieur Samoël à l'office de lieutenant à cette maîtrise ; il demanda que, vu la présentation du prince et les provisions du roi, des 18 et 27 août 1735, et sa réception à la table de marbre du 5 septembre suivant, il fut installé à ladite charge de lieutenant de la maîtrise du Beaujolais, ce qui [fut] fait [1] le 8 octobre 1735 sur les conclusions du procureur du roi et sur l'ordonnance du sieur Mignot, expédiées par La Praye, commis greffier.

Par les provisions du roi, du 27 août 1735, il est dit que l'office de conseiller du roi, lieutenant en la maîtrise des eaux et forêts de la baronnie, était cy devant tenu et exercé par M... Lemort, dernier possesseur, et était devenu vacant par son décès et tombé aux parties casuelles du prince. Le nom de ce Lemort, précédent titulaire, est faux, supposé et celui d'un homme en l'air qui n'a pas plus existé que l'office de lieutenant dont il n'y a jamais eu d'édit de création dans le Beaujolais.

Les citoyens conservent encore le triste souvenir des divisions qui régnaient alors ; un particulier abusant de la confiance du conseil du prince, opposa au lieutenant général, maître alors des eaux et forêts et son ennemi, un officier qui fut l'instrument de ses vengeances ;

---

1. Cette installation se trouve tout au long couchée sur le livre de la chambre du trésor de l'année 1735, avec les provisions seulement du roi, fol. 53, 54 et 56. C'est un extrait des actes et registres du greffe de la maîtrise.

l'affaire fut poussée à la perfection par l'arrêt du Conseil d'Etat, du 6 août 1737, portant règlement entre la maîtrise des eaux et forêts et le bailliage du Beaujolais. Par cet arrêt qui suppose une maîtrise complète et qui n'a jamais eu que deux officiers en titre, il est ordonné au sieur Mignot, lieutenant général au siège et maître des eaux et forêts, et au sieur Dessertines, procureur du roi des deux sièges, d'opter, dans six mois, de l'un ou de l'autre de leurs deux offices, sinon, passé ledit temps, l'office que chacun possède en la maîtrise demeurera vacant et impétrable, permet pendant ledit délai, de pourvoir aux deux charges et, en cas de contestation sur le présent arrêt, renvoie les parties par devant le grand maître des eaux et forêts au département du Lyonnais, sauf l'appel au conseil.

L'exécution de cet arrêt fut ordonnée par le sieur Taboureau, grand maître, par ordonnance du 12 septembre 1737, et l'arrêt fut signifié, au greffe du bailliage, aux sieurs Mignot et Dessertines, au syndic des procureurs et au geôlier, le 9 octobre 1737, par Prot, huissier. Il fut contrôlé le même jour, et lu et publié à l'audience de la maîtrise et registré au greffe d'icelle, le 16 octobre 1737 ; on n'oublia pas même de le faire afficher.

Le lieutenant général vendit sa charge de maître des eaux et forêts et le procureur du roi se défit de la sienne en conformité de l'arrêt du conseil ; la maîtrise du Beaujolais commença dès lors à prendre une nouvelle forme.

Mgr. le duc d'Orléans a, dans la province, deux capitaines et deux lieutenants des chasses ; l'un pour le côté de la Loire et l'autre pour celui de la Saône. La maîtrise est actuellement composée d'un maître particulier, d'un lieutenant, d'un garde marteau, d'un procureur du roi, d'un greffier, de deux huissiers audienciers, d'un receveur des amendes, d'un garde général, collecteur des amendes, et de deux arpenteurs jurés. Ces officiers sont actuellement subordonnés au grand maître du Lyonnais, depuis l'arrêt de 1737.

On ne peut pas regarder cette juridiction comme royale, puisque le titre de maître des eaux et forêts remonte à l'établissement qu'en firent les anciens seigneurs du Beaujolais dans leur baronnie, pour juger des causes concernant cette matière, avec les officiers du bailliage, avant l'érection même du bailliage en royal ; tous les autres officiers, depuis 1735, ont obtenu des provisions du roi, insuffisantes pour les qualifier de juges royaux [1] ; l'édit de création de la part du souverain peut seul leur donner ce titre et il n'en est aucun qui existe pour la province du Beaujolais.

Il ne faut pas mettre ici en problème la question de savoir lequel de l'ancien ou du nouvel établissement vaut mieux ; c'est par le parallèle de l'ancien gouvernement avec le moderne qu'on peut uniquement décider cette question, et c'est au public et à toute la province à qui elle est réservée de droit.

---

1. Tous les nouveaux officiers de la maitrise n'ont aucuns gages ni du roi ni du prince, à ce que l'on assure, ils n'ont donc point financé pour la levée de leurs charges.

TITRE SEPTIÈME

On rapporte à l'année 1344 l'origine de la gabelle, dit le président Hénault, ce qui fit qu'Édouard III, en plaisantant Philippe de Valois, le nommait l'auteur de la loi salique; cependant on peut attribuer, avec plus de vérité, à Philippe le Long [1], le premier impôt qui parut sur le sel ; Philippe de Valois augmenta cet impôt, mais, jusque là, le sel avait toujours été marchand et le règlement du 13 janvier 1350, sur ce qui doit être observé par les marchands de sel, établit cette vérité; ce ne fut que depuis la bataille de Poitiers [2] que le roi Jean se réserva le droit de le vendre en établissant des greniers où tout le sel fut porté ; la gabelle fut depuis mise en ferme par nos rois [3] et le premier bail en fut passé pour dix ans, le 4 janvier 1547. Le sel de la France, à cause de la température de son climat, surpasse en qualité celui de l'Espagne et des royaumes voisins.

La concession que firent plusieurs rois de France de dix deniers par chaque quarte de sel qui remontaient par la rivière de Saône, fait apercevoir qu'il y avait déjà des greniers à sel établis dans la province. La capitale du Beaujolais eut le sien, mais la date de son origine est ignorée, on peut néanmoins la présumer de la fin du XVIe siècle.

Dans la ferme générale des gabelles du Lyonnais, d'où dépend le

---

1. Philippe le Long parvint à la couronne en 1316 et mourut en 1322.

2. Cette bataille se donna le 19 septembre 1356.

3. M. le président Hénault attribue la passation de ce premier bail du 1er janvier 1547, à Henry II, cependant François Ier ne mourut que le dernier de mars de cette même année, époque du commencement du règne d'Henry II, il faut qu'il y ait erreur à cet égard, *Abregé de l'Histoire de France*, page 232, année 1344.

grenier à sel de Villefranche, on voyait anciennement plusieurs officiers dans chaque grenier; en 1661, le sieur Etienne Turrin était président de celui de Villefranche, mais tous ces officiers furent supprimés par édit de l'année 1667, et, par le même édit, Louis XIV, dans chacune des provinces du Lyonnais, du Forez, du Beaujolais, du Vivarais, du Mâconnais, de la Bresse, du Bugey, du Valromey et du pays de Gex, créa un juge visiteur général des gabelles, un procureur du roi, un contrôleur et un greffier.

Villefranche a, dans la juridiction de ses gabelles, depuis ce temps, un juge visiteur général, un procureur du roi, un contrôleur, et un greffier; son ressort s'étend sur les quatre greniers établis dans la province, dont le premier à Villefranche, le deuxième à Beaujeu, le troisième à Belleville et le dernier à Thizy.

L'ordonnance de Louis XIV, des mois de mai et de juin de l'année 1680, sur le fait des gabelles, a réglé tous les droits et fonctions de ces officiers.

Les receveurs de chaque grenier le sont par commissions des fermiers généraux et sont destituables, en cas de malversations.

TITRE HUITIÈME

Personne n'ignore que les aides étaient anciennement un subside que les états du royaume consentaient d'être levés sur les peuples pour aider nos rois à soutenir les guerres de la monarchie : ces aides ne furent d'abord imposées que pour un an, pour deux ou pour trois, enfin elles demeurèrent perpétuelles.

La ferme des aides était autrefois distinguée, maintenant elle est unie à celle des gabelles et autres impositions, ce tribut est payé par toutes sortes de personnes, privilégiées ou non, différant en cela de celui des tailles.

On peut consulter sur ce droit, l'ordonnance de Louis XIV, du mois de juin 1680 ; depuis ce code, on voit sept à huit volumes in quarto, d'arrêts du conseil, en faveur des traitants ou fermiers de ces droits.

Presque toutes les villes ont une direction pour les aides, Villefranche n'en est pas exempte, on y voit un directeur des aides, un receveur de ces droits et un receveur à l'entrepôt du tabac, chaque ville de la province a aussi son receveur particulier ; on voit aussi des contrôleurs ambulants et nombre de commis subordonnés au directeur du chef-lieu ; l'exactitude de la direction offre de plus aux yeux des citoyens des gardes pour le sel, pour le tabac, et des mouches sans nombre. Les contestations à l'occasion des aides vont à l'élection et quelquefois directement par devant M. l'intendant de la généralité.

TITRE NEUVIÈME

DE LA MARÉCHAUSSÉE DU BEAUJOLAIS

Les maréchaussées en France, au nombre de 180, sont des sièges de juges d'épée qui instruisent les procès des voleurs, des mendiants et des vagabonds et connaissent d'autres cas dont ils sont compétents et qui jugent souverainement avec les officiers des bailliages dans le ressort desquels les crimes ont été commis.

On voyait autrefois, à Villefranche, une maréchaussée d'une très ancienne création pour toute la province, composée d'un prévôt des maréchaux, d'un lieutenant, d'un assesseur, d'un procureur du roi, d'un exempt, d'un greffier et de 10 archers. Le dernier titulaire de cette charge de prévôt a été Bernard Noyel, reçu en 1699, il l'a exercée jusqu'en 1720, temps auquel cette juridiction fut éteinte et supprimée.

La maréchaussée de la généralité du Lyonnais, Forez et Beaujolais est aujourd'hui composée d'un prévôt général, de trois lieutenants, de trois assesseurs, de trois procureurs du roi, de trois greffiers, d'un trésorier et de 15 brigades, composées chacune de cinq hommes, dont il y en a deux pour le Beaujolais, l'une à Villefranche et l'autre à Thizy, de trois exempts dont l'un à Villefranche, l'autre à Saint-Etienne et l'autre à La Pacaudière et de cinq brigadiers et de sept sous-brigadiers commandant chacun une brigade.

L'arrêt du conseil du 18 juillet 1724, cité au chapitre VI [titre IV] de la troisième partie de ces mémoires, a prescrit, aux officiers de la maréchaussée de Lyon, la manière d'instruire les procès et de les juger conjointement avec les officiers du bailliage de Villefranche ; aussi l'on ne s'étendra pas davantage sur ce qui concerne cet article.

TITRE DIXIÈME

DE L'ACADÉMIE ROYALE DES SCIENCES ET BEAUX-ARTS
DE VILLEFRANCHE

Si les premiers habitants de Villefranche ont mérité l'attention et les faveurs de leurs souverains par la concession des privilèges qu'ils en avaient obtenus et dont ils ont joui pendant plusieurs siècles, leurs descendants, en voyant évanouir la plupart de ces franchises, ont eu la consolation, sous un gouvernement totalement différent, de voir remplacer ces anciennes prérogatives par des titres d'honneur et de distinction qui n'ont été accordés qu'à peu de villes du royaume ; on ne doit pas être étonné que Villefranche, après avoir vu sortir de son sein des savants qui ont fait l'ornement de la plus célèbre académie du royaume ait cherché à élever, dans son enceinte, un temple où ses citoyens, naturellement spirituels et curieux de cultiver les arts, vinssent satisfaire leur goût et leur inclination.

On commençait à connaître dans la France le prix des sociétés littéraires où l'esprit et le cœur s'unissent à l'envie pour former le savant et l'honnête homme, on envisageait de quelle utilité serait pour la province un établissement qui rendrait le citoyen plus éclairé, plus vertueux, plus poli dans ses mœurs, dans son langage, on apercevait, dans les habitants, cette vivacité de génie qui donne droit de tout entreprendre, cette aptitude pour les sciences qu'il ne faut que cultiver pour y réussir ; le fond était riche, avec le travail et l'union on pouvait en tirer les fruits les plus précieux.

Quelques citoyens zélés pour l'honneur de la patrie, animés par le goût des lettres, jetèrent les premiers fondements de l'Académie ; bien des obstacles pouvaient en traverser le projet : le petit nombre de sujets propres à seconder des vues aussi élevées, la difficulté d'obtenir une distinction aussi glorieuse qui n'était alors que le partage de quelques cités privilégiées, tout rendait incertain le succès d'une si louable entreprise, mais rien ne fut capable d'arrêter l'amour de la véritable gloire ; ce projet conçu eut des suites heureuses, les travaux de l'Académie naissante lui procurèrent des protecteurs puissants, enrichie par des sujets dont la réputation s'étendait jusqu'au trône ; le monarque, édifié de voir autant d'émulation pour le travail dans une ville d'une de ses provinces, répondit au zèle de ses citoyens en la décorant d'un titre qui l'a distinguée. L'époque précise de l'Académie de Villefranche remonte à l'année 1677 ; il est vrai que les trois premières années ne représentent que des assemblées particulières de personnes adonnées aux lettres, autorisées par le seul amour pour les sciences et sans protecteurs à leur tête. Ce ne fut qu'en 1679 que ces académiciens formèrent une liste de ceux qui étaient admis dans leurs séances, qui ne commencèrent à devenir publiques qu'en 1680, sous l'autorité et la protection de Mgr. Camille de Neuville, archevêque, comte de Lyon et commandant pour le roi dans la généralité. Le *Mercure françois* du mois de septembre 1680 fait un détail circonstancié de ce qui s'observa, cette même année, à l'assemblée publique de l'Académie qui se tint le jour de Saint-Louis, pour la première fois ; celui du mois d'octobre 1681 décrit la seconde assemblée et l'on voit, à la tête du plus ancien registre de l'Académie, le discours que M. Terrasson prononça, en qualité de directeur, le 3 décembre 1681, à la rentrée de l'Académie, après les féries, qui annonce que les ouvrages en vers ou en prose lus à l'assemblée publique de la même année et qui contenaient les éloges de S. A. R. Mlle de Montpensier, avaient été reçus avec accueil de cette princesse qui regardait d'un œil favorable ce nouveau lieu. La troisième assemblée publique n'a rien d'intéressant que la présence de M. d'Ormesson, intendant alors de la généralité, qui donna avec beaucoup d'esprit et de politesse [1], son avis sur les discours qui y furent prononcés.

Sans prétendre faire ici l'histoire détaillée de l'Académie, on ne peut passer sous silence la séance publique du 25 août 1688, une des plus célèbres du siècle passé par les prix qu'on y distribua ; dans le courant

---

1. Voyez le *Mercure François* du mois d'octobre 1682.

de cette même année, le corps fit graver des coins où l'on représenta d'un côté la tête de Louis XIV et au revers la devise [1] de cette société ; dans l'exergue on lisait ces mots : *L'Académie de Villefranche en Beaujollois, en 1688.* On fit jeter en sable deux médailles d'or pour les prix proposés, distribués aux académiciens de ce temps [2]. On avait fait élever cette même année le buste en pierre du roi dans la salle de l'Académie qui se tenait chez le sieur Bessie du Peloux qui en était le secrétaire ; on le plaça sur une console scellée dans le mur [3]. On avait écrit au dessous en lettres d'or trois quatrains composés par deux académiciens, on se contentera de rapporter ici seulement le premier [4].

  C'est là le grand héros, le modèle des rois.

  C'est luy qui des Césars efface la mémoire.

  Le ciel cede à ses vœux, les hommes à ses lois.

  La nature a son bras et le temps a sa gloire.

Cette salle, ornée du buste du plus grand des rois et remplie d'une multitude de citoyens et d'étrangers, Mrs. de Bussy, directeur, de Baudry et de Montausan entretinrent l'assemblée par la lecture de leurs discours ; on lut ensuite ceux en prose et en vers qui avaient, au jugement de l'Académie, mérité les prix proposés et annoncés dans le *Mercure* d'avril de l'année précédente ; le discours de M. Livonière Poquet, conseiller du roi au présidial et de l'Académie royale d'Angers, fut couronné ; M. Magnin, conseiller honoraire au présidial de Mâcon et de l'Académie royale d'Arles, obtint le prix de la poésie dont le sujet proposé était l'empire de Louis le Grand sur les mers [5].

Les travaux académiques furent continués avec exactitude jusqu'à la

---

1. Cette devise est une rose de diamants avec ces mots autour : *Mutuo clarescimus igne.*

2. Il en reste encore quelques-unes entre les mains de leurs descendants.

3. Ce buste était l'ouvrage du sieur Chabry, habile sculpteur de Lyon, il existe encore aujourd'hui dans la même salle.

4. Ce premier quatrain est de M. Mignot de Bussy, voyez le *Mercure* du 7 de septembre 1688, où les trois sont mis tout au long.

5. Le recueil des pièces d'éloquence et de poésie, imprimé à Villefranche au mois de décembre de la même année, apprend que le sieur Magnin, présent à cette séance, y reçut la médaille et les applaudissements de ceux qui la distribuaient.

mort de M. Camille de Neuville arrivée en 1693 ; cette même année, la France pleura la perte de Mlle de Montpensier [1]. L'Académie la ressentit vivement ; dans le deuil, elle rechercha l'appui du frère unique de Louis XIV, héritier de Mlle et nouveau seigneur du Beaujolais, elle ne fut point frustrée dans ses espérances. Louis XIV, informé par l'attention du prince des progrès littéraires de l'Académie, voulut bien lui accorder des lettres patentes, portant établissement d'une Académie royale, sous la protection de Mgr le duc d'Orléans, avec les mêmes honneurs et les mêmes privilèges dont jouit l'Académie française.

Le préambule de ce titre [2] qui distingue la capitale et la province mérite de paraître au grand jour, tout citoyen qui pense juste en connaîtra dans tous les temps la valeur et l'utilité ; Louis XIV s'exprime ainsi : « L'étude des sciences et l'application aux arts ont été de tout temps considérées dans les particuliers comme une disposition à la vertu et un moyen pour l'acquérir et l'expérience a fait voir, par la comparaison des états les mieux policés avec les autres, de quelle utilité les arts et les sciences sont pour le bonheur des peuples ; ainsi une de nos attentions principales a été de les faire fleurir dans notre royaume sans en avoir été détourné dans le temps même que les soins de la guerre sembloient entièrement nous occuper, en quoi le succès a également répondu à nos espérances, puisque si d'un côté la nation françoise s'est rendue redoutable par les armes à toutes autres nations, elle n'est pas moins en possession de la supériorité du côté des talents, de l'esprit et du génie, supériorité d'autant plus glorieuse que les hommages qu'elle s'attire sont volontaires, et qu'avec le désir d'apprendre à parler la langue françoise, elle inspire insensiblement aux étrangers une conformité de goût et de sentiment avec les français ; et comme nous avons reconnu que les Académies qui ont été établies dans notre bonne ville de Paris et dans quelques autres de notre royaume n'ont pas peu contribué au progrès considérable qui s'est fait dans les sciences, parce que ceux qui les composent, conférant ensemble dans des assemblées réglées, s'excitoient réciproquement au travail, s'ins-

1. Elle mourut le 5 avril 1693.

2. On verra dans la partie des preuves de ces Mémoires les lettres patentes en entier de Louis XIV et de Louis XV.

truisent en se communiquant leurs pensées et leurs ouvrages, et font
naître dans le cœur des autres une noble émulation, nous avons été
bien aise d'augmenter le nombre de ces établissements, lorsque l'occasion s'est présentée de le faire utilement ; c'est pourquoy, étant d'ailleurs informés que notre pays du Beaujollois est fécond en bons
esprits et qu'il a produit dans tous les temps des personnes d'un savoir
éminent dont les ouvrages sont encore l'ornement des bibliothèques,
nous avons appris avec plaisir, de notre très cher et très amé frère
unique, duc d'Orléans, que plusieurs personnes de lettres de notre
ville de Villefranche, capitale du pays du Beaujollois, et des environs
désirans se rendre de plus en plus capables et de se perfectionner dans
les sciences avoient, pourvu qu'il nous plût l'agréer, formé le dessein
de conférer ensemble de leurs études dans des assemblées réglées sous
le titre et la discipline d'une Académie, de laquelle ils désiroient aussi
qu'il plut à notre dit frère leur faire l'honneur de se déclarer protecteur, et voulant bien leur donner moyen d'accomplir une si louable
entreprise, à ces causes et autres à ce nous mouvans... »

Une distinction aussi flatteuse pour la capitale du Beaujolais ne
pouvait manquer d'exciter la jalousie des provinces voisines, les talents
de l'esprit font toujours des rivaux ou des ennemis, on fut étonné de
voir sortir de son sein un nouveau lycée, formé par un monarque
intelligent et protégé par le premier prince de son sang, à l'exception
de la capitale et de quatre autres villes du royaume [1], toutes les autres
étaient privées de cette prérogative glorieuse, jusque-là ses habitants
étaient ignorés ou peu connus, dès ce moment, ils obtinrent un rang
marqué dans l'empire des lettres.

La nouvelle Académie ne repoussa les traits de ses ennemis que par
de nouveaux efforts ; la capacité d'un savant directeur élu en 1697, le
zèle du sieur du Peloux, secrétaire, et le nombre [2] des académiciens
d'alors concoururent à justifier les faveurs et les bienfaits du monarque.

Si la mort de Philippe de France, arrivée au mois de juin 1701, priva

---

1. Ces quatre villes étaient : Soissons, dont l'Académie date de 1674 ; Angers,
de 1682 ; Arles, de 1689 ; Toulouse, de 1694 ; Villefranche date de ses lettres patentes
accordées en décembre 1695.

2. Le nombre des académiciens était alors de 18.

l'Académie d'un protecteur à qui elle était redevable de sa gloire, elle lui désigna en même temps Philippe d'Orléans, son fils, âgé de 27 ans, pour son digne successeur, elle s'adressa alors à ce prince qui daigna la gratifier de sa protection ; c'en fut assez pour encourager ce corps qui continua de s'assembler chez le sieur du Peloux, secrétaire, jusqu'à son décès, arrivé en 1718.

Cette mort et celle de plusieurs académiciens suspendirent les travaux de l'Académie jusqu'à la séance du 20 février 1727, dans laquelle M. de Saint-Fonds fut nommé secrétaire, et M. Dessertines directeur. Le nombre des académiciens était pour lors réduit à six ; on répara la perte des anciens par la nomination de douze nouveaux sujets qui furent reçus dans le courant de cette même année.

Si la mort du sieur du Peloux priva l'Académie d'une salle d'assemblée, elle en trouva bientôt une autre dans la maison de M. Mignot, lieutenant général, qui l'offrit à la compagnie ; les registres de l'Académie et les ouvrages en grand nombre qui y sont joints sont des garants certains du zèle et de l'ardeur des académiciens de ce temps ; il manquait cependant un protecteur à cette société, Mgr. le duc d'Orléans, régent, était décédé, à Versailles, le 2 décembre 1723. L'Académie eut l'honneur d'écrire à Louis d'Orléans, son fils et son successeur, le 27 juin 1727 ; elle reçut, le 11 juillet suivant, une réponse de Son Altesse qui, en l'assurant de sa protection, accompagna sa lettre du présent de son portrait [1].

Ce prince auguste travailla efficacement au maintien et à l'illustration du corps ; ce fut sur la représentation qu'il fit au roi que les lettres patentes obtenues en 1695 n'ayant point été revêtues des formalités nécessaires, qu'il obtint au mois d'août 1727 des lettres de surannation qui furent suivies de nouvelles lettres patentes, qui, en confirmant celles de 1695, donnent à l'Académie royale de Villefranche le titre d'Académie des sciences et des beaux-arts, sous la protection de Son Altesse ; ces lettres, du mois de mars 1728, furent enregistrées au Parlement et au bailliage, les 13 mai et 7 juin de la même année.

---

1. Ce portrait de main de maître, enrichi d'un magnifique cadre, de hauteur de 5 pieds sur 4 de large, est déposé dans la salle de l'Hôtel de Ville, où se tiennent actuellement les assemblées de l'Académie.

L'Académie nombreuse alors, décorée d'un nouveau titre, comblée de gloire et de bienfaits, devait communiquer aux citoyens et ses travaux et les éloges qu'elle devait à son nouveau protecteur, et elle le fit dans l'assemblée publique du 25 août 1728, tenue dans la salle de l'Hôtel de Ville où, après les discours, on lut une ode intitulée *l'Académie sous la protection de S. A. S. Mgr. le duc d'Orléans* ; M. de Saint-Fonds qui en était l'auteur a laissé l'extrait de cette séance publique, morceau achevé et digne de l'impression.

Il est à observer ici que, depuis 1728, l'Académie s'est assemblée régulièrement à l'Hôtel de Ville ; il était naturel que MM. les maires et échevins concourussent à assurer un lieu honorable et fixe à un corps qui procure à la ville une distinction particulière.

La mort de M. de Saint-Fonds, secrétaire, arrivée au mois de novembre 1739, fit un changement dans l'Académie, on s'assembla le 10 décembre suivant pour lui nommer un successeur, M. Noyel fut élu secrétaire perpétuel ; quoique des pertes réitérées eussent privé l'Académie de plusieurs sujets, les séances, néanmoins, furent exactement remplies ; la quantité des matières rappelées dans les extraits du secrétaire en sont une preuve.

A l'assemblée publique de 1740, l'Académie proposa, pour le prix de l'éloquence, une médaille d'or [1] à celui qui remplirait le mieux, dans un discours français, l'objet de ces paroles des Proverbes : *Sapientia foris prædicat, in plateis dat vocem suam.* Le révérend père Chabaud, de l'Oratoire, professeur de rhétorique à Marseille, fut couronné dans l'assemblée publique de 1741, et son éloquence lui mérita une place d'académicien associé ; on annonça, dans cette même assemblée, un prix pour l'année suivante sur *les préjugés causés par l'erreur des sens, la persuasion ou la coutume.*

Le prince protecteur, instruit des travaux littéraires de l'Académie et voulant animer par des récompenses, fit graver un coin [2] qui représente, d'un côté, son effigie et, au revers, la devise de l'Aca-

---

1. Cette médaille, du poids de 300 livres, fut donnée aux frais des académiciens qui firent imprimer le discours du père Chabeau.

2. Ce coin est déposé au Louvre et a coûté 900 l. à faire graver, la médaille dont le prince fit présent était du poids de 350 l.

démie, et fit frapper, à ses dépens, la première médaille en or, pour être distribuée pour le prix annoncé. L'abbé Latil, bachelier en Sorbonne, résidant à Arles [1], obtint à l'assemblée publique, en 1742, cette médaille dont la beauté du burin surpassait la matière.

Si, depuis 1746 jusqu'au mois d'avril 1752, les assemblées ont cessé, on ne doit pas l'attribuer à un manque de zèle et d'amour pour les lettres, mais plutôt aux pertes et aux absences de plusieurs académiciens dispersés dans différentes villes du royaume. On en comptait alors huit, hors de la province ; on suspendit forcément les assemblées, sans perdre le goût ni l'habitude du travail.

Les regrets que l'Académie devait au prince son protecteur rassemblèrent les académiciens pour rendre leurs derniers devoirs à ce prince auguste que toute la France pleurait ; à peine osa-t-elle relever ses regards désolés jusque sur son digne fils, l'héritier de ses vertus ; ce prince parle avec bonté et promet sa protection ; l'Académie renaît et ses séances se rétablissent. M. Noyel, dans l'impossibilité, par un domicile étranger, de continuer les fonctions de secrétaire remet à l'Académie la place qu'elle lui avait confiée et l'on nomme un nouveau secrétaire, en état de remplir cette fonction aussi pénible qu'honorable ; ce fut le 1er avril 1752 que M. Pezant, avocat, obtint cette place. Dans le courant de la même année, l'Académie répondit à l'empressement de huit sujets dont le zèle et les talents sont connus du public; les assemblées, soit particulières soit publiques, se sont tenues depuis ce temps régulièrement et ont fait honneur à la ville et aux citoyens ; il est vrai qu'on n'a point suivi l'ancien usage de rendre compte par la voie des journaux littéraires des ouvrages de l'Académie, mais ils ne sont pas moins réels et l'on pense qu'il y a plus de modestie en cela que de négligence de la part du secrétaire. Pour remédier à cette omission, on terminera cette ébauche succincte de l'histoire de l'Académie de Villefranche par un détail concis de la dernière assemblée publique du 25 août 1755.

Les académiciens, en corps, se rendirent à la collégiale pour assister, suivant l'usage, à la messe et au panégyrique de saint Louis ; M. Humblot, chanoine de Villefranche et membre de l'Académie, pro-

---

1. L'Académie a fait également imprimer son discours.

nonça *inter solemnia* l'éloge du saint roi ; sa composition solide et délicate fut applaudie généralement des auditeurs ; le soir, sur les trois heures, les académiciens, au nombre de 16, se rendirent à l'Hôtel de Ville, où les étrangers et les citoyens étaient déjà assemblés en grand nombre ; les académiciens prirent séance, ayant à leur tête le directeur, le chancelier et le secrétaire et, ceux qui devaient parler, à côté d'eux ; le directeur [1] ouvrit la séance par un discours sur le goût dans les arts et dans les sciences.

M. Brisson, inspecteur des manufactures du Beaujolais, admis, dans la précédente assemblée, au rang d'académicien associé, prononça son discours de remerciement, auquel le directeur répondit, et lut ensuite, pour tribut, la première partie d'une dissertation sur l'origine et le progrès du commerce en France. M. Gontard, docteur médecin et connu par un cours de chimie qu'il a confié à l'impression en 1749, lut un discours physique sur les trombes de mer et leur formation. Le directeur répondit à son système ingénieux. M. Vidal, principal du collège, académicien associé, lut des réflexions sur l'éloquence, auxquelles il joignit une épitre en vers, qu'il avait adressée à M. le marquis de Cabris ; le directeur répondit aussi à ces deux morceaux de choix, et termina la séance par des strophes de sa façon sur les vrais plaisirs. Tels furent les ouvrages qui occupèrent, pendant l'espace de deux heures et demie, la dernière séance publique de l'Académie.

Il ne reste plus qu'à parler du nombre actuel des académiciens.

Mgr. le duc d'Orléans, premier prince du sang, protecteur ; 6 académiciens honoraires dont les noms sont précieux à l'Etat et aux lettres ; 17 académiciens ordinaires, dont 13 sédentaires à Villefranche ; 9 académiciens associés, dont trois à demeure dans la ville.

On se propose de donner, dans la partie des preuves de ces mémoires, une liste générale de tous les sujets qui ont obtenu des places à l'Académie depuis sa naissance, et d'y joindre les statuts et les règlements de ce corps avec les lettres patentes de Louis XIV et de Louis XV ; on pourra observer, en jetant les yeux sur cette liste, qu'en quatre-vingts ans, l'Académie a eu quatre secrétaires [2], qu'elle s'est

---

1. Le directeur était alors l'auteur de ces mémoires.

2. Le sieur du Peloux, premier secrétaire, a vécu jusqu'à l'âge de 87 ans.

renouvelée quatre fois, que le nombre des académiciens ordinaires
monte à près de 60, que la seule ville de Villefranche en a fourni 43,
dont plus des trois quarts natifs de l'endroit ; il faut donc que, tous
les vingt ans, il naisse 10 sujets, au moins, en état de remplir des
places dans cette société littéraire ; si la capitale était susceptible d'accroissement dans le nombre de ses habitants, on se promettrait que la
ville fournirait les 20 places fixées par les lettres patentes, l'émulation, en ce cas, deviendrait plus grande, par le nombre des concitoyens
jaloux de se surpasser ; le prince d'ailleurs, par des récompenses et des
fondations, pourrait exciter cette émulation et, si l'Académie se flatte
d'être une des anciennes du royaume, elle aurait aussi l'avantage
d'être distinguée par les bienfaits d'un protecteur aussi illustre que celui
qu'elle a le bonheur d'avoir.

TITRE ONZIÈME

DU COUVENT DES CORDELIERS DE VILLEFRANCHE

On a annoncé, à l'article de Guichard III, 10ᵉ seigneur de Beaujeu, ce baron du Beaujolais, pour être le fondateur du couvent des Cordeliers de Villefranche. Ce ne sera pas dans ce couvent que nous rechercherons ses annales, si l'on en croit le révérend père Fodéré, dans sa *Narration historique des convens de la province de Saint-Bonaventure* [1], les titres de celui-ci furent brûlés en deux différentes fois ; la première par accident, le feu ayant pris dans la chambre d'un gardien, où partie des titres étaient alors, la seconde par la méchanceté des hérétiques qui s'étant emparés de la ville, brûlèrent tous les livres et le reste des titres du couvent, sans faire aucun autre mal aux bâtiments. Il ne restait donc, depuis ce temps, que quelques monuments dans l'église, dans la sacristie et dans le cloître.

L'abolition d'une antique inscription, écrite en vers, dans l'ancienne sacristie, dans laquelle on adossa alors un pilier pour soutenir le clocher qui menaçait ruine et qui, par ce moyen, fut effacée, a excité l'invective amère [2] de Guichenon ; mais l'amour et le respect qu'on peut avoir pour l'antiquité n'eût dû jamais engager cet auteur à en manquer pour des religieux qui, dans tous les temps, ont fait honneur à la province.

Les auteurs qui ont parlé du couvent des Cordeliers de Villefranche s'accordent presque tous pour convenir qu'il est le premier monastère de l'ordre de Saint-François établi en France. Les révérends pères Piquet et Fodéré, tous deux provinciaux, Louvet et le père de Bussières sont des sources où l'on peut puiser à la vérité ; mais il en est

---

1. Ce livre a été imprimé à Lyon chez Pierre Rigaud, en l'année 1619.
2. Voyez son *Histoire de Savoie*, fol. 309.

encore de plus anciennes, pour ne pas dire de plus sûres dont on fera choix et qu'on va rapporter ici dans leurs mêmes termes.

Le premier acte et le plus ancien est une charte [1] qui existe dans les archives du château de Beaujeu et qui s'exprime ainsi :

Fratres Michael, Drago [2], Guillelmus adducti sunt ab illustrissimo principe domino Guichardo a Bellijoco, concedente beato Francisco, fundatore ordinis Fratrum Minorum, qui, constructo conventu Villaefranchae, ubique confirmatae minoritarum professionis regulari disciplina, porrexerunt Viennam delphinatum metropolim, qui post multa sanctitatis insignia tandem inde feliciter ad Deum migrarunt, quorum corpora requiescunt in insigni conventu sui ordinis vulgo Sancta Columba nuncupato Primus aquam in vinum mutavit, secundo aliquando missarum solemnia celebranti angelus ministravit et breparavit omnia ad hujusmodi sacramentum necessaria in quaddâm ecclesiâ desertâ et derelictâ, rursus, aliâ vice, eidem itinere fatigato, alius angelus equos praeparavit ad ambulandum ; tertius spiritu prophetico claruit, omnesque aliis multis fulsere miraculis.

L'acte en français qui peut servir ici de seconde preuve est tiré de la chronique de l'abbaye de Belleville, déjà citée plusieurs fois dans ces mémoires, on la rapportera dans ses mêmes termes :

« Revint seigneur Guichard de Beaujeu en son pays de Beaujollois avec grandes richesses en l'an 1210 [3] et en passant à son retour en le saint lieu d'Assise ouit les nouvelles de Monsieur saint François, lors vivant et preschant, auquel il demanda certain nombre de religieux pour amener en son pays de Beaujollois. M. saint François luy octroya trois frères mineurs, dévôts, pauvres et simples, lesquels, après qu'il les eut menés en son château de Pouilly, les recommanda à Madame Sibille, sa royale épouse, laquelle leur ordonna une petite maison près de Vernay, en allant à Morgon et, depuis, furent mis à Villefranche, audit pays du Beaujollois, où ils sont de présent, et en furent lesdits Guichard et dame Sibille de Flandre fondateurs, et aucteurs, comme il appert par un épitaphe placé au portail de leur couvent, à la main senestre, à l'église, dont la teneur s'en suit comme à l'original. »

1. Quoique cette charté soit sans date, elle est néanmoins très ancienne.

2. Foderé écrit le nom de ce religieux par erreur Drudo ou Drodo Maleti.

3. On place l'époque de l'arrivée de Guichard III en Beaujolais au 10 d'octobre 1210.

Épitaphe du chœur du couvent [1] de Villefranche.

L'an de l'incarnation de Notre Seigneur 1210, très puissant et très prudent seigneur Guichard, baron et seigneur du Beaujollois, retournant de Constantinople où il fut envoyé pour ambassade, nonce et légat avec sa très noble compagnie, pour le très illustre et très chrétien Philippe, roy de France, sa légation fidèlement faite, repassant p[ou]r le royaume de France et [son] propre pais, avec sa très noble compagnie, par la cité et au lieu d'Assise, et en ce même lieu demanda humblement à saint François, fondateur et instituteur de l'ordre et religion des frères mineurs, [trois frères] simples, humbles et dévôts, lesquels trois frères mineurs ce même magnifique seigneur Guichard a amenés avec soy du saint lieu susdit en ses propres terres du Beaujollois, et en son château de Pouilly auprès de Villefranche, et a recommandé ces trois frères à noble et dévote dame Sybille, sa femme, fille du puissant prince et seigneur Fernand, comte de Flandres, sœur de la très illustre reine de France, femme du très haut et très illustre roy Philippe susdit, lesquels Guichard et dame Sybille, l'an que dessus, ils ont fondé cette église et couvent en l'honneur de Dieu et de la bienheureuse Vierge Marie, mère de Dieu et le premier couvent par dela les monts [2].

Cette même chronique dit, qu'après le décès de Guichard III, arrivé en 1216, Sibille, sa veuve, acheva de fonder et d'édifier l'église des Cordeliers de Villefranche ; elle ajoute que saint François commença son ordre en 1206, qu'il mourut l'an 1226, le samedi au soir 4 octobre et qu'il fut enterré le dimanche : on aura encore l'occasion de rappeler ce titre dans ce même article.

Après les autorités qui s'accordent sur le nombre des religieux que Guichard emmena en France, comment concilier ce que rapportent

---

1. Cette épitaphe était-elle à la porte du jubé, qui séparait le chœur de la nef, ou à la porte du cloître qui donne dans l'église, l'énonciation du titre qu'on rapporte est embrouillée à cet égard ; on pourrait penser qu'elle était où est actuellement celle que Louvet a copiée dans sa petite histoire et qu'on voit encore aujourd'hui à main gauche, en entrant à l'église, par la porte du cloître ; on l'a rétablie, sans doute, dans d'autres termes, lorsqu'on refit les peintures du cloître.

2. *Cette traduction a été altérée par le copiste, le texte du ms. porte notamment : sa légation fidèlement faite, repassant par le royaume de France et en un propre païs, avec sa très noble compagnie..... Cf. le texte latin dans M.-C. Guigue, *Chronique de la maison de Beaujeu*, Lyon, 1878, p. 2.

les auteurs modernes ? Le père Piquet, très succinct, ne désigne pas le nombre des religieux [1] que Guichard obtint de saint François ; à la lecture du chapitre de son livre sur le couvent de Villefranche, on s'aperçoit que ce religieux a peu approfondi la matière ; le père Fodéré l'a traité avec plus d'étendue et de connaissance, et, suivant les erreurs du père Piquet et de la chronique du révérend père Gonzague, il a fait donner par saint François, à Guichard III, six religieux qu'il nomme tous par leurs noms, et fait envoyer, par ce prince, un de ces religieux, à Moirans, un autre à Vienne en Dauphiné et le troisième à Montferrand [2] pour y fonder trois couvents ; il fait retenir par ce seigneur les trois autres religieux, qu'il met dans son château de Pouilly, où ils restèrent, dit le père, 9 ans.

Les deux écrivains de l'histoire de Villefranche du siècle dernier semblent n'avoir copié Fodéré que pour manifester et faire valoir l'erreur de ce religieux, au lieu de la combattre et donner du crédit au conte des maltraitements exercés par le concierge du château de Pouilly sur les religieux qui furent contraints, dit le père, de s'en plaindre à Guichard, qui leur donna son château Minoret où ils furent transférés en 1219 [3].

L'inscription qu'on aperçoit encore aujourd'hui à la porte du cloître qui donne dans l'église a été rapportée tout entière par Louvet ; elle fait mention de trois religieux que Guichard amena d'Italie, elle anticipe, à la vérité, la date de leur arrivée au château de Pouilly d'une année, mais sans doute on présume que l'ancienne épitaphe, qu'on a voulu rétablir dans le même endroit, était effacée, et qu'un gardien, qui la voulut réparer, eut recours pour les dates au père Piquet, mais elle est juste en ce qu'elle transfère les religieux au château Minoret, en 1216.

La vérité de ce transport s'établit par trois raisons, la première est que la donation du château Minoret ne peut être au plus tard que de

1. *Et quosdam ex Assisio secum adduxisset pientissimos patres horum unus Viennae alter Montisferrandi, reliqui omnes Polliaci, priorum sui instituti monasteriorum in Galliis fundamenta jacere.*

2. Guichard III était alors seigneur de Montferrand.

3. Cette date est encore une erreur, dont le père Piquet est également coupable.

cette année, puisque c'est Guichard III qui la fit, et que ce prince est mort au mois de septembre de l'année 1216 ; la seconde est qu'en ajoutant foi pour un moment aux inquiétudes causées aux religieux par le concierge de Pouilly, il n'est pas à présumer que ces pères, après la mort de leur protecteur, se soient exposés pendant trois ans à la mauvaise humeur d'un concierge, surtout pouvant faire mieux, enfin le titre de Belleville fait entrevoir qu'on commença la fondation de l'église et du couvent du château Minoret au temps de l'arrivée des frères mineurs en France, et dit que Sibille de Flandre, après le décès de son mari, fit achever la fondation et l'édifice de l'église de Villefranche, preuve que ces religieux, n'étant que par entrepôt à Pouilly, se hâtèrent, après la mort de Guichard, d'occuper le nouveau bâtiment qui leur était destiné.

On n'ajoutera plus ici qu'une preuve poétique de l'antiquité du couvent de Villefranche ; c'est une inscription faite pour ce même couvent, dont le père de Bussières n'a rapporté que la première strophe et qu'il copia, en 1671, sur l'ancienne porte du couvent qu'on a abattue cette année pour y mettre, à la place, une barrière de fer ; ce père jésuite ignorait le nom de l'auteur et la date de la fabrique de ces vers ; ils sont d'un poète qui choisit par préférence, son domicile à Villefranche. L'abbé Gouget en parle avec éloge dans sa *Bibliothèque française* [1].

1

[2] Sache, ô passant, qui que tu sois,
Qu'en ce saint lieu et salutaire,
Tu vois le premier monastère
Qu'on fit en France à saint François.

2

L'an mil deux cent dix, ce saint lieu

1. Voyez le tome Ier, pages 101 et 143 ; cet auteur a loué Jean Godard en qualité de grammairien, et connaît ses ouvrages poétiques ; cependant il l'a passé sous silence dans ses volumes sur les poètes français.

2. Cette inscription se trouve à la page 218 du livre intitulé la *Nouvelle Muse, ou les loisirs de Jean Godard, parisien, ci-devant lieutenant général au bailliage de Ribemont,* dédié à Mgr. du Vair, garde des sceaux de France, imprimé à Lyon par Claude Morillon, en l'année 1618. Jean Godard, le père Piquet et Foderé vivaient dans le même temps.

Vit sa fondation assise
A la louange du grand Dieu,
Pour trois religieux d'Assise.

3

Guichard de Beaujeu, qui fonda
Ce couvent, eut la conférence
De saint François qui accorda
Qu'ils vinssent d'Italie en France

4

Saint François en France a porté
Céans sa première bannière
Voici la sainte pépinière
Du verger qu'il y a planté.

Fodéré dit que le château Minoret devait être la plus forte de toutes les places des seigneurs de Beaujeu qui y renfermaient leurs titres et leurs effets les plus précieux, car, dit-il, on voit encore trois fortes tours aux trois coins de l'enceinte du couvent, avec de bonnes murailles, flanquées d'autres tours fortes, hautes et épaisses avec leur parapet et faites d'un mortier qui semble un ciment plus difficile à rompre que le rocher même. On y voit un corps de logis carré, d'une grande épaisseur, à trois étages, dont le premier, voûté, sert de cave, le second, aussi voûté, sert de bibliothèque et le troisième, de grenier; on voyait autrefois, continue le père, un fort bel escalier et très large pour monter à ces appartements, mais, étant devenu caduc, ou fut contraint de l'abattre et d'en faire un autre qui existe aujourd'hui. Cet auteur, exact dans la description de ce couvent, dit que l'emplacement du château et des bâtiments n'a que 130 pas de toute carrure, que le couvent est construit assez proprement et qu'en peu d'espace et de couvert l'on a pratiqué beaucoup de chambres et d'endroits utiles et commodes.

Le long du couvent, du côté du nord, flue la rivière de Morgon, qui en procurant des commodités cause souvent de grands dommages par ses débordements, tel que celui qui arriva, en 1561, qui entraîna un grand corps de logis, construit sur voûte, et qui traversait la rivière depuis la tour carrée dont on a parlé, jusqu'aux murs de l'ancien château; ce corps de logis contenait une cuisine, deux dépenses à côté et un saloir, une chambre ou chauffoir avec des greniers dessus; l'ancien réfectoire devint par là inutile. Enfin, en 1604, ce même père Foderé, après une quête qui manifesta la libéralité des habitants, fit réparer le couvent qui menaçait ruine, de façon, dit-il, qu'il est à présent un des plus beaux de la province.

Ce religieux, en l'année 1619, date de l'impression de son histoire des couvents de la province, en comptait dix-huit à Villefranche, parmi lesquels se trouvaient quatre prédicateurs.

Si l'on entreprenait la description actuelle de ce couvent on pourrait, en le parcourant, dire avec vérité, que la plupart des bâtiments menacent ruine ; en effet, depuis 540 ans qu'ils subsistent, et depuis 150 ans qu'ils furent réparés, on peut juger aisément que les fréquents débordements de la rivière en ont sapé les fondements en partie. Trop vaste pour huit religieux qu'on y voit aujourd'hui, on pourrait, en le reconstruisant à neuf, le resserrer sous moins de couverts, mais il faudrait prendre en même temps la précaution d'élargir le lit de la rivière et de lui opposer une bonne et haute muraille dans tout l'espace qu'elle parcourt le couvent ; on pourrait obtenir du prince la tour située au matin, qui regarde l'hôpital, la mettre à bas et se servir utilement des matériaux ; enfin il faudrait observer d'élever le terrain des bâtiments, au niveau au moins de l'église, afin de se précautionner contre les débordements du Morgon.

Pour décrire ici l'église on ne peut en aucune manière consulter ni Foderé, ni les historiens du siècle passé ; ils ne doivent tout au plus servir que pour faire connaître l'état antique de ce vaisseau qui, dans ce siècle, a changé totalement de face.

Ce fut au commencement de 1720 que les religieux demandèrent par requête présentée à Mgr le duc d'Orléans, régent, une somme pour être employée à faire de nouvelles constructions et les changements nécessaires dans leur église qui menaçait ruine et que, comme successeur des barons du Beaujolais, fondateurs du couvent, et conformément au plan et au devis joint à leur requête « Son Altesse, étant en son conseil et ayant égard à leur demande, leur permet, par résultat[1] du 7 avril 1720, de faire les réparations et les changements nécessaires à la charge, par les religieux, de faire porter le mausolée dans l'ancien

---

1. Ce résultat du 7 avril 1720, signé Carsillier, est inscrit, tout au long, sur le registre de la chambre du trésor, commençant au 15 janvier de la même année.

chœur, au côté gauche du maître-autel, dans le nouveau qu'ils désirent construire ; de transporter la chapelle des princes dans celle de Saint-Eloi, où ils continueront de célébrer, à l'avenir, les trois messes de fondation qui se disent chaque semaine dans ladite chapelle ; de faire porter, dans celle de Saint-Éloi, le banc situé dans la chapelle des princes, de conserver et réparer deux tombeaux des anciens barons du Beaujolais qui sont dans la nef de ladite église, poser les armes de son Altesse royale sur le frontispice du nouveau portail ou entrée et conserver celles de Mlle de Montpensier qui sont au-dessous du crucifix de la nef. » Ensuite son Altesse ordonne qu'il leur sera payé par le fermier général des domaines du Beaujolais la somme de 2.000 liv. sur leur quittance et le certificat de l'emploi de ladite somme, signé du sieur Besuchet.

Après cette faveur du prince on changea l'église de façon que le chœur et le maître-autel, qui se trouvaient auparavant tournés à l'orient le sont actuellement à l'occident ; on plaça les stalles des religieux sous la voûte attenant à l'ancienne entrée de l'église, placée à l'occident, et l'on ouvrit, à l'orient, une grande porte décorée des armes de Son Altesse Royale ; on abattit la tribune qui séparait l'ancien chœur d'avec la nef ; enfin on construisit le maître-autel à la romaine, sous la voûte qui formait la chapelle de Notre-Dame de Grâces, et sous laquelle se trouve actuellement le chœur des religieux ; on bâtit aussi, à main droite, une sacristie grande, bien voûtée qu'on boise et qu'on orne actuellement.

Le vaisseau de cette église est grand, large, spacieux, bien voûté et bien éclairé par les chapelles qui sont au midi ; si l'on en considère par dehors la maçonnerie, on s'aperçoit aisément que l'église, dans le principe de sa fondation, n'avait que les deux tiers de la longueur qu'elle a maintenant, et que le surplus, du côté d'occident, a été construit à deux différentes reprises, que les chapelles, tournées au midi, le long de la nef ont été ajoutées successivement les unes après les autres ; à l'égard du temps de la consécration de l'église, on l'ignore, puisque les titres du couvent ne subsistent plus.

La mémoire d'Éléonore de Savoie[1], épouse de Louis de Beaujeu,

---

1. Voyez l'article de Louis de Beaujeu, chapitre second de la deuxième partie.

quatorzième seigneur du Beaujolais, doit être précieuse aux religieux de Villefranche ; cette princesse, après leur avoir fait beaucoup de bien de son vivant, leur laissa, par ses dernières volontés, une distribution manuelle et à perpétuité de 10 sols tournois toutes les semaines, et mourut le 5 décembre 1296. C'est le manuscrit de Belleville, cité plusieurs fois, qui nous apprend cette fondation ; elle fut enterrée, dit-il, entre le grand autel et la sacristie. Fodéré parle de son tombeau et le père de Bussières fait la remarque que les Cordeliers, qui y sont dépeints vêtus de gris, ont des capuchons pointus comme ceux que portent aujourd'hui les capucins ; on peut observer aujourd'hui qu'on a gratté la peinture de tous ceux qui paraissent pour les arrondir, mais à quelles fins ? Serait-ce pour effacer de la mémoire des spectateurs la dispute trop longue et trop ridicule sur les capuchons qui ne fut enfin terminée que sous le pape Benoît XII.

Ce même mausolée, aux termes du résultat du conseil du prince de 1720, devait être replacé dans le nouveau chœur ; mais on eut pu le démolir sans le détruire entièrement. On le voit aujourd'hui, à main droite en entrant dans l'église ; dans ce même tombeau sont deux enfants d'Éléonore savoir : Thomas et Louis de Beaujeu, décédés tous les deux à Paris en l'année 1300. Celui qui était précenteur de Saint-Jean de Lyon et évêque de Bayeux, a son tombeau séparé dans la nef ; le père Fodéré qui le fait vivre jusqu'en 1337 assure qu'il est enterré dans celui de sa mère. Le manuscrit de Belleville, qui met la date de sa mort au 27 octobre 1300, est aussi du même sentiment ; Fodéré veut même que le mausolée qu'on voit presqu'au milieu de la nef, dans le même gothique que celui d'Éléonore, soit celui du frère Pacifique d'Aveze, un des six religieux qu'il dit avoir été accordés par saint François à Guichard III, et qui, après avoir fait édifier le couvent de Lyon et celui de Mâcon, vint demeurer et finir ses jours dans le premier de l'ordre, où il avait fait observer la règle ; d'un autre côté le résultat du conseil de 1720 rappelle deux tombeaux des seigneurs de Beaujeu dans la nef qu'on charge les religieux de réparer, tandis qu'on n'en voit qu'un ; que conclure sur de pareilles incertitudes ? La peinture de ce tombeau va donner lieu à des réflexions qui pourront approcher de la vérité.

Ce mausolée, dans le même modèle que celui d'Éléonore de Savoie, mais moins enfoncé dans le mur et moins élevé, paraît avoir été construit peu de temps après le premier; sa peinture représente sur le devant un homme mort, à visage découvert, les cheveux coupés comme ceux des cordeliers, avec le cordon de l'ordre, vêtu d'une aube, d'une chasuble verte et d'une étole verte, il joint les mains ; dans le fond du tableau, on aperçoit plusieurs cordeliers dont un porte une croix et l'autre une crosse d'évêque. Au côté opposite, on voit également une troupe de religieux du même ordre dont deux portent également une croix et une crosse. Qu'on me dise si ces attributs conviennent à un simple religieux de l'ordre, à frère Pacifique d'Avèze, simple, humble, et dévot ? Non, sans doute. D'ailleurs il n'a jamais été d'usage d'enterrer un religieux avec les habits du sacerdoce; les deux troupes de religieux qui paraissent dans le fond du tableau doivent être regardées comme formant deux communautés, l'une du diocèse de Bayeux qui avait accompagné dans le transport le corps de leur évêque, l'autre de Villefranche qui reçoit le corps d'un des petits-fils de leur fondateur. Ces deux communautés ont arboré chacune les marques de la dignité du défunt en portant, à son enterrement, sa crosse et sa croix ; enfin l'habit que porte l'évêque doit être relatif à sa disposition testamentaire, par laquelle, à l'exemple de sa mère, il veut être enterré avec l'habit et les marques d'un ordre alors très pénitent.

L'histoire chronologique des évêques de Bayeux pourrait fixer le temps précis du décès de ce Guillaume de Beaujeu, et cette époque, consignée dans les annales ecclésiastiques de ce diocèse, relèverait l'erreur ou de Fodéré ou du manuscrit de Belleville. Quoi qu'il en soit, à l'inspection de ce monument on jugera qu'il y est question plutôt des obsèques d'un évêque que d'un moine et c'est ce qui m'oblige à penser que ce mausolée est le dépôt du corps de Guillaume de Beaujeu, évêque de Bayeux.

Fodéré, après avoir désigné, sans fondement, le tombeau du frère Pacifique d'Avèze, marque la place de ceux de frère Pierre Cathonius et d'Ange Tanchredus, premiers religieux du couvent, selon lui. Il serait maintenant impossible de reconnaître ces tombeaux, l'église ayant été réparée en 1720 et les inscriptions changées de place. Il nous apprend que l'inondation de la rivière de Morgon bouleversa, en

1584, la tombe de frère Jean de Rochetaillia, un gentilhomme qui prit l'habit de l'ordre à l'imitation de plusieurs autres, et qui donna au couvent la seigneurie de Rochetaillia qu'il a possédée jusqu'à la réforme du légat d'Amboise, de l'an 1503. Ce même père désigne pareillement des tombeaux qu'on voyait, de son temps, dans le cloître dont les dates étaient de 1271, 1277 et 1280, mais, soit par l'injure des temps, soit par la nécessité dans laquelle on a été de se servir de ces tombes pour les replacer ailleurs, on ne voit actuellement que très peu de ces monuments qui ne servaient tout au plus qu'à constater l'antiquité du couvent et la dévotion qu'on avait d'être enterré dans ce premier asile de l'ordre.

Il en est un bien remarquable dans le cloître et qui a été omis par le père Fodéré ; c'est un tombeau élevé de trois pieds, situé dans l'angle du cloître, du côté d'occident, contre la porte qui conduit à la nouvelle sacristie, au devant duquel est un autel sur deux piliers ; ce tombeau était scellé par une pierre qui n'existe plus et est actuellement ouvert ; la pierre qui le couvre est de neuf pouces d'épaisseur sur huit pieds de longueur et quatre de largeur. On y voit dessus deux figures gravées, dont celle à droite est d'un chevalier armé de toutes pièces, avec son écu d'hermine au chef de gueules, et, sous ses pieds sont des lions. A gauche, est la représentation d'une femme, dans des habits du temps, ayant sous ses pieds des chiens, symbole de la fidélité, et tout autour de cette tombe est une inscription gothique effacée et grattée dans quelques endroits ; mais heureusement Guichenon [1] l'a rapportée tout entière à l'article 6 de Jean de la Palud.

Hic jacent dominus Joannes de Verneys, miles, et domina Jaqueta de Palude, ejus uxor, et Joannes, eorum filius, et Guichardus, eorum filius, qui fecit hoc tumulum fieri. Hic jacet domina Rosa de Mognenins, uxor domini dicti Guichardi de Verneys, quæ obiit die martis post octavas sanctorum Petri et Pauli apostolorum, anno Domini 1347.

Ce même auteur nous apprend que Jean de Verneys était chevalier et seigneur d'Arginy en Beaujolais, qu'il épousa Jaquette de la Palud, fille de Jean de la Palud, chevalier, seigneur de Châtillon, Saint-Maurice de Remens et de Virechâtel, et de Béatrix de Grolée, et que, de ce

---

1. Voyez la 3e partie de l'*Histoire de Bresse et de Bugey*, p. 297.

mariage, sortirent Jean de Verneys, Girard, prieur de Saint-Maurice d'Anthon, et Guichard, chevalier, mari de Rose de Mognenins ; qu'on voit, sur le même tombeau, les armes de la Palud qui sont de gueules à la croix d'hermine, et que les armes de Rose de Mognenins sont semées de trèfles. Cette famille de la Palud, très noble et très illustre, datait de l'an 1000 et subsistait encore à la fin du XVIe siècle. A l'égard de celle des Verneys, il ne paraît point qu'elle subsiste à présent. Ce tombeau renferme le père, la mère, les deux enfants et la bru. Sans doute que ce couvent s'est ressenti des libéralités de cette famille, mais l'incendie de ses titres a couvert d'obscurité les bienfaiteurs et les bienfaits que les fidèles ont pu faire, pendant l'espace de trois siècles, à ce berceau de l'ordre de Saint-François.

Lorsque les biens de la maison de Beaujeu passèrent à celle de Bourbon, cette maison succédant aux titres des premiers fondateurs du couvent, en fut également la bienfaitrice ; les Bourbons de Montpensier firent bâtir une chapelle à la droite de l'ancien chœur, vis-à-vis le maître-autel, sous le titre de Notre-Dame de Bonnes-Nouvelles, et y fondèrent une messe à perpétuité qui doit se dire tous les dimanches à huit heures. Ils léguèrent aussi, à ce même couvent, une aumône annuelle et perpétuelle de 26 ânées de vin, à prendre sur la grande dime de Gleizé, qu'on a depuis évaluée à une somme fixe. Lorsqu'il fut question de changer l'église, Mgr le régent, par son résultat de 1720, chargea les religieux de transporter la chapelle des princes et le service à celle de Saint-Éloi et d'y placer le banc du prince ; les clauses de ce résultat ont été exécutées à la lettre.

Les religieux touchent tous les ans, de leurs fondateurs et des princes, leurs successeurs, 240 livres, suivant les états [1] arrêtés au conseil du prince en 1711. Ils jouissent, outre cette somme, d'un grand emplacement au devant du couvent de Sainte-Marie, qui forme aujourd'hui un jardin potager qu'ils ont affermé, à bail emphytéotique ; ces religieux devaient aux barons du Beaujolais, sur cette place, 6 sols 6 deniers de servis annuel et perpétuel dont ils furent affranchis par Jean, duc de Bourbon, seigneur du Beaujolais, par ses lettres du

---

1. Voyez le livre des enregistrements de la Chambre du trésor de l'année 1711, dans l'état, les fondations sont détaillées.

26 avril 1459, vérifiées par les gens du conseil du prince, le 2 mai 1460.

Les habitants de Villefranche, à l'imitation de leurs seigneurs, ont signalé leur piété par nombre de fondations. Toutes ces libéralités réunies peuvent former un objet de 1200 livres, le casuel de la sacristie, un vignoble que possèdent ces pères à Charentay, les quêtes du blé, du vin, de l'huile et de la chandelle, tous ces articles réunis paraissent suffire pour entretenir huit religieux dans cette communauté.

Il s'est tenu plusieurs chapitres provinciaux dans ce couvent tels qu'en 1539, 1569, 1573, 1621; celui de 1744 fut remarquable par la dédicace de quatre thèses aux principaux corps de la ville; on en tiendra un cette présente année 1756. Les citoyens sans doute se prêteront à celui-ci avec autant de générosité qu'ils l'ont fait au dernier.

On va rapporter, en finissant ce chapitre, un trait consigné dans les pères Piquet et Fodéré.

Le premier le taxe de vision surprenante ou de vraie fiction, pour le dire avec vérité [1]; le dernier, que Wading traite d'historien *nimis parcens veritati*, semble vouloir accréditer cette fable; Louvet applaudit à cette vision et le père de Bussières la croit fermement. On se contentera ici de la rapporter simplement avec les réflexions du père Piquet.

Le sacristain s'étant levé peu de temps avant minuit, pour sonner matines, vint à la cuisine prendre du feu; de là, il entendit la voix d'une personne qui lisait au réfectoire, de la même façon que faisait le lecteur pendant le repas des religieux. Il entre au réfectoire, y voit un grand nombre de religieux de l'ordre, assis à table, et aussitôt celui qui tenait la place du supérieur ordonne au lecteur de réciter par trois fois, à voix haute, ces paroles : *propria voluntas, rerum proprietas, secularium familiaritas et nimia mulierum consortia nos duxerunt ad tartara.* Après ces trois répétitions de ces paroles tout disparut et le sacristain épouvanté, regagnant la cuisine, y tomba évanoui. Un religieux qui s'aperçut qu'on ne sonnait point matines, vint prendre du feu à la cuisine pour les sonner; là, trouvant le sacristain à demi mort, ce religieux lui donna du secours et apprit après de lui cette vision. Mais peut-être,

1. Voyez le livre du père Piquet, imprimé à Tournon en 1610, p. 13, à la marge où est écrit : *Mirabilis visio seu verius fictio.*

dit le père Piquet, la pieuse [1] antiquité feignit cette vision dans la naissance de l'ordre, afin d'épouvanter les religieux qui négligeraient les trois vœux essentiels. Pour nous, continue-t-il, nous ne tenons ce trait ni des archives d'aucun couvent, ni d'aucun livre où il soit consigné, mais nous l'avons reçu tel par tradition.

J'ajouterai à ces réflexions qu'il était même nécessaire que la scène se passât dans le premier couvent de l'ordre établi en France, afin d'annoncer, comme du principal manoir, les peines attachées à l'infraction des vœux.

1. P. 14 du même livre *Sed forsitan ut in exordio hujus instituti trium votorum essentialium terrerentur neglictores, id pia finxit antiquitas ; nos enim non ex archivis vel codicibus sed a majoribus ita esse accepimus.*

TITRE DOUZIÈME

DU COUVENT DES CAPUCINS DE VILLEFRANCHE

Cet article sera moins étendu que celui des Cordeliers ; l'histoire de ces derniers, qui prenait sa source dans l'antiquité, méritait des recherches scrupuleuses. Il s'agissait des enfants directs de saint François, on ne doit parler ici que de ses imitateurs.

Les capucins dont le nom tire son origine de la réforme extraordinaire de leur capuchon, se disent religieux de l'ordre de Saint-François de la plus étroite observance. Mathieu Baschi, frère mineur observantin, du duché de Spolète, entreprit, en 1525, la réforme de la règle de Saint-François ; le duc de Florence lui donna, pour y travailler, un ermitage dans ses terres, le pape Clément VII approuva sa congrégation en 1529. Paul III, son successeur, la confirma avec la permission de s'établir partout ; enfin les capucins furent reçus en France sous Charles IX, ils y ont actuellement, y compris la Lorraine, dix provinces qui renferment au moins treize mille religieux [1].

Jerôme de Milan, prédicateur de cet ordre, éleva, sous la colline de Fourvière à Lyon, un couvent en 1574 ; les marchands italiens de cette ville achetèrent, à cet effet, la maison du sieur de Gadagne, et le couvent s'est agrandi au point où on le voit aujourd'hui, par les libéralités des personnes pieuses.

Quarante-un ans après cette époque, et en 1615, ces religieux ayant prêché plusieurs carêmes à Villefranche, les habitants, édifiés de leur doctrine et de leur exemple, le corps de la ville délibéra pour les attirer et les établir dans cette capitale ; ces religieux acceptèrent l'offre et y envoyèrent plusieurs des leurs, auxquels on assigna d'abord, pour retraite, les bâtiments de l'hôpital de Roncevaux.

1. Voyez le livre intitulé le *Nombre des ecclésiastiques et des religieux en France*, imprimé sur la fin du dernier siècle.

Mgr le cardinal de Marquemont, archevêque de Lyon, voulut assister en personne à la cérémonie de la croix qui fut plantée la même année 1615. Ce prélat, après avoir prouvé, par un discours pathétique, l'utilité et l'avantage que procurait à la ville cet établissement, vêtu pontificalement, partit en procession de l'église paroissiale de Ville-franche, accompagné de tous les ecclésiastiques, des révérends pères Cordeliers et de tous les corps de la ville, et parvint, avec la croix portée par le lieutenant-général et les échevins, à l'endroit [1] assigné pour bâtir le couvent de ces pères. Louvet, dans son *Histoire de Villefranche* [2], rapporte un prodige qu'on aperçut lors de cette procession générale : on remarque, dit-il, *qu'à la sortie de la grande église, il parut grand nombre d'oiseaux fort gros qu'on n'avait jamais vus en ce pays, lesquels, après avoir suivi la procession jusqu'au lieu où fut plantée la croix, dis-parurent.*

La plupart des écrivains affectent dans leurs ouvrages de mêler du merveilleux qui tient souvent plus de la fable que de la réalité, pensant par là accréditer leurs écrits; erreur grossière de leur part qui ne per-suade que quelques simples et crédules lecteurs. Que signifient les oiseaux extraordinaires qui assistent à une cérémonie pieuse ? Où le fait est-il rapporté ? Le père de Bussières n'en parle point. Louvet l'a-t-il trouvé dans les annales des capucins? Non sans doute, puisque cet auteur ne les a point cités. Ce n'est plus le temps où l'on s'occupe à observer le vol des oiseaux. La superstition a disparu et ce trait ne peut donner aucun éclat à l'établissement des capucins. Avouons donc ici que si l'incrédulité est un excès auquel il est dangereux de se livrer, trop de confiance aussi en des faits hasardés et nullement prouvés, déshonore et avilit entièrement l'historien qui les rapporte. Mais, pour revenir à notre sujet, l'endroit où l'on arbora la croix fut le lieu que la ville assigna à ces pères pour y bâtir l'église et leur couvent, le même où on l'aperçoit actuellement, à 500 pas hors de la porte de Belleville, en tirant au nord. La première pierre fut posée au nom de son Altesse Madame Marie de Bourbon, duchesse de Montpensier, cette princesse

---

1. On prit des fonds de l'hôpital de Roncevaux, et la ville acheta le surplus du ter-rain pour former l'emplacement de l'église, du couvent et du jardin de ces religieux.

2. Voyez son histoire imprimée, p. 33.

avait donné 2.000 l. pour commencer ce saint édifice et bientôt il fut achevé par les soins et les aumônes des principaux habitants de la ville.

Le père de Bussières, en 1671, disait que ce couvent passait pour un des plus beaux et des plus commodes de la province, et que l'église, la même aujourd'hui que celle qui fut édifiée en 1615, à quelques ornements près, faits en ce siècle, fut consacrée, en 1619, par Mgr le cardinal de Marquemont.

On remarque à présent un total changement à l'égard des bâtiments du couvent; quoiqu'il n'y eut que 125 ans qu'ils eussent été construits à neuf, soit qu'ils eussent été mal fondés, soit que le goût nouveau du siècle pour les édifices, bien différent de celui de nos aïeux, se fut glissé jusques dans le cloître de nos religieux, on les vit, en 1740, abattre les trois quarts de leur couvent pour le réparer, l'agrandir et l'élargir de façon qu'on peut l'appeler maintenant et à juste titre, un des plus beaux et des plus commodes de la province.

Les soins et les ressources du révérend père d'Antricoles, alors gardien, poussèrent l'ouvrage à plus des deux tiers pendant même cinq années de calamités publiques ; on vit s'élever une cave voûtée très spacieuse et très grande, un réfectoire au-dessus, magnifique et fort gai, un chauffoir bien voûté, des dortoirs très larges et très étendus, des escaliers à rampes de fer, doux et commodes, des chambres enfin moins étroites, avec des fenêtres plus grandes. Les bas qui servent de bûcher, du côté du midi, sont tous voûtés ; le cloître est agrandi, les murs de clôture sont exhaussés, et l'on a pratiqué mille commodités pour la desserte du couvent et pour l'hospice des étrangers.

Les jardins sont vastes et spacieux et à peu près les mêmes que dans le siècle précédent. Ils sont arrosés par une fontaine dont les eaux, après s'être arrêtées dans des réservoirs proches de la cuisine, jaillissent dans un grand bassin de pierre de taille qui se trouve au milieu du jardin, et en perspective de la maison, joignez à tous ces avantages la salubrité de l'air, plus léger et plus pur que celui de la ville, et la magnificence de la vue des chambres et des dortoirs, il n'est personne qui n'ambitionne un pareil emplacement.

Ces pères ne furent pas plutôt établis qu'ils participèrent aux aumônes et aux libéralités des habitants de la ville et de la campagne. Le partage dès lors s'en fit en faveur des deux ordres de Saint François, le nombre des Cordeliers ne fut plus considérable, puisque les aumônes furent réduites à leur égard; c'est ce qui fait que les deux couvents sont aujourd'hui égaux en nombre de religieux.

Qu'on ne regarde point ces deux communautés comme un amas d'hommes fortuitement assemblés, comme deux riches familles qui appauvrissent la société, comme des corps monstrueux composés de gens oisifs, qui ne tiennent à l'arbre que comme des plantes parasites qui ne valent pas la branche la plus viciée, comme enfin des gens qui, se dispensant, sous mille prétextes frivoles, de tout devoir de citoyen, veulent jouir néanmoins des plus belles prérogatives. A cette description amère de l'auteur inconnu du *Code de la nature* [1], on ne reconnaît point nos religieux, eux qui soulagent, par les confessions, le pasteur de la ville et ceux de la campagne, qui prêchent et qui catéchisent, eux qui, consolant les prisonniers, les assistent au supplice, réconcilient les citoyens, assoupissent les haines et les procès. Les flammes dévorent-elles la maison du particulier, l'on y voit à l'instant accourir nos religieux, travailler et même exposer leur vie pour sauver la fortune de l'habitant malheureux. Aussi la Providence les récompense-t-elle dignement par les aumônes, puisque treize mille capucins qui sont en France trouvent, par le seul secours de la quête, tous les ans, 4.745.000 l. [2] pour les choses seulement nécessaires à la vie, sans y comprendre les sommes qu'ils dépensent pour établir, bâtir et entretenir leurs couvents.

A peine les capucins furent-ils arrivés à Villefranche qu'ils établirent pour la consolation des âmes dévotes, la confrérie du Saint-Rosaire, en l'église paroissiale, dans la chapelle de Madame de Montpensier [3]; c'est même en qualité d'auteurs et d'instituteurs de cette confrérie qu'ils

1. Ce livre a paru il y a trois ou quatre ans; son système, physiquement impossible, présente souvent des idées hardies, telles que celles qu'on voit sur les moines, p. 93.

2. Cette supputation fut faite dans le dernier siècle, par l'auteur du *Dénombrement des ecclésiastiques et des religieux du royaume*. Voyez la page 34 de ce livre, elle serait plus grande actuellement, eu égard à la valeur de l'argent et des denrées.

3. Voyez LOUVET, *Histoire de Villefranche*, p. 34. Cette confrérie fut établie en l'année 1617.

assistent à la procession qu'on a coutume de faire le premier dimanche d'octobre de chaque année.

On fait choix, chaque année alternativement, d'un cordelier ou d'un capucin pour prêcher l'avent et le carême ; le corps de ville a l'attention de procurer la rétribution qu'il donne pour cette pénible fonction à deux communautés qui se destinent particulièrement à la prédication ; comme cette année c'est le tour des cordeliers, ces révérends pères ont procuré, à la collégiale, un de leurs fameux prédicateurs généralement applaudi et suivi. Ses discours faits pour instruire et plaire à tous les états attirent en foule les citoyens. On doit ce témoignage et cette justice au mérite et aux talents du révérend père Berthon, gardien du couvent de Beaune. Les capucins ont procuré à la ville de bons prédicateurs et, pour me servir des expressions de l'éditeur de l'Encyclopédie [1] : *Ces pères ont eu d'habiles gens en différents genres, l'on doit, ajoute-t-il, présumer à l'esprit d'émulation qui commence à les animer, que le savoir y deviendra encore plus commun ; il est à souhaiter que les supérieurs donnent toute leur attention à fortifier cet esprit et que l'église répare, de ce côté, les pertes de lumière qu'elle semble faire de plusieurs autres.*

1. Voyez le tome II du *Dictionnaire des Sciences* au mot *Capucin*.

TITRE TREIZIÈME

DES RELIGIEUSES URSULINES DE VILLEFRANCHE

Cet ordre religieux de filles qui suivent la règle de saint Augustin, sous la conduite des évêques, trouve son origine et sa fondatrice dans la B. Angèle de Bresce, qui établit cet institut en Italie, l'an 1537. Approuvé par le pape Paul III, en 1544, le nouvel ordre parut en Avignon en 1574 et les religieuses ne commencèrent à vivre en commun qu'en 1596 : elles furent reçues en France, à l'Isle, dans le comté Venessin, à la fin du XVIᵉ siècle. Paris, sous les auspices de Madeleine l'Huillier de Sainte-Beuve, vit naître, en 1604, une communauté de ces filles, confirmée par Paul V, en 1612.

Dès l'année 1610, il s'en forma une à Lyon, par l'assistance du sieur Ranquet, marchand de cette ville, qui y retint la mère Françoise de Bermond, lorsqu'elle retournait de Paris en Provence ; la bulle qu'obtint à Rome l'archevêque de Lyon, à l'effet de cet établissement, est du mois d'avril 1619, et, en exécution, ce prélat établit la clôture monastique de cette maison le 25 mars de l'année 1620 [1].

De cette maison de Lyon sont dérivés cent monastères au moins de ce même ordre, dont celui de Villefranche en est un. Ces religieuses, en peu de temps multipliées en France, s'occupent à l'instruction gratuite et à l'éducation des jeunes filles et sont dans le royaume au nombre de 9.000 religieuses [2], renfermées dans plus de 300 couvents.

Ce fut dans le dessein d'exercer avec utilité leur institut à Villefranche que les Ursulines de la rue de la Vieille Monnoie proposèrent à la communauté des habitants de leur permettre de s'établir dans la

1. On a suivi les Chroniques de l'Ordre des Ursulines, imprimées à Paris chez Jean Henault, en 1673. Moreri et *l'Almanach de Lyon* de 1748 paraissent peu exacts à cet égard. Voyez le livre cité, p. 172.

2. Voyez le livre déjà cité du *Nombre des ecclésiastiques, des religieux et des religieuses de France*, p. 47.

ville à leurs dépens, avec engagement de leur part de recevoir par préférence, et à meilleure condition, pour religieuses, les filles de l'endroit qui se présenteraient. Le corps de ville, concevant l'utilité d'un établissement qui ne pouvait procurer à la capitale que des avantages spirituels et temporels, permit à ces religieuses, par délibération du 17 avril 1632, passée dans une assemblée générale, de s'établir à Villefranche, à la charge d'enseigner gratuitement les filles de la ville, de faire les acquisitions nécessaires pour leur couvent, et aux autres charges et conditions insérées dans l'acte qui fut ratifié par Alphonse de Richelieu, cardinal et archevêque de Lyon.

Ces filles, dès l'instant, travaillèrent à acquérir plusieurs maisons situées dans la ville, à 200 pas de la porte de Belleville, pour en former leur communauté et ces acquisitions ne purent se faire que dans l'espace de deux ans. Enfin, en suivant les chroniques [1] de l'ordre, les Ursulines du grand couvent de Lyon envoyèrent, le 4 mai 1634, sept professes à Villefranche, pour y fonder le couvent qu'on y voit actuellement.

L'enclos de ce monastère assez vaste, perce par un pont de communication jeté sur la rue de derrière, parallèle à la grande, jusqu'aux murs de la ville ; au bout de ce pont se trouve une grande loge de laquelle on passe dans un jardin potager ; dans sa largeur est une terrasse adossée aux remparts de la ville et couverte d'une allée de marronniers. De cette terrasse on découvre toute la campagne située du côté de la Saône.

Ces religieuses, arrivées à Villefranche, bâtirent leur église dont l'entrée donne sur la grande rue aussi bien que la face principale du couvent; cette église, assez grande et propre dans sa simplicité, ornée d'un tabernacle bien doré et de plusieurs tableaux, fait apercevoir le chœur des religieuses assez spacieux; du côté de l'évangile, il est ouvert par deux grandes arcades grillées dont l'une regarde le maître autel et l'autre la nef; la sacristie se trouve derrière l'autel, les ornements d'église sont riches et propres; enfin, du fond de ce vaisseau, l'on aperçoit une tribune qui perce dans l'infirmerie et dans le dortoir des pensionnaires où sont de petites orgues assez bonnes.

---

1. Voyez la page 134 des dites Chroniques, sur l'année 1634.

On a bâti, depuis 25 ans, la moitié du couvent à neuf, l'aile tournée au midi renferme plusieurs appartements que les parents des religieuses qui les occupent ont fait construire ; la communauté fit édifier, en 1740, un grand corps de bâtiments, joignant l'église et à sa même hauteur en tirant au sud, qui forme, au rez-de-chaussée, une cuisine, des offices avec un grand réfectoire bien éclairé ; au premier étage sont de grands appartements et des dortoirs pour les petites pensionnaires et, au second, des chambres pour les grandes.

Dans la partie du couvent située au matin, et sur la rue de derrière, en tirant au nord, est aussi un bâtiment neuf et double, composé d'un corridor et de plusieurs chambres de deux côtés, bâties aussi aux frais des parents de quelques religieuses. Toutes ces constructions, faites à plusieurs reprises, ne forment pas une grande régularité et, comme l'emplacement de ce couvent ne permet pas de former un cloître, les religieuses sont contraintes de traverser en tout temps une grande cour pour parvenir à leur chœur.

Ces dames sont au nombre de 39 religieuses de chœur ; elles ont six sœurs converses, dont une nommée Saint-Augustin entretient avec réputation une pharmacie dont le débit du dehors forme un revenu pour la maison, qui lui est d'un bon secours. Elles possèdent dans le Lyonnais et le Beaujolais des vignobles et des granges qui fournissent la communauté de blé et de vin ; d'ailleurs trente pensionnaires qu'elles ont dans la maison ne laissent pas que de donner au couvent des ressources pour l'entretien de cette communauté nombreuse.

L'éducation que reçoivent ces pensionnaires fait l'éloge de la communauté, composée d'excellents sujets ; ces religieuses entretiennent aussi une école gratuite pour les filles externes, à qui l'on apprend les principes de la religion et de la vertu ; enfin les occupations de ces dames font apercevoir une vie plus active que contemplative, d'un grand secours à la ville, au Beaujolais et aux provinces voisines.

Ces religieuses, sous la direction de Mgr l'archevêque de Lyon, ont un aumônier dont le logement est dans la ville, qui leur dit la messe et leur administre tous les secours spirituels ; des appointements modiques ne suffiraient pas à son entretien, s'il n'avait d'ailleurs un canonicat dans la collégiale.

TITRE QUATORZIÈME

En comparant ensemble les deux abrégés historiques de Villefranche du dernier siècle, on formera, à défaut d'autres mémoires, l'histoire de l'établissement du couvent des dames de la Visitation de cette ville; mais il convient auparavant de rappeler l'origine de cet ordre. Son instituteur fut saint François de Sales, évêque de Genève, et ce fut le 6 juin de l'année 1610, que ce prélat et Madame la baronne de Chantal, veuve alors, en jetèrent les premiers fondements à Annecy. Les filles de la Visitation ne firent d'abord que des vœux simples, n'ayant point de clôture, visitant les malades, les soulageant et les secourant dans leurs besoins. Leur réputation les fit souhaiter à plusieurs villes. Marie-Renée Trunel, veuve de Jean d'Auxerre, lieutenant général au bailliage de Forez, se donna des soins pour les attirer à Lyon. Cette dame intéressa dans ses vues Mgr le cardinal de Marquemont, qui pria le saint évêque de lui envoyer quelques-unes de ses filles; elles furent reçues à Lyon en 1615, et firent des vœux solennels trois ans après.

Le saint évêque dressa les constitutions de cet ordre qui furent approuvées par le pape Urbain VIII, en 1626. Il compte aujourd'hui plus de 160 monastères, répandus dans l'Europe et soumis au gouvernement des évêques. Ces religieuses sont en France au nombre de 7,000[1].

Les dames Ursulines ne furent pas plus tôt admises à Villefranche que plusieurs couvents de Lyon désirèrent s'y établir. La proposition qu'en firent quelques-uns au corps de ville fut rejetée, le 14 novembre 1632. Celui de Sainte-Marie de Lyon ne se rebuta point pour cela; quelques dames de ce couvent, se flattant de réussir dans

---

1. Voyez le livre cité des ecclésiastiques, des religieux et des religieuses de la France, p. 47.

leur dessein, étaient venues à Villefranche et, pendant un an qu'elles y séjournèrent, elles s'occupèrent à acquérir des maisons et des jardins, visitant les principales familles de la ville, recevant même des filles de l'endroit religieuses parmi elles ; enfin elles bâtirent, à la vue du citoyen, sans que qui que ce soit s'y opposât.

Ces religieuses, déjà en nombre, présentèrent requête aux échevins, le 21 août 1633, tendant à ce qu'il plût à la ville les agréer et permettre qu'elles étendissent leur bâtiment du lieu où il se trouvait jusqu'aux murs de la ville et des autres côtés et de s'étendre autant qu'il leur serait nécessaire, de changer même les chemins et d'en donner d'autres, se chargeant pour cela d'obtenir, des seigneurs directs, les permissions nécessaires, offrant en même temps de recevoir parmi elles les filles de la ville pour 2.000 l. ; enfin, pour donner plus de poids à leur requête, elles exposèrent en même temps que la reine mère voulait leur établissement en cette ville, que Sa Majesté avait manifesté son intention de vive bouche à M. le lieutenant général au bailliage et même par une lettre du mois de juillet 1632.

La façon dont ces religieuses s'etaient prises pour obtenir leur établissement ne pouvait avoir qu'une issue favorable. Le sieur de la Terrière, lieutenant général alors, confirma la volonté de la reine mère aux échevins ; ces dames furent admises aux conditions insérées dans l'acte qui fut inscrit sur les registres de l'Hôtel de Ville de ce temps-là.

Ainsi ces dames, douze années après leur établissement à Lyon, riches par les secours mutuels que les maisons de l'ordre se prêtent, et, après avoir reçu plusieurs filles de la ville et des provinces voisines employèrent les dots, leurs épargnes et les secours qu'elles recevaient, à bâtir hors de la ville et proche de la porte des Frères, du côté du couchant, un monastère des plus beaux, des plus solides et des plus commodes qu'elles aient en France. Ce bâtiment, dont les murs de la ville forment une portion assez étendue de la clôture du couvent, est composé de quatre grands corps de logis, réguliers, bien percés et élevés de 7 à 8 pieds de terre ; on y parvient par une allée de tilleuls, au bout de laquelle on monte, par un perron de douze à quinze degrés sur une terrasse bien pavée, qui présente en face la grande porte du monastère, à droite les parloirs et à gauche le frontispice de l'église.

Il n'appartient point à un profane de pénétrer dans l'intérieur de ce saint bercail ; on omettra la description interne de ce couvent pour ne faire ici qu'une observation : ce monastère construit sur un terrain en pente, celui du jardin et des terres qui sont au nord et au-dessus de la clôture étant plus élevé et naturellement spongieux et goutteux, laisse écouler et filtrer ses eaux par la pente qui se trouve au midi, qui les dirige vers le sol du bâtiment du couvent, et ces eaux rendent le rez-de-chaussée de ce monastère malsain, quelque précaution qu'on ait prise de l'élever en le bâtissant. On pourrait remédier à cet inconvénient en formant plusieurs canaux souterrains qui dirigeassent le cours de ces eaux vers la terrasse qu'on trouve en entrant ; elles iraient se perdre ensuite dans le bras du Morgon qui flue devant le couvent. La vue des dortoirs et des chambres hautes est très belle, mais les murs de clôture étant extraordinairement élevés donnent un air triste aux appartements bas ; cette régularité monastique devient nuisible à cette maison qui n'est dominée par aucune qui soit aux environs.

On s'étendra davantage sur l'église, elle mérite bien une description particulière, après avoir été qualifiée de la plus belle de l'ordre qui fut alors en France par Mlle de Montpensier [1], princesse bien en état de connaître le beau.

Son frontispice, élevé et d'une bonne architecture, répond à la beauté du dedans, orné de plusieurs statues bien modelées, celles du milieu représentent sainte Elisabeth et la Sainte Vierge qui se saluent, celles des deux côtés offrent à la vue saint Augustin et saint François de Sales. En entrant dans l'église, on voit, en face, le maître-autel, orné d'un excellent tableau qui dépeint le mystère de la Visitation, il est revêtu d'un grand rétable de toute la largeur de l'église et qui s'élève jusqu'à la voûte ; quatre grandes colonnes en forment le corps avec leurs corniches, leurs frises et leurs architraves relevées par des ornements sculptés. Tout ce corps d'architecture, peint en marbre blanc et noir, est varié par des anges de toute hauteur, bien modelés, peints et dorés ; à la droite de l'autel et contre la grille qui ouvre le chœur des religieuses, on aperçoit un dôme d'une noble architecture orné, peint et doré dans le goût du rétable de l'autel, qui sert pour donner

---

1, Voyez ses Mémoires, tome IV, page 97, édit. de 1729.

la communion aux religieuses par une grille qui se trouve au-dessous. A l'opposite on voit la chaire du prédicateur qui répond aux ornements de l'autel ; un tabernacle entièrement doré remplit toute l'étendue du maître-autel et renferme le Saint-Sacrement ; une balustrade de fer sépare le chœur de la nef, dans laquelle on remarque, à main gauche, une chapelle de Saint-François de Sales, voûtée et hors d'œuvre de l'église, fermée également par un balustre en fer.

Mais tous ces ornements d'un bon goût sont, pour ainsi dire, effacés par les peintures à fresque dont toute l'église est embellie. Ces peintures, ouvrage parfait de Dominique Borbonio, peintre italien [1], quoique achevées depuis cent ans, paraissent si fraîches qu'elles semblent encore sortir de dessous le pinceau ; la voûte offre à la vue une variété si surprenante de dessins et d'ornements qu'il semble même que le peintre y ait voulu développer toute la fécondité nette et sans confusion de son génie.

En regardant du milieu de l'église les dessins qui couvrent les murs, on aperçoit des points d'optique également vrais et variés ; une perspective admirable, une architecture noble et savante, tout paraît en relief et trompe la vue ; on croirait volontiers les morceaux de sculpture réels, et le vrai de l'art donne de l'âme aux figures.

Ces peintures forment l'histoire de la sainte Vierge, noblesse et beauté de composition et de dessin, caractères variés, force de coloris, vérité dans les carnations, jeu aisé dans les draperies, science parfaite dans les groupes, entente de lumière qui donne du jour à la peinture et à l'église même, ciels et paysages puisés dans la belle nature, tout

---

1. Félibien, dans ses *Vies des peintres*, tome IV, 9e entretien, page 120, met au rang des peintres qui traitaient bien la perspective et l'architecture, Dominique et Mathieu Bourbon de Bologne, qui ont, dit-il, beaucoup travaillé à Lyon et en Avignon. Cet auteur a été copié par Florent Lecomte, dans son *Cabinet des tableaux*, tome III, page 190, qui dit la même chose de ces deux frères.

Au reste, voici l'inscription écrite par Borbonio même dans cette église, du côté de la porte d'entrée.

Absolutissimum hoc speculatoriae picturae
Tyrocinium peritioribus suspiciendum
Dominicus Borbonius bononiensis marte proprio
Elucidavit anno 1636.

annonce un peintre savant dans tous les genres ; on voit son chef-d’œuvre d’optique dans l’angle du mur, à main gauche en sortant de l’église ; c’est un cercle arrondi parfaitement et qui semble saillir en dehors ; les connaisseurs admireront avec étonnement, et le vulgaire verra toujours ces chefs-d’œuvre de l’art avec plaisir.

La sacristie d’une noble et belle simplicité, bien pourvue d’argenterie, renferme des ornements d’autel et, pour les ministres du Seigneur, très riches et en grand nombre. Quoique les perles, l’or et l’argent en soient la matière la plus précieuse, les broderies en soie qui y sont mêlées et qui représentent des fleurs et des fruits sont au-dessus de tout ce qu’on peut dire et effacent par la vérité de ce qu’elles représentent la richesse de l’or qui les environne ; ces ornements sont l’ouvrage des religieuses et répondent parfaitement à la beauté et à la magnificence de l’église qui fut consacrée au mois de septembre de l’année 1656, par Mgr Camille de Neuville, archevêque de Lyon, sous le titre de la Vierge-Marie reine des martyrs.

Lou's XIV, à son passage à Villefranche, en 1659, honora cette maison de sa visite ; la reine, sa mère, protectrice de ce couvent, y fit ses dévotions, Monsieur, frère unique du roi, et Mlle de Montpensier accompagnaient le monarque et parcoururent, pendant l’espace de deux heures, cette sainte retraite, en s’entretenant avec les religieuses, toute la cour admira et la beauté de l’église et celle de ce monastère.

Cette maison, riche en possessions et en rentes, se ressentit, en 1720, des malheurs du système ; incommodée par des remboursements en billets de banque, il a fallu plus de vingt années pour la remettre dans son ancien état, l’économie d’une part, l’attention sur les biens de campagne, et une manufacture formée depuis 10 à 12 ans, ont concouru à y faire renaître l’opulence, la fabrique des fleurs artificielles occupe plusieurs religieuses, dont l’industrie imite et même égale la nature ; on en fait des envois considérables, non seulement dans les différentes provinces du royaume, mais aussi dans les pays étrangers, et même à Gênes, où l’on réussit parfaitement en ce genre. Le produit de ce commerce est d’un grand secours à la maison.

Ce couvent fut patenté, en 1659, par Louis XIV, la même année de son passage en cette ville et obtint encore de ce monarque de nouvelles lettres en 1666. Les religieuses sont au nombre de 42, elles sont sept sœurs converses et quatre tourières pour le dehors de la maison, le nombre actuel des pensionnaires n'est que de dix.

Ces dames, sous l'autorité de Mgr l'archevêque de Lyon, tiennent de sa main un aumônier, logé dans l'enclos du couvent, mais au dehors ; cet ecclésiastique a des appointements fixes et est meublé et nourri aux dépens de la communauté, à qui il administre tous les secours spirituels ; ce poste suffisant pour une personne qui sait se borner est actuellement rempli par un chanoine de Villefranche.

Ce couvent a eu deux occasions, depuis sa fondation, de signaler sa piété, son zèle et sa générosité ; la première fut le 22 août 1666, au sujet de la béatification et de la canonisation de saint François de Sales, son instituteur ; la seconde fut en 1752, à l'égard de la béatification de madame de Chantal ; tous les principaux corps de la ville ont assisté à ces augustes solennités et ont été témoins du zèle généreux de cette sainte maison, ils ont concouru à rendre la fête plus éclatante et plus majestueuse par leur exactitude à ces pieuses cérémonies.

TITRE QUINZIÈME

On doit attribuer à l'Italie l'origine des confréries des pénitents qui se sont étendues anciennement jusqu'à Paris, mais celles qui subsistent actuellement en France ne passent pas la ville d'Autun en Bourgogne ; leurs plus nombreux établissements sont dans les provinces méridionales du royaume et surtout dans celle de Languedoc ; les bulles du pape, l'approbation de l'évêque diocésain, les lettres patentes du roi en bonnes formes, sont les trois conditions pour l'autorisation parfaite de ces sortes d'établissements.

Un certain ermite prêchant à Pérouse, en Italie, et annonçant aux habitants qu'ils seraient ensevelis sous les ruines de leurs maisons s'ils ne faisaient pénitence, fit naître, en 1260, cet institut. Les habitants, à la voix de ce prétendu prophète, se revêtirent de sacs et, s'armant de disciplines, furent en procession dans les rues, se frappant rudement les épaules pour expier leurs péchés ; il est vrai que cet exemple fit naître, quelque temps après, la dangereuse secte des flagellants, dont la superstition fut bientôt abolie, mais on rendit justice, en même temps, à la vraie piété et l'on établit plusieurs confréries de pénitents de différentes couleurs en Italie, qui d'Avignon se répandirent en grand nombre dans la France.

La ville de Lyon renferme dans ses murs six de ces confréries, de plusieurs couleurs, qui ont toutes leurs chapelles particulières ; mais la plus ancienne et la plus illustre est celle du Confalon [1] qui doit les fondements de sa société à saint Bonaventure, en l'année 1264, après que ce saint personnage lui eut fait assigner, dans le cloître des Cor-

---

1. Ce mot est dérivé de l'italien *confalone* qui signifie un étendard, une bannière, parce que la première société établie à Rome, par Clément IV, avait un étendard où la Sainte Vierge était représentée.

deliers, un lieu pour ses exercices de piété. Les assemblées de cette confrérie furent interrompues en différents temps jusqu'à l'année 1583, que le pape Grégoire XIII approuva ses statuts et ses règlements ; le roi Henri III, pendant ses séjours à Lyon, assista souvent, comme confrère, aux offices du Confalon et ordonna qu'on suspendit, à la voûte de la chapelle, deux couronnes, après avoir érigé cette société en confrérie royale ; la nouvelle chapelle, qu'on voit aujourd'hui dans le même emplacement, est redevable de sa construction, en 1636, à Charles de Neuville d'Alincour ; on y voit des chefs-d'œuvre sans nombre.

Le même monarque établit à Paris, dans l'église des Augustins, une confrérie de pénitents, sous le titre de l'Annonciation de Notre Dame, on vit alors Henry III, les grands de sa cour et ses favoris aller, sans escorte, aux processions, revêtus de robes blanches et des sacs percés de deux trous à l'endroit des yeux ; politique, dit Mainbourg, de la part de ce roi, afin de détruire l'opinion désavantageuse répandue alors parmi le peuple qu'il favorisait le roi de Navarre et les hérétiques ; mais cette confrérie ne subsista pas longtemps dans la capitale. Les capucins établis, en 1615, à Villefranche, encouragés par les progrès de la confrérie du Rosaire et par l'établissement de l'octave du Saint-Sacrement, dans l'église paroissiale, et nommément le révérend père Michel Ange de Chalon, gardien du couvent de Villefranche, excités par le zèle de Mgr de Marquemont, archevêque de Lyon, et même pourvus de ses pouvoirs pour établir toute l'authenticité du culte dû à l'auguste sacrement de l'autel, commença à poser en cette ville les fondements de la confrérie des pénitents du très Saint-Sacrement, aux fêtes de la Pentecôte de l'année 1621.

Ce fut le 6ᵉ de juin que plusieurs citoyens, qui désiraient cet établissement, s'assemblèrent au couvent des Capucins pour faire choix des officiers nécessaires pour conduire la compagnie ; le sieur de Phelines, avocat en Parlement, fut élu d'un commun accord pour recteur de la confrérie, on procéda ensuite à l'élection des autres officiers qui, faite, fut suivie du *Te Deum* qu'on chanta en actions de grâces ; il fut arrêté qu'on commencerait à faire l'office la veille de la Trinité et qu'à cet effet MM. les échevins seraient priés de permettre à cette nouvelle société la libre entrée de l'église de Roncevaux, pour s'assembler et y chanter l'office, jusqu'à ce que l'église qu'on voit aujourd'hui, vers le portail des Cordeliers, fût bâtie, ce qui fut accordé. Le 12 juin 1621, on chanta matines et le lendemain 13, les confrères assemblés, au nombre de trente-trois, dans l'église, le recteur reçut des mains du R. P. Michel Ange, l'habit de pénitent, et ce premier officier le donna ensuite aux autres confrères, en présence du sieur de la Rippe, curé de Ville-franche, du sieur Charreton, lieutenant général, des échevins et des principaux notables, le reste du jour fut employé aux cérémonies pieuses d'une fête aussi remarquable.

La base et le fondement de cette société sont les statuts qui furent alors rédigés, sous le bon plaisir du Souverain Pontife, qui permet aux recteurs et aux administrateurs de la confrérie d'en dresser, suivant l'exigence des lieux ; ces règles et ces statuts sont renfermés dans douze chapitres, on voit, à leur suite, les devoirs des officiers, compris sous neuf articles, et le tout fut approuvé et homologué par Mgr le car-dinal de Marquemont, archevêque de Lyon, le 28 décembre 1621[1].

Les constitutions de Clément VIII, du 7 septembre 1604, les bulles de Paul V, du 3 novembre 1606, le décret de la sacrée constitution des cardinaux sur les indulgences attachées à la confrérie du Saint-Sacrement, du 15 février 1608, l'avertissement de Mgr de Marquemont touchant les confréries du Saint-Sacrement du diocèse, enfin l'ap-probation du grand vicaire général du cardinal de Richelieu, arche-vêque de Lyon, sont à la tête du missel de la confrérie, depuis la page 1re jusqu'à la 36e ; comme ce livre est entre les mains du public, il deviendrait ici superflu de s'étendre sur ces articles. Il suffira de dire que cette confrérie, composée des plus notables de la ville et devenue nombreuse en peu de temps, fut empressée d'ache-ter un emplacement convenable pour construire une chapelle et qu'elle donna, à cet effet, pouvoir à ses premiers officiers, le 7 sep-tembre 1621, d'acquérir le terrain nécessaire pour son édification et notamment une maison ou grange de Barthélemy Joannard, située près le couvent des Cordeliers, avec un jardin joignant la dite grange, du côté de matin, appartenant aux héritiers du sieur Rabut. Ces

---

1. On voit ces statuts à la tête du livre des Offices des pénitents, imprimé à Lyon par Antoine Besson, en 1710, depuis la page 35, jusqu'à la 48e.

acquisitions furent faites, savoir la grange, au prix de 450 l. et un écu d'or d'étrennes, par acte du 9 décembre 1621 [1] et le jardin, de la contenue de deux coupons, au prix de 260 l., par contrat du 26 février 1622, reçu Piajard [2], notaire royal.

A peine le premier contrat fut passé que le recteur obtint de Mgr l'Archevêque la permission de faire planter la croix dans l'endroit destiné à construire l'église de la confrérie ; ce prélat commit le sieur de la Rippe, curé, pour en faire la cérémonie à son lieu et place, et cette croix fut élevée le 27 décembre 1621, avec les cérémonies usitées et un concours prodigieux d'assistants. Le 11 septembre 1622, on posa, avec l'appareil le plus religieux, la première pierre de l'église. le parrain fut le sieur de la Poirrière (*sic*), qui y fit graver en latin la date de cette cérémonie. L'ouvrage fut conduit avec promptitude, puisque, le 18 avril 1623, on célébra, pour la première fois, la messe dans cette chapelle, mais, étant nécessaire d'y ajouter encore plusieurs décorations, elle ne put être consacrée [3] que le 18 décembre 1628, par Mgr Robert Berthelot, évêque de Damas et suffragant de Lyon ; le clocher ne fut construit qu'en 1637 et la cloche, qui y sonne actuellement les offices, ne fut bénite que le 7 avril 1638 ; le parrain fut Jacques Charretton, seigneur de la Terrière et de Reignier (*sic*), conseiller du roi, lieutenant général au bailliage du Beaujolais, et la marraine demoiselle Claudine Gaspard, femme de noble Gabriel le Grouin, sieur de la Perrière ; leurs noms sont gravés sur la cloche qu'on ne sonna qu'au mois de mai suivant, la veille de l'Ascension.

Telles sont les particularités de l'établissement de la confrérie et de l'élévation de la chapelle des Pénitents ; comme cette société s'est toujours soutenue depuis son institution, les confrères modernes animés du zèle des anciens, furent également empressés à agrandir et à décorer leur chapelle ; les acquisitions faites depuis ce siècle, au midi de leur église, leur ont fourni un emplacement pour bâtir un chœur vaste et spacieux, dans lequel ils chantent leur office, ce chœur est

1. Voyez le livre des Assemblées et des résultats des confrères, fol. 31, 32 et 33.
2. Voyez le livre des Assemblées, pages 37 et 38.
3. Cette consécration fut faite en l'honneur de la sainte Eucharistie, de la sainte Vierge, de saint Pierre et de saint Paul et de sainte Madeleine.

ouvert par une grande arcade qui découvre le maître autel ; on voit, à droite et à gauche de la nef, deux autels, et le sancta sanctorum se trouve fermé par une balustrade en bois, la chaire du prédicateur y est placée vis-à-vis du chœur des Pénitents ; la sacristie est derrière le maître-autel ; suivant les inventaires, faits en différents temps, des ornements et de l'argenterie qu'elle renferme et qui sont décrits dans les livres de cette confrérie, on remarque que cette chapelle est entretenue très décemment.

Outre la porte d'entrée de l'église, on en voit deux petites, aux deux côtés, celle qui est à gauche ouvre un petit parterre qui est au nord, l'autre, à droite, présente une galerie qui communique, en entrant, à une grande salle qui sert de vestiaire aux Pénitents ; on parvient, par cette même galerie, à leur chœur et, entre cette salle et ce chœur, on voit un petit parterre exposé au midi.

Enfin, les nouveaux confrères, pénétrés de la même ferveur des anciens, ne cessent de travailler à l'édification publique et d'adorer le souverain des souverains avec toute la décence et le respect qui lui sont dus ; comme leur institut particulier concerne le culte dû au Saint-Sacrement, ils sont toujours en nombre pour l'accompagner avec des flambeaux, lorsqu'on le porte aux malades ; il est souvent exposé dans leur chapelle et surtout les trois derniers jours du carnaval, avec indulgence plénière. Par cette dévotion, beaucoup de citoyens sont distraits de la licence que ces jours malheureux entraînent avec eux.

TITRE SEIZIÈME

DE LA CONFRÉRIE DES PÉNITENTS NOIRS DE VILLEFRANCHE

On doit placer l'époque de l'origine des Pénitents noirs, institués à Rome, sous le vocable du très Saint-Crucifix, à l'année 1519, temps auquel Luther semant l'erreur, les princes chrétiens, armés les uns contre les autres, et l'empire Ottoman profitant de leurs divisions, s'empara de la Hongrie, de l'île de Rhodes et fit avancer ses troupes fort proche de l'Italie ; quelques citoyens romains, pour réparer la perte que la religion faisait en Allemagne et dans le Levant, cherchant à apaiser la colère de Dieu par des exercices de pénitence, obtinrent du pape Léon X, le 23 mai 1519, la permission d'ériger une congrégation pour vaquer à la prière et aux œuvres de piété et de miséricorde dans l'église de Saint-Marcel, où se voyait un crucifix miraculeux.

La renommée des bonnes œuvres de ces pénitents s'étant répandue jusqu'en France, Lyon voulut renfermer dans ses murs une si sainte institution, dans le temps que la France semblait tendre à sa ruine par les guerres civiles qui la déchiraient alors ; ce fut en 1590 que de pieux et zélés habitants de cette ville s'adressèrent à Henry Cajetan, légat en France du pape Sixte V, et alors à Lyon, en obtinrent indult avec approbation de l'ordinaire et formèrent, dans la chapelle de Saint-Marcel, au bas de la côte de la Croix-Rousse, une compagnie du Crucifix, dite Pénitents de Saint-Marcel et, s'assemblant dans cette église, le 24 février 1590, ils reçurent l'habit noir, la ceinture et la croix des mains de Mgr Maistret, évêque de Damas, suffragant de Lyon, dans le même temps, les statuts de cette confrérie furent lus à haute voix.

Ce fut également dans des temps de troubles, sous le règne de Louis XIII et le pontificat de Grégoire XV, que quelques habitants de Villefranche, instruits des désordres de la guerre suscitée par les religionnaires, qui ravageaient les provinces du Languedoc, de la Provence et du Dauphiné, projetèrent, à l'imitation de la confrérie de Saint-Marcel, établie à Lyon, de former une association pareille, sous le vocable du Saint-Crucifix. Ils s'assemblèrent, à cet effet, le 18 juillet 1621, ět arrêtèrent qu'ils enverraient à Rome pour faire leur supplique au pape. Le souverain pontife, Grégoire XV, permit leur établissement avec indulgence plénière et perpétuelle, par ses bulles du 6 des ides de mars de l'année 1622. Ces bulles furent communiquées à Mgr de Marquemont, archevêque de Lyon, qui les agréa et ce prélat donna ordre, en même temps, qu'on travaillât à dresser les statuts de la confrérie, pour, examinés par lui, les rejeter ou les approuver, suivant que le cas le requérerait.

Ces statuts sont au nombre de quatorze articles, mais on ne citera ici que les deux principaux ; le septième renferme les fonctions essentielles qui doivent animer le zèle des confrères, il s'exprime en ces termes :

S'adonneront à l'exercice des œuvres de piété, comme de visiter les malades, prisonniers et affligés, les assisteront selon leur pouvoir ; faire ensépulturer les morts, pourvoir les nécessiteux, prenant le soin des orphelins et pauvres garçons pour leur faire apprendre un métier et des pauvres filles, pour les marier ou les mettre en religion.

Le neuvième article recommande l'union, l'intelligence, la paix et la charité envers le prochain et envers les confrères ; il concerne aussi l'extinction des disputes, des divisions et des procès qui pourraient s'élever. Ce statut, particulier aux frères pénitents, devrait être gravé dans le cœur des citoyens; l'union, le lien de la société influe sur tous ceux qui la composent et forme une assemblée d'honnêtes gens qui deviennent précieux à la religion et à l'État.

Ces statuts, rédigés et présentés à l'archevêché, furent approuvés et autorisés par Mre Thomas Meschatin Lafaye, chamarier et comte de Lyon, vicaire général, qui en ordonna l'exécution le 23 juin 1623. En conséquence de cette approbation, les confrères s'étant assemblés dans leur chapelle, sous le titre de Pénitents du Saint-Crucifix, le 22 juillet de la même année, fête de Sainte-Marie-Madeleine, reçurent l'habit des mains de Mre Nicolas Gay, curé de Villefranche, à la suite d'une exhortation qui leur fut faite par M. Antoine Duvouldy, archiprêtre d'Anse et curé de Cogny, et en présence de M. Charreton de la Terrière, lieutenant général au bailliage et de sieur Jacques Roussin, imprimeur de la ville de Lyon.

Cette chapelle, bâtie derrière l'église paroissiale et presque toute sur le sol de la maison du curé, qui en fut dédommagé par un autre emplacement qui forme aujourd'hui ses écuries et ses greniers, est très propre, mais fort resserrée. Pour y parvenir il faut monter un escalier de vingt-cinq degrés; leur chœur est dans une tribune, au fond de la chapelle, mais cette église va prendre une nouvelle face. Cette compagnie vient d'acquérir deux maisons, sous pensions, et est occupée actuellement à y construire, au rez-de-chaussée, un vestiaire et, au-dessus, une sacristie et un chœur qui sera ouvert par une arcade, d'où l'on découvrira l'autel dans la même forme qu'est celui des Pénitents blancs; par ce moyen, ces confrères auront deux issues pour parvenir à leur église.

Outre les œuvres de charité recommandées par leurs statuts, ils visitent, consolent et assistent les prisonniers, rendent les derniers devoirs aux criminels condamnés à mort, les suivent en procession jusqu'au lieu de l'exécution, prient pour eux, les enterrent et font dire, pour le repos de leurs âmes, des messes. Les pénitents exposent le Saint-Sacrement dans leur chapelle en diverses occasions, mais avec plus d'appareil à la fête de tous les Saints et aux jours des Morts, avec indulgence plénière; la plus belle relique qu'ils possèdent est un morceau de la vraie croix qui leur a été envoyé de Rome, il y a cinq ou six ans, avec tous les procès-verbaux d'authenticité [1]. Cette confrérie, après des prières de quarante heures, une procession générale et les cérémonies les plus augustes, éleva aux yeux du public cette précieuse parcelle de notre rédemption qu'ils ont fait enchasser dans un fort beau reliquaire en argent, monté sur un pied de même métal.

Les deux compagnies de pénitents ont chacune un aumônier qui leur dit les messes, les accompagne dans leurs processions et donne les bénédictions; le zèle des citoyens et des confrères leur procure quelquefois des legs qu'ils emploient ordinairement à la décoration de leur église et aux bonnes œuvres; mais ces confréries ne sont approu-

---

1. L'acte d'authenticité, signé de Mgr le cardinal de Tencin, qui pour lors était à Rome et cacheté de son sceau, se trouve enfermé dans le pied du reliquaire.

vées par l'ordinaire qu'à la charge de reconnaître le pasteur de l'église paroissiale, quant à la réception des sacrements et des droits curiaux et sous la condition que leurs offices ne les distrairont point de ceux auxquels ils doivent assister, en qualité de paroissiens, les jours solennels.

TITRE DIX-SEPTIÈME

L'arc est l'arme la plus ancienne et la plus universelle; il était d'un grand usage en Europe avant l'invention des armes à feu; notre ancienne infanterie était armée d'arcs et les soldats qui s'en servaient se nommaient archers. Les habitants des villes étaient même obligés de s'exercer à tirer de l'arc, et c'est là l'origine des compagnies de l'arc qui subsistent aujourd'hui dans plusieurs villes de France.

Louis XI, en prenant pour la première fois à sa solde les Suisses, à la place des francs-archers, établis par Charles VII, abolit, en 1481, l'usage de l'arc et de la flèche et fit prendre à son infanterie la halle-barde, la pique et le sabre, armes dont se servait alors cette nation; on ne voit plus maintenant l'arc en usage que parmi les montagnards d'Écosse et dans les îles Orcades, et l'Angleterre se ressouvient encore qu'elle doit à cette arme le gain des batailles de Crécy, de Poitiers et d'Azincourt.

Quoique du Cange fasse remonter l'époque des armes à feu intro-duites en France à l'année 1338, ces armes ne commencèrent à devenir communes qu'en 1495, et ce ne fut qu'en 1524 qu'on vit, pour la première fois, des arquebuses dans l'armée impériale où était le connétable de Bourbon lorsqu'il reprit sur Bonnivet, le Milanais; le chevalier Bayard fit alors la triste épreuve de cette invention fatale qui lui causa la mort; mais la pesanteur de cette arme la fit bientôt sup-primer, pour substituer à sa place le fusil, plus léger et plus commode. La politique du royaume crut qu'il convenait de faire exercer les bourgeois des villes à se servir avec adresse de l'arquebuse, afin de veiller avec plus de sûreté à la garde des villes qui leur était confiée; de là est venue l'origine de l'arquebuse établie en France et dont l'objet à présent forme le plaisir et l'amusement des bourgeois; on ne se sert plus maintenant d'arquebuses mais de fusils, et ces jeux ont retenu le nom de la première arme dont on s'est servi pour obtenir les prix et les récompenses attachées à l'adresse du citoyen.

Par ces traits historiques, on s'aperçoit aisément que le jeu de l'arc est d'une institution plus ancienne que celui de l'arquebuse ; le premier compté plus de trois siècles d'exercice assidu, le second ne date, tout au plus, que d'un siècle et demi. Ces deux compagnies ont été autorisées par plusieurs lettres patentes de nos rois, confirmées par celles du monarque régnant, du mois de janvier 1730, enregistrées au Parlement et à la Cour des Aides, les 14 et 23 avril 1731.

Ces lettres patentes portent en substance que ces deux compagnies continueront leurs exercices ordinaires sous les ordres des maire et échevins de Villefranche, suivant les statuts et règlements qui seront par eux établis ; et qu'elles jouiront des mêmes droits, avantages et libertés dont elles ont dû jouir jusqu'à présent, et dont jouissent et doivent jouir les autres compagnies de pareille qualité, établies dans les autres villes du royaume, et que celui de chacune desdites compagnies qui abattra l'oiseau [de bois ou] de fer, l'oiseau dit papegaut, jouira, ou son père, s'il n'est pas marié, pendant l'année seulement, de l'exemption des tailles, autres charges et impositions publiques, à la charge néanmoins que leurs cotes de taille et autres impositions seront rejetées sur les autres taillables de ladite ville.

L'élévation de l'oiseau de bois sur la perche est fixée au premier dimanche du mois de mai ; c'est une fête, pour les citoyens, fort amusante, de voir nombre de principaux habitants se disputer l'honneur d'abattre cet oiseau ; le prix est une somme d'argent formée par la mise que chaque chevalier dépose entre les mains du trésorier, auparavant que de tirer. Le maire, ou, en son absence, le premier échevin, capitaine né de ces deux jeux, a le coup d'honneur, comme on l'a précédemment dit, le roi, qui représente le prix, tire le second, le capitaine du jeu le troisième, les autres dignités suivent leur rang, enfin les chevaliers sont appelés à tirer suivant l'ancienneté de leur réception. L'oiseau abattu, on mène en triomphe celui qui a remporté le prix, qui devient roi, et, marchant, entre le capitaine et le connétable, il est suivi, dans la ville, de tous les chevaliers qui l'accompagnent chez lui au son du fifre et des tambours de la ville.

Le secrétaire du jeu délivre au roi extrait des registres qui constate l'abattement de l'oiseau par lui fait, qu'il est obligé de faire enregistrer à l'Hôtel de Ville, pour jouir du privilège accordé par les lettres-patentes, et le trésorier lui remet, en même temps, l'argent du prix, dont une partie est employée pour le souper des chevaliers, qui se donne dans la salle de l'Hôtel de Ville et l'autre tourne au profit du roi. Cette compagnie est composée de quatre-vingt-quinze chevaliers, on n'y admet aucun artisan.

L'endroit destiné au jeu de l'arc est hors de la porte de Fayette, dans les fossés de la ville, en tirant au nord ; là se trouve une grande salle boisée, où chaque chevalier a son armoire pour déposer ses armes et, à côté, est une chambre pour le concierge du jeu ; on voit s'élever deux buttes en gazon où l'on attache un blanc, et depuis l'oiseau abattu l'on y tire souvent des prix où les chevaliers des villes étrangères sont reçus avec distinction. Les chevaliers en dignité sont le roi, le capitaine, le connétable, le chancelier, le guidon, l'aumônier, le trésorier et le secrétaire.

A l'égard du jeu de l'arquebuse, le jour pour tirer l'oiseau de fer est ordinairement le second dimanche de mai et alors on observe les mêmes formalités qu'à l'oiseau de bois ; il est vrai que le prix en est plus considérable, le nombre des chevaliers étant plus grand, l'on en compte actuellement 135, dont la plupart sont aussi chevaliers de l'arc.

L'emplacement du jeu de l'arquebuse est hors de la porte de Fayette, sur le bord de la rivière de Morgon, en tirant au midi, et la cible se place dans les fossés de la ville en tirant au nord ; on a, depuis vingt-cinq ans, élevé pour ce jeu des bâtiments vastes et commodes, au moyen d'une tour de la ville dont le prince lui a fait concession ; on doit au zèle des derniers capitaines les constructions dont ils ont fait, avec les chevaliers, la plus grande partie des avances ; on voit, en entrant, un vestibule qui forme le pas et qui présente en face la cible ; à main gauche est une grande salle de compagnie, à droite en est une autre, destinée pour la buvette, de laquelle on passe dans la tour qui sert au concierge et à l'armurier pour entreposer les armes, les nettoyer et les charger ; de cette tour, on parvient sous une grande loge qui met à couvert les chevaliers lorsqu'ils tirent l'oiseau de fer qu'on place au bout d'une longue perche sur la tour de la porte de Fayette.

L'oiseau de fer abattu, on tire à la cible des prix, tous les huit jours, jusqu'au mois de septembre ; tous les chevaliers étrangers y sont admis à tirer. Mais il est des prix souvent considérables que les villes voisines, comme Lyon, Neuville, Trévoux et autres proposent et auxquels sont invités les chevaliers de Villefranche ; alors, répondant à ces invitations, ils vont tirer à ces prix, marchant sous l'étendard aux armes de la ville ; les officiers en dignité sont en même nombre que ceux de l'arc ; l'on observe également, pour tirer à l'oiseau, le rang de la réception et nuls artisans ne sont admis pour chevaliers de l'arquebuse.

Les chevaliers de l'un et l'autre jeu sont autorisés à faire des règlements, à la pluralité des voix, pour la discipline et le bon ordre et, dans les affaires extraordinaires, c'est le capitaine qui convoque les chevaliers pour donner leur avis sur le bien commun de la compagnie.

Ceux de l'arc sont dans l'usage de tirer, le jour des rois, un gâteau ; celui à qui le sort donne la fève, le représente l'année suivante. Saint Sébastien est le patron de ces chevaliers qui font célébrer une messe aux Cordeliers, le jour de la fête de ce saint ; l'on y fait bénir des petits [pains] au beurre que l'on distribue à ceux qui y assistent. Telles sont, en substance, les choses principales qui regardent deux jeux qui, en entretenant l'émulation parmi les citoyens, les peuvent distraire des vices que l'oisiveté à souvent fait naître.

TITRE DIX-HUITIÈME

Les historiens de l'autre siècle ont dit peu de chose sur le collège de Villefranche; le père de Bussières a copié, sur cet article, Louvet. On va tâcher de faire ici des observations plus étendues sur une institution si utile aux citoyens.

Louvet était, en 1668, recteur du collège[1]; deux ans avant cette date, les échevins firent poser les armes de la ville sur la porte du collège, sans doute à l'occasion de quelques nouvelles réparations faites à cette maison. Louvet travaillait à l'inventaire de l'Hôtel de Ville et était en état de mettre au jour les faits principaux qui concernaient l'établissement du collège, cependant cet auteur n'a écrit que pour avertir le public que ce collège, en 1671, avait diminué de son ancienne splendeur et qu'il était réduit à deux classes, l'une pour apprendre à lire et écrire aux enfants et l'autre pour les instruire des principes du latin.

Il nous aurait pu apprendre que Charles de Bourbon, en 1427, avait accordé à la ville, pour quatre ans, un octroi de deux deniers pour livre, à prendre sur les denrées qui se vendaient à Villefranche, qu'Henri III, en 1574 et en 1587, avait permis aux échevins, par ses lettres patentes, de faire une imposition sur la ville de 160 écus, dont 50 étaient destinés pour un maître d'école. Il aurait même pu faire mention de la sentence rendue, en 1527, contre sieur Jean Barbier, recteur des écoles de Beaujeu, pour l'obliger à tenir celle de Villefranche, comme il s'y était engagé; il aurait parlé de la délibération qui fut faite, à la pluralité des voix, en 1618, pour qu'il n'y eût qu'un

---

1. C'est au frontispice de l'inventaire des titres de l'Hôtel de Ville, commencé le 8 septembre 1668, par Louvet, que cet auteur prend la qualité de recteur du collège de Villefranche.

collège dans la ville; enfin, il aurait observé que ces dons étaient accordés, par les seigneurs de Beaujeu et par les rois de France, pour subvenir aux charges de la ville dans lesquelles était compris l'entretien du collège et que tous ces titres qu'on vient de citer établissaient l'ancienneté du collège.

Il est facile de présumer que Villefranche a eu, dans tous les temps, des écoles publiques, mais on peut assurer, avec plus de certitude que, depuis le commencement du xvᵉ siècle, temps auquel l'échevinage prit une forme régulière, la capitale a joui d'un collège pour l'éducation de la jeunesse ; les échevins sont qualifiés avec raison, de fondateurs et de protecteurs du collège ; on a déjà observé [1] que l'éducation des jeunes gens était réservée à leurs soins, que le principal du collège, qu'on nommait jadis recteur, était à leur choix, et qu'ils distribuaient des prix et des récompenses à la fin de l'année. Toutes ces prérogatives ne regardent que les patrons et les protecteurs; d'ailleurs, la maison qui forme le collège appartient à la ville, titre suffisant pour attribuer aux échevins la qualité de fondateurs de ce collège.

Ce ne furent point les établissements des collèges de Lyon, de Mâcon, de Roanne, de Bourg et de Thoissey, qui diminuèrent la splendeur ancienne de celui de Villefranche, comme l'assurent Louvet et le père de Bussières, car, depuis le commencement du siècle, on a vu ce collège plus florissant que jamais. Mais ce sont plutôt les différents maîtres qui l'ont régi successivement qui ont diminué ou augmenté sa réputation ; si, sur la fin de l'autre siècle, on n'y voyait que deux classes, le sieur Pelabou, au commencement de celui-ci, le rétablit bientôt par sa capacité et ses mœurs ; les frères Revel y professaient depuis la sixième jusqu'à la rhétorique, le sieur Maisonnet, outre les humanités et la rhétorique, enseignait aussi la philosophie; enfin, depuis les vingt dernières années, on y a vu des principaux habiles régenter avec applaudissement les humanités et la rhétorique, former d'excellents sujets dans tous les genres d'études et, sans ternir le mérite des collèges voisins, leurs écoliers surpassaient en savoir ceux des autres collèges. Le nombre des pensionnaires, depuis trente jusqu'à quarante, toujours soutenu, fait l'éloge des régents ; les récompenses introduites dans

---

1. Voyez le chap. VIIᵉ du 1ᵉʳ titre de la 3ᵉ partie de ces mémoires.

ce siècle ont augmenté l'émulation, et si les bâtiments de ce collège étaient plus étendus, sa réputation serait capable d'y attirer autant de pensionnaires qu'on en voit actuellement. Les exercices littéraires, les tragédies et les comédies qu'on y représente à la fin de l'année, les prix distribués par les échevins, tout accroît la renommée des maîtres assidus à former leurs élèves à l'amour de la science et de la vertu ; les externes sont en plus grand nombre que les pensionnaires et l'attention se répand sur tous indistinctement. Enfin, une ville dont les habitants passent pour avoir naturellement de l'esprit sera toujours honorée de renfermer dans son enceinte un bon collège et une ancienne académie des sciences et des beaux-arts.

TITRE DIX-NEUVIÈME

On n'est pas dans le dessein de nommer toutes les personnes de distinction d'esprit et de lettres qui doivent à la province ou à la ville leur origine. Ce titre ne regardera précisément que ces savants connus par leurs ouvrages, que ces hommes rares que la nature produit à peine en un siècle; si plusieurs cités de la Grèce se sont disputé l'honneur de la naissance d'Homère, on doit conclure de là que deux ou trois savants de premier ordre, nés dans une ville, doivent établir sa gloire pour toujours.

Qu'on ne s'attende donc point à voir ici l'éloge de Girin de Sartines, abbé de l'Ile-Barbe en 1270; de Claude de Rébé, archevêque de Narbonne, de Geoffroy de Saint-Amour, famille depuis longtemps éteinte, de François Nagu de Varennes, cordon bleu en 1633; de Claude et de Guillaume Paradin, doyen de Beaujeu, tous deux auteurs, de Jacques Severt, auteur de l'histoire chronologique des archevêques de Lyon et de Mâcon, et de tant d'autres redevables de leur naissance à la capitale et à la province.

On laissera à Fodéré l'histoire de Jean de Rochetailla, un des premiers cordeliers de Villefranche, qu'il désigne pour un fameux prédicateur de son ordre, pour ne parler que d'Antoine Fradin, cordelier, natif de Villefranche, qui, sous le règne de Louis XI, prêcha pendant trois ans à Paris, avec tout le succès possible. Son éloquence y fit des conversions sans nombre; animé du zèle de la vérité il se livra dans ses sermons à des tableaux trop vifs, qui lui firent des ennemis qui le contraignirent à sortir de la capitale en 1478; il en partit avec plusieurs eligieux de son ordre, dans le dessein d'aller finir ses jours dans le couvent de Jérusalem mais, se trouvant auprès de Rhodes, en 1480, temps auquel Mahomet II s'approchait de cette ville pour l'assiéger, il s'y jeta avec ses compagnons. La tour de Saint-Nicolas ayant été ébranlée et même ouverte en plusieurs endroits par les assiégeants, les habitants épouvantés, leurs esprits furent rassurés par les exhortations de Fradin qui fit presque à Rhodes ce que Jean Capistran avait fait à Belgrade. Fodéré nous assure qu'en reconnaissance des services que ce religieux et ses compagnons rendirent à la ville pendant le siège, M. d'Aubusson, alors grand maître de Rhodes, fit bâtir un couvent de Cordeliers où ils s'établirent.

Claude Guillaud, natif de cette ville, ne le céda point à Fradin dans l'art de l'éloquence chrétienne ; ses homélies pour le carême, imprimées en 1568, en sont une preuve ; docteur de la maison et société de Sorbonne dont il avait été prieur, pendant sa licence, il y enseigna l'Écriture sainte et fut ensuite chanoine et théologal d'Autun. Il y fit des commentaires sur les évangiles de saint Mathieu et de saint Jean et sur les épîtres de saint Paul ; ce savant, de son vivant, confia partie de ses ouvrages à l'impression, mais ses homélies et son commentaire de saint Jean ne parurent qu'après sa mort qui arriva à Villefranche en 1545, y étant curé.

Le révérend père Pierre de la Mère de Dieu, natif de Villefranche, dont le nom de famille était N. Chassagne, ne doit pas être oublié ; ce religieux fit profession au couvent des Carmes déchaussés à Avignon, le 6 juillet 1641. Il fut grand théologien et fut à Rome pour s'y instruire de la controverse et des langues orientales ; destiné pour les missions étrangères, on l'envoya à Alep en Syrie où il prêcha la religion chrétienne et réfuta les hérétiques, en grand nombre dans cette ville. M. Piquet, consul de la nation française, l'envoya à Jérusalem, pour accomplir le vœu qu'il avait fait d'y aller en pèlerinage ; ce même consul l'envoya à Constantinople pour soulager les marchands français accablés par les avanies continuelles que leur faisait le bacha ; ce religieux obtint du grand seigneur ce qu'il souhaitait, et même un passeport pour faire librement l'exercice de sa charge. Enfin on le créa vicaire général des missions du Levant ; il fut auteur de plusieurs livres qu'il composa en arabe et de quelques traités français touchant la controverse, et, après avoir fait dans ses missions des progrès étonnants, il mourut à Alep, le 13 juillet 1669, de la peste qu'il gagna en se consacrant au service des personnes attaquées de la contagion.

Dans le même temps que quelques citoyens se rendaient recom-

mandables par leurs écrits et leur zèle pour la religion, d'autres enrichissaient le barreau de nouvelles découvertes. Philibert Bonnet, natif
de la capitale du Beaujolais et lieutenant général au bailliage, acquit
le nom d'auteur par plusieurs ouvrages français et latins, entre autres
par un traité fort curieux des procès judiciels. Il fit encore imprimer à
Paris, en 1558, un livre dont le titre est *Des grands biens, vertus et
bontés que Dieu a donnés aux femmes*. Ainsi ce magistrat passait quelquefois de l'utile à l'agréable.

Claude Lebrun de la Rochette, jurisconsulte fameux, né et domicilié
à Villefranche, contemporain de Philibert Bonnet, ne travailla pas
moins à enrichir le public de productions utiles ; son *Procès civil et
criminel*, vieilli à la vérité depuis l'ordonnance de Louis XIV, était fort
estimé ; on le cite encore aujourd'hui au parlement de Grenoble.
Cet ouvrage fut mis plusieurs fois sous la presse et sa dernière édition fut de 1637. On y trouve, à la fin, un traité de cet auteur de la
juridiction des prévôts des maréchaux de France et un autre de
celle des officiers de l'élection. Son *Diurnale tyronum juris*, imprimé à
Lyon, en 1608, ne fut pas un de ses premiers ouvrages. Il réunissait
à la connaissance des lois, beaucoup de littérature ; ses commentaires
sur l'oracle de Protée et sur les trophées de Henry IV, de Jean Godard,
imprimés en 1594 et dédiés à Mgr le duc de Montpensier, en sont une
preuve ; six ans après et en 1600, il manifesta sa religion par un
ouvrage de piété qu'il mit au jour, intitulé *Les divins accords de la harpe
céleste, sur le psaume cinquantième*, ouvrage estimé dans son temps
qu'il dédia à Mgr de Bellièvre, archevêque de Lyon ; mais son livre du
Procès civil et criminel est le seul qui soit le plus considérable et le plus
connu aujourd'hui.

Parmi les savants du premier ordre, natifs de Villefranche, on doit
compter à juste titre Jean-Baptiste Morin. Son premier état fut celui
de médecin ; il quitta cet art pour devenir astrologue et fut ensuite
professeur de mathématiques à Paris : les cardinaux de Richelieu et de
Mazarin, les princes et les grands, en faisaient un cas particulier ; il
mit au jour plusieurs ouvrages ; son livre des longitudes et des lati-
tudes ne fut pas un des moindres, mais celui qu'il travailla le plus,
fut son *Astrologia Gallica* qu'il n'eut pas la consolation de voir imprimer de son vivant ; il y avait travaillé pendant trente années. Né le 7

mars 1583, il mourut à Paris, le 6 novembre 1656; il était fils de Pierre Morin, échevin de Villefranche, en 1584, et d'Anne de Monceau. Il subsiste encore dans cette ville, une famille de ce nom qui n'est pas dans l'opulence.

On doit regarder avec admiration une famille originaire de cette ville remplir, depuis près d'un siècle, des places distinguées dans les académies de la capitale et des royaumes étrangers. Claude Bourdelin en est le chef; il naquit à Villefranche en l'année 1621; orphelin dès sa plus tendre enfance, il fut conduit à Paris; là, se portant de lui-même à l'étude du grec et du latin et s'attachant à la pharmacie et à la chimie il y fit des progrès immenses et s'acquit, en très peu de temps, une réputation qui lui mérita une place en qualité de chimiste à l'Académie des Sciences, lorsqu'elle fut formée, en 1666. Il mourut âgé de près de quatre-vingts ans et laissa deux fils: l'un membre de l'Académie des Sciences et l'autre de celle des Inscriptions. Claude Bourdelin, l'aîné, dut le soin de son éducation à M. Duhamel, secrétaire de l'Académie des Sciences; il y répondit si bien qu'à l'âge de dix-sept ans il avait traduit Pindare et Lycophron, deux poètes grecs les plus difficiles; reçu docteur en médecine, en l'année 1692, il passa en Angleterre et obtint une place dans la société de Londres. Il fut reçu associé anatomiste à l'Académie des Sciences, en 1699; médecin de Madame la duchesse de Bourgogne, il succéda à M. Bourdelot dans la place de médecin du roi; quelque temps après il fut reçu à l'Académie en qualité de botaniste associé et mourut en 1711. Il laissa plusieurs enfants; un de ses fils obtint, au mois de mai 1752, la place de pensionnaire, vacante à l'Académie royale des Sciences par la mort de M. Geoffroy. Ce digne fils est médecin de la Faculté de Paris, professeur de chimie au jardin royal, associé de l'Académie et membre de celle de Berlin.

Il semble que la Providence fasse naître, de temps en temps, des esprits avec des connaissances utiles au genre humain, ce sont des secours qui partent de la bonté du Tout-Puissant. Le père et l'aïeul Bourdelin ont enrichi la médecine, non seulement par des découvertes sans nombre, utiles à la nature humaine, mais ils ont aidé de leur savoir et de leurs biens, les pauvres incapables d'obtenir leur guérison à prix d'argent; ce n'est pas un médecin, mais c'est le Messie, disait le peuple, en voyant passer Claude Bourdelin, médecin du roi, dans les rues de Versailles ; expression exagérée à la vérité mais portant le caractère d'une vive reconnaissance. La capitale du Beaujolais peut bien se glorifier avec justice d'avoir vu naître dans ses murs le chef d'une famille si précieuse à l'État.

Quoique Moreri dise Papire Masson, natif de Saint-Germain-Laval en Forez, sa gloire doit cependant rejaillir en quelque façon sur Villefranche, puisque cet auteur qui tient un rang parmi les savants, dans son livre intitulé *Descriptio Franciæ per flumina*, dit qu'il a fait ses premières études à Villefranche en Beaujolais ; lorsqu'il fut reçu avocat en Parlement il changea son nom de Jean en celui de Papire, sans doute pour cacher sa naissance et son origine. Il était peut-être, comme Louvet le pense, natif de Villefranche. On y voit encore une famille qui porte ce même surnom et qui vit dans l'obscurité.

Villefranche adopte avec plaisir les ouvrages en grand nombre, soit en prose, soit en vers, de Jean Godard qui, quoique Parisien et lieutenant général au bailliage de Ribemont, mérite de n'être pas oublié dans l'énumération des auteurs de cette ville ; puisqu'il y a composé ces mêmes ouvrages, il est juste qu'on reconnaisse ici le lieu de leur naissance ; sa *Nouvelle Muse* fut imprimée à Lyon en 1618. Il y chante les vignobles du Beaujolais ; ses productions sont pleines de pensées vives et de délicatesse, au style près, fort vieilli. On a parlé de cet auteur à l'article du couvent des Cordeliers, on ne s'étendra pas sur son compte.

On doit quelques éloges aux deux historiens de Villefranche du dernier siècle, Louvet et le père de Bussières ; leurs erreurs ne doivent pas empêcher de louer les efforts de deux particuliers dont l'intention a été de faire honneur à la patrie ; on doit joindre à l'éloge de ces deux auteurs, celui du sieur Favre, procureur au bailliage et secrétaire de la ville, qui a laissé des mémoires chronologiques des événements remarquables arrivés à Villefranche depuis 1550 jusqu'en 1566.

Si l'on voulait entrer dans le détail des gens de lettres de Villefranche du dernier siècle, on dirait que Claude Chassin joignait au titre de fameux avocat, celui de poète et de bon littérateur ; on ferait l'éloge de Claude de la Roche Poncié, avocat du roi au bailliage qui, à l'étude des lois, unissait l'art du savant et parfait orateur ; l'estime qu'en fait Brettonier dans Henry suffirait, si ses ouvrages manuscrits ne le confirmaient davantage. On compterait parmi les savants les Saladin, les Terrasson et les Cusset, chanoines ; trois Mignot successivement lieutenants généraux, les Bottu de Saint-Fonds, père et fils, les Mercier et les Martini, médecins ; les Bessie de Montausan et Duploux, enfin on mettrait au jour les progrès littéraires de ces zélés citoyens à qui Villefranche est redevable de son Académie.

On ne peut se refuser, en finissant cet article, de rendre justice au mérite de François Bottu de Saint-Fonds, reçu à l'Académie de Villefranche en 1695 ; son père, Jean Bottu, natif de cette ville, avait occupé une des premières places de l'Académie en 1679 ; son digne fils en fut nommé le secrétaire, le 20 février 1727, et a rempli ce poste avec toute la dignité et le talent possibles jusqu'à sa mort, arrivée au mois de novembre 1739 ; il posséda la charge de lieutenant particulier au bailliage, dans laquellle il fut reçu et installé le 12 janvier 1707 et s'en défit en 1718 ; l'on prétend même que ce fut par délicatesse de conscience. Son inclination le portait naturellement aux belles-lettres et lui avait [fait] former une bibliothèque nombreuse et choisie de plus de 6000 volumes. Son étude particulière était la critique des auteurs. Nanti des meilleures éditions, il formait en lisant des remarques et comparant ensemble les écrivains il en relevait les erreurs. Sa coutume ordinaire était d'inscrire, à la marge des livres, ses notes et quelquefois sur des morceaux de papier qu'il y laissait dedans ; ces notes se trouvent dispersées maintenant par la vente faite en détail de cette bibliothèque, mais ce qui méritait le plus d'attention, étaient les remarques critiques et en grand nombre qu'il avait faites sur l'édition de 1718 de Moreri, en 5 volumes. Il ne tenait qu'au libraire de Paris qui réimprimait ce dictionnaire d'avoir les notes du seigneur de Saint-Fonds, mais sa trop grande économie priva le public des additions et des corrections de ce savant qui auraient été d'une grande utilité pour la perfection de cet ouvrage.

Ce dictionnaire plein de notes est actuellement entre les mains de M. Goyet, chanoine de Villefranche, qui possède un quart des livres de la bibliothèque du sieur de Saint-Fonds. Son héritier a trouvé, dans cette même bibliothèque, deux in-folio, écrits de la main de ce savant dans lesquels, outre ses ouvrages qui renferment d'excellentes choses, on y voyait toutes les lettres qu'il écrivait à M. Dugas le père, son ami et son parent, et les réponses de ce dernier ; ces lettres sont curieuses par les anecdotes qu'elles renferment. C'étaient deux savants, qui, par leur correspondance mutuelle, se communiquaient leurs remarques et les nouvelles de leurs villes et de leurs provinces ; tous deux des académies de Lyon et de Villefranche. Ils s'instruisaient exactement des ouvrages et des dissertations de ces deux sociétés ; ces deux volumes sont entre les mains du fils aîné de ce digne citoyen.

Le sieur de Saint-Fonds partageait son temps entre l'exercice de la religion et l'étude. On n'entrera pas ici dans ses qualités personnelles et domestiques ; il suffit de dire qu'il obtint la confiance de M. Poulletier, intendant de Lyon, qu'il fut son subdélégué à Villefranche et que, respecté et connu dans la généralité, il eût acquis plus de gloire s'il eût vécu dans la capitale, le centre de la science et le théâtre des grands hommes.

CHAPITRE PREMIER

DES HÔPITAUX QUI SUBSISTAIENT ANCIENNEMENT A VILLEFRANCHE

Une donation de 1239 de l'hôpital de la ville de Villefranche faite à celui de Roncevaux par dame Sibille et Humbert de Beaujeu, son fils, donation dont l'original existe encore en parchemin, qui fut autorisée en même temps par Aimeric, archevêque de Lyon, avec une transaction passée entre le curé de cette ville et les frères religieux de Roncevaux, du mois de mai de la même année, forment deux titres incontestables qui prouvent que la capitale du Beaujolais renfermait dans ses murs, un hôpital, presque aussi ancien que la ville même.

On en voyait aussi deux autres hors de son enceinte ; le premier à huit cents pas de la porte d'Anse, situé sur la paroisse de Limas, contenait, suivant les deux historiens du dernier siècle, vingt-quatre chambres et destiné pour recevoir les pauvres étrangers dans leur passage, cet hôpital a été détruit soit par les Huguenots, soit par le malheur des guerres civiles ; nulles traces de sa fondation et de ses revenus ; la seule chapelle dédiée à Saint-Lazare, chapelle rurale où le curé de Limas va dire la messe de temps en temps, existe encore actuellement et se nomme la Maladière ; le peuple et les paysans y vont souvent en dévotion et y portent des offrandes de volailles.

Le second, situé à deux cents pas hors la porte de Belleville, plus considérable par son établissement et sa durée, dut sa fondation à Sibille de Flandre, femme de Humbert III de Beaujeu. Cette princesse fit élever un grand bâtiment pour contenir les pauvres malades et, en même temps, un dortoir séparé pour loger sept religieux de

Saint-Augustin qu'elle y établit pour en prendre soin et assister les mourants ; elle fit construire, en même temps, une église et assigna un terrain à côté qui servit de cimetière et de sépulture aux morts de cet hôpital ; les principaux habitants de la ville avaient aussi la dévotion de s'y faire enterrer.

Ces religieux avaient été tirés du grand hôpital de Roncevaux, fondé dans les Pyrénées, au royaume de Navarre, par Charlemagne, et desservi par des chanoines réguliers et hospitaliers. La princesse voulut que son nouvel hôpital retînt le nom de Roncevaux, du chef-lieu, qu'il fût sous sa direction, qu'il en formât comme une commanderie, et que les religieux enfin reconnussent pour leurs supérieurs, ceux qui l'étaient de celui de Navarre.

Cet hôpital ne fut pas plus tôt fondé et augmenté par la réunion de celui de l'intérieur de la ville que le curé, comme on l'a dit, transigea au mois de mars 1239, avec les religieux qui le desservaient, pour se réserver tous ses droits et ses fonctions curiales en ce qui concernait les offrandes, l'heure des offices et des enterrements. L'acte le plus ancien, après cette transaction est celui de 1337, par lequel un nommé Simon Albi, de Lyon, donna aux pauvres de cet hôpital les droits de corée sur les bouchers de Villefranche qui lui appartenaient ; cet acte, inscrit au grand livre de l'Hôtel de Ville, folio vingt-six, verso, fut reconnu par vingt-six bouchers, se faisant forts, tant pour eux que pour les absents.

En vertu de la fondation de Sibille de Flandre, le révérend père Sance de Meoz, prieur du monastère de l'hôpital de Roncevaux, au royaume de Navarre, passa procuration, le 11 mai 1416, à Sauveur de Petra, commandeur de la préceptorie de Montpellier, pour régir, gouverner et recueillir tous les biens et les aumônes appartenant à ce grand hôpital ; douze ans après, ce fondé de procuration asservisa, par acte de 1428, à Jamet Saladin et à Arthaud Seignorent, bourgeois de Villefranche, en sa qualité de commandeur de l'hôpital de Roncevaux, lez cette ville, une terre dépendante dudit hôpital [1] et quelque temps après, le même Saladin, en asservisa une autre de ce même Sauveur de Petra.

---

1. Voyez la petite histoire de Louvet, imprimée à Lyon en 1671, pages 51 et 52.

Ce même hôpital continuait d'être toujours sous la direction de celui du diocèse de Pampelune, et ce qui le prouve ce sont deux procurations passées en l'année 1455, par les prieurs et chanoines de Saint-Augustin du couvent et hôpital de Notre-Dame de Roncevaux, à Guillaume d'Obresa, l'un d'eux, pour l'administration des chapelles et hôpitaux dépendant du chef-lieu; la seconde procuration est donnée à Barthélemy Buisson, particulièrement pour celui de Villefranche. Mais les établissements les plus utiles dépérissent insensiblement lorsqu'il leur manque une administration continuelle et scrupuleuse; l'hôpital de Roncevaux de Villefranche, à la date de 1469 n'était pas riche, quelques rentes dans la paroisse d'Ouilly, quelques terres, des prés, des bois et des jardins proche la ville, une terre au Garets formaient environ cent écus de rente, cette maison avait, outre cela, neuf à dix ânées de vin et quinze bichets de blé qu'elle retirait d'un terrier, cette modicité de revenu occasionna la permission que l'évêque de Mâcon accorda en 1469, à ces religieux, de faire la quête dans son diocèse.

L'hôpital de Roncevaux, depuis ce temps, penchait à sa ruine; des religieux, contraints de quêter pour vivre, étaient-ils en état d'avoir soin des malades, de les nourrir et d'entretenir les bâtiments ? Non, la maison de l'ancien hôpital de la ville subsistait bien toujours, sans doute que tous les pauvres ne pouvant être secourus à Roncevaux excitèrent la compassion des citoyens; on en reçut, dans cet ancien asile, quelques-uns, on nomma un procureur des pauvres qui, sous la vue des magistrats, avait soin de la distribution des charités.

L'échevinage, alors en règle et la ville ayant eu Jean de Briandas, homme de tête, pour premier échevin, crut que la communauté devait aussi veiller aux secours distribués à l'indigent; d'ailleurs n'ayant point d'autres maisons pour tenir ses assemblées que cet ancien hôpital resté toujours au pouvoir des habitants, on vit naître la transaction du 15 avril 1456, dont on a déjà parlé, qui leur donna le droit d'assister au compte des receveurs de l'hôpital. Le milieu du xve siècle fut donc l'époque de la décadence de l'hôpital de Roncevaux et, cent ans après, les religieux qui le desservaient, ne pouvant y subsister, l'abandonnèrent entièrement, puisque Henri II, par ses lettres du 4 septembre 1556, en donna la garde et l'administration à un prêtre nommé Guyot, qui fut mis en possession de cette maison par le lieutenant général, le 13 novembre de la même année.

Les bâtiments de Roncevaux subsistèrent encore jusqu'à l'année 1562, temps des troubles survenus sous Charles IX, Villefranche ne fut pas à l'abri de la rage des Huguenots qui prirent la ville par surprise, se saisirent de l'hôpital de Roncevaux, en chassèrent l'administrateur et les pauvres qu'on y recevait encore, et y firent un dégât considérable; ils n'y séjournèrent pas longtemps, puisque, poursuivis par le comte de Tavannes, ils se retirèrent à Lyon. Le comte mit garnison à Villefranche avec établissement d'un gouverneur pour garantir la ville d'une seconde incursion. Ce commandant, pour garder plus sûrement son poste, fit raser les faubourgs vers la porte d'Anse et de Belleville, et l'hôpital de Roncevaux fut abattu comme beaucoup d'autres maisons.

CHAPITRE SECOND

Un nommé Rolin Guichard, riche bourgeois de Villefranche, profita de la cessation des troubles pour faire rebâtir, au même endroit, un nouvel hôpital dont les bâtiments moins vastes et moins commodes retinrent le premier nom de Roncevaux ; mais on n'y vit plus de religieux, on y établit seulement un concierge qui recevait les mendiants et les pauvres passants. Mais les désordres que souvent ces hôtes indiscrets commettaient les privèrent de cet asile qui leur a été entièrement dénié depuis près d'un siècle. Cette maison, aujourd'hui réunie à l'hôpital actuel, est affermée à des particuliers, le cimetière est de la dépendance de la cure et sert à la sépulture des habitants ; l'ancienne chapelle subsiste en son entier, le peuple la visite avec dévotion et principalement le troisième dimanche du carême et le jour de l'Annonciation de la Vierge, temps auquel il y a indulgence plénière pour ceux qui visitent cette chapelle, la bulle d'indulgence, de 1521 (*sic*), est scellée de vingt et un sceaux et signée d'autant de cardinaux.

On voit encore un hôpital des pestiférés, situé en la paroisse de Béligny, sur la rivière de Morgon, près du Pont Béchet, mais d'une date plus moderne que les précédents. Une donation du 24 avril 1522, faite à la ville par noble Guillaume de Ponceton, seigneur de Franchelins, procureur général du Beaujolais, d'une terre de deux bicherées située contre ce pont, donna naissance à cette maison.

Les échevins conçurent le dessein de bâtir, dans cet endroit, un lieu de retraite qui pût être de quelque secours dans les temps de contagion ; ce projet alarma le sr de Foncraine qui possédait un fief assez près de l'endroit. Ce seigneur intéressa les habitants de la paroisse de Béligny dans sa cause, les oppositions et les débats furent vifs de part et d'autre, enfin les esprits se rapprochèrent et ces mêmes échevins parvinrent à transiger, en 1537, avec les habitants de cette paroisse qui leur permirent de construire un hôpital des pestiférés dans l'endroit où on le voit aujourd'hui.

Avec cette permission on ne cessa de s'occuper à faire de nouvelles acquisitions pour avoir un emplacement convenable : la première d'une bicherée de terre, vers le pont Béchet, fut du 25 avril 1542 ; la seconde, de la même année, fut d'une autre bicherée de terre, joignant celle d'Adam, au prix de vingt-six livres ; l'année suivante et le 29 avril 1543, ces mêmes échevins acquirent un jardin dans le même endroit, par échange d'une partie de terre assise à Villefranche ; enfin, la dernière acquisition d'une autre terre, située toujours au même endroit, fut faite le même jour que la précédente.

Ces cinq fonds réunis à celui du sieur de Ponceton formèrent un terrain assez vaste qu'on fit entourer de murailles, ensuite on travailla à construire sur la rive de la rivière de Morgon plusieurs chambres avec une chapelle où les Capucins allaient dire la messe et assistaient les malades. Cet hôpital fut d'un grand secours dans l'année 1586, temps auquel la peste fit périr beaucoup de monde à Villefranche, on voit même, dans les papiers de l'Hôtel de Ville, une liste des particuliers qui firent des legs aux pauvres, pendant le temps de la contagion de 1586.

L'hôpital afferme aujourd'hui cet emplacement et les maisons qui en dépendent à un blanchisseur de fil ; cette maison ne pouvant être utile que dans des temps de maladies contagieuses, les recteurs ont prévu le cas dans le bail à ferme et ont stipulé l'expulsion du locataire dans l'instant qu'on s'apercevrait de la contagion.

CHAPITRE TROISIÈME

DE LA PREMIÈRE CONSTRUCTION DE L'HOPITAL DE VILLEFRANCHE

La description qu'on vient de faire des premiers hôpitaux de la ville constate suffisamment et la piété des anciens seigneurs de Beaujeu et la libéralité des habitants envers les pauvres ; mais ces établissements ont disparu soit par le malheur des temps, soit par le défaut d'une bonne administration. Les fonds donnés eussent suffi s'ils eussent tourné au profit des pauvres ; ces fonds subsistent encore en partie, mais des terres éparses çà et là, des terriers négligés, des pensions prescrites et même des aliénations indiscrètes avaient rendu inutiles les premiers bienfaits des citoyens ; il en fallait de nouveaux et de plus considérables.

Les échevins et les administrateurs du bien des pauvres reconnurent la nécessité d'avoir un hôpital dans le centre de la ville et résolurent de choisir une place commode pour y bâtir une maison de charité. Ils furent même excités à cette bonne œuvre par le don considérable d'un particulier, destiné pour l'exécution de ce projet ; ce fut messire Nicolas Gay, curé de Villefranche, qui, par son testament de l'année 1643, donna aux pauvres la plus grande partie de ses biens, à condition qu'ils seraient employés à bâtir une maison de charité pour le service des pauvres malades.

On commença par vendre, à David Minet, prévôt de la maréchaussée, par contrat du 12 janvier 1644, la maison qui formait le premier hôpital de la ville, située entre les deux bras de la rivière de Morgon, son emplacement fort étroit ne pouvait contenir que peu de pauvres malades, c'est la même qui servait en 1456, aux échevins de Villefranche pour leurs assemblées et qu'occupe aujourd'hui Dachot le sellier ; les deniers de cette maison furent employés à la nouvelle construction de la Charité.

En exécution du testament du sieur Gay, on posa en l'année 1644, les fondements de la Charité, entre les deux bras de la rivière de Morgon, proche du couvent des Cordeliers, on forma, au premier étage, une grande infirmerie avec des offices au rez-de chaussée, on construisit, à côté, une chapelle dédiée à sainte Madeleine, dans l'endroit où l'on voit actuellement le clocher ; cette chapelle fut bénite par le sieur Chaillard, curé de Villefranche, le 3 mars 1651.

On remarque ici que, du consentement de la communauté des habitants, l'ancienne église paroissiale de la Madeleine, ruinée alors depuis près d'un siècle, fut démolie et que ses matériaux furent abandonnés aux recteurs qui s'en servirent pour bâtir l'hôpital et sa chapelle. Ce corps de logis forme la façade qui regarde le midi et qui ne compose tout au plus que le quart des bâtiments actuels.

On voyait, à main droite en entrant dans cette chapelle, qui n'est plus la même que celle qui existe aujourd'hui, cette inscription qui constatait l'époque de la fondation de cette maison.

Huic sacrae charitatis ædi dominus Nicolaus Guay, sacræ theologiæ doctor et hujus urbis olim rector, initium dedit, ne luce digna pietas lateret in fundamentis, eam vigilantissimi consules d.d. Joannes de Phelines, Franciscus Damiron, Guillelmus Corlin et Claudius Turin, priorum civium aspirante munificentia excitandam curaverunt, anno Domini MDCXLIIII, regnante Ludovico XIV. Facit Deus ut unius votum plurimorum largitatis in centiva accedant.

Au-dessus de la porte de cette même chapelle était l'inscription suivante qui rappelle la fondation d'une messe à perpétuité, faite par le sieur Gay, le jour de Saint-Antoine.

Eucharisticon

Ut futuris sæculis multorum erga pauperes infirmos secunda charitas propriam in hujus nosocomii fundamentis, decreto solemni, venerandus vir dominus Nicolaus Guay, civitatis hujus quondam pastor, quo doctissimus eo meritissimus perenni studio primus non otiose ardere curavit et ut ignibus emendatoriis spiritus illis forte additi scopae efficacius emaculentur unica ad diem divo Antonio sacram propitiatorii sacrificii solemni litatione hic indicta vivos suffragatores mortuus aeternum victurus quot annis ad perpetuum X kal. septemb. MDCXLIII manus et pedes perrexit illis rexit, illis direxit.

CHAPITRE QUATRIÈME

DE LA SECONDE CONSTRUCTION
FAITE A L'HÔPITAL DE VILLEFRANCHE

Dieu bénit ces projets et les soins des échevins; le bien des pauvres fut augmenté considérablement par les aumônes, les bienfaits des principaux habitants de la ville; mais la libéralité la plus notable fut celle faite par noble Guillaume Corlin, sieur de Blazet, conseiller du roi, élu en l'élection ; il institua les pauvres de la ville ses héritiers universels, par son testament [1] du 20 août 1650, et leur laissa des biens considérables qu'il avait autour de la ville, biens précieux par la bonté du sol et leur proximité.

Les revenus des pauvres beaucoup accrus, il était naturel de penser de les faire servir avec zèle ; les administrateurs de la Charité estimèrent qu'à l'exemple de plusieurs hôpitaux du royaume, il convenait d'avoir des religieuses hospitalières pour le service de cette maison, plutôt que des servantes à gages, incapables de soigner les malades avec ferveur ; leur dessein fut proposé dans une assemblée générale, convoquée à cet effet, à l'Hôtel de Ville, au mois de juillet 1666; on y arrêta que, sous le bon plaisir de Mgr l'archevêque de Lyon, on appellerait des filles hospitalières de Châlon-sur-Saône, pour leur confier entièrement le soin des malades et l'assemblée donna pouvoir au sieur Bessie de Montauzan, échevin, et au sieur Bonnerue, l'un des recteurs de la Charité, de se transporter à Châlon pour l'exécution de la délibération. Ces particuliers y arrivèrent au mois d'août suivant et obtinrent des magistrats, directeurs et économes de l'hôpital de Châlon, les sœurs Claude Maire et Thérèse de Jouhan, la première professe et l'autre prétendante ; ces députés traitèrent avec ces deux filles, de l'autorité de leurs parents, et les conduisirent à Villefranche, sous l'obéissance et la permission de

1. Ce testament a été imprimé, on le trouvera dans la partie des preuves de ces mémoires.

Mgr l'évêque de Châlon, le 3 août 1666. Reçues et installées dans la maison de Charité de cette ville par les échevins et les administrateurs, elles en furent mises en possession après la lecture, à elles faite, des statuts pour la conduite et l'administration de cet hôpital.

Cet établissement, fait du consentement de Mgr l'archevêque de Lyon, eut recours à ce prélat pour l'homologation à laquelle procéda monsieur l'abbé de Saint-Just, son grand vicaire, par ordonnance du 18 août 1666.

Les échevins, conjointement avec le curé, directeur et père spirituel des religieuses et les administrateurs de la maison, concevant que, pour en rendre l'établissement plus stable et obvier à nombre d'inconvénients qui pourraient survenir avec le temps, il était nécessaire de faire des règlements solides, tant pour le spirituel que pour le temporel, travaillèrent à des règles et des statuts, en l'année 1668. On les lut à haute voix dans la chambre du conseil de l'Hôtel-Dieu, en présence des parties intéressées; ils furent confirmés, approuvés et homologués le 23 août de la même année, en suite de l'ordonnance du même abbé de Saint-Just.

On s'apercevait visiblement du meilleur gouvernement de la maison provenu de l'acquisition faite des hospitalières de Châlon; la sœur Maire, pleine de pitié, de vigilance et d'économie, procurait aux pauvres les secours les plus utiles; le bureau voulut récompenser son zèle et la nomma, pour sa vie, maîtresse et supérieure des religieuses dont le nombre fut augmenté et fixé à sept, pour que les pauvres en fussent mieux servis et les filles hospitalières soulagées par cette plus grande quantité.

Les revenus se multipliant de plus en plus par les charités des citoyens qui voyaient avec plaisir cette retraite des membres de Jésus-Christ s'agrandir et fructifier toujours, on trouva les bâtiments trop serrés, soit pour loger les malades et les religieuses, soit pour avoir quelques chambres de réserve pour recevoir des personnes de distinction qui voudraient se faire porter dans la maison pour se faire servir dans leurs maladies, comme cela se pratiquait dans d'autres hôpitaux; d'ailleurs le conseil des pauvres, comptant sur des fonds qui devaient incessamment rentrer de la part des héritiers du sieur Nanton du Pizey, à l'occasion d'une fondation faite par un testament

de François de Nanton, du 15 avril 1593 [1], épave considérable arrivée à la maison par la négligence des héritiers et qui montait à
une somme de 9900 livres ; le conseil, dis-je, se détermina, dans une
assemblée convoquée en l'année 1667, à bâtir un grand corps de logis,
du côté du couchant, pour augmenter cette maison.

La conduite de cet édifice fut confiée à la vigilance et au zèle de deux
citoyens, les sieurs Tournier et Bonnerue, qui furent confirmés à cet effet
dans leur rectorat pendant trois ans. On vit s'élever, pendant les années
1668, 1669 et 1670, une grande salle d'infirmerie, de plus de quatre-vingts
pieds de longueur sur 32 de large, dans laquelle on plaça, de chaque
côté, dix lits, faits d'une manière commode pour les malades, avec des
cabinets derrière, on transféra la chapelle de la Madeleine au bout de
l'infirmerie, d'où les pauvres malades entendent la messe ; cette chapelle est fort propre, sa voûte très exhaussée et l'autel est orné d'un
tabernacle bien doré, elle fut bénite sous la permission de Mgr l'archevêque, par le sieur Chaillard, curé, qui y officia solennellement
avec les sociétaires. M. Claude Bottu de la Barmondière, docteur de
Sorbonne, participa à cette cérémonie par la prédication qu'il y fit après
vêpres. On voit dans la salle de l'infirmerie, contre la chapelle, un
mausolée élevé à l'honneur du s^r Corlin, où parait sa statue en pierre, à
genoux sur un prie-dieu ; son corps repose dans cette salle, à droite de
l'autel. On y lit cette épitaphe gravée sur une table d'airain.

Deus mortali juvare mortalem

*Piis manibus domini Guillelmi Corlin, d. de Blazet, in ditione bellijocensium tributaria regis conciliarii, hoc æternæ pietatis monumentum erexit
mutuo gratiæ commercio, hæc publicæ charitatis familia solemnibus tabulis in
universam ejus bonorum substantiam hæres instituta, ultimum diem in hoc
munificentiæ suæ cumulo expectaturus d. d. Corlin missæ singulis diebus
in perpetuum celebrande commissionem instituit, tum recurrente quolibet
anno pro animæ requie precibus celebrari jussit, hisce voluntatis ultimæ mandatis suo designantis testamento moderatoribus depositis.*

et hæc ad æternam vitæ gloriam via.

obiit octavo augusti, anno salutis 1651.

---

1. Ce testament et la fondation ne deviennent utiles à la maison qu'en cas d'inexécution de la part des seigneurs du Pizey à remplir l'objet de la fondation.

La succession du s^r Gay fut employée à bâtir l'infirmerie et la chapelle dont on vient de parler ; on fut obligé d'aliéner ses domaines
situés aux paroisses de Blacé et de Liergues, pour conserver dans son
entier la succession du s^r Corlin. Il était avantageux de posséder des
granges proches de la ville, dont le produit seul pouvait entretenir les
lits alors fondés. Le premier bâtiment de l'hôpital avait engagé les par-
culiers les plus riches à faire des legs à cette maison naissante, dès lors
on en vit de toutes les espèces en sa faveur.

Le s^r Arod de Montmelas, par son codicille du 5 juillet 1649, avait
donné à l'hôpital une somme de 150 livres tournois; cet exemple de la
piété d'un gentilhomme forma bientôt des imitateurs. Alexandre Bottu,
par son testament du 24 mars 1650, légua aux pauvres une terre à froment, avec une somme de 500 livres, pour être employée à l'acquisition
d'un héritage de même nature ; Jean Deschamps, élu, par son testament du 9 décembre 1652 légua, aux pauvres de l'hôpital, une somme
de 3000 livres, pour être employée, par ses héritiers, à l'achat d'une ou
deux pièces de terre à froment pour la nourriture des pauvres; Catherine
Martin, veuve de la Mercerie, donna, à perpétuité, à l'hôpital, une
pièce de vin de trois ânées, délivrable, tous les ans, à la fête de Saint-
Martin d'hiver ; le s^r Giliquin, son héritier, en fut chargé, par le testament de cette veuve, du 11 décembre 1654, et cette rente fut affectée
sur un domaine situé à Arnas. Philippe Turrin, par son testament
du 9 juillet 1657, donna aux pauvres une somme de 600 livres, pour
du principal, en former une rente, pour être employée, tous les ans, en
achat de bois, au profit de l'infirmerie. Nicolas Vincenot, curé de Saint-
Julien, institua les pauvres ses héritiers universels, par son testament
du 4 février 1659 ; ses immeubles peuvent valoir 50 livres de rente.

Étienne Rabut, Marguerite Ponchon, Benoît de Roche, Claude Tholomet, s^r de Fontenelle, Jacques Charreton de la Terrière, furent, à peu
près dans le même temps, autant de bienfaiteurs de la maison ; on vit
aussi, en 1669, Élisabeth Bessie, veuve d'Alexandre Bottu, léguer aux
pauvres une somme de 2000 livres, avec quantité de meubles et de linge ;
sa mère, en 1664, avait déjà donné, par son testament, aux pauvres,
une rente annuelle de 111 livres et Jeanne Epinay, veuve du sieur Fiot,
par son testament de 1666, légua aux pauvres une somme de 1000 livres.

En additionnant le montant de ces libéralités, on verrait que toutes ces sommes réunies formeraient un objet considérable, il est vrai que ces dons, pour la plupart, ne sont pas gratuits et qu'ils ont pour objet des legs pieux, mais leurs charges n'approchent pas, à beaucoup près, de leur revenu.

Le sieur Chapon, seigneur de la Bottière, fit un don de 3000 livres aux pauvres, par son testament du 24 décembre 1672. Ange Mabiez légua à l'hôpital, en 1674, 1180 livres; ces deux fondations n'avaient chacune pour objet qu'une seule messe tous les ans et à perpétuité.

Mais Jean Bonnerue, ce zélé recteur qui avait donné toute son attention à la construction faite en 1668 et 1669 ne pensa point que ses peines et ses soins eussent suffi au bien de la maison; il voulut encore gratifier l'hôpital de son bien, par son testament du 24 septembre 1673, les pauvres, institués ses héritiers, jouissent des domaines situés en la paroisse de Lancié qui valent aujourd'hui, toutes charges déduites, au moins 600 livres de rente, qui doivent être employées, au désir du fondateur, en achat journalier d'une volaille pour la marmite des malades et en achat de sucre pour leur usage. Ce bon citoyen n'a pas même oublié les personnes attachées au service des pauvres, puisqu'il veut qu'on [donne], dans un certain jour de l'année, à perpétuité, à chaque religieuse, un pâté, de même qu'au chapelain de la maison.

CHAPITRE CINQUIÈME

DE LA TROISIÈME CONSTRUCTION DE L'HÔPITAL ET
DE SON TROISIÈME FONDATEUR

L'année 1675 fit paraître, aux yeux du citoyen, le troisième fondateur de l'hôpital, dans la personne de Jean de Ponceton, seigneur de Laye; ses libéralités furent considérables, et cette même année fut la date de son testament, par lequel il ordonna qu'il serait bâti une seconde salle pour y mettre pareille quantité de lits qu'on en voyait dans celle construite six ans auparavant. Outre que cette maison trouvait un avantage réel dans son agrandissement, d'un autre côté il paraissait plus décent que les hommes eussent une infirmerie séparée de celle des femmes; d'ailleurs une augmentation de lits donnait moyen de fournir les secours nécessaires aux soldats malades de Sa Majesté, dans leurs passages, et aux pauvres de la ville. Tous les biens du sieur de Ponceton passèrent au pouvoir de l'hôpital, au moyen de la substitution apposée dans son testament; elle fut ouverte par la transaction du 2 septembre 1682 et les traités avec les grevés de substitution des 12 mai 1687 et 26 août 1688.

Ces immeubles consistent en une maison située à Belleville, la maison et le fief de Laye avec son terrier et sa rente noble; des domaines et vignobles situés à Taponas et un vignoble à Charentay, le tout pouvant valoir alors 900 livres de rente; ces biens sont augmentés actuellement par des acquisitions réunies à ces mêmes domaines. Le vignoble de Charentay fut vendu pour faire une partie de ces acquisitions qui furent réunies au chef-lieu.

Cette fondation d'un gentilhomme tel que le sieur de Ponceton, fut d'un bon exemple, puisque M. le marquis de Chateaugay, la dame son épouse et Mlle de Pramenou, sa sœur, par un traité du 11 mars 1679, firent la fondation d'un lit à la salle des hommes, au moyen de la somme de 10.000 livres qu'ils donnèrent à l'hôpital. Benoît Meunier, bourgeois de Villefranche, Antoine Cusin, chapelain de l'hôpital et dame Catherine Chavanon, veuve Berthier, fondèrent quelques messes au moyen des domaines et des effets mobiliers qu'ils donnèrent à l'hôpital par leurs testaments de 1680, 1683 et 1686. Ces domaines, aliénés par l'hôpital, ont servi en partie à l'élévation des bâtiments dont on va parler.

Enfin, après que les administrateurs eurent acquis les emplacements nécessaires pour la construction de la salle des hommes et du corps de logis situé au matin, on posa, sous le rectorat du sieur de Phelines de la Chartonnière, la première pierre de cette salle, en l'année 1694. Cette salle, tournée de soir en matin et en face du midi, de la même étendue que celle qui fut construite en 1669, contient vingt lits, communique à la chapelle et est destinée pour l'infirmerie des hommes ; joignant cette infirmerie, s'élève un grand bâtiment, prolongé du nord au sud, à deux faces, l'une au matin, l'autre au soir, qui renferme la cuisine, les offices, la souillarde, le réfectoire des religieuses et les bûchers, avec des chambres particulières ; au premier étage règne un grand dortoir où couchent les hospitalières et au-dessus, sont des greniers fort étendus. La salle des hommes et ce bâtiment, construits pendant les années 1694 et 1695, furent achevés au mois de février 1696 et coûtèrent 20.420 livres ; cette dernière construction forme l'équerre, les deux premières en formaient une autre, de façon que la réunion du tout compose un grand bâtiment parfaitement carré, qui laisse au milieu une cour et un jardin spacieux fermés par une hauteur d'appui et des barreaux de fer tout autour.

Le sol de cette maison composait anciennement plusieurs jardins qui furent acquis par les recteurs des pauvres ; les jardins de David Minet, de la dame Roland, veuve de Guillaume Epinay, et de Guillaume Corlin, faisaient une partie de l'emplacement, du côté du soir. Celui du nommé Minet avait une serve ; la maison qu'on nomme Bicêtre, jadis appelée l'Écu de France, avait aussi son jardin, et sa serve. Cette maison, acquise par l'hôpital avec son jardin qui fait le sol actuel de la sacristie, avait sa prise d'eau aussi bien que les autres jardins attenants ; cette prise, dans le bras supérieur du Morgon, qui traverse la ville, provient d'un abénevis des seigneurs de Beaujeu, conforme aux reconnaissances du 5 août 1531, et 13 mai 1713. On les voit au grand livre des actes de l'hôpital folio 54. Rien de plus utile à la maison que cette prise d'eau, puisque, par les canaux pratiqués sous les bâtiments, où passent ces eaux, toutes les immondices sont entraînées dans la même rivière, d'ailleurs ces eaux, toujours fluantes, sont une ressource en cas d'incendie; il existe même, au milieu du jardin, un bassin qui formait un jet d'eau qui fut entièrement comblé de terre en 1741 par l'idée indiscrète d'une religieuse qui y traça un compartiment en buis; ce réservoir; jadis toujours plein d'eau, utile au jardin et de ressource en cas d'accident, pourrait être rétabli facilement puisqu'il n'est simplement que rempli de terre.

CHAPITRE SIXIÈME

Les maisons hospitalières sont susceptibles, en tout temps, d'accroissement par les libéralités et les charités des fidèles ; aussi l'objet des recteurs de l'hôpital de Villefranche a été, depuis la fin du dernier siècle, de faire toutes les acquisitions qui se présenteraient pour former un emplacement assez vaste pour construire encore deux salles pour les convalescents, lorsque l'on pourrait avoir des deniers suffisants pour une pareille entreprise.

L'emplacement actuel des bâtiments de la maison formant un carré parfait, les recteurs ont saisi l'occasion de s'agrandir au nord de cette maison, du côté de la rue des Frères ; ils ont acheté presque toutes les maisons qui donnent sur cette rue, dans la largeur des bâtiments de l'hôpital, de façon que le terrain de ces maisons acquises et réuni à celui de l'hôpital, fait aujourd'hui un carré long.

La maison hors des murs de la ville, appelée Versailles ou Petit Paris, d'une assez grande étendue avec son jardin qui s'étend jusqu'aux murs de clôture du couvent des Cordeliers, entrait dans le plan des deux salles projetées ; il fallait, de toute nécessité, acheter cette maison, l'occasion s'en présenta en 1745, les recteurs ne la manquèrent point. Le contrat de vente, en faveur des pauvres, s'en passa le 3 mai de la même année, par acte reçu Buiron, notaire, au prix de 7900 livres. Au moyen de tous ces acquêts, il est possible d'exécuter le plan d'agrandissement formé, mais il est nécessaire que S. A. S. Mgr le duc d'Orléans daigne faciliter ce dessein utile et louable par l'abandon, à l'hôpital, d'une petite rue et des murs de la ville, depuis la rivière de Morgon jusqu'à la porte des Frères.

L'église forme un octogone parfait ; les deux salles actuelles aboutissent à la chapelle et sont en face de l'autel qui se trouve dans un angle, de façon que les malades entendent la messe de leurs lits et voient le prêtre à l'autel quand les rideaux des deux grands arcs qui

leur ouvrent la chapelle sont tirés. Lorsqu'on édifia cette chapelle, on
forma, en pierre de taille, deux arcs, vis-à-vis des deux salles, qui
sont murés actuellement et qui ouvriraient la vue de l'église aux deux
infirmeries qu'on pourrait construire ; si le cas arrivait, on élèverait, au
milieu de la chapelle, un autel à la romaine et, des quatre salles faisant la croix, au milieu desquelles se trouverait la chapelle, on verrait
le prêtre célébrer.

Le prince, par l'abandon dont on a parlé ci-dessus, faciliterait
entièrement ce projet ; dès lors, l'emplacement plus étendu de cette
maison la rendrait plus aérée, elle jouirait d'un grand jardin potager
arrosé par une prise d'eau dépendante de la maison du Petit Versailles ;
alors les murs de clôture de l'hôpital qu'on élèverait entre le jardin de
Versailles et celui qui appartient aux Cordeliers, serviraient de clôture à
la ville et leur entretien serait à la charge de l'hôpital. Tout est acquis,
nul autre obstacle à la vérité que l'édit du roi, du mois d'août 1749,
concernant les établissements et les acquisitions des gens de main
morte, qui restreint beaucoup les libéralités des citoyens zélés pour les
pauvres ; mais l'exception et la dérogation à cet édit pourraient, un
jour, ne pas souffrir grande difficulté à l'égard de cette maison qui
devient de jour en jour plus utile à l'État.

CHAPITRE SEPTIÈME

L'année 1696 fut l'époque, comme on l'a dit, de la dernière construction qui offre à la vue les bâtiments de l'hôpital tels qu'ils existent aujourd'hui; il faut suivre les arrangements de cette maison qui ont eu lieu depuis ce temps.

Le nombre des lits augmenté et fixé à quarante pour les deux infirmeries, doublait les soins et les fatigues des religieuses qui servaient les malades; quelques filles se consacraient, de temps en temps, au service des pauvres et faisaient profession, mais l'établissement de plusieurs hôpitaux et surtout celui de la ville de Belley et celui de Beaujeu, dans le commencement de ce siècle, enlevaient à la maison des religieuses que ces villes demandaient à la nôtre, pour former ces nouvelles maisons. Il était juste et naturel de faire, à l'égard de ces villes, ce que Chàlon avait fait à l'égard de Villefranche.

Malgré les sujets reçus depuis l'établissement de la nouvelle salle, les religieuses se trouvaient encore en petit nombre et comme on avait, anciennement, fixé la quantité de ces religieuses à sept pour desservir les vingt lits, on l'a fixé à quatorze pour les quarante qui subsistaient, mais ce nombre ne put se remplir si tôt, puisqu'à l'époque du 13 juin 1704, temps auquel on reçut pour maîtresse la sœur L'Huillier à la place de la sœur Maire décédée, l'acte de nomination du bureau ne nous représente que la signature de onze religieuses, comprise celle de la maîtresse.

La bonne administration de cette maison de la part des recteurs et des religieuses ne pouvait qu'exciter les libéralités du citoyen charitable; aussi vit-on que les legs de 6000 livres de Jean Noyel, bourgeois de Lyon, apposé dans son testament de 1696, que celui de maître Claude Bottu, ancien curé de Saint-Sulpice, arrivé à la maison par ses dernières volontés de 1699, que celui de 6000 livres de la dame Espiney, veuve Bessie, du 24 novembre 1703, et qu'enfin le don de la dame Bonnerue, hospitalière, de 500 livres, fait par son testament du 20 mai 1704, furent autant de ruisseaux qui, réunis, formèrent un accroissement sensible.

Le testament de Julienne Favre, du 28 août 1706, qui fit les pauvres ses héritiers et dont la succession ne fut ouverte en leur faveur qu'en 1729, procura à l'hôpital un droit de patronage de la chapelle de Saint-Barthélemy dans l'église de Messimy en Dombes, avec une somme de 2072 livres, outre le mobilier de cette succession. La donation faite par dame Jeanne Laforest, veuve Tournier, du 20 avril 1707, contenant substitution en faveur de l'hôpital et qui ne fut ouverte au profit de cette maison qu'en l'année 1728, procura un domaine, situé en la paroisse de Rogneins, affermé 260 livres ; cet acte renferme la fondation d'un lit.

On doit rappeler ici les fondations des anciens seigneurs de Beaujeu qui montent à 21 livres de rente annuelle ; on voit aussi sur l'état des fondations et aumônes, arrêté par résultat du conseil du prince, le 24 avril 1711, deux autres sommes, payées annuellement, l'une de douze livres et l'autre de trois ; ces trois sommes forment le total de 36 livres.

Il convient de regarder comme fondateur des petites écoles de Villefranche, M. Zacharie Noyel, curé de Béligny et chanoine de cette ville, puisqu'il a laissé la rente annuelle de 160 livres, destinée à l'entretien de cette école des pauvres, outre plusieurs autres legs qu'il fit à l'hôpital, par son testament olographe du 25 juillet 1707. Le sieur Lafon, en juin 1707, Claudine Leclerc, hospitalière, en 1709, la Delorme, veuve Germain, en 1712, firent quelques legs modiques en argent, à charge de messes. Mais Philibert Dubois, juge d'Amplepuis, doit être considéré, avec justice, comme le quatrième fondateur de l'hôpital de Villefranche. Ses libéralités plus considérables que celles des sieur Guay et de Ponceton, égales même à celles du sr Corlin, renferment des biens spécieux et inaliénables, en faveur des pauvres.

Par son testament olographe, du 1er février 1717, reçu Buiron, notaire royal, il institue ses héritiers les pauvres de l'hôpital, fonde une messe basse quotidienne et une grand'messe le jour de son décès, à perpétuité ; les immeubles donnés forment un revenu de 1600 livres et consistent en domaines, moulins, bois, maisons et autres possessions situées ès paroisses d'Amplepuis et de Saint-Jean-la-Bussière et en un vignoble au Bois-d'Oingt, en Lyonnais. L'année suivante et le 19 septembre 1718, Jacquet Demeaux fit un legs à l'hôpital de 3500 livres à la charge d'une messe basse à perpétuité, qui doit se dire le 6 octobre, jour de Saint-Bruno.

CHAPITRE HUITIÈME

Il manquait à l'hôpital de Villefranche d'être autorisé par le monarque; les recteurs attentifs s'adressèrent à Louis XV qui voulut bien accorder à cette maison ses lettres patentes au mois d'avril 1721.

Sur la présentation de ces lettres au Parlement, intervint arrêt, le 2 septembre 1721, qui ordonna l'information sur les lieux de *commodo et incommodo* et que ces lettres patentes seraient communiquées à l'archevêque de Lyon, au lieutenant-général du bailliage, aux maire et échevins, aux recteurs et administrateurs de l'hôpital, aux religieuses pour donner leur consentement. Il fut dit aussi que les impétrants rapporteraient à la cour les règlements faits pour l'administration de l'hôpital, auxquels on joindrait un état affirmé de ses revenus. On procéda à l'information, le 21 mai 1722; l'archevêque de Lyon donna son consentement approbatif de l'établissement, des statuts et des règlements de cette maison; les 11 et 15 février de la même année, le lieutenant-général, l'avocat et le procureur du roi, donnèrent aussi leur approbation; le consentement des maire et échevins, des recteurs et administrateurs de l'hôpital eut sa date du même jour; celui des religieuses fut aussi du 11 février. On produisit un exemplaire imprimé des statuts et des règlements du 20 juillet 1668, d'un second règlement du 13 décembre 1714 et d'un troisième du 6 octobre 1719; enfin, on joignit à toutes ces pièces un état des revenus de l'hôpital montant à la somme de 8369 livres 3 s., affirmé véritable par les administrateurs de cette maison par devant le lieutenant-général, le 13 avril 1723.

La cour ordonna l'enregistrement des lettres patentes, le 24 juillet 1723, à la charge par le chapelain de tenir un registre pour les sépultures; sans que les sœurs hospitalières puissent former communauté ni corps séparé de l'Hôtel-Dieu, avoir ou posséder de mense particulière, et sans que la confirmation de la nomination de la maîtresse puisse attribuer à l'archevêque de Lyon aucune autorité que sur le spirituel de l'hôpital, ni que les sœurs hospitalières puissent être regardées comme communauté religieuse et sans approuver au surplus les titres et qualités insérés et pris par l'archevêque dans l'approbation des statuts et règlements du 20 juillet 1668.

En examinant le préambule des lettres patentes, il paraît que l'hôpital de Villefranche, établi depuis plusieurs siècles dans la ville, a été considérablement augmenté depuis 60 ans par les libéralités des habitants, que cet hôpital, l'asile et le secours des malades de la ville et de la province, l'est devenu des soldats malades des armées ; que ces soldats ont occupé pendant les guerres, les trois quarts [des lits] destinés par les fondateurs pour l'habitant, sans que Sa Majesté ait, par aucun bienfait, dédommagé ledit hôpital; ce qui a fait que les fondations faites pour plus de 60 lits, sont devenues insuffisantes pour une moindre quantité et que c'est à ces causes que le monarque, pour dédommager l'hôpital de Villefranche et contribuer à son établissement par quelques libéralités et par des privilèges, ordonne ce qui suit :

ART. 1ᵉʳ

Le roi approuve et confirme l'hôpital ou l'Hôtel-Dieu, établi dans Villefranche, capitale du Beaujolais.

ART. 2

Il veut qu'il soit nommé hôpital général, qu'il soit sous la protection de Mgr le duc d'Orléans, ses successeurs et barons du Beaujolais, et qu'il ne soit aucunement sujet ni dépende du grand aumônier de France et ordonne qu'avec l'inscription qui sera mise au dessus de la porte, on y appose les armes d'Orléans.

ART. 3

Cet article permet aux administrateurs d'accepter tous dons, legs, gratifications universelles ou particulières, soit par testament, donations entre vifs, ou à cause de mort, ou autrement; le roi confirme, en même temps, les dons, les legs, les gratifications et toutes autres dispositions faites jusqu'à présent à l'hôpital.

ART. 4

Le monarque déclare appartenir à l'hôpital, à l'exclusion des collatéraux seulement, les habits, hardes et effets mobiliers des pauvres malades qui y décéderont, sans en avoir disposé par actes valables.

ART. 5

Cet article concerne les acquisitions, les ventes, les échanges qui ne pourront être faits que sur l'avis et le consentement du lieutenant général, sur celui du maire et des échevins et des autres recteurs de la maison, en présence du procureur du roi et en observant les formalités prescrites.

ART. 6

Cet article concerne le pouvoir que le roi donne aux prêtres établis pour le spirituel de la maison, de recevoir le testament des malades et des religieuses.

ART. 7

Ici le souverain accorde à l'hôpital ses causes commises au bailliage de Villefranche, à peine de nullité des procédures, en attribuant toute connaissance aux officiers de ce siège.

ART. 8

Le roi veut que toutes condamnations prononcées par les juges de Villefranche pour sommes applicables à œuvres pies, soient au profit de l'hôpital général, nonobstant toutes dispositions contraires des jugements. Il est en même temps enjoint au greffier de délivrer expéditions de ces jugements, et aux notaires d'expédier tous actes contenant dispositions en faveur de cet hôpital.

ART. 9

Cet article déclare que l'hôpital ne sera point sujet aux lettres de surséance accordées dans les affaires où il sera intéressé, le roi les déclare nulles dès à présent, avec défense à tous juges d'y avoir égard.

Art. 10

Le roi par cet article confirme l'usage ou est l'hôpital de fixer le prix de la viande pendant le carême; et d'adjuger la boucherie au plus offrant et déclare l'amende de 300 livres indicte contre les contrevenants et les confiscations au profit de cette maison.

Art. 11

Cet article règle la nomination de trois administrateurs de l'hôpital qui doit être faite par les officiers du bailliage, le maire, les échevins et les recteurs en exercice, présent le procureur du roi.

Art. 12

Sa Majesté accorde à l'hôpital l'exemption de tous droits d'amortissements, nouveaux acquêts et d'autres droits dus par cette maison pour tous les bâtiments, terres, domaines, héritages, maisons, rentes et autres biens acquis ou donnés jusqu'au jour des présentes lettres, sans que les religieuses puissent jouir de ce droit, pour raison de leurs menses ou des acquisitions qu'elles pourraient faire; par ce même article, il est fait défenses de faire poursuite contre l'hôpital de ces droits qui lui sont remis.

Art. 13

Enfin par le dernier article, le roi confirme les règlements faits pour le spirituel et le temporel de la maison, sauf néanmoins, aux directeurs d'en faire de nouveaux, du consentement et de l'avis du conseil ordinaire de l'hôpital, composé du lieutenant-général, du maire, du lieutenant du maire, des échevins, des trois administrateurs et du procureur du roi, pour le régime du temporel et l'avantage de la maison.

Telle est en précis, la substance des lettres patentes dont Louis XV gratifia l'hôpital de Villefranche, au mois d'avril 1721. Elles sont signées par le monarque, en présence de Mgr le duc d'Orléans, régent du royaume, contresignées Fleuriau et visées par M. d'Aguesseau.

CHAPITRE NEUVIÈME

On n'apercevra point, depuis l'obtention des lettres patentes, des
dons considérables faits à l'hôpital ; un des principaux est celui de
Pierre de Gayant, écuyer, qui, par son testament du 11 février 1725,
institua les pauvres ses héritiers ; la maison transigea sur cette succession avec Claude de Gayant, héritier substitué, par acte du 21 février
1726 ; au moyen d'une somme de 8000 livres, une fois payée, elle lui
relâcha l'hoirie de son oncle.

Demoiselle Catherine L'Allier, par son testament du 14 avril 1743,
légua, à l'hôpital, une maison en cette ville, sur la grande rue, assise
au quartier de Presle, ses meubles, avec une terre de 7 bicherées située
à Béligny. Ces immeubles peuvent valoir 120 livres de rente. Mais
l'acquisition la plus essentielle fut la réunion de l'hôpital de Saint-Georges
de Rogneins à celui de Villefranche.

Cette maison voyait, à une lieue de distance, deux hôpitaux fondés par
la piété des habitants de Rogneins et de la ville d'Anse ; celui d'Anse
en Lyonnais a subi le sort des anciennes fondations, sans maison et
sans administrateurs, les bienfaits des fondateurs sont devenus sans
fruits et sans ressource pour les pauvres ; celui du bourg de Rogneins
dans le Beaujolais était à peu près sur le même pied. Des paysans
inhabiles à conserver le bien des pauvres et à suivre l'intention
des fondateurs, le laissaient sans application aux malades de cette
paroisse qui cherchaient leur guérison dans celui de Villefranche.
Il n'était pas juste que l'hôpital de cette ville, fondé particulièrement
pour les citoyens, fût surchargé par les pauvres d'une paroisse nombreuse, sans en retirer aucun profit ; ces motifs donnèrent lieu à la
réunion de cet hôpital, qui souffrit beaucoup de difficultés, mais les
yeux attentifs du monarque et du prince, seigneur et baron du Beaujo-

lais, discernant quelle était la meilleure administration des deux hôpitaux, le roi n'hésita pas un seul moment à accorder, au mois d'août 1736, ses lettres patentes, pour cette réunion.

Sur la présentation de ces lettres au Parlement, intervint arrêt, le 6 août 1749, qui ordonna l'information sur les lieux *de commodo et incommodo* et les formalités faites en pareil cas. Les lettres de réunions furent enregistrées à la charge de tenir en état, à l'hôpital de Villefranche, quatre lits pour recevoir, en tout temps et par préférence, les pauvres malades habitants de la paroisse de Rogneins, sur le certificat du curé, légalisé par le juge; ces biens réunis sont du revenu de 360 livres et suffisent à peine pour remplir la fondation des quatre lits. Ils consistent en un domaine situé à Rogneins et en une rente annuelle de 12 bichets de blé.

CHAPITRE DIXIÈME

DE LA FONDATION DU CONSOMMÉ POUR LES MALADES
DE L'HÔPITAL

Un établissement très utile était celui d'un consommé pour les pauvres les plus malades de l'hôpital, quoique la marmite commune procurât du bouillon bien fait et d'une bonne qualité, pour la quantité de viande qu'on proportionne au nombre de personnes de cette maison, cependant les malades, réduits au seul bouillon, devaient avoir une marmite séparée, au moyen de laquelle on pût tirer tout le suc de la viande pour les soutenir ; plusieurs citoyens charitables s'aperçurent que ce secours manquait aux pauvres et firent des fondations à cet égard.

D^{lle} Marie-Françoise Trolieur fit un legs de 200 livres pour cet emploi, par son testament du 3 septembre 1728 ; dames Marguerite et Louise Demeaux, successivement supérieures de l'hôpital, par leur testament mutuel du 31 janvier 1731, léguèrent une somme de 1200 livres pour le consommé ; Mre Jean-Baptiste Trolieur, doyen du chapitre et directeur spirituel de cette maison, par son testament du 17 mai 1734, fit un legs de 200 livres pour ce même objet ; sieur Louis Mabiez, conseiller en l'élection, par délibération du 1er septembre 1737, folio 38, fit don à l'hôpital de 1200 livres, pour ce consommé ; enfin M. Antoine Demeaux, procureur du roi aux gabelles, légua, par son testament, fait en 1741, pour la bonification du consommé, 2510 livres. Toutes ces sommes forment la générale de 6310 livres, dont le revenu peut entretenir une marmite de 3 livres de viande par jour ; cette petite quantité de viande très souvent n'est pas suffisante pour le nombre des pauvres qui sont quelquefois bien malades, mais la fondation, une fois commencée, peut provoquer la charité des citoyens zélés qui feront sans doute attention à un établissement aussi nécessaire que méritant.

CHAPITRE ONZIÈME

La délibération du 15 mars 1693 fait apercevoir que les recteurs, dans la construction de la salle des hommes, avaient pour objet d'accorder les secours nécessaires aux soldats passant pour le service de Sa Majesté et des pauvres malades de la ville; l'exposé des lettres patentes de 1721, fait aussi remarquer que les administrateurs de cette maison, attentifs au bien du service du roi, ont souvent préféré, aux pauvres de la ville, ces mêmes soldats; de façon qu'il est arrivé que les trois quarts des lits ordinaires de l'hôpital ont souvent été occupés par les soldats malades pendant les guerres qui avaient précédé ces mêmes lettres.

Les administrateurs, sous le rectorat des sieurs Mabiez et d'Epeisse, qui voyaient que l'hôpital ne jouissait pas de la retenue de la paye des soldats, présentèrent un mémoire à M^r l'intendant pour obtenir, par son canal, une gratification du monarque; l'affaire réussit et le roi accorda, à l'hôpital de Villefranche, une aumône de 1200 livres, au mois de juillet 1707.

Mais ce dédommagement était très faible, eu égard aux fréquents passages des troupes qui remplissaient l'hôpital de soldats malades, de façon que, dans les dernières guerres d'Italie, l'on a vu, outre les lits ordinaires pleins de soldats, un double rang de lits, dans la salle des hommes, occupés par les soldats malades des régiments qui passaient à Villefranche. Le roi régnant, dans le préambule de ses lettres patentes, déclare même qu'il n'avait pas eu occasion de dédommager, par aucun bienfait, l'hôpital de la dépense que causent ses troupes à cette maison. Effectivement, avant et depuis les lettres patentes et jusqu'en l'année 1747, les recteurs avaient toujours reçu les soldats sans récompense ni retenue de paye; l'article 4 du titre 2 de l'ordonnance de Louis XV de 1747, concernant les hôpitaux militaires et le tarif arrêté par M. d'Argenson pour la quotité de la retenue à la solde de chaque soldat, en date du 1er mai de la même année, servirent de fondement aux recteurs

pour demander le traitement des soldats malades, ce qui leur fut accordé;
la lettre de M. de Pauliny, ministre et secrétaire d'État de la Guerre, en
réponse aux observations des recteurs de l'hôpital, du 12 juin 1754, a
confirmé les suppléments et retenues, de même que celle du 24 juin de
la même année, de ce ministre à M. l'intendant de Lyon, par laquelle
le droit d'être payé des 5 sols par jour, à titre de supplément, conformément à l'ordonnance; et le tarif de 1747, est attribué *nominatim* à
l'hôpital de Villefranche. Cette partie est actuellement en règle et l'hôpital peut joindre aux articles de sa recette les sommes que le sieur
Thomé, receveur de l'extraordinaire des guerres, paie à Lyon, tous les
ans, pour les soldats qui y ont été malades, déduction faite des quatre
deniers pour livre et des droits de quittances, et ce sur les états envoyés
et certifiés par les recteurs et visés par M. l'intendant; et certainement
la dépense à cet égard excédera toujours du triple la recette.

Une réflexion qu'on peut faire ici et qui se présente naturellement,
est que les établissements des hôpitaux, si conformes à la loi naturelle
et à l'esprit du christianisme méritent, dans tous les temps, les regards
favorables du monarque, par le seul objet de leur institut ; mais ceux
qui sont situés sur les routes du passage des troupes doivent fixer
encore plus l'attention du prince par le secours que l'État en reçoit et c'est
le motif le plus juste qui puisse déterminer les faveurs du souverain.

L'hôpital de Villefranche ne peut compter au nombre des bienfaits
du prince que l'aumône de 1200 livres faite par Louis XIV en l'année
1707 et les lettres patentes accordées, au mois de mars 1721, par le roi
régnant ; l'édit du mois d'août 1749 a restreint considérablement la
faveur de ces lettres, de façon que l'hôpital qui s'était incommodé beaucoup pour être utile à l'État, ne peut plus réparer ses pertes par la libéralité des personnes charitables que ce même édit resserre dans des
bornes étroites; le seul don qui, sans être à charge à l'État, puisse
être d'un grand secours à l'hôpital et que le monarque peut aisément
accorder, est le franc salé de la maison et l'exemption de l'entrée des
vins pour sa consommation. Par cette libéralité et la paye accordée des
soldats, le roi dédommagerait en partie l'hôpital de la dépense qu'occa-
sionnent les soldats malades. Le temps du renouvellement des fermes
est le plus favorable pour avoir recours à la bonté du monarque.
Messieurs les recteurs, depuis quelque temps, sollicitent ce bienfait,
leur zèle en fait espérer le succès.

CHAPITRE DOUZIÈME

La barbare coutume d'exposer les enfants est fort ancienne et quelques précautions que les empereurs romains aient prises, leurs règlements ont toujours été infructueux; les ordonnances de la France ont aussi défendu l'exposition des enfants. Dans les premiers siècles du christianisme, on voyait, devant la porte des églises, une coquille de marbre où l'on mettait les enfants exposés; les marguilliers les confiaient à des personnes charitables qui les élevaient; quelquefois ces enfants demeuraient à leur charge, le plus souvent à celle des habitants, ce qui faisait naître des difficultés sur le droit des enfants; mais enfin la police du royaume a établi que c'est au seigneur haut justicier de l'endroit à s'en charger.

Il n'est pas douteux que l'établissement de l'hôpital formé par les bienfaits des habitants n'ait eu en vue que le soulagement des pauvres citoyens malades de la ville; outre que les termes des fondations nous l'apprennent, la délibération du 16 janvier 1689, insérée au livre des résultats du bureau, fol. 49 et 50, nous instruit parfaitement sur cet objet. Elle rappelle un traité du 11 août 1669, fait entre l'hôpital et Mlle de Montpensier, dame du Beaujolais, par lequel cette princesse s'engage à payer annuellement à cette maison la somme de 300 livres, pour les enfants qui seraient exposés. A la date de cette délibération, l'hôpital nourrissait, pour cette somme, 14 enfants exposés qui coûtaient à cette maison plus de 400 livres en sus, encore le traité n'était point exécuté, par le refus de l'argent promis, sous prétexte que M. Rolinde, secrétaire des commandements de Mademoiselle, prétendait que la somme de 300 livres était donnée pour tous les enfants exposés dans le Beaujolais. L'hôpital prétendait que son revenu n'étant alors que de 3064 livres deviendrait insuffisant si la charge du traité était telle, que d'ailleurs les fondations n'étaient faites que pour les pauvres malades, qu'il fallait même exécuter les intentions des fondateurs, sous peine de voir passer en d'autres mains les revenus de l'hôpital. On dressa en conséquence des remontrances pour être présentées à la princesse, sans doute qu'elles eurent leur effet et qu'on exécuta le traité de 1669.

Les choses demeurèrent dans le même état jusqu'au 2 septembre 1722, temps auquel le sr de Bésuchet, agent de S. A. S. Mgr le duc d'Orléans, régent, fit, au nom de ce prince, un traité avec les recteurs de l'hôpital de la ville de Lyon, par lequel, sur l'offre faite par le prince de payer une somme de 100 livres pour chaque enfant qui serait exposé dans l'étendue de sa baronnie du Beaujolais, il fut arrêté que les recteurs l'acceptaient, tant pour marquer leur respect au prince que pour lui témoigner leur reconnaissance de l'affranchissement de tous péages qu'il avait accordé à l'hôpital de Lyon, par résultat de son conseil du 29 juillet 1722, pour toutes les denrées destinées pour cette maison, qui descendraient par la rivière de Saône. Ce traité fut approuvé et ratifié par Son Altesse le 2 décembre 1722, et enregistré au bailliage le 18 du même mois. Depuis cette date, la convention a toujours eu lieu et les enfants exposés, sur le procès-verbal du lieutenant-général, fait à la diligence du procureur du roi, sont envoyés au grand hôpital de Lyon, et l'on donne exécutoire de la somme de 100 livres pour chaque enfant sur le domaine du prince.

CHAPITRE TREIZIÈME

Par les règles et les statuts de l'Hôtel-Dieu, du 20 juillet 1668, il avait été arrêté au chapitre IV, concernant les fonctions du chapelain, qu'il serait logé aux dépens de l'Hôtel-Dieu, le plus près qu'il se pourrait de la maison, en sorte néanmoins que son logement n'y eût aucune entrée; cet article n'avait pu avoir son exécution si promptement; il fallait faire l'acquisition d'une maison proche l'hôpital et, jusqu'en 1677, le chapelain avait occupé un corps de logis attenant aux bâtiments de l'hôpital et dans son enclos; enfin il fut placé dans la maison qu'il occupe actuellement, séparée entièrement de l'hôpital et presque vis-à-vis du pont, au devant duquel est sa principale entrée.

La délibération du 20 juillet 1677, fol. 15, en instruisant de cette circonstance nous apprend que les recteurs de ce temps exposèrent qu'étant très incommode de faire cuire les pains de la maison chez les boulangers de la ville il était nécessaire de construire un four et une boulangerie dans l'enclos de l'hôpital; qu'une place commode à cet effet était le corps de logis qu'Antoine Cusin, chapelain, occupait et dont il venait de sortir depuis quelques jours pour être placé ailleurs; qu'il convenait de démolir cet ancien bâtiment pour y construire une boulangerie, un endroit pour les lessives, et, au-dessus, des greniers, soit pour entreposer le blé, soit pour y tenir et bluter les farines. Il fut arrêté alors que l'on démolirait les anciens bâtiments pour y faire à la place les constructions proposées, ce qui fut exécuté.

Avant que de songer au logement du chapelain, on avait pourvu à ses honoraires par le transport qui avait été fait d'une prébende nommée de la Croix, de l'église paroissiale en la chapelle de l'Hôtel-Dieu. Antoine Cusin en avait été pourvu et le chapelain de l'hôpital était en instance alors avec Paul Rallet, l'un des anciens prébendiers de la cha-

pelle de la Croix, au sujet de la portion afférente à chaque co-prében-
dier. L'hôpital, pendant le procès, fit un accord avec le sr Cusin et s'engagea de lui payer annuellement, quartier par quartier et par avance,
la somme de 250 livres pour le service de la prébende et de la maison jusqu'à ce qu'il fut paisible possesseur des fruits de cette chapelle.
Le sieur Rallet, ancien prébendier, préféra au procès un accommodement qui fut fait avec lui en 1681; le bureau, l'année suivante, et le
4 janvier 1682, laisse maître le sr Cusin, ou de percevoir les fruits de la
prébende par lui ou par des fermiers, ou de continuer l'accord que
l'hôpital avait fait avec lui.

Mre Benoît Desroches succéda à Antoine Cusin dans la place de chapelain, le 16 novembre 1683 et céda à l'hôpital, le 26 du même mois,
les revenus de la prébende de la Croix, au moyen d'une somme de
350 livres qui lui fut payée par les recteurs, annuellement, par quartier,
de trois mois en trois mois. Mre Jean Bottu fut chapelain après le sr Desroches aux mêmes conditions; l'acte en fut passé le 25 mars 1687.

La délibération du 26 juin 1688 apprend qu'il appartient à la Charité le tiers des dîmes de Cogny, en conséquence du transport des prébendes de la Croix à la chapelle de l'hôpital, desquelles tant les prébendiers de la Croix que les recteurs de cette maison ont joui, en vertu
d'une ancienne transaction du dernier août 1603, que le sr Gaspard
Giraud, curé de Cogny, jouit d'un autre tiers de ces mêmes dîmes et
les srs custodes de Sainte-Croix de Lyon de l'autre tiers, que ce même
curé avait abandonné son tiers avec les fonds dépendants de la cure
pour demander une somme de 450 livres conformément à la déclaration
du roi, pour sa portion congrue et celle de son vicaire ; qu'il avait
fait plusieurs propositions aux recteurs pour lui payer, sur leurs
tiers des dîmes, la part de la portion congrue à laquelle ils étaient
tenus ; qu'il s'était accommodé à cet égard avec les custodes de
Sainte-Croix, qu'il offrait même aux recteurs, sur l'abandon qu'ils lui
feraient du tiers de leur dîme, de leur payer annuellement la
pension de 54 bichets de blé froment, mesure de Montmelas et de
54 ânées de vin, ainsi qu'on payait anciennement avant la transaction de 1603, et que, pour prouver encore plus qu'il désirait se régler
à l'amiable, qu'il faisait offre de 55 bichets de blé et de 55 ânées de
vin. Les administrateurs, du consentement du sr Bottu, chapelain,

acceptèrent la rente annuelle offerte par le curé, au moyen de quoi ils furent déchargés de la portion congrue ; la transaction qui en fut passée a la date du 8 juillet 1688 et l'acte fut reçu par devant Landine, notaire royal ; il est vrai que la délibération du 23 août 1693, au livre de l'hôpital, fol. 62, a restreint cette rente à 55 bichets de blé froment, mesure Montmelas, et à 53 ânées de vin, mesure beaujolaise, et ce fut l'amour de la paix et de la tranquillité qui fut l'objet de cette réduction plutôt que tout autre motif.

De ces prébendes de la Croix dépend encore une petite maison, sise au quartier du Puits d'Amour, qui fut appensionnée, le 2 août 1689, au prix de 12 livres de rente foncière perpétuelle et non rachetable, à Zacharie Lacour et à la charge de la réparer et de l'entretenir. Mre Claude Cachot fut nommé chapelain le 24 janvier 1698 et abandonna, le 20 mars suivant, à l'hôpital, tout le produit des prébendes pour une somme annuelle de 300 livres, 5 ânées de bon vin clairet et 3 neuvaines de froment, le grain payable au mois d'août et le vin à la Saint-Martin d'hiver.

Telle est l'histoire de la prébende de la Croix, destinée à l'entretien du chapelain, maître de jouir de la prébende ou de faire ses conventions avec l'hôpital. Le s^r Michet, chapelain actuel, a choisi le premier et est logé et meublé aux dépens de la maison.

Comme les fonctions du directeur spirituel et du chapelain s'étendent à tout ce qui concerne le spirituel de la maison, conformément au chapitre second des règlements, un de leurs principaux devoirs est de veiller à ce que les fondations soient fidèlement exécutées. Le s^r Gachot ne cessait d'en demander un état aux recteurs, pensant qu'une pancarte ancienne mise à la sacristie pour régler les mêmes fondations, n'était pas juste. Les recteurs eussent souhaité vérifier sur les titres mêmes si ce qu'exposait le s^r Gachot était vrai ; mais les papiers des archives, dans une confusion étonnante, depuis de longues années, mettaient ces mêmes recteurs presque dans l'impossibilité de faire des recherches qui demandent une application continuelle et même un goût particulier. Cet inconvénient a plusieurs fois effrayé le zèle de quelques recteurs qui avaient commencé des projets d'arrangements et qui avaient été arrêtés par le désordre des archives et le peu de temps qu'ils avaient à eux. Le zèle de M. Desroches, recteur actuel, a surmonté tous ces

obstacles ; il travaille à mettre en ordre tous les titres, aidé d'un secrétaire que la maison paie pour cette opération. Sur une partie de son
travail qu'il m'a communiquée et sur les livres des délibérations, j'ai
tiré les principaux faits qui forment ici l'histoire abrégée de l'hôpital ; il
est vrai que je me suis renfermé dans les principales fondations et les
legs les plus essentiels, suffisants pour ces mémoires, laissant le détail
à quiconque voudrait entreprendre l'histoire entière de cette maison,
qu'il serait facile de former sur l'ouvrage du s^r Desroches. On ne saurait trop le louer d'un travail dont l'hôpital tirera, par la suite, toute
l'utilité possible, on pense même que ce recteur fera faire une liste
exacte de toutes ces fondations de messes et d'obits qu'il fera imprimer
pour en laisser, et dans les archives et dans la sacristie, des copies et
même en faire distribuer à tous ceux qui sont intéressés à ce que
l'intention des fondateurs soit exécutée de point en point.

CHAPITRE QUATORZIÈME

L'hôpital de Villefranche est actuellement gouverné par trois recteurs qu'on nomme de trois ans en trois ans ; certains sont quelquefois continués pour trois autres années.

On choisit ordinairement le premier recteur dans le corps du bailliage et des autres juridictions et parmi les avocats ; le second, qu'on nomme recteur trésorier, comme chargé de la caisse de la maison, se choisit parmi les marchands de la ville ; le troisième recteur qu'on nomme économe et qui a soin des biens fonds et du détail de la maison est tiré du corps des marchands et des bourgeois ; c'est le premier recteur qui fait rapport au bureau de toutes les affaires qui concernent l'administration de l'hôpital.

Le bureau se tient le dimanche, de quinzaine en quinzaine, à moins qu'il ne soit convoqué extraordinairement comme pour les apurements des comptes, la nomination d'un recteur, celle d'une supérieure, ou pour des affaires essentielles qui exigent toute l'attention du plus grand nombre.

Les bureaux ordinaires sont composés du lieutenant-général président ou, en son absence, de l'officier premier en ordre au bailliage, du maire et des quatre échevins, recteurs nés, des trois recteurs en exercice, du procureur du roi et de la maîtresse des religieuses.

Aux bureaux extraordinaires MM. les officiers du bailliage y sont invités et, lorsqu'il s'agit du spirituel, le directeur spirituel y assiste pour faire son rapport et dire son avis.

Les pauvres ne sont reçus dans la maison que pour cause de maladie passagère et sont servis par des filles de famille qui font profession et qui sont au nombre de 14 ; les vœux qu'elles font sont simples ; elles peuvent quitter le voile et passer au monde ; elles héritent et jouissent quelquefois d'un gros revenu ; la maison ne leur donne que la nourriture et le couvert.

On gage dans l'hôpital cinq domestiques, savoir : un valet de peine pour le four, la boulangerie, les jardins et les biens que l'hôpital régit, et quatre servantes pour les gros ouvrages, tels que la bluterie, la cuisine, le récurage, les lessives et pour veiller les malades, toujours avec une sœur.

La maison a un médecin ordinaire, un chirurgien et un secrétaire pour le bureau, qui ont des appointements fixes ; on nomme aussi un notaire, un procureur et un commissaire à terriers qui sont chargés de préférence des affaires de la maison qui concernent leur ministère.

L'hôpital entretient une pharmacie excellente, les préparatifs des remèdes sont faits dans la maison par deux sœurs attachées à cet emploi ; le débit du dehors est assez considérable pour entretenir pendant l'année les malades de tous les remèdes nécessaires à leurs maux ; ce produit forme un objet essentiel pour cette maison.

Si l'on [veut] passer au détail des revenus de cet hôpital, on en trouvera de différente nature. Le premier genre de recette concerne les baux à ferme des biens de la campagne qui montent, actuellement, à la somme de.... 6.500 l.

Le second regarde les granges et vignobles, régis par la maison ; cette nature de bien, soit en denrées qui se vendent ou qui se consomment dans la maison, soit en droit de basse-cour, peut être évaluée, par commune année, à la somme de... 3.500 »

Les loyers des maisons appartenant à l'hôpital forment une recette qui peut monter à la somme de............ 500 »

Les rentes annuelles, pensions [1] et payement de la solde des soldats malades forment une recette annuelle de la somme de... 900 »

Les droits de corée sur les boucheries, ceux sur les bouchers porcheurs, les amendes, les droits de confrérie, les quêtes des prisons et de la chapelle, montent, années communes, à... 700 »

---

1. Ce payement de solde des soldats monte tout au plus, années communes, à 200 livres par an.

Les legs, aumônes et remboursements, forment un casuel qu'on ne peut fixer aisément en le faisant monter à 500 livres par an, c'est caver au plus fort, ci.......... 500 »

Enfin les obligations et autre nature de titres dus à l'hôpital forment la dernière espèce de bien évaluée à 300 livres par an, ci............................... .... 300 »

Ces sommes réunies forment la totale de douze mille neuf cents livres que l'hôpital possède, ci............ . 12900 »

Mais si l'on entre dans le calcul de la dépense et des charges annuelles de la maison, on s'apercevra que la Providence soutient un pareil établissement et que la dépense excède souvent la recette et cela fondé sur ce que cette maison ayant son principal revenu en fonds, sujets à des accidents fâcheux causés par l'intempérie des saisons, soit par la ruine des bâtiments par caducité, ou par le feu, soit enfin par d'autres événements imprévus, elle ne doit pas compter sur un revenu fixe à cet égard.

La dépense de la maison, composée de 60 bouches, pour la nourriture, monte annuellement à.................. 7.414 l.

Les gages du médecin, du chirurgien, du secrétaire et des domestiques, vont toutes les années à............. 700 »

Les fondations des messes et des obits, les prébendes et les aumônes forment une dépense annuelle de.......... 750 »

L'entretien de l'école des pauvres forme un objet, par an, de............................... 220 »

Les pensions et rentes dues à différents particuliers montent, au moins, à la somme de.................. 600 »

Le chapitre de dépense, à cause des servis, des droits d'amortissement, des lods trentenaires, ne peut être fixé au juste, mais par le dépouillé exactement fait des comptes de quatre ans, la somme annuelle monte à celle de .... 1,380 »

Les frais de procédure, les droits de payeurs de rentes, le blanchissage des prisonniers forment un objet dans la dépense de............................ 790 »

Les réparations des maisons de la ville et de la campagne et celles des fonds montent, années communes, à 800 »

Enfin les dépenses extraordinaires, extraites des comptes de l'hôpital, de quatre années, montent, par année, à la somme de.......................................   386   »

Toutes ces sommes de la dépense réunies montent à la totale de 13040 livres, la dépense excède la recette de 140 livres, total, ci................................... 13040   »

Mais une personne entendue qui, sur les comptes-rendus des recteurs trésoriers voudra contester la recette et la dépense, remarquera que dans certaines années la dépense a surpassé la recette, quelquefois d'un quart, d'un tiers et même de moitié, la raison la plus sensible est que les trésoriers, depuis dix à douze ans, sont toujours en avance et rejettent sur leurs successeurs la plus grande partie des charges de la maison, à l'expiration du temps de leur administration ; il faut donc des récoltes abondantes et un temps de paix pour remettre la maison au courant, les passages des troupes augmentant sa dépense de beaucoup. Si le roi gratifiait l'hôpital d'un franc salé et de l'exemption des droits d'entrée sur les vins qui se consomment dans la maison, ce don serait un objet, tous les ans, de 220 livres de bénéfice, somme qui, à la longue, soulagerait l'hôpital.

Cet état circonstancié offre à la vue du citoyen la nécessité de redoubler son zèle pour une institution si utile et pour l'augmentation de son revenu ; l'exactitude de l'administration a conservé jusqu'à présent, à cette maison, l'utilité qu'en ont espéré ses fondateurs. Les dons, quelque petits qu'ils soient, s'ils ne servent point à l'agrandissement de l'hôpital, seront toujours utiles à son entretien.

Que chacun cherche donc, suivant ses moyens et sans injustice, dans le soulagement des membres de Jésus-Christ, l'accomplissement de la charité chrétienne dont ce divin rédempteur a montré l'exemple à toute la terre.

CINQUIÈME PARTIE

PRÉFACE

Les histoires ne deviennent intéressantes pour le public qu'autant qu'elles sont accompagnées de preuves justificatives ; les notes qui sont répandues dans le premier et le second volume de ces mémoires indiquent à la vérité les sources d'où l'on a tiré la plupart des faits qu'on avance, mais elles n'ont pas paru suffisantes à l'auteur ; les anciennes chartes, les titres qui existent aujourd'hui dans les différentes archives d'où on les a tirés, peuvent se perdre par négligence ou par le malheur des temps, des incendies mêmes imprévus peuvent les détruire ; consignés une fois dans un ouvrage imprimé, ils sont multipliés de façon, qu'ainsi dispersés, ils ne peuvent périr en même temps. L'*Histoire de Bresse* de Guichenon, histoire très rare aujourd'hui, et qui renferme beaucoup de chartes anciennes, a servi à nombre de seigneurs du pays qui y ont trouvé des titres importants pour leurs terres et qui s'étaient évanouis dans leurs archives. Combien de fois cet auteur a-t-il été cité au parlement de Dijon et a fait recouvrer des droits à ces mêmes seigneurs qui ne pouvaient invoquer pour leur défense que les recueils de titres anciens devenus la base des arrêts qui ont maintenu leur fortune. On ne citera que ce seul exemple pour prouver la nécessité des preuves dans ces mémoires et il est vrai que l'intérêt public se trouve ici, plutôt que l'intérêt des particuliers, mais il ne tiendra qu'aux seigneurs du Beaujolais de trouver leur avantage dans la partie topographique de la province qu'on se propose de mettre au jour. Qu'ils suivent exactement l'avertissement mis à la tête du premier volume, qu'ils envoient leurs mémoires à l'auteur, et l'on fera en sorte de les placer chacun dans leur lieu ; au reste, je me suis conformé à l'avis d'un respectable magistrat[1] qui a pris la peine de parcourir ces mémoires, heureux s'ils peuvent plaire au public.

Des manufactures et du commerce du Beaujolais.

Avant-propos.

Il est superflu de parler ici de l'utilité du commerce, il n'est aucun citoyen qui n'en connaisse les avantages et des livres excellents sur cette matière, productions soit de l'étranger, soit du Français, l'ont assez prouvé.

La province du Beaujolais a son commerce comme les autres provinces de France ; un amas de faits et d'observations, des détails relatifs aux manufactures du Beaujolais, l'exposition des différentes branches de son commerce vont offrir un tableau assez intéressant pour engager le ministère à [le] protéger toujours. Ce tableau, ouvrage[2] d'une personne animée du zèle de son état, et vrai citoyen, fera l'ornement de ces mémoires ; on ne peut trop faire l'éloge de ceux qui, par inclination et par goût, se prêtent aux vues de quiconque cherche à donner des connaissances sur une province ; il est donc naturel de faire paraître ici, en entier, l'ouvrage de M. Brisson, inspecteur des manufactures du Beaujolais et de l'Académie royale des sciences et des beaux-arts de cette province.

On supprimera seulement ici la description du Beaujolais pour ne pas répéter ce qui a été dit dans les chapitres dix et onze de la première partie de ces mémoires ; on remettra simplement sous les yeux que le Beaujolais entre la Loire et la Saône, a l'avantage d'avoir comme deux bras pour communiquer à l'Océan et à la Méditerranée, d'avoir à ses deux extrémités deux grandes routes qui conduisent de Paris à Lyon et qui peuvent faire passer les denrées du nord au midi, il ne lui

---

1. M. Bertin, intendant de la généralité du Lyonnais, Forez et Beaujolais.

2. Le sieur Brisson, à la prière de l'auteur, a entrepris l'ouvrage que l'on donne ici, intitulé : *Mémoire pour servir à quelques parties de l'histoire du Beaujolais et surtout à celle des manufactures, du commerce de cette province* ; il l'a lu, au mois de mai 1757, à l'Académie de Villefranche.

manque qu'un troisième chemin [1] qui, se dirigeant du levant au couchant, formerait, à travers les montagnes, un commerce aisé. Ce chemin ferait prospérer toutes les branches du commerce de la province et peut-être même en verrait-on naître de nouvelles.

Le commerce consiste en vin, en toile de chanvre, en différents ouvrages mêlés de coton, en tanneries et en papeteries, on peut y joindre le débit de quelques planches et le produit des charrois sur les routes de Beaujeu et de Tarare à la Loire. Chacun de ces articles mérite d'être traité séparément.

Des vins du Beaujolais.

La vigne croît dans plusieurs cantons du Beaujolais, mais elle ne fait cependant un objet considérable d'agriculture que dans cinquante paroisses environ. Tous nos vins ne sont pas également bons, les médiocres se consomment dans le pays et aux environs, mais les meilleurs qui viennent de Chénas, Fleurie, Saint-Lager, Juliénas, etc., s'envoient au dehors et surtout à Paris; on vend aussi, pour cette dernière ville, les vins de quelques paroisses limitrophes du Roannais et alors on les fait passer pour être des bons cantons du Forez.

Des différents fruits de la terre du Beaujolais, les vins sont peut-être les seuls qui s'exportent, mais du moins ce sont sûrement ceux qui y répandent le plus d'argent. On a estimé le produit des vignes du Beaujolais à quatre cent trente mille ânées [2] dont il faut compter qu'au moins un tiers se consomme dans la province [3]. Si on suppose,

1. Ce chemin se trouve tracé sur la carte itinéraire du Beaujolais de M. Deville, ingénieur du roi, en chef, au département du Lyonnais, Forez et Beaujolais; il est même commencé et se perpétue, depuis le port de Riottier, sur la Saône, en tirant vers la montagne, de l'espace de trois quarts de lieue, il est à espérer qu'il sera continué dans un temps de paix. Celui de Tarare qui peut égaler les ouvrages des Romains, a coûté cinquante ans de travaux; celui-ci, à la vérité, difficile par les ponts qu'il faudrait construire et les coupures qu'il faudrait faire, demanderait autant de temps et de travaux mais, à mesure qu'il s'agrandirait, le commerce augmenterait et l'avantage deviendrait sensible dès les premières années de la construction.

2. L'ânée est une mesure de cent pintes de Paris.

3. Comme la province n'a certainement pas plus de cent mille habitants de tout âge et de tout sexe, cette consommation qui revient à plus d'une ânée et quart par

suivant l'avis de différentes personnes, que pour produire trois ânées de vin il faut généralement une bicherée de terre, c'est-à-dire la valeur d'un carré de quarante pas sur chaque côté qui contienne dans sa surface dix mille pieds carrés [1] il y aurait en Beaujolais 144 mille bicherées de terre employées en vigne, c'est environ six à sept lieues carrées et à peu près la quinzième partie de la province.

En estimant l'ânée à dix livres, le produit total de nos vignes sera de quatre millions trois cent mille livres, dont un tiers étant sur le compte de la province, elle ne vend que pour deux millions huit cent soixante six mille six cent soixante-six livres, treize sols, quatre deniers. On assure que tous les frais d'exploitation vont, année commune, à deux tiers, souvent presque aux trois quarts de la récolte, ainsi il ne resterait plus, pour les propriétaires de nos vignes, que douze cent mille francs environ à partager.

La culture des vignes semble prendre des accroissements continuels sur tous les coteaux qui peuvent y être propres, tandis que les manufactures de toiles s'étendent de plus en plus dans nos montagnes.

Des Manufactures de toiles.

Sans les fabriques, les parties montagneuses de notre province seraient infiniment moins peuplées ; si l'industrie n'y fournissait aux habitants les moyens de tirer d'ailleurs leur subsistance, leur nombre ne pourrait y être qu'en proportion exacte du produit des récoltes et, par conséquent, fort au-dessous de celui que nous y voyons.

tête pourra paraître excessive mais cependant on la croit vraie, il est encore vrai qu'elle ne suffit point, puisqu'on tire encore beaucoup de vins du Lyonnais et quelques-uns du Forez. Il faut considérer les passages continuels sur les deux routes, les foires fréquentes, les marchés nombreux, enfin l'usage où l'on est de boire beaucoup, tous les enfants du vignoble, en quittant la mamelle, boivent du vin et fort souvent pur.

1. Une bicherée contient six cents pas carrés, ce qui forme un carré de 40 pas sur chaque côté, le pas étant de deux pieds et demi, ce carré a 100 sur chaque face et par conséquent dix mille pieds carrés de surface. Or une bicherée faisant trois ânées il en faut environ 144 mille pour produire 430 mille ânées de vin, ces 144 mille bicherées contiennent un milliard 4 cent 40 millions de pieds carrés ce qui fait plus de 6 de nos lieues carrées, la lieue carrée ayant de surface 225 millions de pieds.

Malgré la nécessité des manufactures dans l'intérieur du Beaujolais, il ne paraît pas qu'elles y soient fort anciennes, on ne connaît rien qui puisse faire juger qu'elles fussent bien considérables avant le XVIᵉ siècle.

Ce fut dans ce temps que le seigneur de Thizy obtint la permission de lever, pour la réparation et entretien des halles de ce lieu, six deniers par chaque pièce de toile que l'on y viendrait vendre[1]. Dans le siècle suivant, les fabriques prospérèrent; ce n'était d'abord que des toiles de fil unies et ouvrées, mais on croit que, dès 1610, on commença à employer le coton[2].

Les marchands de Lyon tentèrent plusieurs fois que les fabriques du Beaujolais fussent transportées à Lyon pour y recevoir une marque de visite avant de pouvoir être vendues ; il est inutile de chercher les motifs secrets de cette demande, il suffit de savoir que les motifs secrets dont on se servait pour la soutenir n'empêchèrent pas qu'elle fût proscrite par arrêt du Parlement du 1ᵉʳ juin 1631 et 25 mai 1678.

En 1679, on dressa les statuts, tant pour les fabriques que pour les fabricants de Villefranche, Thizy et autres lieux de la province ; c'est à compter de cette époque que nos manufactures ont pris une certaine consistance par les règles qu'on y établit. L'année suivante[3], le Conseil accorda aux négociants de Lyon ce que le Parlement leur avait constamment refusé, mais, par arrêt du 4 avril 1682, il homologua les statuts de 1679, il institua, dans la province, des marques de visites pour nos toiles et toilerie, ce qui ruina pour toujours les prétentions des Lyonnais. Cette conduite que le Conseil tint presqu'au commencement de l'année 1682, marque assez ce qu'on doit penser de celle qu'il avait tenue en 1681, et qui y était si opposée ; la justice de la cause des habitants du Beaujolais était si évidente qu'elle ne tarda pas à se faire jour à travers de la supercherie.

1. Le titre de cette concession est émané de Henri II, je l'ai vu et M. de Thizy qui me l'avait montré ne put plus le retrouver, mais seulement les lettres confirmatives par les successeurs d'Henri II.

2. C'est une tradition du pays, elle se rapporte assez à ce qu'on lit dans le dictionnaire du commerce, art. du commerce de la généralité de Lyon, que la fabrique de futaine de basin a été apportée de Milan à Lyon en 1580, il est aisé de croire que, dans les trente ans qui suivent cette époque, on ait établi cette fabrique de la ville dans nos montagnes.

3. Arrêt du 14 juin 1681.

Les statuts de 1679 renferment des articles qui tendaient à ranger les fabricants de la province en corps de communauté ; c'était, conformément à ce que notre ministère demandait du commerce, des statuts marquant déjà les devoirs des maîtres, ceux des compagnons, ceux des apprentis. Cette sorte de police ne peut jamais subsister dans nos montagnes, il est même à souhaiter que l'on ne cherche point à l'y introduire, le peuple y varie ses travaux à son gré, il partage son temps entre la charrue et la navette. L'une supplée à l'autre, suivant la saison ou l'inconstance de l'air, et les temps les plus rudes n'auront point de jours inutiles pour les habitants de nos campagnes, tant qu'ils ne seront point asservis à des gênes rebutantes pour chacun d'eux en particulier et en général plus préjudiciables qu'avantageuses aux progrès de leur industrie.

L'établissement d'une communauté n'a pas même pu se soutenir parmi les seuls fabricants de Villefranche qui, étant rassemblés dans les mêmes murs, et toujours uniquement occupés de la fabrique étaient bien plus susceptibles d'une discipline suivie [1]. Quoi qu'il en soit, cette forme de police ne tend évidemment qu'à réduire le nombre des fabricants, sous le prétexte d'une plus grande perfection dans les manufactures, mais nos ouvrages ne sont point assez difficiles à exécuter pour exiger des précautions si dangereuses.

Comme nous n'avons en général que des marchandises communes et d'assez bas prix, elles ne peuvent donner aux fabricants qu'un profit proportionné à elles-mêmes et, par conséquent, médiocre ; on doit donc, autant qu'il est possible, tendre à le faire exploiter par ceux qui sont dans le cas de se contenter d'un gain léger ; ainsi il est bien important de ne pas éloigner les pauvres et c'est là l'effet le plus ordinaire des corps de métiers. Il est toutefois resté à Villefranche des vestiges de l'ancienne communauté qui en sont comme les débris ; les fabricants ont continué de former, entre eux, une confrérie sous la protection de sainte Anne, mais ils ne sont assujettis aux anciennes

---

1. On peut objecter à cette observation sur les fabricants de Villefranche que les statuts les incorporent avec ceux de la montagne et que ceux-ci peuvent travailler sans gêne, à cause de l'inobservation des statuts.

formalités ni à aucune dépense de communauté, qu'autant qu'ils veulent bien s'y prêter [1].

Peu après l'homologation des statuts de 1679, la Cour envoya un inspecteur pour veiller à l'observation des règlements de nos manufactures, et, en 1716, elle ordonna l'établissement de deux commis dans chacun des bureaux de visite de Villefranche et Thizy. Dès 1683, il y eut aussi un bureau de visite à Amplepuis et, en 1717, on y mit deux commis [2], mais on n'en mit qu'un seul pour chaque bureau qui furent établis par la suite à Lay, à Beaujeu, à Chamelet et dans plusieurs autres endroits [3] ; on n'en a conservé que dans les lieux qui viennent d'être nommés.

Tel est dans cette province l'état de la régie actuelle des manufactures de toiles, pour la perfection et l'accroissement desquelles on a fait une foule de règlements ; le principal de tous, mais non pas le dernier, est celui du 8 mai 1736, confirmé par lettres patentes du 18 du même mois, les postérieurs ne sont guère que des interprétations de celui-ci, on ne remonte pas communément aux antérieurs dans les affaires qui surviennent. La connaissance de ces affaires appartient à un tribunal dont la juridiction s'étend sur toute la province, il s'appelle la chambre des manufactures du Beaujolais ; le maire de Villefranche y préside et, en son absence, le subdélégué de l'intendance ; il est encore composé des échevins de Villefranche. C'est depuis une quinzaine d'années qu'on a ajouté, à cette juridiction, deux juges, savoir un officier du bailliage et le subdélégué ; ces juges connaissent, en première instance, les contraventions concernant les manufactures et jugent en dernier ressort jusqu'à la concurrence de cent cinquante livres. L'inspecteur des manufactures de la province y doit faire à peu près les fonctions du procureur du roi [4].

1. Cette confrérie nomme des syndics et est sujette aux ordonnances de police, ses statuts sont homologués au bailliage de Villefranche et est la plus nombreuse.

2. Voy. les arrêts du 9 janvier 1683 et du 16 mars 1717.

3. Voy. la déclaration du roi du 16 décembre 1719, et l'arrêt du 6 août 1730.

4. L'édit de la création de cette chambre est l'édit du mois d'août 1669, on peut consulter d'ailleurs, sur cette juridiction, l'ordonnance de M. l'intendant, du 5 mai 1732, l'arrêt du 4 janvier 1736, celui du 16 septembre 1738 et celui du 14 mars 1739. Quant à ce qui concerne l'inspecteur, voyez l'arrêt du 21 mai 1691 et le tome premier du recueil in-4° des règlements des manufactures.

Toutes les manufactures se réduisent à deux genres qui se subdivisent en plusieurs espèces : les toiles qui sont ouvragées, où il n'entre absolument que du fil, et les toileries qui sont composées de fil et de coton [1].

On ne connaît presque pas [dans] nos fabriques, l'emploi du lin et le chanvre qu'on y met en œuvre se tire ordinairement tout filé du pays circonvoisin ; la Bresse, le Mâconnais, le Bourbonnais, le Charolais, le Forez, le Lyonnais, la Dombes reçoivent annuellement de notre province des sommes considérables pour l'achat de leurs fils. On estime que les sommes que nous y versons peuvent aller à plus de treize cent mille livres chaque année. On filait autrefois plus de chanvre dans notre province que l'on en file à présent, mais alors il en coûtait bien davantage pour le coton qui se tirait du Levant tout filé. M. Grobert, inspecteur de nos manufactures en 1735, apprit aux habitants de nos montagnes à filer le coton, il conserva par ce moyen, dans la province, beaucoup d'argent qui la dédommage bien du peu qu'elle donne de plus à ses voisins. Cet inspecteur, en introduisant la filature du coton, rendit un service essentiel à la patrie. Cet établissement, plus solide que brillant, retient dans le pays des familles qui auraient été forcées de l'abandonner, les enfants se rendirent utiles dès l'âge le plus tendre et prennent peu à peu l'habitude du travail que les bonnes mœurs accompagnent ordinairement ; les vieillards, les infirmes trouvent une subsistance suffisante dans une occupation facile et tombent plus rarement à la charge de leur paroisse ; les femmes, dans le courant de la journée, peuvent encore gagner de quoi se nourrir en ne travaillant que dans les intervalles que leur laisse le soin de leur ménage ; la population s'accroît par le pressentiment d'un sort heureux pour les enfants, les consommations et l'aisance générale augmentent la valeur des biens fonds.

1. Le mot toilerie est un terme générique dont la valeur n'est pas bien déterminée et tient comme un milieu entre les mots toiles et étoffes, quoique plusieurs de nos ouvrages puissent bien mériter de passer pour étoffes, soit à cause de la force de leur tissus, soit à cause de leur usage. En mil sept cent cinquante-trois, les commis de la douane ayant voulu percevoir sur nos velours de gueux des droits plus forts, sous prétexte qu'ils étaient réputés étoffes, le Conseil jugea à propos de faire cesser cette perception et ne voulut souffrir qu'elle fut plus étendue que sur les autres marchandises.

J'insisterais bien volontiers sur cette dernière particularité qui est très importante, si ce n'était pas un fait bien connu de tous ceux qui sont instruits de l'état ancien et actuel de notre province.

Malgré les avantages évidents de la filature du 'coton, elle n'est pas encore universellement établie dans le Beaujolais et nous tirons tout filé, de Malte ou du Levant, à peu près le quart du coton qui s'emploie dans nos manufactures. Tous les ans notre filage fait des progrès et l'attention que le Conseil y donne ne peut que le multiplier; le produit de cette industrie peut aller actuellement à cent cinquante mille livres chaque année, et, soit pour le coton en laine, soit pour le coton que nous tirons tout filé de l'étranger, nous leur payons actuellement trois cent mille livres, pour cette matière.

Il faut observer qu'on n'a point compté encore le profit de plusieurs ouvriers de notre province qui filent pour nos fabricants du lyonnais. En tout il n'y a guère moins de quatre mille rouets en Beaujolais, il y a bien autant de métiers et si l'on réfléchit au nombre de personnes occupées soit à préparer les matières, soit à les façonner, soit à faire fabriquer les marchandises et les vendre; soit à les apprêter et à les rendre, il semble que l'on ne peut pas compter moins de douze mille personnes, de tout âge et de tout sexe, vivant du seul produit de ce genre d'industrie [1].

On peut évaluer le total de la somme qui se distribue aux fileuses et autres ouvriers tisserands et apprêteurs à neuf cent mille francs par an. Il est aisé de sentir qu'il faut que nos ventes au dehors excèdent de cette valeur et même au delà ce qui nous en coûte pour les matières brutes ou préparées que nous employons; outre le chanvre et le coton, nous achetons encore des drogues pour la teinture et quelques cendres de bois pour les lessives [2].

---

1. Il y en aurait beaucoup plus si nos fils se filaient dans la province, mais, comme je l'ai déjà observé, la plupart se filent aux environs; le tout doit aller à près de dix mille quintaux dont la livre se vend depuis 18 sols jusqu'à quarante, plus des bas prix que des autres; les dix mille quintaux occupent plus de douze mille fileuses qui gagnent par leur industrie, sept à huit cent mille francs, ce qu'elles reçoivent de plus est pour le prix du chanvre.

2. C'est chez les particuliers du Forez que l'on va acheter la plus grande partie de ces cendres, mais en tout ce n'est pas un objet considérable.

Avant de parvenir à l'état de prospérité où sont nos manufactures, elles ont souffert plusieurs révolutions; suivant le mémoire de M. d'Herbigny, intendant de Lyon, fait en 1698 pour M. le duc de Bourgogne[1], nos fabriques avaient été dans un état brillant d'où elles étaient alors bien déchues, ce dépérissement devenu encore plus grand en 1708 et 1709, elles tombèrent presque totalement par les calamités qui désolaient tout le royaume et qui suspendaient toute consommation, elles se sont rétablies peu à peu pendant la paix qui suivit les traités d'Utrecht et de Rastadt, mais la guerre avait absolument fermé quelques débouchés qui ne se sont pas rouverts depuis. On envoyait auparavant du linge de table en Piémont et en Savoie[2] ; on faisait, dans le Levant, un débit considérable de nos futaines, de nos toiles de coton, mais, dès 1700, ces deux branches de commerce avaient souffert une diminution considérable.

On a conservé des correspondances que l'on forma, dit-on, pendant la guerre pour la succession d'Espagne, avec différentes places d'Espagne et d'Amérique, ce sont les seuls pays étrangers où l'on envoie nos marchandises, beaucoup plus de celles qui ne sont composées que de fil que celles qui sont mêlées de coton. Ces dernières sont prohibées en Espagne.

Nos toiles et toileries se distribuent dans toute la France, mais surtout en Bourgogne, en Franche-Comté, en Lorraine, en Alsace et dans les provinces, tant méridionales qu'au delà de la Loire ; le bon marché auquel nous pouvons les donner est le moyen le plus sûr de leur procurer un débit considérable. Le Conseil l'a si bien senti qu'il a singulièrement favorisé notre province à l'égard des droits qui se perçoivent dans le royaume[3].

1. Voyez l'*Etat de la France* par M. le comte de Boulainvilliers.
2. Tradition du pays.
3. Voyez un arrêt du 21 septembre 1700, rendu sur la requête des Lyonnais; ils prétendaient que les fabriques de futaine ou de basin avaient diminué dans cette généralité, à cause d'une augmentation faite sans doute dans la vue d'encourager la filature parce que les droits sur les cotons étaient restés à un taux médiocre, mais les Lyonnais soutinrent que les cotons du Levant étaient les seuls qui fussent propres à nos manufactures qu'ils ne pouvaient pas se filer en France, par conséquent que l'on était obligé d'user du coton filé au Levant, que les droits d'entrée imposés sur le coton

Le fermier voulait qu'elle fût regardée comme province réputée étrangère[1] et il l'avait fait même décider par arrêt du 2 mai 1683.

Sur les représentations de Mlle de Montpensier et sur celles du syndic de la province, il fut rendu, le 25 juillet 1684, un arrêt qui nous était plus favorable et qui nous rendit notre ancien état. Un autre arrêt du 10 avril 1717 a confirmé celui de 1684 et le Beaujolais est toujours regardé comme province de la ferme.

Soit en vertu de cet arrêt, soit par la négligence du fermier, les marchandises que nous envoyons dans celles des provinces réputées étrangères qui se trouvent, à notre égard, au delà de la Loire, ne paient point le droit du tarif de 1664, non plus que toutes celles que nous expédions pour toutes les provinces de la ferme ; sur ce que nous en faisons passer en Alsace, Lorraine, Franche-Comté, on prend vingt-cinq sols par quintal et c'est tout ce qu'on peut exiger sur nos toiles en faisant même l'interprétation la plus favorable, pour le fermier, que l'on puisse donner aux arrêts de 1684 et 1717.

En 1754, les fermiers, prétendant que le Forez était une province réputée étrangère, voulaient exiger des droits sur les marchandises que le Beaujolais y portait et sur celles qu'il en recevait ; ils en levaient aussi sur ce qu'on envoyait en Auvergne, en Limousin etc., mais les perceptions furent arrêtées, la Cour défendit aux fermiers toute innovation dans l'ancienne levée des droits sur nos toiles qui, depuis un temps immémorial, ne paient rien dans les lieux où l'on voulait commencer à lever des droits : ainsi, à l'exception de quelques provinces de Suisse, d'Allemagne et des différents droits de douane, nos marchandises jouissent par tout le royaume d'une exemption générale, qui fait un des principaux soutiens de notre commerce.

l'ayant bien renchéri, les futaines et basins avaient bien augmenté de prix, ce qui en diminuait le commerce. Cela était bien en apparence, mais les cotons filés en France sont très bons et ceux d'Amérique de très bon usage.

1. Le royaume de France est partagé relativement aux fermes et droits de leur perception en deux parties ; les unes sont réputées étrangères et on les appelle autres provinces de la ferme, les provinces qui ne voulurent point payer le droit des aides furent réputées étrangères et, pour les punir, on faisait payer, non seulement sur les marchandises qu'elles recevaient de leurs voisins, mais encore sur celles qui sortaient de chez eux, quoique le Beaujolais ne soit pas compris dans les provinces de la ferme il y est cependant selon M. d'Herbigny et de Boulainvilliers.

Quant aux envois hors du royaume, on sait que, par arrêt du
13 novembre 1743, toutes les toiles de France ne devaient aucuns
droits; indépendamment de ces sortes d'encouragements généraux, la
Cour en donne de particuliers pour nos manufactures; on a donné des
gratifications à plusieurs fabricants, on a dédommagé d'autres des frais
de quelques essais; on fait distribuer des rouets et des cardes aux
pauvres; par tous ces moyens, nous avons tout lieu d'espérer que nos
fabriques de toiles continueront de s'étendre dans les cantons où l'ari-
dité du terroir les rend encore plus nécessaires. Mais dans l'état où elles
sont, elles forment un mouvement de plus de trois millions et, par conséquent, l'objet de l'industrie la plus considérable que nous ayons.

Des tanneries du Beaujolais.

Les tanneries ne sont presque rien en comparaison du commerce de
la toile, il y en a dans plusieurs endroits de la province, mais il n'y a
guère qu'à Villefranche où quelques particuliers s'y soient adonnés
avec certain succès; on prétend qu'en général elles sont médiocrement
bien exploitées [1].

Des papeteries du Beaujolais.

Les papeteries forment encore un moindre article de commerce,
nous n'en avons que trois qui occupent à peine trente ou trente-cinq
personnes; elles sont cependant assez bien montées, les papiers se
consomment à Trévoux, en Beaujolais et à Lyon, même à Paris.

On en fabrique de presque toutes les dimensions permises [2] et, sans
être bien beau, il est communément assez bon. Les fabricants de papier
ont des privilèges fort étendus qui leur ont été donnés sans doute pour

---

1. Il se fait à Villefranche un débit considérable de souliers, la confrérie de Saint-
Crépin est composée de plus de cent vingt maîtres ou compagnons, mais il en est peu
qui emploient de bons cuirs, parce que les tanneurs ne les laissent point assez dans les
fosses; il serait à souhaiter, pour le public, qu'il y ait des inspecteurs dans cette partie
là.

2. Les dimensions et même le poids des papiers sont fixés par des règlements dont
l'exécution est confiée aux soins de l'inspecteur des autres manufactures.

faire prospérer cette sorte de manufacture, mais les frais de la construction et même de l'entretien des moulins sont considérables, ce sont de fortes raisons qui empêchent que le nombre de nos papeteries n'augmente et qui sont la cause du dépérissement de deux ou trois qui existaient.

Du commerce des planches de sapin.

Parmi les différentes parties du commerce général de notre province, il n'y en a pas, ce me semble, où le profit soit plus réel que celui de la vente des planches de pin et de sapin qui se transportent à Roanne et à Villefranche; mais ce n'est pas un objet bien considérable, surtout si l'on ne compte que ce qui se vend absolument hors de la province, la façon des planches coûte peu parce qu'elles sont communément débitées par des scies à eau auxquelles un seul homme peut veiller et présenter le bois. On assure que chacune de ces scies fait le travail de trois hommes.

Des voitures et transports dès vins et autres marchandises.

Ce dernier objet d'industrie mérite la plus sérieuse attention, nous voiturons une quantité de vins de Beaujolais et de Bourgogne jusqu'à la Loire et le profit de ces voitures a été plusieurs fois à plus de cent cinquante mille livres.

On va prendre à Tarare, pour conduire jusqu'à la Loire, des vins de Condrieu ou du Languedoc avec des marchandises de toutes espèces qui, par le moyen de ce fleuve, se distribuent jusqu'aux extrémités de la France. Quelques particuliers de notre province vont même charger à Lyon; on prétend qu'elle gagne encore pour les voitures, quatre-vingt mille livres par an.

Cet objet augmente jusqu'au quadruple dans les temps de guerre, parce que le transport par mer est alors considérablement gêné; pour l'ordinaire on peut donc estimer le total de nos charrois à près de deux cent trente mille livres.

On est tenté de voir avec plaisir une somme si considérable se répartir, tous les ans, entre les habitants de quelques-unes de nos paroisses;

elle leur facilite le payement des impositions et des fermes; ils se trouvent moins pressés de vendre leurs denrées; mais tous ces avantages spécieux ne paraissent pas soutenir un examen réfléchi et, s'il est vrai qu'ils soient réellement utiles à quelques particuliers, ils sont, ce me semble, absolument contraires à l'intérêt général de la province. C'est du moins ce que plusieurs raisons peuvent engager à croire.

Plus on fait de charrois, plus les bestiaux sont fatigués, on perd une grande partie des fumiers, on donne moins de labours; on ne cultive que les meilleures terres; on néglige les médiocres et on abandonne celles qui demandent beaucoup de culture pour rapporter au delà de la semence qu'on dépose dans le sein de la terre.

Considérations sur les terrains.

On ne doit pas sans doute attribuer la médiocrité de nos récoltes uniquement au défaut de labour et d'engrais; la mauvaise qualité de nos terres en général n'est que trop apparente, mais c'est une raison de plus pour souhaiter qu'on les cultive avec tout le soin qu'elles demandent.

Dans plusieurs cantons les terres sont froides aqueuses et glandeuses, en terme du pays, et ne pourraient être parfaitement desséchées qu'avec des frais considérables; il y en a beaucoup que les gelées gonflent et qui s'affaissent au dégel, en sorte que les pieds du grain restent à découvert, ce que l'on nomme déchaussé. On n'a point encore de remède contre ce mauvais effet et le plus court, dit un auteur économique, est de ne semer que des maïs dans ces terres [1].

Dans d'autres endroits, la terre n'est qu'une sorte d'argile extrêmement compacte dont on ne tire rien qu'à force de la desserrer et de l'échauffer par des cendres [2].

La surface de notre province n'est, dans l'intérieur, qu'un rocher couvert de quelques pouces de terre et, le plus souvent, tout à fait à

---

1. Voyez le *Journal économique* du mois de janvier 1755, p. 83.

2. Ces terres froides s'endurcissent et se collent pour ainsi dire, elles ont un si grand besoin de travail et de patience que la nouvelle culture des terres suivant M. Duhamel n'a pas eu de succès à la première année, quoiqu'elle réussisse si bien ailleurs. Voyez le *Journal économique* à la page citée.

découvert. Il y a même telle paroisse dans laquelle, à l'exception des prés ou des jardins, il serait difficile de tracer une enceinte de cinquante pas en carré où il y eût partout un demi-pied de terre.

Dans bien des endroits, la qualité de la terre n'est pas mauvaise, mais il n'y en a point assez; la pierre sort de tous côtés, c'est là ce qui rend les dégâts des pluies et des grêles encore plus terribles parce qu'elles entraînent les terres et ne laissent que le rocher. Il serait à souhaiter qu'on plantât des pins et des sapins pour tirer partie de certains cantons. Il est très certain que l'on gagnerait beaucoup plus car, selon toute apparence, ils y viennent très bien. Quand même on n'aurait point en vue d'en tirer par la suite de la poix et du goudron comme on pourrait le faire, on mettrait du moins en valeur beaucoup de coteaux, dont ces arbres, soutenant les terres, empêcheraient qu'elles ne fussent facilement dégradées par les pluies; pour voir si ce moyen serait plus avantageux, il faudrait premièrement examiner la nature du terrain, calculer premièrement les dépenses que l'on fait, soit pour brûler cette terre au bout de neuf ou dix ans, et si, par malheur, la grêle ou un temps défavorable arrive, la perte est des plus certaines.

De là on peut facilement conclure que ce serait le meilleur parti à prendre pour certaines terres.

Aux environs de Villefranche, les terres sont très bonnes et produisent tout ce que l'on dépose dans leur sein. Depuis quelques temps, on sème des truffes avec assez de succès dans la montagne. Ce fruit fait une partie considérable de la nourriture du peuple dans les endroits qui le produisent, les animaux s'en nourrissent et on tire des provinces voisines de quoi suppléer au défaut des grains [1].

Les foins passent pour être assez bons en Beaujolais, mais ils n'y sont point fort abondants et même, dans plusieurs endroits, ils ne sont pas de qualité nécessaire pour qu'on y puisse faire des engrais de bestiaux. Ils s'y vendent toujours assez bien parce que la rareté de la paille

---

1. Malgré ce qu'on a dit du grand usage des truffes et de l'étendue du Beaujolais, on ne doit pas être surpris que nous tirions encore une grande quantité de blé ou de farine de nos voisins. Indépendamment du peu de fertilité de la province, les montagnes ne rapportent point, à raison de leur surface, comme font les plaines, ce qui est prouvé incontestablement tous les jours par l'expérience.

de froment fait qu'on ne nourrit les chevaux qu'avec du foin. Les passages fréquents sur les deux routes en consomment encore beaucoup; d'ailleurs on peut encore observer que, depuis quelque temps, il y a beaucoup plus de chevaux à nourrir, à cause de l'augmentation du commerce qui met plus de gens dans le cas de voyager. Il est bien à remarquer que l'on convertit autant que l'on peut beaucoup de terres en prés, ce qui est une preuve évidente d'un grand débit des foins, mais qui tourne au préjudice de l'agriculture parce que ce sont les meilleurs fonds que l'on convertit ainsi.

Un autre produit de la terre qui devient tous les jours plus précieux, c'est le bois; il est déjà cher dans plusieurs endroits de la province et on cherche à y suppléer par le charbon de pierre dans quelques poêles et les fourneaux des blancheries. Ce charbon se tire du Lyonnais ou du Forez. Il serait bien avantageux que l'on pût en découvrir dans la province quelques mines; mais soit par la faute des ouvriers, soit parce que réellement nous n'avons point de ces mines, les tentatives que l'on a faites n'ont point réussi, ou n'ont produit tout au plus que du charbon en petite quantité.

De la plantation des mûriers en Beaujolais.

Je ne dois point oublier ici la plantation des mûriers blancs qui réussissent très bien dans la plaine en Beaujolais. Si, comme le dit un auteur moderne, les mûriers et la vigne se plaisent dans la même terre et aux mêmes expositions [1], nous avons lieu d'espérer que ces arbres multiplieront tous les jours dans plusieurs parties de la province [2]. La

1. Voyez le traité des mûriers blancs et des vers à soie publié en 1754.

2. Ces arbres se plaisent beaucoup et viennent bien dans la paroisse de Reneins et aux environs de Villefranche parce que quatre ou cinq paroisses qui se joignent, telles que Reneins, Quilly, Béliguy, Limas et Pommiers ont beaucoup de terrains sablonneux qui fournissent une feuille de nature à produire de belle soie. Le sieur de Valière, depuis une cinquantaine d'années, en a fait planter à Reneins plus de douze mille pieds et a fait faire de la soie que les marchands ont reconnue plus belle que celle d'Italie ; elle vaut un écu par livre plus que la soie ordinaire. Depuis sept à huit ans, on fait de la soie à Villefranche qui réussit aussi mais qui n'est pas si belle que celle de Reneins. Quelques particuliers, autour de cette ville, ont fait des plantations

Cour semble le désirer beaucoup et on sait qu'elle donne, pour cette culture, un assez grand encouragement[1].

Des moutons.

On ne peut pas se flatter de voir jamais des troupeaux de moutons bien nombreux en Beaujolais; nos montagnes abondent à la vérité en thym et autres petites herbes propres à ces animaux, mais les hivers sont souvent longs et rigoureux et le peu de moutons que nous avons ne vivent guère que de feuilles sèches, quand la terre est couverte de neige; il faudrait pouvoir faire descendre les troupeaux dans les plaines quelquefois, depuis novembre jusqu'en avril qu'on les remènerait alors dans les montagnes. Ç'est ainsi qu'on en use dans le Languedoc, dans l'Espagne et dans la plupart des lieux où l'on élève beaucoup de moutons. Au surplus, si l'on pensait jamais à encourager cet objet[2], il faudrait faire venir des béliers et des brebis d'une plus belle espèce que celle que nous avons.

Du privilège du Beaujolais à l'égard du droit de franc-fief.

Le Beaujolais jouit de plusieurs privilèges et celui d'être exempt des droits de francs-fiefs est un de ceux qui paraissent le plus assuré par les contestations sans nombre qui sont intervenues de la part des fer-

considérables de mûriers, mais ont péri leurs arbres en cueillant leurs feuilles de trop bonne heure.

1. On a donné douze sols par mûrier d'une hauteur et d'une grosseur fixées. Voyez l'ordonnance de M. l'Intendant de la généralité du Lyonnais, Forez et Beaujolais du...

2. Auparavant le commerce des toiles dans le Beaujolais on sait, par tradition, qu'il y avait à Villefranche quantité de manufactures de draps; il est encore des paroisses, dans le Beaujolais, qui ont des troupeaux de moutons dont la laine est encore assez fine, nommément dans la paroisse de Saint-Etienne-la-Varenne et, sans doute, que l'on fabriquait les laines du pays. Ce commerce n'a plus lieu et Villefranche n'a que deux ou trois fabricants de gros drap. Sans doute que le Beaujolais ayant plus de forêts et moins de vignes pourrait contenir en lui-même plus grande quantité de moutons. Ayant bien examiné le pays, il me paraît bien difficile de pouvoir rétablir cette branche de commerce.

miers du domaine en différents temps et par les décisions de nos rois en faveur de cette province.

L'exemption du droit de franc-fief du Beaujolais prend naissance dans les lettres patentes accordées par le roi Louis XI [1], au duc de Bourbon et d'Auvergne, baron de cette province, au mois de novembre suivant, par lesquelles, enregistrées en 1475, au Parlement, le 10 décembre, il fut porté que, dorénavant, il ne serait envoyé, au pays dudit duc de Bourbon, aucun commissaire pour les francs-fiefs et *nouveaux acquêts et que si aucuns étoient envoyés, le duc de Bourbon, ses successeurs et gens d'affaire ne seroient tenus d'y obéir*. D'autres lettres patentes du même souverain du mois de juillet 1476, également registrées au Parlement du dix-sept du même mois, ordonnent, comme les précédentes, que s'il arrivait qu'aucuns commissaires fussent envoyés dans les terres et seigneuries du Forez, Beaujolais, Roannais et autres pays appartenant au duc de Bourbon, pour raison des droits de francs-fiefs, les habitants ne seraient point tenus d'y obéir, ledit seigneur roi les en exemptant perpétuellement. Charles VIII, par ses lettres patentes du mois d'août 1490, confirma les mêmes privilèges.

Le Beaujolais ne jouit guère plus d'un siècle paisiblement de l'exemption qui lui avait été accordée. Sous le règne de Henri III il y eut des taxes faites sur les habitants pour le franc-fief et nouveaux acquêts ; on procéda, à refus de payement, par saisies sur leurs héritages. Le duc de Montpensier, baron de cette province, intervint dans l'instance pendante par devant les commissaires nommés par le roi en la Chambre du trésor à Paris ; il envoya en vain le privilège d'exemption porté par les lettres patentes dont on vient de parler et deux arrêts du Parlement qui avaient ordonné l'exécution, en date des 31 décembre 1557 et 4 juillet 1558. Le procureur du roi de la Chambre observa que les droits de franc-fief étant dus dans toute l'étendue du royaume, il n'était pas naturel que le Beaujolais jouît seul de leur exemption ; que ces droits étant domaniaux n'avaient pu être donnés, remis, ni perpétuellement affranchis par Louis XI et que, par tel don,

1. Louis XI accorda l'exemption du droit de franc-fief et nouveaux acquêts pour toujours en Beaujolais, en faveur du mariage contracté, en 1574, entre Pierre de Bourbon, 24e seigneur de cette province, et Anne de France, fille de ce roi.

il n'avait pu préjudicier à ses successeurs; que d'ailleurs le privilège concédé était personnel aux ducs de Bourbon dont la branche masculine s'était éteinte dans la branche de Charles de Bourbon, au moyen de quoi le privilège se trouvait expiré.

Ces raisons prévalurent devant les commissaires de la Chambre du trésor; il intervint un jugement le 20 avril 1581, qui, sans s'arrêter à l'intervention du duc de Montpensier, ordonna l'exécution des taxes imposées sur les habitants du Beaujolais[1].

Le 29 décembre 1652, Louis XIV rendit une déclaration confirmée par celle du 2 juin 1656, par laquelle il fut ordonné que le droit de franc-fief serait payé dans toute l'étendue du royaume, nonobstant tous dons qui pourraient avoir été faits, lesquels demeureraient révoqués; en conséquence, il y eut des impositions dans chaque généralité; l'élection du Beaujolais fut taxée avec une somme de quinze mille livres.

Mlle de Montpensier, lors baronne du Beaujolais, qui honorait cette province d'une protection particulière, présenta, à ce sujet, une requête au roi, expositive des privilèges du Beaujolais. Il fut statué par un arrêt du conseil du 18 octobre 1658, qui ordonna que la somme de 15.000 livres imposée dans l'élection du Beaujolais pour supplément du quartier d'hiver, serait levée et payée par les contribuables aux tailles dudit pays, en conséquence du département qui en avait été fait par le sieur de Champigny, intendant de Lyon, sans que ladite imposition puisse nuire ni préjudicier en quelque sorte et manière que ce soit aux privilèges et exemption des francs-fiefs et nouveaux acquêts dont les habitants du pays du Beaujolais sont en possession de jouir, en vertu des lettres patentes vérifiées au Parlement, auxquelles Sa Majesté déclare n'avoir point entendu déroger en vertu de ladite imposition. En considération de quoi, Sa Majesté ordonna au sieur de Champigny, procédant par lui au prochain département des tailles, d'avoir égard au soulagement de ladite élection. La plupart des privilèges ne sont que des titres chimériques exposés à être confirmés trop souvent;

---

1. Baquet, tome 2{e}, *Traité des fiefs*, chap. 14, n{os} 5, 6 et 7. La vérité n'a pas permis de passer sous silence cet événement; on ne pense pas que, depuis cet époque jusqu'en 1656, le Beaujolais eût été assujetti à de nouvelles taxes.

les prérogatives qu'ils transfèrent ne dédommagent pas de ce qu'il en coûte pour se les conserver.

Il en coûta quinze mille livres aux habitants pour être maintenus dans l'exemption des droits de francs-fiefs qui leur avait été accordée gratuitement par les titres les plus authentiques. L'intention de Louis XIV n'avait pas été de déroger aux concessions faites à cette province par ses prédécesseurs, puisqu'il donnait, sur les tailles, une espèce d'indemnité de taxe qu'il avait imposée à titre de franc-fief.

Sur la fin du dernier siècle, les guerres qu'eut ce même prince à soutenir contre plusieurs puissances liguées, déterminèrent les peuples à faire de nouveaux efforts. Les habitants de la généralité de Lyon firent des offres de trois cent mille livres pour être maintenus et conservés dans leurs privilèges. Les offres furent acceptées et, par arrêt du conseil du 13 novembre 1693, les habitants de la ville de Lyon furent déclarés n'être plus sujets à aucune taxe pour les terres par eux tenues, dans la liberté de posséder des francs-fiefs, jusqu'à concurrence de cinquante livres de revenus seulement. Quant au Beaujolais, il fut conservé par ce même arrêt dans l'exemption entière du droit de franc-fief [1]. Des ratifications aussi formelles semblent ne donner plus de prises aux tentatives du fermier du domaine, il ne laissa pas cependant d'exercer des contraintes, en 1723, contre plusieurs particuliers de cette province, mais ceux-ci en furent déchargés par une décision du conseil du vingt-neuf décembre de la même année.

Moins découragé par le peu de fruit des démarches de son prédécesseur qu'enhardi par l'appât du lucre, le fermier actuel vient de renouveller ses prétentions ; des contraintes, taxées de sa part, mettent plus de trois cents propriétaires de fiefs à la veille d'être exécutés, s'il réussit. M. l'Intendant a renvoyé la décision de la contestation au Conseil privé.

Le pivot sur lequel porte la réclamation du fermier des droits de

---

1. Voyez l'arrêt dans les preuves de ces mémoires qui y est rapporté tout au long. Le préambule de l'arrêt est digne de remarque pour ce qui concerne les terres en franc-aleu de la généralité. La province du Beaujolais entra pour sa part, pour le payement de ces trois cent mille francs et des trente mille livres, pour les deux sols pour livre qui furent offertes ; on peut dire que cette confirmation du privilège de cette province ne fut pas gratuite.

francs-fiefs sur le Beaujolais est la grande maxime d'inaliénabilité du domaine de la couronne, joint aux édits de 1656 et de 1672 qui assujettissent tous les roturiers au payement des droits expliqués par ces édits, nonobstant tous dons qui pourraient avoir été faits. C'est sur ce principe, selon lui, que tant de villes et de provinces alléguant de pareils privilèges et invoquant de semblables lettres patentes des règnes précédents, paient actuellement ce droit, malgré leur exemption prétendue, d'où il infère que le Beaujolais doit subir le même sort; mais le fermier affecte d'éluder les exceptions légitimes qui militent en faveur du Beaujolais: on va les démontrer.

Le souverain est le maître d'engager ou d'aliéner son domaine ; cette faculté est l'effet de son pouvoir absolu qui n'a point d'autres bornes que sa volonté ; mais, comme ces aliénations n'ont souvent d'autres sources que les besoins pressants de l'État, il est passé pour constant dans les maximes fondamentales du royaume que ces sortes d'aliénations ne sont que momentanées et qu'elles n'ont d'effet que pendant le règne du souverain qui les a souscrites et de celui qui les a confirmées. Tout privilège tendant au démembrement de ce domaine sacré n'est, par cette raison, jamais censé cédé à perpétuité. Le règne de celui dont est émanée la grâce expiré, son successeur est en droit de revenir contre ce démembrement des biens de la couronne avec cette distinction que, si la concession n'est pas gratuite, il est naturellement tenu de rembourser à l'engagiste la finance en indemnité par lui donnée du privilège accordé. C'est cette dette de l'État pour laquelle le payement tient lieu de nantissement et dont le créancier ne peut être déchu qu'au moyen de ce remboursement; première exception qui, dans les principes de l'équité naturelle et du droit public, n'est pas susceptible d'une contradiction légitime. Il en est une seconde de la même considération. L'aliénation du domaine, ou, ce qui est la même chose, l'exemption de quelques droits annexés au domaine, doit avoir son exécution tant que [dure] le règne du souverain qui en est l'auteur comme pendant la durée de celui qui l'a confirmé. Si le successeur en effet l'approuve, la confirme et la ratifie, par quelque acte que ce soit émané de sa volonté, cette confirmation est une nouvelle grâce, un engagement personnel qui donne une nouvelle vie au privilège, le perpétue et l'étend pendant tout le règne de ce successeur, parce qu'il n'y a réellement point de différence entre accorder un privilège et confirmer celui qui subsiste, quand on est libre de l'éteindre. L'un et l'autre sont la suite du même pouvoir et de la même libéralité.

De ces deux vérités il résulte que, si les habitants du Beaujolais n'invoquent, comme en 1581, que les lettres-patentes de Louis XI et de Charles VIII, la concession de l'exemption des droits de francs-fiefs par eux prétendue pouvant être regardée comme surannée et gratuite, on emploierait peut-être victorieusement, contre eux, l'inaliénation à perpétuité des droits contre eux, mais leur hypothèse a bien changé depuis ces époques reculées et deux circonstances qui leur sont particulières le distinguent essentiellement des autres provinces qui, nonobstant d'autres privilèges, ont été assujetties à la prestation des droits de francs-fiefs.

La première est qu'outre ces lettres patentes dûment enregistrées et les arrêts confirmatifs, le Beaujolais a été, par les arrêts du Conseil du 18 septembre 1658 et 17 novembre 1693, maintenu dans l'exemption entière des droits de francs-fiefs, exemption qu'on ne saurait envisager à titre de pure libéralité, puisqu'elle a eu pour motif la finance de 15.000 livres, payée en 1658, et partie de la finance de 300.000 livres, affectée et payée par les habitants du Beaujolais, non à titre d'abonnement, mais pour la conservation pleine et entière du privilège reconnu et cimenté par l'autorité du souverain.

Or l'équité du prince, ainsi dédommagé de la privation de quelques droits modiques par une finance considérable, répugne à les exiger de nouveau par ses sujets, sans égard à la confirmation d'un privilège aussi formellement maintenu et à une indemnité employée aux besoins de l'État pour se racheter, une fois pour toutes, du capital de cette sorte de droit. S'il en était autrement, la condition du Beaujolais se trouverait pire que celle des autres provinces, puisque, malgré le privilège accordé et la confirmation de ce privilège acquise moyennant finance, il se verrait assujetti à une prestation dont l'estimation lui aurait coûté des sommes immenses en pure perte.

L'arrêt du Conseil de 1658 et celui de 1693 renferment donc, comme on le voit, une confirmation bien formelle du privilège anciennement concédé, une exemption cimentée par tout ce qui caractérise la puissance législative. Il ne faut plus l'envisager comme un privilège furtif, usurpé dans le malheur des temps et accrédité par une simple tolérance. Les lettres patentes de nos rois dûment enregistrées, des arrêts du Parlement et du Conseil privé, une ratification qui a pour base une finance considérable payée par la province, qu'exiger de plus pour rendre inviolables les grâces et les prérogatives accordées par le souverain.

Opposer de la part du fermier que le pays de Forez, compris pareillement dans les lettres patentes de Louis XI, ainsi que le Beaujolais, ne jouit pas de cette exemption, quoiqu'il ait contribué pareillement à la finance de 300.000 livres, offerte par la supplique de l'arrêt du Conseil de 1693, c'est une fausse conséquence à en tirer que de prétendre faire subir le même sort à la province du Beaujolais parce que, par l'arrêt du Conseil de 1693, le Forez n'a point été maintenu dans l'exemption du droit de franc-fief, au lieu que le Beaujolais a été nommément conservé, dans les termes les plus précis : *avons maintenu les habitants du Beaujolais dans l'exemption* entière desdits droits. Lors de l'arrêt de 1558, quoique Sa Majesté eût, par une délibération précédente, révoqué toute concession des droits de franc-fief, elle déclare néanmoins qu'elle n'a pas entendu révoquer le privilège du Beaujolais porté par les lettres patentes ; le privilège est ici positivement confirmé, faveur que le prince n'a pas jugé à propos d'étendre au pays de Forez. La différence des dispositions de la loi à l'égard de ces deux provinces justifie donc l'inégalité de leurs conditions.

Que l'édit de 1672 ait révoqué tous les privilèges antérieurement accordés, que des provinces et des villes qui jouissaient auparavant de l'exemption des droits de francs-fiefs sur ce fondement de concession purement gratuite il s'en trouve plusieurs qui y aient été assujetties depuis, tout cela sort de l'hypothèse en laquelle se rencontre le Beaujolais, puisqu'il est certain que la même puissance qui a révoqué les immunités étrangères au Beaujolais a au contraire et spécialement et par une grâce particulière confirmé celles de cette province par un arrêt du Conseil, postérieur à l'édit de 1672 ; d'où il suit que l'on ne saurait aujourd'hui lui exposer les dispositions de cet édit, ni tirer à conséquence l'exemple des autres provinces dont l'immunité était sans doute moins constante, les privilèges moins précieusement attestés, dont l'exemption, en un mot, ne portait pas sur une finance propre à indemniser la couronne de l'aliénation de cette espèce de droit.

Prévenu de la solidité de cette exemption, le fermier cherche en vain à insinuer qu'il ne doit y avoir tout au plus que les héritiers ou successeurs des roturiers possédant fiefs, lors de l'arrêt du Conseil de 1693, qui fussent en droit d'invoquer le privilège conservé par icelui. Il ne fait pas sans doute attention que l'exemption n'a pas été vis-à-vis de quelques particuliers seulement mais de toute la province, de tous les habitants du Beaujolais originairement affranchis, par une concession générale des droits de francs-fiefs. *Avons maintenu les habitants du Beaujolais dans l'entière exemption desdits droits.* Ces termes ne sont point équivoques.

Le privilège dont jouit le Beaujolais à cet égard ne porte donc pas simplement sur la concession gratuite insérée dans les lettres patentes de Louis XI et de Charles VIII; il se trouve encore formellement confirmé par les arrêts du Conseil de 1658 et 1693, moyennant une finance acquittée, qui doit rendre ce privilège plus inaltérable, à moins du remboursement des sommes données à cette occasion.

Cette considération a tellement frappé le Conseil de sa Majesté, lors des recherches du fermier, en 1723, que par la décision du 29 décembre de la même année, les habitants du Beaujolais furent déchargés des poursuites qu'il faisait contre eux pour raison des droits de franc-fief, circonstance essentielle qu'il est intéressant de ne pas perdre de vue et qui forme une seconde exemption en faveur du Beaujolais, qui lui est particulière.

En effet, en convenant de la maxime, que le domaine de la couronne est inaliénable à perpétuité et qu'un successeur peut réclamer par cette raison contre les aliénations faites par son prédécesseur, il est également certain que si, bien loin par le successeur de réclamer contre ces aliénations, il les approuve formellement par des actes émanés directement de sa volonté, ou par des décisions de son Conseil, cette approbation corrobore le privilège, le maintient, le conserve et le met en vigueur pendant tout le règne de ce prince qui l'a ainsi reconnu, sans qu'il dépende d'un simple fermier d'y apporter atteinte de son propre mouvement. Or la décision du Conseil de 1723, est un acte émané de Sa Majesté qui confirme le privilège du Beaujolais et décharge les habitants des poursuites du fermier pour lors en exercice. Le privilège doit donc nécessairement avoir son exécution pendant tout le règne de ce prince sans qu'il soit porté atteinte à l'inaliénation à perpétuité du domaine de la couronne.

Lors de la décision de la Chambre du trésor de l'année 1581, il s'en fallait bien que le Beaujolais se trouvât dans une position aussi favorable qu'il est actuellement. Le roi Henri III, *pour lors régnant*, n'avait point confirmé le privilège accordé a cette province par ses prédécesseurs, il n'y avait point encore eu de finances payées pour l'affranchissement des droits de francs-fiefs, de sorte que l'on était en droit de faire valoir, à cette époque, le privilège de l'inaliénation à perpétuité des droits domaniaux, sous le règne d'un souverain qui ne jugeait pas à propos de ratifier l'exemption accordée par les rois ses prédécesseurs.

Mais, actuellement, nulle identité de la position où se trouve le Beaujolais, puisque le roi régnant ne pouvait pas plus positivement confirmer le privilège en question qu'en déchargeant, en pure connaissance de cause, les habitants du Beaujolais des contraintes exercées contre eux, en 1723, par les précédents fermiers du domaine. Quel droit nouveau a donc acquis le fermier actuel? Sur quel fondement entend-il éluder les décisions du Conseil? Par quelle fatalité méconnaît-il une autorité qui a déjà jugé la contestation en faveur des habitants du Beaujolais, sous prétexte que les décisions émanées de ce tribunal ne sauraient, selon lui, tenir lieu de loi et contrebalancer les dispositions de l'édit de 1672, comme si le roi en son conseil ne pouvait pas, à titre de grâce et dans des cas particuliers, arrêter l'exécution d'un édit concernant les revenus de son domaine; comme s'il ne lui était pas libre de conserver et de maintenir des privilèges accordés et confirmés par ses prédécesseurs; comme enfin comme si c'était à deux différentes puissances subordonnées que le prince décidait de ses droits, par le canal de son conseil ou par les édits rendus dans ce même conseil. Il faut toute la pénétration d'un fermier pour apercevoir là dedans des différences et pour révoquer le crédit d'une autorité dont il ne cesse journellement d'invoquer les décisions lorsqu'il s'agit de régler la perception de quelques droits domaniaux; mais peut-être que le prince n'a pas le même pouvoir quand il prononce contre le fermier comme quand ses décisions lui sont favorables.

Avancer en surplus que le fermier du domaine n'a pas été entendu lors de la décision du Conseil de 1723, c'est une pure chicane sans vraisemblance ; il y avait des contraintes taxées contre les recevables des droits de francs-fiefs ; sur l'opposition de ceux-ci, l'affaire ayant été portée au Conseil privé, intervint une décision qui décharge des poursuites du fermier. Pensera-t-on que celui-ci négligera pour lors de présenter ses mémoires ? Depuis cette époque les habitants n'ont plus été inquiétés, personne n'a réclamé pareils droits contre eux.

Le fermier actuel pouvait d'autant moins méconnaître leur privilège, l'indemnité qu'il prétendrait aujourd'hui contre le roi serait d'autant moins fondée qu'à la marge des édits et ordonnances concernant le domaine, il y a dû voir la décision du Conseil dont on vient de parler inscrite tout au long ; lors de son bail, il n'a donc point traité dans l'ignorance de ce fait. Conséquemment il ne saurait se plaindre de l'inexécution de son bail en cette partie, puisque ni lui ni ceux qui l'ont devancé, n'ont perçu ni n'ont été autorisés à percevoir aucuns droits de francs-fiefs dans la province du Beaujolais ; bien loin de là, quand ils ont entrepris, en 1723, de faire des poursuites à cette occasion, la province en a été déchargée.

Ainsi s'élèvent en faveur du Beaujolais, les privilèges les plus anciens et les plus respectables pour l'exempter de la prestation du droit de franc-fief : lettres patentes confirmées par plusieurs rois successivement, finances payées pour se rédimer de ce droit, déclaration de Louis XIV qu'il n'avait point entendu déroger à cette immunité, confirmation faite subséquemment par le même prince de l'exemption entière des francs-fiefs dans le Beaujolais, en un temps où il venait de révoquer l'exemption que réclamaient plusieurs autres provinces, décharge enfin authentique de la part du roi régnant, lorsqu'en 1723 le fermier tenta d'inquiéter la province à ce sujet, quel est donc à présent l'espoir de ce fermier de prétendre, devant le même tribunal, faire rejeter une décision aussi formelle ? Les habitants du Beaujolais doivent sans doute se flatter d'y retrouver ce même esprit, la même équité, la même protection qui ont écarté les recherches faites contre eux en 1723, puisqu'ils ont de plus, en leur faveur, un préjugé si récent et si respectable [1].

---

1. Depuis ces mémoires écrits le fermier des droits de franc-fief vient de surprendre un arrêt. On se flatte encore de parer à cette surprise.

On s'est toujours proposé, dans cet ouvrage, de rendre hommage aux travaux de ceux qui, zélés citoyens, ont écrit sur le Beaujolais. On doit à la plume solide du sieur Pezant, avocat et secrétaire perpétuel de l'Académie de Villefranche, le mémoire sur le privilège des francs fiefs de la province. C'est la réfutation de la prétention du fermier actuel du domaine, dont la décision est aujourd'hui soumise au Conseil de sa Majesté.

On l'a mis ici dans son entier, en retrancher quelque chose c'eût été l'énerver. Les deux morceaux suivants sur l'affranchissement de lods dans les ventes par décrets et sur la prestation du droit d'échange dans le Beaujolais, sont l'extrait des factums imprimés du même auteur dans deux procès récemment jugés au bailliage et qui établissent une jurisprudence certaine sur ces matières. On ne pourrait trouver rien de mieux écrit sur ces questions. Que le sieur Pezant me permette de lui en marquer ici ma reconnaissance.

Du privilège du Beaujolais à l'égard de l'affranchissement du droit de lods par vente par décret forcé, et des bornes de ce privilège.

C'est un usage passé en force de loi dans la province du Beaujolais que les ventes, par décret forcé, affranchissent du droit de lods, mais ce privilège a ses bornes.

Par la condition des contrats emphitéotiques les lods sont dus à toutes mutations de propriété, à titre onéreux, et c'est le changement de vassal qui donne lieu à ce droit; à cette règle, il n'est qu'une exception : celle de la vente par nécessité, par licitation entre cohéritiers, conformément aux arrêts de Papon, livre 13, titre 2ᵉ, nᵒ 23 et, au sentiment de M. Germain-Antoine Guyot, traité des matières féodales, tome III, chapitre IV, section IIᵉ.

La loi souveraine est positive et le droit commun en matière de censive est que toute mutation à titre onéreux produit des lods ; les usages particuliers et contraires ne sont que des exceptions à la règle générale, des privilèges de tolérance, incapables d'extension d'un cas à l'autre, suivant la maxime *privilegia esse restituenda.*

Si le Beaujolais jouit de l'exemption des droits de lods dans les acquisitions par décret, cet usage passé à titre de privilège forme une exception au droit commun du royaume. Il doit être limité au seul décret forcé et ne peut s'étendre aux ventes judiciaires sur trois publications. Deux seules coutumes en France purgent les lods dans les ventes par décret, celle de Dax et celle de Saint-Severt ; mais, par ces deux coutumes, les adjudications par décret forcé sont les seules exceptées de la règle générale et en cela ont un rapport certain avec le privilège du Beaujolais.

La première, titre 9, art. 35, s'exprime ainsi : quand une chose est vendue en criées et délivrée par décret exécuté, le seigneur ne prend aucune chose pour laods et ventes ou autres droits seigneuriaux ; la seconde, titre 8, art. 3, s'énonce de la sorte : *qu'en vente non volontaire faite par contrainte de justice aux criées publiques ne sont dûs laods et ventes aux seigneurs.* On va voir la relation intime entre ces deux coutumes et l'usage du Beaujolais.

L'origine de l'usage particulier du Beaujolais à cet égard se perd dans l'antiquité. M. Bretonnier, sur Henry, livre troisième, question 48, avoue sincèrement qu'il n'en a pu découvrir de vestiges. C'est sans doute une coutume à laquelle la négligence des seigneurs a autant donné de force que le laps du temps immémorial qui l'a accréditée.

Le plus ancien monument de cet usage se trouve consigné dans une sentence des requêtes du Palais à Paris, du 30 juin 1662. Elle fut rendue entre l'abbé de Belleville et Grégoire Froment, les syndics de la noblesse et les échevins de Villefranche intervenant dans l'instance [1]. L'abbé de Belleville fut débouté du payement du lods par lui répété, par raison de l'adjudication par décret forcé faite à Froment de quelques héritages situés dans le Beaujolais, et les syndics de la noblesse mis hors de cour sur leur intervention ; mais pour mieux entrevoir les bornes dans lesquelles le privilège doit être resserré, les actes de notoriété donnés en différents temps par les officiers du bailliage de Villefranche et les jugements qu'ils ont rendus en conséquence sont les seules pièces propres a attester la jurisprudence de la province.

Le premier acte de notoriété est du 9 août 1700. On y déclare le Beaujolais être en usage, de temps immémorial, *confirmé par plusieurs arrêts, de ne point payer aucun lods, pour raison de vente forcée où il y a*

---

1. Voyez la sentence dans l'art. des preuves.

saisie réelle et criées. Ces derniers termes donnent à entendre que toutes les formalités du décret doivent être remplies, parce que ce sont les criées, faites tant avant qu'après le congé d'adjuger, qui forment essentiellement le décret.

La preuve de ce qu'on avance se trouve dans la question qui se présenta en l'année 1702, à l'occasion d'une vente judiciaire sur publication prononcée en faveur de Jean-Baptiste Ronchevol, adjudicataire des biens de Mathieu Seytier, curé de Denicé, et qui fut décidée par sentence contradictoire de bailliage confirmée par arrêt [1] du 19 juin 1702 et comme cette décision prouve que toutes les ventes judiciaires et forcées dans la province ne jouissent point de l'exemption des lods, c'est le cas ici d'appliquer l'axiome en comparant l'acte de notoriété avec le jugement, qui dit que *inclusio unius est exclusio alterius*; dans cet arrêt de 1702 M. le procureur général sur l'appel, ne donna ses conclusions qu'après s'être fait exhiber des actes de notoriété des sièges de Lyon, de Montbrison et de Villefranche; la question profondément examinée et discutée, tant au bailliage qu'au Parlement, établit que les simples ventes judiciaires et forcées ne tombent point dans la classe du privilège.

Mais pour mettre mieux dans son jour la jurisprudence du Beaujolais à cet égard, on va faire paraître, dans toute son étendue, la déclaration des officiers du bailliage de Villefranche, envoyée [2] à M. le procureur général, sur la demande faite par ce magistrat, tant de l'usage du siège que des sentences confirmatives de cet usage.

Nous ne nous souvenons point, disent ces officiers, des sentences que nous avons pu rendre dans le cas dont il s'agit; nous croyons pourtant qu'il peut y en avoir et nous nous sommes fondés dans icelles sur le principe général et universel établi dans tout le royaume que toute vente volontaire ou forcée étant sujette aux droits de lods, envers les seigneurs directs, celle dont [il] est question y devait pareillement être sujette, malgré le privilège établi dans la province par l'ancien usage d'icelle et par la jurisprudence des arrêts du Parlement en faveur des biens vendus

---

1. Cet arrêt est rapporté dans Henry, livre 3ᵉ, question 48.

2. Cette déclaration fut envoyée à M. le procureur général le 18 janvier 1702, cinq mois avant l'arrêt du Parlement confirmatif de la sentence du bailliage.

par décret. On ne doit point étendre le privilège sur les ventes que l'on devait regarder plutôt comme volontaires que comme forcées, surtout quand il n'y avait point de saisie réelle, mais simplement des publications sur lesquelles l'adjudication a été prononcée du consentement des parties, ce qui est le cas de notre sentence rendue contre Ronchevol, nous étant encore fondés sur la maxime que *privilegia sunt restringenda* et sur ce que les ventes sur trois publications, n'ayant été introduites dans notre bailliage que depuis une dizaine d'années, pour éviter les frais d'un décret parfait et revêtu de toutes les formalités requises, pour ce qui concerne les biens de petite valeur et jusqu'au prix de sept à huit cents livres, nous avons cru que ces sortes de ventes sur trois publications ne peuvent pas mériter le même privilège que celles où l'on a observé toutes les procédures d'un décret, d'autant plus qu'elles ne purgent point les hypothèques, n'étant point revêtues des formalités prescrites pour un décret parfait, ce qui est notre sentiment.

Cette déclaration rédigée par les magistrats du Beaujolais et renfermant leur sentiment sur l'usage du siège, fait voir que l'exemption des lods dans le Beaujolais n'a en vue que le décret forcé accompli. En analysant exactement toutes les parties de cet acte de notoriété les conséquences en sont trop sensibles pour qu'on entre dans une discussion plus étendue à cet égard. On va parcourir les jugements rendus en conséquence du privilège qu'on a toujours renfermé dans ses vraies bornes.

Le sr Fabry étant resté, en 1703, adjudicataire de l'autorité de la Conservation de Lyon, des biens de Jean Villard, situés dans le Beaujolais, le seigneur de Sainte-Colombe le fit assigner pour avoir le payement du lod. L'instance portée par [devant] le juge de Thizy, quoique le sieur Fabry se prévalût de la saisie réelle, qui avait précédé son adjudication, pour jouir du privilège, il en fut débouté contradictoirement et condamné au payement du lod, sur l'appel au bailliage; la sentence fut confirmée le 24 mai 1703; il est vrai que l'arrêt contradictoire du 2 septembre 1704 infirma ces deux sentences; mais cet arrêt est ici la plus grande connaissance de cause; la cour se serait sans doute déterminée différemment, comme elle a fait depuis, lorsqu'on a pris la précaution de mieux éclairer sa religion et de lui remettre sous les yeux la déclaration des officiers de Villefranche.

Ce qui prouve ces raisonnements, c'est l'arrêt rendu entre le seigneur de la Terrière et le seigneur comte de Fautrière, le 30 juillet 1746. Le seigneur comte avait acquis par adjudication sur trois publications par devant les commissaires nommés par le roi pour connaître la discussion des biens du sieur André, le fief de Montaulieu, situé dans la paroisse d'Ouroux. Il y avait eu auparavant, à la requête du marquis d'Aix, créancier du sieur André, une saisie réelle, introduite sur les mêmes biens, avec enregistrement et établissement de commissaire. Cette saisie avait été évoquée et convertie, tant à la requête du poursuivant qu'à celle des syndics des créanciers, en adjudication. Sur trois publications faites, le fief de Montaulieu fut adjugé au feu des enchères au sieur de Fautrière. Celui-ci, assigné par le seigneur de la Terrière, en payement de lod pour raison de son adjudication, opposait que la vente était forcée, qu'elle avait été précédée d'une saisie réelle et d'une dépossession du propriétaire. Il implorait, comme un préjugé en sa faveur, l'arrêt de 1704 ; néanmoins le sieur de Fautrière fut condamné au payement du lod, par sentence contradictoire au bailliage, du 11 mars 1743, confirmée par arrêt, le 30 juillet 1746, avec amende et dépens.

Enfin la question de savoir si une vente sur trois publications, précédée d'une saisie réelle et d'un bail judiciaire sans criées, emporte l'affranchissement du lod comme le décret accompli suivant le privilège de la province, s'est présentée de nouveau ; le seigneur Mognat de l'Ecluse demandait au seigneur Dumontet, procureur ès cours de Lyon, un lod pour raison des fonds à lui adjugés. L'affaire a été débattue, vivement de part et d'autre, et sentence est intervenue le 4 septembre 1754, au rapport de M. Jacquet, lieutenant général, qui condamna le sieur Dumontet à payer une somme de 86 livres pour le lod de son acquisition, avec dépens.

Ainsi l'exemption du droit de lods dans les ventes par décrets forcés, suivies de toutes les formalités, privilège dont l'usage est immémorial et analogue avec les coutumes de Dax et de Saint-Severt, qui exigent qu'il y ait criée publique, décret délivré et exécuté, trouve ici ses justes bornes et ne peut s'étendre aux ventes sur trois publications, quoique précédées d'une saisie réelle et d'un bail judiciaire.

La sentence des requêtes du palais de 1662, des actes de notoriété du bailliage de Beaujolais, du 9 août 1700 et 18 janvier 1702, les sentences du siège de 1703, 1743, 1752 et 1754 confirmées par les arrêts de la cour du 19 juin 1702 et 30 juillet 1746 ont enfin fixé l'étendue du privilège du Beaujolais par une jurisprudence uniforme et soutenue depuis quatre-vingt-douze ans ; il n'est donc plus aucun doute ni sur la certitude du privilège de la province, ni sur les circonstances dans lesquelles il doit avoir lieu et le but des magistrats du Beaujolais a toujours été, en arrêtant les abus qui étaient d'une extension injuste, de protéger les droits et les prérogatives de la province.

De la légitimité et de la forme de la prestation du droit d'échange dans la province du Beaujolais.

Sur la foi d'une tradition infidèle, on s'est imaginé qu'il n'était dû, dans le Beaujolais, qu'un mi-lod de la part de chacun des copermutants, quelques-uns ont avancé que l'échange ne donnait ouverture à aucune nature de droit, quand la valeur des fonds permutés était égale et plusieurs ont cherché à se soustraire à la loi qui leur impose l'obligation de les acquitter.

Il est donc ici question de démontrer que, pour toutes sortes de mutations par échange, il est dû un lod semblable à celui qui serait exigé en cas de vente et que l'usage est sur cela conforme dans le Beaujolais à la loi du souverain.

Jusqu'au milieu du dernier siècle, rien n'était fixé ni positif à l'égard des droits d'échange, tout se doit à la loi capricieuse d'une coutume arbitraire, les représentations de la noblesse dans les états tenus à Blois, en 1579, au sujet des échanges simulés et des fraudes qui tournaient au préjudice des seigneurs ne produisirent aucun règlement à cet égard ; tout était resté dans la confusion et l'incertitude, lorsque Louis XIV, pour remédier à cet inconvénient, ordonna, par son édit du mois de mai 1645, qu'à l'avenir, en tous contrats d'échange des terres et héritages, tant en fiefs qu'en censive, soit qu'ils fussent mouvant des directes de Sa Majesté ou des autres seigneurs, contre des rentes rachetables ou non rachetables, les droits de mutation établis par les coutumes des lieux seraient payés et acquittés ainsi qu'ils avaient coutume d'être en fait de contrat de vente à prix d'argent ; ordonna au surplus, Sa Majesté, que lesdits droits lui appartiendraient pour être vendus à son profit aux seigneurs et, à leur refus, à ceux qui voudraient les acquérir.

Mais cet édit n'ôtait pas aux acquéreurs la ressource de feindre des échanges d'héritage contre héritage, ces contrats frauduleux détermi‑nèrent Sa Majesté à rendre un second édit, au mois de février 1674, par lequel, amplifiant celui de 1645, elle ordonne que ces mêmes droits établis par les coutumes des lieux pour les mutations..........
....

depuis l'année 1376, temps de la confirmation des privilèges de Villefranche par Édouard II.

1376

Joffroy Peize.
Guichard Dumont.
Guionnet Derivière.
Jean Barberet.

9 juin 1398

furent élus pour entrer au jour de Saint Jean-Baptiste :
Guionnet de la Bessée.
Peronnet Rochette.
Peronnet Gerbaut dit Gastier.
Jean de Velsonne.

Ce furent eux qui traitèrent l'accord avec Édouard, seigneur de Beaujeu, le 25 mai 1399 et continuèrent encore toute cette année-là.

1407

Jean Ponceton.
Hugonet Pontanier.
Antoine Versault.
Gillet de Brienne.

1408

Pierre de Briandas, licencié.
Michel Deville, bourgeois.

1416

Pierre Nadal.
Jean de Viri, dit Gatesolier.
Benoit Rubat.

1417

Verand de la Bessée.
Pierre Garin.

1419

Robert Gayand.
Humbert Mercier.
Humbert Bonnet.

1423

Jacquemin de Monceaux.
Hugonet Danay.
Gillet Chancel.
Jean Ogier dit Marquit.

1424

Vérand de la Bessée.
Pierre Nadal.
Barthélemy d'Ortan.
Pierre Codurier.

1425

Pierre Ponceton, licencié.
Michel Duval.
Jean Thibaud.
Jean Cropet, dit Guichenon.

1429

André Adzolles.
Monet Jordan de la Bâtie.
Edouard Hugans.
Mathieu Bernard.

1430

Gérard de Bussy.
Pierre Mondard.
Antoine de la Bessée.

1431

Guillaume Garin.
Jean de la Croix.
Humbert Mercier, notaire.
Perronin le Serralieux.

1432

Les deux derniers.
Philibert de Casse.
Laurent Bernard.

1433

Les deux derniers :
Pierre Nadal.
Jean Ponceton, le Vieux.

1434

Pierre Aiguetan.
Jean Thibaud.

1435

Verand de la Bessée.
Jean Bernard, dit Gilet.

1436

Antoine Deroche.
Jean Julien.

1437

Robert Gayand.
Barthélemy Tremblay.

1438

Jean Chalendat, licencié.
Antoine Peyret.

1439

Jean de Monceaux.
Philibert Sotizon.

1440

Pierre Codurier.
Pierre Brunel.

1441

Etienne Chatillon, à la place de
Codurier, mort.
Humbert de Malval.
Humbert Thibaud.

1442

Jean Nadal.
Jean Cropet, notaire.

1443

Jean de Briandas.
Hugonin Campet.

1444

Jean Chapuis, le vieux, notaire.
Barthélemy Softray.

1445

Verand de la Bessée.
Jean de la Croix.

1446

Guillaume Garin.
Pierre Cholet.

1447

Guillaume Mansoud.
Philibert Coste.

1448

Laurent Bernard.
Jean de Les Motes, dit Morancé.

1449

Jean Gayand.
Claude de Monceaux.

1450

Humbert de la Bessée.
Humbert Thibaud.

1451

Jean Grammont.
Jean Cuyron.

1452

Michel de Rancé, licencié.
Pierre Brunel.

1453

Claude Viennois.
Antoine du Risat, dit Deroche.

1454

Pierre Thivel, bachelier.
Humbert Malval.

1455

Édouard Hugan.
Guionnet Secrétain.

1456

Jean de Briandas.
Jean Nadal.

1457

Jean Retis.
Jean Laplace.

1458

Jean Ponceton.
Guillaume de la Bessée.

1459

Jean de Rancé.
Merand Corsin.

1460

Jean Laborier,
Aimé Aujard.

1461

Michel Thibert.
Humbert de la Bessée.

1462

François Tissier.
André Favre.

1463

Perrin Gayand.
Philippes Hugans.

1464

Jean Thibaud.
Guionnet Bonnet.

1465

Jean de Bourg, licencié.
Nicolas Bernard.

1466

Verand de la Bessée.
Claude de Monceaux.

1467

Jean Gayand.
Antoine Mazuyer, dit Panquatier.

1468

Jean Nadal.
Pierre Cholet.

1469

Pierre Guillaud.
Claude Bachelard.

1470

Humbert de la Bessée.
Claude Thibaud.

1471

Jean de Malval.
Antoine Éminet.

1472

Guillaume de Briandas.
Pierre Gayand.

1473

Antoine Faize ou Fabri.
Jean Thibert.

1474

Philippe de Faye.
Guillaume de la Bessée.

1475

Pierre Thinet, bachelier, pour un an, à la place de Philippe de Faye, décédé, et pour deux ans :
Jean Chalendat.
Jean de la Place.

1476

Jean Cropet.
Claude Voyron.

1477

Philibert de Grandris, dit Barjot.
Jean Duval, dit Rodigue.

1478

Claude de Monceaux.
Guichard de Veaux, notaire.

1479

André Faize.
Jean Eyminet.

1480

Antoine Mazuyer.
Guionnet Bonnet.

1481

François Teissier.
Nicolas Coyron.

1482

Verand de la Bessée.
Guillaume le Breton.

1483

Claude de Grandris dit Barjot.
Audry Ponceton.

1484

Pierre Gillet.
Nicolas Campet.

1485

Philippes Hugans.
Humbert Coste.

1486

Guillaume de la Bessée.
Collin Trouillibert.

1487

Jean Gayand.
Pierre Garnier.

1488

Hugonin de Grandris.
Chatard Bochardet.

1489

Jean Chalendat,
Jean Bernard, marchands.

1490

Jean Bocard.
Perrin Compet.

1491

Jean de la Bessée.
Jean Thibert.

1492

Claude de Grandris.
Pierre Gillet.

1493

Girard de la Bruyère, docteur ès
    lois.
Ponthus Gayand, marchand.

1494

Jean Garnier.
Antoine Villiatrix.

1495

André Biauthe, bachelier ès lois.
George Guérin, marchand.

1496

Laurent Bernard.
Jean Livet.

1497

Guillaume de la Bessée.
Jean Delacroix.

1498

Antoine Charreton.
Philippe de Rancé.

1499

Pierre Gillet.
Pierre Coturier, marchands.

1500

Jean Bernard,
Claude Gaspard, marchands.

1501

Jean Chalendat.
Jacques de Monceaux, bourgeois.

1502

Antoine de Sourre, licencié.
Pierre Bonnet.

1503

Jean Garnier, dit Bourguignon.
Jean Guillaud.

1504

François Bernard, Jean Delacroix.

Claude de Rancé.

1505

Pierre Gayand,
Antoine de Monceaux, marchands.

1506

Jean de la Bessée.
Pierre Gillet.

1507

Jean Chalandat,
Nicolas Coyron, marchands.

1508

Jean Ponchon,
André Aujard, marchands.

1509

Louis Gayand,
Jean Garnier, marchands.

1510

Claude de Monceaux.
Mathieu Mesple.

1511

Philippe de Rancé.
Jean de Lamolière.

1512

Jean de la Croix.
Antoine Guerrin.

1513

Pierre Thibert, à la place de Jean

de la Croix décédé, et pour
deux ans.
Antoine Charreton.
Laurent Bernard.

1514

Pierre Gayand.
Girard Petit-Roux.

1515

Antoine de Monceaux.
Philippes Bottu.

1516

Louis Gayand.
François de la Place.

1519

Jean Gayand.
Verand Gillet.

1520

François Bernard.
Claude Féraud.

1521

Pierre Guerrin.
Michel Odille.

1522

Claude Gaspard.
Philippe Delacroix.

1523

Jean Nadal.
Imbert Guillaud.

1524

Louis Gayand.
Aymé Aujard.

1525

Verand Mondard.
Jean Gayand.

1526

François Garnier, dit Bourguignon.
Humbert Féréol ?

1527

François Chateney.
Guillaume Gaspard.

1528

Verand Mondard.
Claude de Monceaux.

1529

Jean de Grandris.
Jean Gillet.

1530

Guillaume Lemort.
Guillaume Bernard.

1531

François Garnier.
Antoine de Lolme.

1532

Claude Gaspard.
Claude Campet.

1533

Philippe Hugans.
Jean Gillet.

1534

Claude de Monceaux.
Verand Aujard.

1535

Guillaume Gaspard.
François Bernard.

1536

Jean de Grandris.
Rolin Guichard.

1537

Jean Gillet.
Verand Aujard.

1538

François Mercier.
Laurent Romanet.

1539

Verand Mondard.
Guillaume Gaspard.

1540

Pierre Codurier, à la place de
   Verand Mondard.
Germain Cussier.
Pierre de Monceaux.

1541

François de Chastenay.
Humbert Guillaud.

1542

Jean de Grandris.
Guillaume Gaspard.

1543

Louis Clerc, docteur en médecine.
Rolin Guichard.

1544

Mathieu Garnier.
Guillaume Boullard.

1545

Guillaume Regonnier, docteur ès
   lois.
Claude Guerreins.

1546

Guillaume Mandi, docteur en médecine.
Jean Lolme.

1547

Michel du Bourg,
Jean Saladin, marchands.

1548

Bernard Deroche.
François Nadal.

1549

Louis Clerc, docteur en médecine.
Michel Odille.

1550

Philibert de Monfort.
Jean de Grandris.

1551

Claude du Crozet.
Claude de Rancé.

1552

Michel du Bourg.

1553

François Mercier.
Antoine de Monceaux.

1554

Antoine Porte.
Pierre Gobier.

1555

Claude de Rancé.
Audry Fiot.

1556

Jean Delorme.
Jean Saladin.

1557

Jean de Grandris.
Mathieu Garnier.

1558

Antoine de Monceaux, à la place
de Jean de Grandris, décédé,
avec :
Mathieu Garnier.
Claude Chapuis.
Jean Mondard.

1559

Jean Gillet.
François Bernard.

1560

Jean Doyet.
François Aiquetan.

1561

Ponthus Mondard.
François Faize.

1562

Antoine Giliquin.
Laurent de Chatenay.

1563

Jean Valfort.
François Livet.

1564

Jean Saladin.
Jean Demaux.

1565

Jean Gillet.
Pierre de Monceaux.

1566

Antoine Porte, le jeune.
Philippe Bernard.

1567

Jean Beissard.
François Morin.

1568

Claude Gillet.
Laurent Bessie.

1569

François Garnier.
François Talebard.

1570

Jean Gillet.
Pierre Saladin.

1571

Claude Bourbon, receveur des
tailles.
Mathieu Garnier.

1572

François Convers.
Jean Demaux.

1573

Étienne de Laroche, lieutenant
particulier au bailliage.
Jean de Grandris.

1574

Thomas de la Praye, à la place
du s^r de Grandris.
Aymé Cholier.
Jean Doyer, dit Minet.

1575

Ponthus de la Praye.
Louis Fruivard.

1576

Paul Regonier, avocat du roi.
Ponthus Guillaud.

1577

Barthélemi Aiguetan.
Pierre Gillet.

1578

Michel Regonier.
Humbert Campet.

1579

Pierre Roux.
Pierre Nadal.

1580

Humbert Campet, continué.
Jean de Maux l'aîné.

1581

François de la Porte.
Noël Bottu, seigneur de la Barmondière.

1582

François Garnier, sʳ des Garets.
Thomas de la Praye.

1583

François Livet.
Jean Hacte.

1584

Philibert de Lavarenne.
Pierre Morin.

1585

Benoit Gobier.
Jean Piagard.

1586

Jean Mabiez.
Jean de Maux, le jeune.

1587

Daniel Gillet, élu.
Christofe Fyot, avocat du roi.

1588

Claude Mondard.
Humbert Epiney.

1589

Thomas de la Praye,
Antoine Turrin, à la place des sieurs Mondard et Épiney qui négligèrent de faire la charge.
François Livet, sieur de Raconnas.

Philibert Ducloux.

1590

Thomas de la Praye.
Claude Thurrin furent continués pour une année, attendu les urgentes affaires de la ville.

1591

Livet et Ducloux, continués pour une année.
François Fabri ou Faize.
Jean Doyet, dit Minet.

1592

David Belet, lieutenant particulier.
Noël Bottu, seigneur de la Barmondière.

1593

Guillaume Dubois.
Jean Garnier, sʳ des Garets.

1594

François Garnier, sʳ des Garets.
Jean Deschamps.

1595

Crépin Masuy, président à l'élection.
Guillaume Bessie.

1596

Humbert Épiney.
Jean Michel.

1597

Jean Gravillon le jeune.
François Corsand.

1598

David Belet, lieutenant particulier.
Claude Chapuy.

1599

Noël Bottu, seigneur de la Bar-
    mondière.
Mathieu Faize.

1600

Claude Charreton,
Noël l'aîné, greffier en l'élection,
    fut élu à sa place.
Jean Deschamps.

1601

Noël Bottu de la Barmondière,
Mathieu Faize, continués pour
    deux ans.

1602

Benoît Gobier, contrôleur en l'é-
    lection.
Aimé Gillet.

1603

Noël Bottu et Mathieu Faize quit-
    tèrent; furent élus :
Claude Charreton, élu en l'élec-
    tion,

Louis Piajard ; et ledit Charreton
    s'étant fait décharger, fut élu à
    sa place :
Claude Mondard.

1604

Philibert Ducloux.
Édouard Mignot.

1605

Claude Mondard, continué
Philippe Turrin.

1606

Jean Rolin, avocat.
Toussain Hacte.

1607

Philippe Chapuis.
Jean Perrette.

1608

François de la Praye.
Jean Guibert.

1609

Aymé Chrétien.
Claude Bertrand.

1610

Noël Bottu de la Barmondière.
Laurent Bessie.

1611

Aymé Chrétien
et Claude Bertrand continués.

1612

Jean Michel.
Jean Gillet.

1613

Jean Saladin.
Ponthus Perette.

1614

Ponthus Bessie, enquêteur.
Guillaume Chapuis

1615

Jean Saladin, continué.
Noël Bottu de la Barmondière.

1616

David Bellet, l[t] particulier.
Claude Turrin.

1617

Noël Bottu continué.
César Retis, lieutenant particulier,
    assesseur criminel.

1618

François de la Praye, avocat.
Antoine de Lolme.

1619

François Bellet, l[t] particulier.
Philippe Turrin.

1620

Claude Convers, élu.
Jean Guibert.

1621

Laurent Bessie.
Jean Rollin, avocat.

1622

Claude Convers.
Jean Guibert, continués.

1623

Jean de Phelines, s[r] du Martelet.
Claude Turrin, bourgeois [1].

1633

Gilbert Noyel.
Antoine Corteille.

1634

Benoît Cusin.
Claude Tholomet.

1635

Gabriel du Sauzey, écuyer, s[r] de
    la Vénerie, lieutenant parti-
    culier du bailliage.
Alexandre Bottu, écuyer, s[r] de
    la Barmondière, secrétaire du
    roi et avocat du roi au bailliage.

1*. Lacune de dix années. V. *Mémoires de Louvet*, t. II, p. 445.

1636

Antoine Mazuyer, président en l'Élection.
Jacques Héron, conseiller au grenier à sel.

1637

David Roland.
François Epiney.

1638

Jean de Phelines, s^r du Marthelet.
Robert Simonard.
Le s^r de Phelines s'étant fait décharger, fut mis à sa place.
Jean Deschamp, élu en l'Élection.

1639

Henri Convers, lieutenant partilier.
Philibert de Monchanin, avocat.

1640

Louis Bourbon.
François Michel.

1641

Claude Épiney.
Pierre Gravillon.

1642

Jean de Phelines, s^r du Martelet.
François Damiron, procureur.

1643

Guillaume Corlin, élu.
Claude Turrin.

1644

Henri Convers, lieutenant criminel.
Gilbert Noyel.

1645

André Cartier.
Édouard Mabiez.

1646

Antoine Blondel.
Antoine du Sauzey, s^r de Jouxtecros.

1647

Jacques-Ennemond Fabri, lieutenant en l'élection.
Pierre de Phelines, s^r de la Chartonnière, receveur des tailles.

1648

Claude Chavorrier, enquêteur.
Humbert Cusin, procureur à l'Élection.

1649

Louis Deschamps.
Claude du Sauzey, s^r de la Beluise.

1650

Étienne Gay, procureur.
Claude Tholomet, bourgeois.

1651

Gabriel du Sauzey, s^r de la Venerie.
David Labbes, bourgeois.

1652

Pierre Bergiron, élu.
David Épiney, bourgeois.

1653

Jean Rolin, avocat du roi en l'E-
lection.
Christofe Deroche, marchand apothicaire.

1654

David de Phelines de la Chartonière, avocat du roi.
Claude Laurent, notaire royal et
greffier au bailliage.

1656

Louis Mabiez, élu.
Ponthus Bessie, avocat.

1657

Jacques Ennemond Fabry, sieur
de la Barre, lieutenant en l'E-
lection.
François Tournier, receveur des
consignations.

1658

François Mignot, écuyer, seigneur
de Bussy et de la Martizière,
lieutenant général civil et criminel au bailliage.
Louis Bernard, bourgeois.

1659

Jean Guérin, s^r de Briseville,
1er président en l'Élection.
Antoine Morestin, avocat.

1660

Laurent Bottu de la Barmondière,
procureur du roi au bailliage.
Jean du Sauzey, s^r de Jasseron,
élu.

1661

Jean Deschamp, élu.
Étienne Turrin, président au grenier à sel.

1662

Les sieurs de la Barmondière et
du Sauzey continués; François
Damiron, procureur, élu à la
place du sieur Deschamps,
décédé, pour exercer avec le
sieur Turrin.

1663

Antoine Dubost, premier et ancien président en l'Election.
François Damiron, continué pour
deux ans.

1664

David de Phelines, lieutenant criminel, s^r de la Chartonière.

Ponthus Bessie, avocat, élu assesseur.

1665

Claude Delaroche, avocat du roi
audit bailliage du Beaujolais.
Pierre Bergiron, élu.

1666

Charles Dephelines, s^r de la
Ruyère, président en l'Élection.
Alexandre Bessie, s^r du Peloux,
avocat.

1667

François Mignot, lieutenant gé-
néral au bailliage.
Jean de Phelines, avocat, s^r du
Martelet.

1668

Antoine du Sauzey, s^r de Jouxtecros.
Raimond Demaux, bourgeois.

1669

Gabriel du Sauzey, s^r de la Venerie et de Chames, lieutenant
particulier au bailliage.
Aimé de Bussières, s^r de Chaste-
lard et Escussolles, procureur
du roi en l'Élection.

1670

Antoine du Sauzey, continué.
Antoine Marestin, avocat.

1671

Pierre Bergiron, élu.
Humbert Cusin, procureur.

1672

François Michel.
Benoît Jacquet, bourgeois.

1673

Jacques du Sauzey de la Venerie,
lieutenant particulier au bailliage.
Jean du Sauzey, écuyer, sg^r de
Grandpré et de Jasseron.

1675

Claude Cusin, avocat en Parlement.
Jean Dégus, notaire royal et procureur.

1676

Les s^{rs} de la Venerie et de Jasseron continués pour deux ans.

1677

Jean d'Épiney, s^r de Champgobert, con^{er} du roi, lieutenant
en l'Élection.
André Jacquet, marchand.

1678

Charles de Phelines, s^r de Ruyère,
président en l'Élection.
Huges Poyet, notaire et procureur.

1679

Noël Mignot, écuyer, s^r de Bussy, lieutenant général au bailliage.

Ponthus Bessie du Peloux, assesseur en la maréchaussée de Villefranche.

1680

Jean Bottu, écuyer, sg^r de Saint-Fonds et de Limas.

Antoine Marestin, avocat.

1681

Aymé de Bussière, procureur du roi en l'Élection.

François Tournier, receveur des consignations.

1682

Jean Guay, s^r de Marzé, substitut du procureur général au parlement de Dombes.

Jacques de Maux, marchand.

1683

Jean d'Épiney de Champgobert, lieutenant en l'Élection.

Guillaume Tournier, enquêteur et commissaire examinateur au dit bailliage de Beaujolais.

1684

François Mignot, ci-devant lieutenant général.

Claude Mercier, marchand.

1685

Claude de la Roche, écuyer, s^r de Poncier, avocat du roi au bailliage et secrétaire du roi au parlement de Metz.

Hugues Poyet, procureur.

1686

Odard Bertin, élu en l'Élection du Beaujolais.

Nicolas Épinay, marchand.

1687

Pierre de Phelines, écuyer, s^r de la Chartonière, assesseur criminel au bailliage de Beaujolais.

Louis Mabiez, bourgeois.

1688

Mrs Bertin et Épiney, continués pour deux ans.

1689

Claude Cusin, avocat.

Pierre Delandine, procureur.

1690

Jean-Baptiste Roland de la Platière, élu.

Claude Aubry, marchand.

1692

Le 7 novembre Noël Mignot, lieutenant général au bailliage, obtint des provisions de la charge de maire, fut reçu au Parlement le 5 décembre et fut installé le 28 du même mois et de la même année.

1692

Pierre de Phelines, sr de Ruyère.
Louis Jacquet, marchand.

1693

Jean Laurent, avocat en Parlement.
François Danguin, procureur.

1694

François Gravier, marchand à la place de sr Danguin, décédé.

1694

Pierre Dessertine, avocat et élu.
..... Delacroix, marchand.

1694

Pierre Delandine, à la place de François Gravier décédé.

1695

Laurent Damiron, avocat.
Jean Beaulat, procureur.

1696

Louis Mabiez, élu.
Humbert Mercier, marchand.

1697

Sauveur Martin, médecin.
Arnoud Tournier, procureur.

1698

Laurent Bessie de Montauzan, lieutenant criminel en l'Election.
François d'Épiney, marchand.

1699

Remond Demaux, procureur du roi aux gabelles.
Jean-Baptiste Buyron, procureur.

1700

François Xavier Dubost, président en l'Election du Beaujolais.
Antoine Donzi, apothicaire.

1701

Ici commence la confirmation des échevins faite par le prince ; ainsi le prince agréa pour échevins :
Pierre Delandine, procureur,
Claude Reynard, marchand.

1702

Louis d'Épiney, avocat.
Claude Perrin, notaire et greffier du bailliage.

1703

Antoine Janson, lieutenant de maire.

Jean-Christophe Humblot, marchand.

1704

Ici commencent les offices des échevins titulaires ; ce qui fit qu'on ne nomma chaque année qu'un seul échevin.

Jean-Chrysostome Humblot, échevin titulaire.

Claude Perrin, échevin titulaire.

Louis Aubry, chirurgien, échevin nommé.

1705

François Samoël, avocat.

1706

Gabriel Jacquet, marchand.

1707

Benoît Cusin, procureur.

1708

Pierre Bernard, marchand.

1709

Antoine Demaux, procureur aux gabelles.

1710

Jean-Baptiste Jacquet, bourgeois.

1711

Jean Aynès, procureur.

1711

Noël Mignot, écuyer, sr de Bussy, lieutenant général au bailliage, maire perpétuel de Villefranche, obtint des privilèges de gouverneur de Villefranche, le 4 août 1711 et fut reçu par M. l'intendant, le 16 septembre de la même année.

1712

Philibert Berthucat, marchand.

1713

Jean-Baptiste Goyet, notaire et procureur.

1714

Le sr Bertucat continué pour deux ans.

1715

Jean-Baptiste Micolier, procureur.

1716

Michel Perrin, chirurgien.

1717

Les offices des échevins titulaires ayant été supprimés on procéda, cette année, à la nomination de trois échevins, Jean-Baptiste Micollier, pour une année.

Zacharie Buyron, procureur et

Georges Trolieur, marchand, pour deux ans.

1718

David Renard, marchand.
Antoine Dubost, procureur.

1719

Pierre de Phelines, s^r de Ruyère, lieutenant particulier, assesseur criminel au bailliage.
Laurent Cochard, avocat.

1720

David de la Roche, écuyer, s^r de Poncié, conseiller au bailliage.
Joseph Donzy, médecin.

1721

Jean-Baptiste de la Roche, avocat du roi au bailliage.
Jacques-André Noyel, receveur des tailles du pays de Beaujolais.

1722

Charles Déchal, s^r de Foncraine, conseiller audit bailliage.
Pierre Perrin, commissaire aux saisies réelles.

1723

Joseph-Aimé de Bussières, s^r du Chatelard, conseiller au bailliage.

Michel Micoud, chirurgien.

1723

Thomas Janson du Roffrey obtint, le 16 septembre 1723, des provisions de la charge de lieutenant de roi et fut reçu par devant M. de Villeroy, gouverneur, le 15 novembre de la même année.

1724

Jean-Marie Roland de la Platière, conseiller au bailliage.
Antoine Denis, procureur.

1726

Louis Mabiez, élu.
Louis Jacquet, marchand.

1727

François-Xavier Dubost, président en l'Élection.
Antoine Morel, procureur.

1728

Laurent Bessie de Montauzan, avocat et receveur des consignations.
Gabriel Deroche, marchand.

1729

Pierre Chatelain Dessertine, procureur du roi au bailliage, élu.
Benoît Jacquet, avocat.

1730

Louis Bigeon, avocat.
Nicolas Buiron, procureur.

1731

Pierre de la Font de Pougelon,
　avocat du roi au bailliage.
Louis Bernard, marchand.

1732

Antoine Samoël, procureur du roi
　à l'Élection.

1733

Laurent Bessie de Montauzan,
　receveur des consignations.
Noël Aubry, bourgeois.

1734

Au mois de novembre 1733, le
　roi rétablit les officiers munici-
　paux.
Étienne Renard, pourvu, par acqui-
　sition, de l'office de premier
　échevin.
Louis Jacquet fut également pour-
　vu d'un autre office d'échevin,
　par acquisition, qui, à la forme
　de l'édit de 1704, devait être le
　troisième, et, depuis leur instal-
　lation, la communauté n'a nom-
　mé qu'un échevin toutes les
　années.

1736

Thomas Janson du Roffrey, lieu-
　tenant particulier au bailliage fut
　pourvu, le 18 mai 1736, de
　l'office de maire ancien et
　mitriennal.

1738

Jean-Claude Dupuis, élu.
Jean-Baptiste Cusin, procureur.

1739

Gauthier, avocat.

1740

Claude-François de la Roche,
　écuyer, conseiller au bailliage.

1741

Joseph Jacquet, procureur du roi
　aux gabelles.

1742

Pierre Chatelain Dessertine, pro-
　cureur du roi au bailliage.

1746

Thomas Janson du Roffrey étant
　décédé en 1746, sa charge de
　maire ancien et mitriennal
　tomba aux parties casuelles du
　prince qui se la retint.

1751

Le prince, en vertu des lettres patentes du 30 décembre 1751, remboursa, tant à Étienne Renard qu'à Louis Jacquet, la finance de leur charge d'échevins titulaires et nomma, par un seul brevet du 24 janvier 1752, pour remplir ces places :

1752

Pierre Chatelain Dessertine.
Marie-Pierre Teillard, premier échevin.

David Renard, second échevin.

1752

Théodore Ducroux, échevin par élection.

1754

Jean-Baptiste Jacquet, marchand, échevin électif[1].

1*. Les almanachs de la généralité de Lyon complètent ainsi les listes municipales de Villefranche :

Maire : Pierre Châtelain Dessertine, procureur du roi au bailliage (1753-1761) ;
Étienne Clerjon du Carry, conseiller au bailliage et procureur du roi en l'Élection (1765-1769) ;
Philibert-Jean-Baptiste Micollier, ancien avocat du roi, subdélégué de M. l'Intendant (1770-1782) ;
Pezant, avocat, ancien avocat du roi, subdélégué de M. l'Intendant (1783-1786) ;
Châtelain Dessertine de Belleroche, procureur du roi en la sénéchaussée (1787-1789) ;
Chasset, avocat (1790).
Premier échevin : Étienne Reynard de la Tour (1750-1751) ;
Noble Pierre Teillard, avocat au Parlement et au bailliage du Beaujolais (1753-1758) ;
Noble Jean-Baptiste Buyron de Buffavant, avocat au Parlement (1759-1761) ;
Pezant, avocat au Parlement (1762-1763) ;
Alexandre Calemard, avocat au Parlement (1766).
Jean-François Pezant, avocat au Parlement (1767) ;
Jean-Baptiste-Philibert Micollier, ancien avocat du roi, subdélégué de M. l'Intendant (1768-1769) ;
Jean Thivend, avocat au Parlement et au bailliage (1770-1774) ;
Arnaud Gaillard (1775-1782) ;
Laurent Dubost (1783-1786).
Deuxième échevin : Louis Jacquet de la Colonge (1750-1751) ;
David Renard, ci-devant ex-consul (1753-1758) ;
Nicolas Michel (1759-1762) ;
Jean-Baptiste Jacquet, le jeune (1765) ;

État des supérieurs et des abbés réguliers et commendataires
de Joug-Dieu

Extrait des archives de l'abbaye de Tyron.

Joug-Dieu fut simple prieuré dépendant de l'abbaye de Tyron, jusqu'en l'année 1137.

Le bienheureux Bernard, supérieur général , dom Hugues, supérieur général de Tyron et Joug-Dieu ; sous dom Guillaume, supérieur général de Tyron, Joug-Dieu érigé en abbaye l'an 1137.

Abbés réguliers de Joug-Dieu.

1186

D. Raynal, abbé de Joug-Dieu.

Arnauld Gaillard (1766);
Antoine Bonnevay (1767–1768);
Philibert Troullieur (1769-1770);
Jean-Baptiste Jacquet, le jeune (1771-1782);
Jean-Baptiste Humblot (1783-1786),
Echevins électifs : Joseph Jacquet des Mignones (1750-1754) ;
Pierre Châtelain Dessertine (1750-1751);
Théodore Ducroux, notaire royal et procureur au bailliage du Beaujolais(1753-1763);
Jean-Baptiste Jacquet (1759-1761);
Bernard (1762) ;
Ardon (1765–1766) ;
Gaillard (1765);
Jean-Baptiste Jacquet, le jeune (1766);
Charvet, avocat (1784);
Puyroy, négociant (1784);
Chasset, avocat (1785-1786);
Buyron, négociant (1785-1786);
Platet, ancien procureur (1787-1789);
Delacoste, procureur (1787-1789);
Denis, avocat (1787-1789);
Michette (1790);
Jacquet (1790);
Bulty (1790) ;
Desarbres (1790).

1218

D. Aymond, abbé de Joug-Dieu.

1248

D. Jean, abbé de Joug-Dieu.

1274

D. Martin, abbé de Joug-Dieu.

1300

D. Jean, infirmier de Tyron, abbé de Joug-Dieu.

1338

D. Hugues, abbé de Joug-Dieu.

Hic, omission des abbés de Joug-Dieu pendant un siècle.

1450

D. Simon, prieur des Célestins de Lyon, abbé de Joug-Dieu.

1460

D. Antoine du Chazal, abbé de Joug-Dieu.

1464

D. Mathieu Pétrot, abbé de Joug-Dieu.

1466

D. Antoine des Haies, abbé de Joug-Dieu.

1477

D. Jean de Bellecombe, abbé de Joug-Dieu.

1499

D. Claude Dubost, abbé de Joug-Dieu.

1508

D. Philippe du Trère, abbé de Joug-Dieu.

1518

D. Jean Lorette, abbé de Joug-Dieu.

1522

D. Antoine Geoffroy, abbé de Joug-Dieu.

Abbés commendataires

1550

M. Charles-François Fuselier, premier abbé commendataire de Joug-Dieu.

1564

Simon de Pierrevive, abbé de Joug-Dieu.

1569

M. Aimé Baronnat, abbé de Joug-Dieu.

1587

M. Claude de Ponceton, abbé de Joug-Dieu.

1630

M. Alexandre Nagu de Varenne, abbé de Joug-Dieu.

M. Bernard Angélique de Crémeaux d'Entraigues, dernier abbé commendataire de Joug-Dieu, se démit de son abbaye entre les mains du roi, en 1713, et mourut le 25 février 1733.

État des religieux de Joug-Dieu, qui vivaient en 1684,
temps du projet de l'union de l'abbaye au chapitre.

D. Claude du Sauzey, prieur et chamarier.

D. Ennemond Germain, sacristain.

D. Louis de Phelines, hôtelier.
D. Humbert Terrasson, infirmier.
D. Antoine d'Epiney.
D. Pierre Cusset.

Suite des religieux depuis 1700.

D. Humbert Terrasson, prieur.
D. Louis Fichet, chamarier.
D. Pierre Cusset, prieur en 1710.
D. Jean-Baptiste Colin, chamarier.
D. François Guay, infirmier et dernier prieur en 1717.
D. Claude Corbay, sacristain.
D. Pierre Roland de la Roche, hôtelier.
D. Jean-Baptiste Milan.
Louis Pillet.
Guillaume Berthold.
Ces deux derniers ne firent point de vœux et quittèrent avant la
sécularisation.

État des doyens, chantres et chanoines de la collégiale de Notre-Dame-des-Marais, depuis son érection en chapitre, du 31 janvier 1682.

Premier doyen

M. Pierre Simonard, docteur en théologie, à qui le s^r Chaillard avait
résigné la cure de Villefranche qui fut érigée en doyenné et cure.

Sociétaires chanoines

Jean Saladin, chantre, premier sociétaire [1].
Alexandre Chaillard, ancien curé; Zacharie Noyel, curé de Béligny,
2e sociétaire; Antoine Chapuis, 3e sociétaire; Ponthus Giliquin, 4^e
sociétaire; François Bessie, 5e sociétaire; Zacharie Tournier, 6e sociétaire.

1. Il opta, dans six mois, pour la cure de Béligny qu'il garda.

Chanoines depuis l'année 1700.

Messieurs : François de Phelines succéda au s^r Noyel ; Antoine Bessie succéda au s^r Chaillard.

Pierre Aubry succéda au s^r Chapuis ; René David de Phelines succéda au s^r Saladin, tant au canonicat qu'à la chantrerie et fut nommé par M. l'archevêque de Lyon ; Jean Bottu succéda au s^r Giliquin ; Joseph Lespinasse succéda au s^r Tournier ; Antoine de Montoux succéda au s^r Bessie ; Achille Louis Lallier succéda au s^r Bottu.

Second doyen et 1er de nomination royale depuis 1710.

Mr Jean-Baptiste Trolieur, docteur en théologie, succéda au sieur Simonard ; Claude Antoine de la Roche Laval de Poncier succéda au s^r Montoux ; Gaspard Turrin de Bellair succéda au sieur de Phelines et a rempli depuis la place de chantre, après le décès de René David de Phelines.

Louis Pillet succéda au canonicat de René David de Phelines et a été pourvu de la chantrerie par le décès du s^r Turrin de Bellair.

Jean Perrin succéda au s^r de Lespinasse ; Nicolas Courtin de Neufbourg succéda au s^r Aubry.

Premier curé sacristain en 1739.

Au décès du s^r Trolieur, doyen et curé, la cure se trouva séparée du doyenné et réunie à la dignité de sacristain, créée nouvellement. M. Mathieu Chatelain Dessertine, bachelier en théologie, fut pourvu de la place de curé sacristain, sur la nomination du prieur de Salles.

François-Marie Mignot succéda au s^r Miland dont la place venait d'être sécularisée ; Pierre Goyet succéda et fut nommé, par le chapitre, à la place monacale sécularisée de dom Claude Corbay.

Claude Escoffié succéda à la place de s^r Berthod, sécularisée, toutes deux vacantes depuis plusieurs années.

Troisième doyen et seconde nomination royale en 1744.

M. François Besson, bachelier en droit civil et canonique, a succédé au doyenné royal possédé par le s^r Trolieur ; Jean-Baptiste Mousseron a succédé au s^r Mignot ; Jean-Marie Dubost, maître ès arts, a succédé au s^r Courtin de Neufbourg.

Dominique Roland de la Platière, licencié en droit civil et canonique, conseiller au bailliage de Beaujolais, a succédé au s^r Lallier.

Jean-Baptiste Meurier, bachelier en droit civil et canonique et chanoine d'honneur du chapitre de Beaune, a succédé au s^r Roland de Roche.

Julien Descombes a succédé, à la place de s^r Louis Pillet devenu chantre.

Charles Humblot a succédé au s^r de la Roche-Laval.

Pierre Bernard Dessertine a succédé au s^r Corlin.

Chanoines d'honneur depuis l'érection du chapitre.

Messieurs :

Cartin, curé de Beligny.

Gachot, aumônier de l'hôpital.

Ferthold, curé de Beligny.

De Champagny, aumônier de l'hôpital.

Gaillet, curé de Beligny.

Braud, commandeur de l'ordre hospitalier du Saint-Esprit.

Jacquet, ancien curé de Denicé[1].

1*. D'après la collection des *Almanachs de Lyon* la liste du personnel du clergé de N.-D. des Marais, serait la suivante de 1752 à 1790.

Doyen : François Besson, bachelier en théologie (1751-1774) ; Bernard-Pierre Châtelain Dessertine, bachelier en droit civil et canonique (1775-1790).

Chantre : Louis Pillet (1752-1766); Bernard Pierre Châtelain Dessertine (1767-1775); Dominique Roland de la Platière (1776-1790).

Curé sacristain : Mathieu Châtelain Dessertine, docteur en théologie (1752-1769); Jean-Baptiste Meurier, licencié de Sorbonne (1765-1767); Jean-Jacques Lièvre, bachelier en théologie (1768-1786); Desvernay, docteur de la maison et société de Sorbonne (1784-1791).

Chanoines : Jean-Baptiste Colin, ancien chamarier de Joug (1753-1754) ; François Guay, ancien prieur de Joug (1753-1781); Jean Perrin (1753-1766) ; Claude Escoffier (1753-1777); Pierre Goyet (1753-1790); Jean-Baptiste Mousseron (1753-1774); Jean-Marie Dubost (1753-1758) ; Dominique Roland de la Platière, conseiller au bailliage (1753-1775) ; Jean-Baptiste Meurier (1753-1763); Julien Decombes (1753-1765) ; Charles Humblot (1753-1768); Bernard Pierre Châtelain Dessertine (1755-1766); Claude Humblot, le cadet (1759-1790); Joseph-Alexis Trolieur, bachelier en droit (1765-1770); Benoît Deroche (1766-1790); Benoît-Claude Bertin, docteur en théologie (1767-1790); Philibert Gourdan (1768-1785); Nicolas Laurent (1769-1790); Jean-Louis Jacquet (1771-1790); Jean-Baptiste-Claude Pein (1775-1790) ; Avé (1776-1790); Trolieur (1778-1782) ; Jean-Baptiste Rousset, docteur en théologie (1782-1790);

États des noms des baillis du Beaujolais
consignés dans les titres anciens et modernes.

1246

Conradus de Concorezo, legum professor et baillivus curiæ domini Bellijoci.

1350

Hugues de Gleteins, bailli du Beaujolais.

1369

Jean de Thélis, sire de Lespinasse,

1376

Girard de Sainte-Colombe, bailli du Beaujolais.

1400

Jean Nagu de Varenne, bailli du Beaujolais, par lettre de Louis de Bourbon, du 7 septembre 1400.

1404

Philibert, seigneur de Lespinasse, bailli du Beaujolais.

1410

Philibert, seigneur de Cogny, bailli du Beaujolais.

Trolieur de Bois-Martin, bachelier ès droits civil et canon (1783-1790); Louis-Marie Jacquet (1786-1790).

Chanoines honoraires : Gaspard Michet, curé de Limas (1753-1790); François Gaillet (1753-1769); Gabriel Braud (1753); Alexandre Jacquet (1754); Joseph-Alexandre Trolieur de Bois-Martin, bachelier ès droits (1763), Jean-Baptiste Meurier, ancien curé-sacristain (1768-1790); Charles Humblot, prédicateur du roi (1771-1774).

Vicaires-chanoines honoraires : Jean Souchon (1766-1767); Henri Alavène, docteur en théologie (1766).

(O. Vasserot-Merle, *Corpus des Almanachs de Lyon, manuscrit, dictionnaire géographique, article Villefranche.*)

1425

Renaud de la Buxière, bailli.

1435

Cagnon de la Chassagne, seigneur de la Molire, bailli du Beaujolais.

1446

Philibert Rousset, seigneur d'Arben, bailli du Beaujolais.

1451

Gilles de Saint-Priest, seigneur de Vaux, bailli.

1457

Guillaume de Ferrière, seigneur de Champlenais et de Presle, conseiller et chambellan de M. le Duc et son bailli.

1464

Jean de Ferière, pourvu de l'office de bailli, le 17 juillet 1464. Il avait épousé Marguerite de Bourbon, fille naturelle du duc Jean.

1476

Jean Dumas, chevalier, sr de Lille, conseiller et chambellan de M. le Duc et son bailli.

1496

Jean de Ferrières, fils de Guillaume, de rechef bailli, en vertu des lettres patentes de Pierre de Bourbon, du 2 mars 1496.

1499

Philibert de la Platière, chevalier et seigneur de Bordes, chambellan du duc de Bourbon, Pierre, pourvu de l'office de bailli, l'an 1499 et confirmé dans icelui par lettres de dame Anne de France, du 10 juillet 1503.

1507

Brémond de Vitry, seigneur de Lalière, bailli.

1509

Jacques de Grassay, écuyer, sr de Dyors, conseiller et chambellan du fils de Mme Anne, pourvu de l'office de bailli, tant du Beaujolais que de Dombes, par lettres données à Chaussières, le 18 novembre 1509. Il eut aussi l'office de capitaine et châtelain du château et châtellenie de Beaujeu qu'avait le sr Bremond de Vitry.

1517

Jean d'Albon, chevalier, chambellan, seigneur de Saint André, capitaine de cinquante hommes d'armes, bailli et gouverneur du Beaujolais et de la Dombes, le 4 janvier 1517, et confirmé dans la charge par Mme Louise de Savoie, mère de François Ier, l'an 1528, et ensuite par François Ier, par lettres patentes données à Fontainebleau le 14 septembre 1537.

1549

Jacques d'Albon, sr de Saint-André, maréchal de France, pourvu des offices de sénéchal de Lyon, de bailli de Beaujolais et de la Dombes, par lettres d'Henri II, données à Fontainebleau, le 4 janvier 1549. Il fit son lieutenant au bailliage et gouvernement du Beaujolais Jacques de Laye, chevalier, seigneur de Messimy et d'Arbin, à Fontainebleau, le 15 mars 1549.

1555

Thomas de Gadagne, seigneur de Beauregard, gentilhomme de la chambre de M. le dauphin, fut bailli du Beaujolais par la résignation de Jacques d'Albon, à Villers-Coterets, le 22 octobre 1555.

1573

Alexandre de Ponceton, seigneur de Francheleins, et de Laye, bailli de Beaujolais, par résignation du sr Gadagne, à Champigny, le 8 novembre 1573, confirmée par le roi à Saint-Germain-en-Laye, le 28 décembre suivant. Il fut aussi bailli de Dombes.

1601

George de Villeneuve, chevalier de l'ordre du roi, gentilhomme ordinaire de la chambre, capitaine de cinquante hommes d'armes, baron de Joux, seigneur de la Noirie, Jailly et Salornay-sur-Guye, bailli de Beaujolais.

1643

Jean de Champier, baron de Juis, et de Vaux, bailli de Beaujolais.

1657

Philippe-Charles de Champier, baron de Juis, comte de Chigny, bailli du Beaujolais.

1669

Jean-Philippe de Champier, comte de Chigny, succéda à son père en l'office de bailli du Beaujolais, dont il fut pourvu en 1669 et reçu et installé le 13 mars de la même année.

1685

Jacques Camus, chevalier, comte d'Arginy, marquis de Puzignan, colonel de cavalerie...

[1714

Charles-Joseph-Luc de Camus, comte d'Arginy, pourvu par lettres des 1er septembre et 15 décembre 1705, fut] installé en la charge de bailli, à la place de feu son père, le 30 juillet 1714.

1736

Jacques de Sauzey, chevalier, vicomte d'Arnas, bailli de Beaujolais, reçu et installé le 20 août 1736.

1747

M. le comte de Montauban eut la charge de bailli, après la mort du sr d'Arnas, mais il ne s'est pas fait installer dans la charge.

1750

Alexis Noyel de Belleroche, s^r de Bionnay, bailli de Beaujolais, installé le 30 juin 1750.

[1780

Le comte d'Escourtils, 1780 [1].]

État des juges ordinaires, des juges d'appeaux
et des lieutenants généraux du bailliage de Beaujolais.

1269

Joannes de Plana Serra, judex curie domini Bellijoci, mense octobri 1269.

1277

Magister Rufinus judex, curie domini Bellijoci, mense aprili 1277.

1285

Stephanus de Monte Giraldi, sacrista Bellijoci, cognitor causarum curie domini Bellijoci, mense octobri 1285.

1285

Guilleminus de Pisiaco, judex curie et terre illustris domine Blanche, domine Belleville, [uxoris] inclite recordationis domini Guichardi quondam domini Bellijoci, mense junii anno 1285.

1283

Guichard de Thelis, doyen de Beaujeu, juge d'appeaux du Beaujolais en 1283.

1291

Robertus de Amazeio, canonicus Montisbrisonis, judex curie domini Bellijoci, mense octobri 1291.

1*. *Almanach de Lyon.*

1301

Franciscus Evaudiy?, judex curie domini Bellijoci.

1304

Barthelémy de Sceïa.

1319

Martinus de Buella, legum doctor, judex apellationum in terra Bellijoci.

1339

Joannes de Jo.

1350

Joannes de Bellua.

1376

Guillelminus de Moncellis, judex ordinarius terre domini Bellijoci.

1399

Étienne de Lagrange.

1405

Pierre Fantachini.

1425

Joannes Manusi, licentiatus in legibus, judex causarum appellationum terre Bellijoci.

1428

Jean Rux, juge ordinaire du pays de Beaujolais.

1446

Guichard Bastier, juge d'appeaux.

1446

Pierre Balarin, juge ordinaire du pays de Beaujolais.

1464

Guillaume Hugonet.

1470

Jacques Viry, juge ordinaire dudit pays.

1473

Ennemond Payen, juge ordinaire et lieutenant de M. le bailli.

1473

Jean Perruyer, juge d'appeaux.

1502

Girard de la Bruyère, juge ordinaire, fut pourvu par M. le bailli le 6 juin 1502.

1503

Jean Palmier, juge d'appeaux.

1513

Ponthus de Challes, lieutenant de M. le bailli de Beaujolais.

1527

Michel Odille, prévôt de Villefranche et de Limas, par lettres de Louise de Savoie, données à Saint-Germain-en-Laye, le dernier mars 1527.

1531

Antoine Bonnet, lieutenant général, par lettres du 17 mai 1531.

1536

Claude Baronnat, écuyer, s^r de Bussy et du Moulin au Comte, dernier juge d'appeaux en Beaujolais et en Dombes.

1548

Philibert Bonnet, lieutenant général.

1554

Jean Gaspard du Sou, s^r de Bionnay et de Hautechanal, lieutenant général civil et criminel au bailliage de Beaujolais et de Dombes, le 8 mars 1554.

1560

Pierre de Seure, prévôt de Villefranche et de Limas, 22 juin 1560.

1563

Alexandre de Rancé, prévôt de Villefranche.

1568

Vérand de Chatenay, prévôt de Villefranche et de Limas.

1570

Jean Haste, successeur du s^r Chatenay en la charge de prévôt de Villefranche et de Limas.

1572

Mathieu Giliquin, dernier prévôt de Villefranche et de Limas.

1589

Étienne de la Roche, lieutenant général, par lettres données à Blois, le 28 février 1589.

1606

Claude Charreton, seigneur de la Terrière, lieutenant général, par lettres du 28 août 1606 et par autres lettres, du même jour, il fut nommé à l'office de juge ordinaire de la prévôté de Villefranche et de Limas, qu'avait possédé Étienne de la Roche, son devancier.

1638

Jacques Charreton, son fils, succéda aux offices de lieutenant général et de prévôt et fut ensuite pourvu d'une charge de maître des requêtes au parlement de Paris.

1642

Étienne de Couleurs, seigneur et vicomte d'Arnas, et Chamburcy, pourvu des charges de lieutenant général et de prévôt, au mois de juillet 1646, reçu au Parlement le 9 août et installé au bailliage le 12 novembre de la même année.

1650

François Mignot, écuyer, s^r de Bussy et de la Martizière, pourvu audit office par résignation d'Étienne de Couleurs, reçu à la Cour le le 7 septembre 1660 et installé au bailliage le 4 octobre de la même année.

1679

Noël Mignot, écuyer, s^r de Bussi, lieutenant général audit bailliage, succéda à toutes les charges de son père.

1714

Jacques-François Mignot, lieutenant général par résignation de son père, pourvu le 23 juillet 1714 et installé au bailliage le 10 novembre de la même année.

1741

François Noël Mignot, successeur à l'office de lieutenant général civil et criminel que possédait son père, pourvu le 21 août 1741, reçu au Parlement le 5 septembre et installé au bailliage le 20 novembre de la même année. Ce fut un mois avant les provisions obtenues par le s^r Mignot que la charge de prévôt de Villefranche a été éteinte et la juridiction réunie à perpétuité au bailliage. Ainsi François-Noël Mignot n'a plus joui de la charge de prévôt comme ses prédécesseurs.

1748

Benoît Jacquet, lieutenant général civil et criminel, reçu au Parlement à la fin du mois d'août 1748 et installé audit bailliage, le 2 septembre suivant [résigna en 1770 en faveur de Guérin de la Colonge et fut nommé par lettres du 19 juin 1776 conseiller lieutenant général civil et criminel honoraire en la sénéchaussée de Beaujolais].

1770

François Blaise Guérin de la Colonge, baptisé le 8 août 1744, sur résignation de Benoît Jacquet de la Colonge, fut pourvu par lettres des 5 juillet et 8 août 1770 de l'office de lieutenant général civil et criminel, reçu au Parlement le 5 septembre 1770 et installé au bailliage le 17 décembre 1770.

1789

Pierre Dulac de Ponchon, avocat du roi en la sénéchaussée du Beaujolais, sur la résignation, en sa faveur, de François-Blaise Guérin de la Colonge, par acte du 27 septembre 1789, fut pourvu par lettres données à Londres le 10 novembre 1789 et à Paris le 9 décembre 1789, de l'office de lieutenant général civil et criminel, reçu au Parlement le 9 décembre 1789, à charge de réitérer le serment à la rentrée de la Cour, alors en vacation, installé à la sénéchaussée du Beaujolais, le 14 décembre 1789.

Etat des lieutenants particuliers civils du bailliage depuis que par édit du 7 septembre 1532, François Ier créa cette charge.

1532

Guillaume Regonnier, premier lieutenant particulier civil audit bailliage.

1569

Étienne de la Roche, lieutenant particulier, nommé par M. de Montpensier, au champ de Ruffée, le 5 mars 1569, et confirmé par le roi, le 12 avril de la même année.

1589

David Bellet, lieutenant particulier, par lettres données à Blois, le 28 février 1589, confirmées le même jour par le roi.

1618

François Bellet succéda à son père en la charge et fut pourvu le 23 janvier 1618.

1631

Gabriel du Sauzey, sʳ de la Vénerie, fut pourvu à Paris, le 11 janvier 1631, sur la résignation de François Bellet et reçu au Parlement le 11 juillet de la même année.

1680

Jacques du Sauzey, fils de Gabriel, lui succéda et fut pourvu en l'année 1680.

1707

François Bottu, seigneur de Saint-Fonds, obtint, sur la résignation du sʳ du Sauzey, des provisions du roi et du prince, fut reçu au Parlement le 22 décembre 1706 et installé au bailliage le 12 janvier 1707.

1718

Thomas du Roffray, lieutenant particulier, par résignation du sʳ Bottu de Saint-Fonds, pourvu par le roi, le 2 juin 1718, reçu au Parlement le 17 juin et installé au bailliage, le 26 juillet de ladite année.

1749

Jacques-André de Roche de Longchamp, lieutenant particulier, installé le 24 novembre 1749.

[1766

Benoît Vaivolet, lieutenant particulier civil et criminel, par lettres des 17 et 26 février 1766, en remplacement de Jean-Jacques-André de Roche de Longchamp, décédé, et installé au bailliage le 12 mai 1766 (fᵒ 45) ; nommé lieutenant particulier civil et criminel honoraire par lettres du 21 juillet 1784.

1784

Jean-Claude Durand, lieutenant particulier civil et criminel, par lettres des 31 mai et 12 juillet 1783, en remplacement de Benoît Vaivolet résignant en sa faveur, par acte du 8 avril 1783, fut installé le 20 janvier 1784.

Etat des lieutenants particuliers assesseurs criminels.

Depuis les édits de création des offices de 1586 on en créa un de lieutenant particulier assesseur criminel au bailliage de Beaujolais.

1603

César Rétis fut le premier titulaire de la charge d'assesseur criminel et obtint des provisions du roi du 25 juin 1603, malgré l'opposition de M. le duc de Montpensier.

1637

Henri Convers, lieutenant assesseur criminel, pourvu, sur la nomination de M. le duc d'Orléans, du 3 août 1637, et installé au bailliage le 15 décembre de la même année.

1661

David de Phelines, s^r de la Chartonnière, quitta la charge d'avocat du roi au bailliage, pour prendre celle d'assesseur criminel, après la mort du s^r Convers, son beau-frère. Il en fut pourvu le 10 novembre 1661, reçu à la cour le 3 décembre suivant, installé au siège le 16 janvier 1662.

1711

Pierre de Phelines de Ruyère, lieutenant particulier assesseur criminel, pourvu le 23 août 1711 et installé au bailliage le 16 novembre de la même année.

1728

Alexis Noyel, assesseur criminel, pourvu le 12 mars 1728, reçu au Parlement le 10 avril suivant et installé le 10 mai au bailliage.

1746

Claude-François Cusin, assesseur criminel, pourvu sur la résignation du s^r Noyel, installé au bailliage le 23 avril 1746.

[1777

Pierre-François Bernigaud de Cercy, écuyer, gendre de Clerjon du Carry, conseiller garde-scel, successeur de feu Claude-François Cusin, fut pourvu, par lettres des 13 et 28 mai 1777, de l'office de conseiller du roi, lieutenant particulier assesseur criminel au bailliage et sénéchaussée de Villefranche et installé le 1er septembre 1777.

Etat des conseillers au bailliage depuis la création de leur charge au nombre de quatre, par édit du mois d'octobre 1703.

1704

Jean-Baptiste Noyel, conseiller garde scel, obtint des provisions, le 12 mai 1704, reçu au Parlement le 12 juin et installé au bailliage le 14 novembre de la même année.

Laurent Bessie de Montauzan, conseiller, obtint des provisions le 20 juillet 1704, fut reçu au Parlement le 30 août et installé au bailliage le 17 novembre de la même année.

Louis d'Epiney, conseiller, fut pourvu le 20 août 1704, fut reçu au Parlement le 30 du même mois et installé au bailliage le 17 novembre 1704.

David de la Roche Poncier, conseiller, eut des provisions du roi, le 31 août 1704, fut reçu et installé au bailliage le 19 novembre de ladite année.

1710

Jean-François Noyel de Monternot, conseiller garde scel, sur la résignation de Jean-Baptiste, son frère, obtint des provisions du roi, sur la présentation de M. le duc d'Orléans, le 16 février 1710, et fût reçu et installé au bailliage le 17 juin de la même année.

1711

Charles de Chal, conseiller au bailliage, sur la résignation du sr de Montauzan obtint des provisions le 31 mai 1711 et fut reçu et installé au bailliage le 25 juin de la même année.

1714

Joseph-Aimé de Bussières, conseiller garde scel, sur la résignation de Jean-François Noyel, fut pourvu par le roi, le 19 août 1714, et reçu et installé au bailliage le 24 décembre de ladite année.

1719

Jean-Marie Roland de la Platière, conseiller, succéda au sr d'Épiney, fut pourvu par le roi, le 22 décembre 1718, et reçu et installé au bailliage le 26 juillet 1719.

1729

Jacques-Guillaume Trolieur de la Vaupierre, conseiller, par résignation du sieur de Chal, pourvu par le roi le 26 décembre 1729, reçu et installé au bailliage le 6 septembre de ladite année (*sic*).

1736

Claude-François de la Roche Poncié, successeur en la charge de conseiller de David de la Roche, son père, pourvu le 23 décembre 1735 et installé au siège le 20 février 1736.

1750

Dominique Roland de la Platière, successeur à la charge de conseiller que possédait Jean-Marie Roland, son père, pourvu, le 4 juillet 1750, reçu au Parlement le 23 du même mois et installé au bailliage le 17 août de ladite année [nommé conseiller honoraire par lettres du 20 juillet 1785.

1755

Étienne Clerjon du Carry, conseiller garde scel, après la mort du sr de Bussière, pourvu par le roi le 18 juillet 1755 et reçu et installé au siège le 4 août de la même année.

1776

Jean Thivend, successeur de Guillaume-Jacques Trolieur de la Vau-pierre, pourvu par lettres des 3 et 14 août 1776 de l'office de conseiller du roi, fut installé le 25 novembre 1776.

1778

Esprit Billoud, successeur de feu Claude-François de la Roche, pourvu, par lettres des 4 et 9 juillet 1777, de l'office de conseiller du roi, fut installé le 12 janvier 1778.

1784

Louis HUMBERT de la Barre, successeur de Dominique Roland de la Platière, résignant en sa faveur par acte du 7 mars 1784, pourvu par lettres des 25 mai et 23 juin 1784, fut installé le 2 août 1784.

Etat des avocats du roi et du prince au bailljage.

1486

Nicolas de la Bessée, avocat et procureur général de Mgr le Duc.

1503

Claude Giliquin, avocat et procureur fiscal du Beaujolais et de la Dombes.

1527

Guillaume Carlat, docteur ès droit, avocat fiscal du Beaujolais, pourvu par Louise de Savoie, à Saint-Germain-en-Laye, le 23 février 1527.

1539

Étienne du Tremblay, avocat du roi du Beaujolais et de la Dombes, reçu le 30 septembre 1539.

1555

Michel Gillet, reçu le 1er décembre 1555.

1574

Paul Regonier, pourvu par les lettres de M. de Montpensier, à Fontenay-le-Comte, le 27 mai 1574, confirmé par la reine Catherine, régente, le 16 juin suivant et, par autres lettres, il fut pourvu de l'office d'avocat du prince en Dombes; en 1544, il était enquêteur au bailliage et avait succédé à Hugues Dufour en cette charge.

1584

François Fiot, avocat du roi.

1588

Christophe Fiot, avocat du roi, par nomination de M. de Montpensier, à Rouen, le 19 juin 1588.
Laurent Fiot, avocat du roi.

1626

Alexandre Bottu, pourvu sur la démission de Laurent Fiot, le 24 janvier 1626, et reçu au Parlement le 5 mai suivant.

1650

David de Phelines, avocat du roi, pourvu le 20 mai 1650, reçu au Parlement le 29 août et installé le 4 octobre de la même année.

1662

Claude de la Roche, avocat du roi, pourvu au mois de mars 1662, reçu le 5 mai au Parlement et installé au bailliage le 31 juillet de la même année.

1710

Jean-Baptiste de la Roche, sur la démission de Claude, son père, fut reçu au Parlement, le 6 juillet 1709, et installé au siège le 26 novembre 1710,

1729

Pierre Lafont de Pougelon, avocat du roi, pourvu le 14 juin 1728 et installé au bailliage le 7 mars 1729.

1740

Jean-Baptiste-Philibert Micolier, obtint, sur la résignation du sieur de Pougelon, provision du roi, fut reçu au Parlement le 2 juillet 1740, et installé au siège le 26 juillet 1740.

1746

Benoît Jacquet, sur la résignation du s^r Micolier, fut pourvu en la charge d'avocat du roi, le 4 mars 1746, et reçu et installé au bailliage le 6 mai de la même année.

[1760

Jean-Baptiste-Philibert Jacquet des Mignones, sur la résignation de Benoît Jacquet, son cousin, fut pourvu de la charge d'avocat du roi par lettres du 11 août et du 2 septembre 1758, et reçu et installé au bailliage, le 19 janvier 1760.

1769

Mathieu-Esprit Châtelain Dessertine, sur la résignation de Jean-Baptiste-Philibert Jacquet, fut pourvu de la charge de conseiller avocat du roi, par lettres du 9 septembre 1768 et 18 janvier 1769, et reçu et installé au bailliage le 31 juillet 1769, mort le 3 décembre 1783.

1785

Pierre Dulac de Ponchon, âgé de 23 ans huit mois, suivant son acte baptistaire du 26 septembre 1761, sur le consentement de Jacques-André Châtelain Dessertine, frère de feu Mathieu-Esprit Châtelain Dessertine, fut pourvu de la charge de conseiller avocat du roi, par lettres du 5 mars et 4 mai 1785, et reçu et installé au bailliage le 14 novembre 1785.

État des procureurs du roi et du prince au bailliage du Beaujolais.

Hugo de Pizeis, decanus Bellijoci, procurator generalis; Guichardus Gaucerii, clericus, procurator generalis terre Bellijoci.

1417

Joannes Chevroti, procurator generalis terre et baronie Bellijoci.

1425

Meraud de Bourg, procureur général du Beaujolais.

1446

Michel de Rancé, procureur général.

1454

Philippe de Sotizon, procureur général.

1462

Jacques de Viry, procureur de Son Altesse. Il fut depuis juge ordinaire, en 1470.

1484

François Rimaudi, procureur général et fiscal de la terre et baronnie
du Beaujolais, pour Madame Anne de France.

1489

Guillaume de Ponceton, seigneur de Francheleins, procureur général.

1535

Philippe de Ponceton, pourvu le 3 février 1527, à Saint-Germain,
par Madame Louise de Savoie, de l'office de procureur général et des
pies causes de Beaujolais et de Dombes.

1551

Philippe du Crozet, procureur général en Beaujolais et en Dombes,
par lettres données à Reims le 13 mars 1551.

1581

François Poget, procureur du roi.

1593

Antoine Poget, procureur du roi, par résignation de François son père. '

1613

François Mignot, seigneur de Jouxtecros, reçu au Parlement le 13 juillet 1613.

1627

Laurent Fiot, seigneur de Mongré, fils de Christophe Fiot, avocat du roi, en 1588. Ce même Laurent avait été avocat du roi.

1655

Laurent Bottu de La Barmondière, pourvu de l'office de Laurent Fiot, son beau-père, le 27 novembre 1654, reçu au Parlement le 28 janvier 1655.

1695 .

François Bottu de La Barmondière, succéda à l'office du procureur du roi de Laurent Bottu, son père, et l'a exercé jusqu'au 5 novembre 1720, jour de son décès.

1723

Pierre Chatelain Dessertine, procureur du roi, pourvu le 20 mai 1723 et installé au bailliage le 19 juillet de la même année.

1735

Pierre Chatelain Dessertine, successeur à l'office de procureur du roi que possédait Pierre, son beau-père, obtint des provisions, le 28 janvier 1735 et fut installé au bailliage le 7 septembre 1735.

[1764

Benoît Vermorel, pourvu, par lettres des 23 et 31 août 1763, de l'office de procureur du roi, en remplacement de Pierre Châtelain Dessertine, fut installé au bailliage le 9 janvier 1764 (f° 12).

1776

Jacques-André Châtelain Dessertine, sur résignation de Benoît Vermorel, fut pourvu par lettres des 15 et 27 mars 1776 de l'office de conseiller procureur du roi et installé au bailliage le 4 juin 1776 (f° 57 v°)]

Liste [des membres] de l'Académie royale des sciences et beaux-arts de Villefranche en Beaujolais depuis son établissement suivant la date de réception [1].

Temps
de la réception

Temps
du décès

PROTECTEURS

1680 Monseigneur Camille de Neuville, archevêque, comte de
Lyon.   1693

1695 Philippe de France, duc d'Orléans, frère unique de
Louis XIV, baron de Beaujolais, par donation de Mlle
de Montpensier.   1701

1702 Philippe, petit-fils de France, duc d'Orléans, baron de Beaujolais.   1723

1727 Louis, duc d'Orléans, premier prince du sang, baron du
Beaujolais.   1752

1752 Monseigneur Louis-Philippe, duc d'Orléans, premier prince
du sang, baron de Beaujolais.   [1785

1785 ? Louis-Philippe-Joseph, duc d'Orléans.   1793]

ACADÉMICIENS HONORAIRES

1739 M. Pallu, conseiller d'État, ancien intendant de Lyon.

1741 M. le marquis d'Argenson, ministre honoraire, de l'Aca-
mie des Inscriptions et Belles-lettres.

1*. Les listes de Trolieur s'arrêtent en 1757, elles ont pu être continuées jusqu'en 1790, grâce surtout à l'intéressant travail de M. A. Besançon, *L'Académie royale de Villefranche en Beaujolais*, Villefranche, 1905 ; la collection des Almanachs de Lyon et la *France Littéraire*, édition de 1769. On trouvera dans le travail de M. Besançon d'intéressants détails biographiques.

*

1742 M. le marquis de Paulmy [d'Argenson], secrétaire d'État au
     département de la guerre, de l'Académie française et de
     celle de Berlin.
1743 M. Legrand de la Meilleray, intendant des finances de
     · M. le duc d'Orléans   1754
1752 M. de Silhouette, chancelier garde des sceaux de M. le duc
     d'Orléans.
1752 M. Lemoyne de Bellisle, intendant des finances de M. le
     duc d'Orléans.
1755 M. le marquis de Maugiron, brigadier des armées du roi,
     de la société royale de Lyon.
1757 M. l'abbé de Breteuil, chancelier garde des sceaux de M. le
     duc d'Orléans.
[1761 M. Richard de Ruffey, président à la Chambre des Comptes
     et de l'Académie de Dijon.
1767 M. Mignot de Bussy, abbé de Nantz, de l'Académie de
     Lyon.
1769 M. de Coët-Loury, écuyer de la reine.
1769 M. Garnier des Garets (Eleonor), commandant de Stras-
     bourg, de l'Académie de Dijon.
1770 M. Garnerans (Jean-Benoît Cachet de), premier président
     au parlement de Dombes.
1771 M. Laurencin (Jean-Baptiste-Espérance-Blandine de), asso-
     cié des académies de Rouen et de Lyon.
1773 M. de Monspey (Pierre-Paul), chevalier de Malte.
1774 M. Desrois, intendant de M. le duc d'Orléans.
1786 M. Ducrest (Charles-Louis, marquis), chancelier de M. le
     duc d'Orléans.]

ACADÉMICIENS ORDINAIRES

Messieurs :

1679 Jean Bottu, écuyer, seigneur de Saint-Fonds.   1686
1679 Zacharie Tournier, chanoine du chapitre de Villefranche. 1707
1679 Jean Saladin, chantre du même chapitre.   1702

1679 Noël Mignot, lieutenant-général audit bailliage de Ville-
    franche en Beaujolais. 1715

1679 Claude de la Roche-Poncier, avocat du roi. 1717

1679 Jean Gay de Marzé, avocat. 1713

1679 Laurent Bottu de la Barmondière, procureur du roi audit
    bailliage. 1694

1679 Louis de Bussières du Châtelard, procureur du roi à l'élec-
    tion. 1705

1679 Jean-Baptiste Mercier, docteur en médecine. 1710

1679 Humbert Terasson, chanoine dudit chapitre. 1710

1679 Alexandre Bessie du Peloux, secrétaire perpétuel. 1718

1679 Claude Cusin, avocat audit bailliage. 1712

1679 [Pierre] Valossière, avocat, décédé.

1680 Pierre Cusset, chanoine de Villefranche. 1713

1680 [François] Damiron, avocat au bailliage. 1709

    On est redevable de l'Académie à ces quinze premiers
académiciens qui, depuis l'année 1677, avaient entre eux
des conférences académiques et qui tinrent une assemblée
publique le jour de saint Louis, 25 août 1680, dans
laquelle on distribua des copies imprimées, des règlements
et des statuts de l'Académie, sous la protection de Camille
de Neuville.

1680 Antoine Dubost, président à l'élection du Beaujolais,
    décédé en [1694].

1688 L'abbé de Baudry, de Paris.

1693 De Chassebras de Cramaille, écuyer demeurant à Paris.

1693 Louis de Bernaige, auteur de l'État de la France.

1693 Bernard de Haumont, écuyer.

1693 Antoine Bessie, doyen du chapitre de Beaujeu. 1738

1693 Delord, lieutenant général au bailliage d'Aurillac, décédé.

1693 Pierre Chatelain Dessertine, avocat. 1734

1693 Guionnet Devertron de l'Académie d'Arles, historio-
    graphe du roi, auteur du Parallèle de Louis le Grand
    avec les princes surnommés grands, décédé.

1693 Laurent Bessie de Montauzan, conseiller au bailliage. 1742

1695 François Bottu de la Barmondière, procureur du roi au
     bailliage.   [1720]
1695 Alexandre Louis Monbrun, receveur du domaine.
        Au mois de décembre 1695, Louis XIV accorda ses
     lettres patentes qui érigèrent l'Académie de Villefranche en
     académie royale, aux mêmes honneurs et privilèges dont
     jouit l'Académie française et la mit sous la protection de
     Mr le duc d'Orléans.
1697 François Bottu, écuyer, sgr de Sᵗ-Fonds, nommé, en 1727
     secrétaire perpétuel à la place du sr Bessie du Peloux.   1739
1697 Jean Laurent, avocat en Parlement.   1748
        Au mois de mars 1728, l'académie obtint nouvelles
     lettres patentes de Louis XV, qui confirment celles de
     1695 et donnent le titre d'académie des sciences et beaux-
     arts. Elles furent enregistrées au Parlement le 13 mai 1728,
     et, au bailliage, le 7 juin de la même année.
1727 Jean-Baptiste Trolieur, doyen de l'église collégiale de Vil-
     lefranche.   1739
1727 Jacques-François-Marie Mignot, lieutenant général aud.
     bailliage de Villefranche.   1739
1727 Claude Gachot, docteur en théologie.   1742
1727 Aimé-Ange Mignot de Bussy, chanoine de l'église de
     Mâcon.
1727 Thomas Janson de Roffrey, sr de la Pillonière, lieutenant
     particulier aud. bailliage.   1746
1727 Joseph-Aimé de Bussières, sr du Châtelard, conseiller au
     bailliage du Beaujolais.   1754
1727 Laurent Cochard, avocat en Parlement.   1740
1727 Jacques Roland, avocat en Parlement, curé de Juliénas en
     Beaujolais.   1754
1727 Alexis Noyel, écuyer, lieutenant particulier, assesseur cri-
     minel au bailliage de Villefranche, nommé secrétaire
     perpétuel en 1739, à la place de Mr de Sᵗ-Fonds.   [1775]
1728 Laurent Dugas, chevalier, président en la Cour des Mon-
     naies de Lyon, ancien prévôt des marchands de lad.
     ville.

1728 Charles Cheinet, écuyer.

1728 Aimé Bertin, avocat en Parlement.

1728 Mathieu Chatelain Dessertines, docteur en théologie.   [1764]

1729 .....Lavocat, doyen des maîtres de la chambre des comptes de Paris.

1731 Jacques-Guillaume Trolieur, sr de la Vaupierre, conseiller aud. bailliage.

1739 Pierre Chatelain Dessertines, procureur du roi au même bailliage.

1739 Noël François Mignot de Bussy, lieutenant général aud. bailliage.

1740 Jean-Baptiste Philibert Micollier, avocat du roi au bailliage de Beaujolais.

1744 Jean François Pezant, avocat au Parlement, nommé secrétaire perpétuel sur la démission du sr Noyel.

1744 François Marie Mignot de Bussy, chanoine de Villefranche, depuis doyen de Sully.

1752 Pierre Teillard, avocat au bailliage.

1752 Marin-Pierre Lemeau, receveur des tailles et secrétaire du roi.

1757 Benoit Jacquet de la Colonge, lieutenant général au bailliage de Villefranche.

1752 Jean André Gontard, docteur en médecine.

1752 Dominique Roland de la Platière, chanoine du chapitre et conseiller aud. bailliage.

1752 Étienne Clerjon, procureur du roi à l'élection et depuis conseiller au bailliage.

1752 Gaspard Michet, chanoine honoraire.

1752 Gaspard Humblot, chanoine de Villefranche.

1755 [Antoine-François] Brisson, inspecteur des manufactures, ci devant associé et reçu au rang des académiciens ordinaires, depuis 1757.

1757 Bernard-Pierre Châtelain Dessertines, chanoine de Villefranche.

[1758 de Sozzi, avocat, de l'académie de Lyon.

1760 Cusin de Jasseron, assesseur criminel.

1760 Meurier, chanoine de Villefranche.

1761 Goyet, chanoine de Villefranche.

1761 Thivend, avocat au bailliage.

1764 Chatelain-Dessertines Desbrosses (Mathieu-Esprit), avocat.

— Dufour.

1768 Gouvion, médecin.

— Humblot (Charles), chanoine.

1774 Saint Virbat (Joseph-Horace de).

1775 Mayet, de Lyon, directeur de fabrique de soierie.

— Jourdan de Montplaisir, ingénieur.

1776 Gemeau (Nicolas-François), lieutenant général au bailliage de Trévoux.

1777 Morel (Pierre), médecin.

1778 Pernety (Jacques), avocat.

— Chasset (Charles-Antoine), avocat.

1779 Varenard (Jean-Marie), chantre de Beaujeu.

1780 Hébert, chirurgien dentiste.

— Tissier (François-Marie), pharmacien.

— Mongez (l'abbé Antoine).

1781 Gomez (Barthélemy), minime.

1782 Pein (Jean-Baptiste-Claude), chanoine.

1783 Gabet de Beauséjour (Jean-Marie-Angélique), avocat à Trévoux.

1784 Guérin de la Colonge, lieutenant général.

— Pein (Jean-Baptiste-Louis), avocat.

— Roland de la Platière (Jean-Marie), inspecteur des manufactures.

1786 Chatelain Dessertine (Jacques-André), procureur du roi.

— Chatelain de la Tour(Joseph-Aimé-Marie), conseiller en l'Élection.

— Durand (Jean-Claude), lieutenant particulier.

— Dulac (Pierre), avocat du roi.

ACADÉMICIENS ASSOCIÉS

Messieurs :

1741 du Roussi, sacristain du chapitre de Montbrison.

1741 Le révérend père Boule, cordelier, bachelier de Sorbonne.

[1741 de Bussy, doyen de Sully (1765)].

1741 Pezant père, géomètre.

1742 Le révérend père Béraud, jésuite, de la société royale de Lyon.

1744 Gauchat, ancien curé de Louhans.

1745 Chabaud, de l'Oratoire.

[1752 Michet, curé de Limas (1779)].

1753 Le R. P. Quaisme (Gaime), cordelier, bachelier de Sorbonne.

1753 Vidal, principal du collège de Villefranche.

1756 Armand Cottereau, curé de Donnemarie.

1757 [Relongue] de la Louptière, de la société littéraire de Châlons-sur-Marne.

[1758 Claude-Charles-Florent Thorel de Campigneules, trésorier de France, à Lyon.

1759 Patullo.

1760 Jean-Antoine Lasserre, de l'Oratoire, à Lyon.

1760 l'abbé Pernetti, chevalier de l'église de Lyon, de l'Académie de la même ville (1765).

1761 Jean-Bernard Michault, des académies de Nancy et de Dijon.

1765 Chappus, de l'Oratoire, vicaire général de Sisteron.

1768 Jean Goulin, de l'Académie de Lyon.

1768 Claude-François Guillemaud de Fréval, conseiller au Parlement de Paris.

1769 Léonard des Garets, brigadier des armées du roi, commandant de la citadelle de Strasbourg (1770).

— de Coet-Loury, écuyer de la reine (1770).

— de Boissieu, docteur en médecine, agrégé au collège de médecine de Lyon, de la société royale des sciences de Montpellier (1771).

1769 Jean Janin de Combeblanche, oculiste, du collège royal de chirurgie de Paris.

1769 Renaud de la Grelaye, avocat à Paris.

1770 l'abbé François Rozier, de la société de botanique de Florence.

1770 l'abbé Desroches, archidiacre de Châlon.

— Jacques Pernetti?

1771 J.-B.-Espérance-Blandine de Laurencin, associé de l'Académie de Rouen.

1773 Thomas Merle de Castillon, de l'Académie de Lyon.

1774 l'abbé Guillaume-Antoine Lemonnier.

1775 Étienne Mayet de Lyon.

1775 dom de Bouis, bénédictin.

1776 Claude Champeaux, professeur au collège de chirurgie de Lyon.

— le P. Grégoire Martin, minime.

1777 le P. Barthélemy Gomès, picpus.

1779 Dumoustier de la Fond, capitaine d'artillerie.

1779 Jean-Marie Roland de la Platière, inspecteur général des manufactures.

— Louis Cousin-Despréaux, de l'Académie de Rouen.

1780 Antoine-François Delandine, de l'Académie de Lyon.

1781 l'abbé H. Pierre Bertholon, de plusieurs académies.

1781 l'abbé Mongez, de l'Académie de Lyon (1782).

— Michel Cousin-Despréaux, avocat du roi au bailliage de Caux.

— François-Marie Puthod de Maison-Rouge, officier d'infanterie.

— Louis Basset de la Marelle, président au Grand Conseil.

— Charles-Joseph de Villers, de l'Académie de Lyon.

1782 Pierre Pasquier, peintre du roi.

— Anselme Crignon d'Ouzouer, de la société d'agriculture d'Orléans.

— Charles-Joseph Mathon de la Cour, de l'Académie de Lyon.

1783 le comte de Saint-Cyr.

— Louis-Marie Paret, curé de Genouilleux.

1784 la comtesse Fanny de Beauharnais.

— Benjamin-Sigismond Frossard, de la société des sciences de Montpellier.

— Nicolas-Thomas Barthe, de l'Académie de Marseille.

1785 Jean-Emmanuel Gilibert, docteur en médecine.

— dom François-Philippe Gourdin, bibliothécaire de l'abbaye de Saint-Ouen à Rouen.

1786 l'abbé Aimé Guillon de Montléon.

1786 Thomas-Philibert Riboud, procureur du roi au bailliage
    de Bourg.
— Gabriel-Étienne Le Camus, de l'Académie de Lyon.
— François-Paul de Vin des Ervilles, secrétaire du Musée
    d'Amiens.
1789 le P. Ropique, minime.
— Jean-Baptiste Desgranges, docteur médecin.]

ACADÉMICIENS VÉTÉRANS [1]

1740 M. Micollier, ancien maire de Villefranche (1781-1790).
1752 M. Michet, curé de Limas (1781-1786).
1752 M. Clerjon, conseiller en la sénéchaussée (1787-1790).
1756 M. Brisson, inspecteur ambulant des manufactures, de l'Acadé-
    mie de Lyon et de la société économique de Berne (1786-
    1790).
1759 M. Meurier, ancien curé sacristain de Villefranche (1782-1790).
1761 M. Goyet, chanoine (1781-1790).
— M. Thivend, conseiller en la sénéchaussée (1787-1790).
1768 M. Humblot, chanoine (1785-1790).
1784 M. Roland de la Platière, inspecteur général des manufactures
    (1790)].

1*. D'après les almanachs; les dates entre parenthèses sont celles des volumes de
cette collection.

TABLE DES MATIÈRES

MÉMOIRES POUR SERVIR A L'HISTOIRE DU BEAUJOLAIS

PREMIÈRE PARTIE

SECONDE PARTIE

DES MÉMOIRES POUR SERVIR A L'HISTOIRE DU BEAUJOLAIS DANS LAQUELLE SONT COMPRIS TOUS LES SEIGNEURS DE LA PROVINCE, DEPUIS UMPHROY JUSQU'A LOUIS-PHILIPPE, D'ORLÉANS, SEIGNEUR ACTUEL.

TROISIÈME PARTIE

DES MÉMOIRES POUR SERVIR A L'HISTOIRE DU BEAUJOLAIS

Titre premier. — De la ville de Villefranche.

Titre second. — De l'église paroissiale de Villefranche.

Titre troisième. — Du chapitre de Villefranche.

Titre quatrième. — De la justice royale et seigneuriale du Beaujolais.

Titres de cinq à dix-neuf.

Titre vingtième. — De l'hôpital de Villefranche.

CINQUIÈME PARTIE

MACON, PROTAT FRÈRES, IMPRIMEURS